开发者成长丛书

深度探索Vue.js

原理剖析与实战应用

张云鹏 ◎ 编著

U0377866

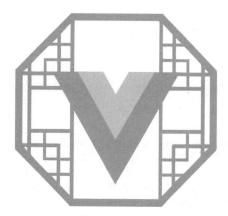

清华大学出版社

北京

内 容 简 介

本书系统地介绍了 Vue 框架基础、框架应用、生态组成、项目实战、框架演进、Vue 原理剖析及 Vue 框架的原理实现。

全书共分为 8 章：第 1 章为行业发展介绍，第 2 章为 Vue 2.x 的开发基础，第 3 章为 Vue 2.x 的组件开发，第 4 章为 Vue CLI 开发完全指南，第 5 章为 Vue CLI 项目实战，第 6 章为 Vite＋Vue 3.x 完全开发指南，第 7 章为 Vue 3.x 项目实战，第 8 章为实现原理介绍。书中主要内容包括 Web 前端发展史、Vue 的诞生、Vue 2.x 基础指令、Vue 2.x 常用 API、Vue 2.x 组件系统、Vue 2.x 组件化实战、Vue CLI 脚手架搭建、Vue Router 3.x 路由系统、Vuex 3.x 状态管理系统、Axios 网络插件、ElementUI 框架、Vue 2.x 综合项目实战、Vue 3.x 基础语法、Vue 3.x 组合式 API、Vue 3.x 响应式 API、Vite 脚手架、Vue 3.x 函数式编程、Vue Router 4.x 路由系统、Vuex 4.x 状态管理系统、Pinia 状态管理系统、ElementPlus 框架、Vue 3.x 的综合项目实战、Vue 2.x 的响应式数据原理、Vue 3.x 的响应式数据原理、虚拟 DOM 原理、Vue 2.x 仿真实现、Vue 3.x 仿真实现、Vue Router 仿真实现和状态管理的高级原理。

书中包含大量应用示例，从基础入门到进阶开发最终渗透到原理和实现。书中的开发示例基于 VS Code 开发工具和 Chrome 浏览器实现，书中从框架基础到商城项目的实际开发，分别通过 Vue 2.x 和 Vue 3.x 两套生态体系完整地阐述了如何使用 Vue 框架生态进行应用开发，内容完整、步骤清晰，提供了工程化的解决方案。

本书可作为 Vue 框架初学者的入门书，也可作为行业在职前端程序员及培训机构的参考书。

图书在版编目（CIP）数据

深度探索 Vue.js：原理剖析与实战应用/张云鹏编著.—北京：清华大学出版社，2023.2
（开发者成长丛书）
ISBN 978-7-302-61099-1

Ⅰ.①深… Ⅱ.①张… Ⅲ.①网页制作工具－程序设计 Ⅳ.①TP392.092.2

中国版本图书馆 CIP 数据核字（2022）第 101042 号

责任编辑：赵佳霓
封面设计：刘　键
责任校对：时翠兰
责任印制：朱雨萌

出版发行：清华大学出版社
　　　　网　　　址：http://www.tup.com.cn，http://www.wqbook.com
　　　　地　　　址：北京清华大学学研大厦 A 座　　　邮　　编：100084
　　　　社 总 机：010-83470000　　　　邮　　购：010-62786544
　　　　投稿与读者服务：010-62776969，c-service@tup.tsinghua.edu.cn
　　　　质量反馈：010-62772015，zhiliang@tup.tsinghua.edu.cn
　　　　课件下载：http://www.tup.com.cn，010-83470236
印 装 者：三河市春园印刷有限公司
经　　销：全国新华书店
开　　本：186mm×240mm　　印　张：49.5　　　　字　　数：1112 千字
版　　次：2023 年 3 月第 1 版　　　　　　　　印　　次：2023 年 3 月第 1 次印刷
印　　数：1～2000
定　　价：189.00 元

产品编号：095784-01

前 言
PREFACE

随着互联网技术的不断发展,Web 技术迭代速度飞快,尤其是 Web 前端技术。从最早的网页三剑客,到现在 React、Vue 和 Angular 三足鼎立,加上 Webpack 和 Vite 等无法被撼动的编译技术的出现,使 Web 前端开发领域产生了翻天覆地的变化。

笔者从业互联网 10 年,亲眼见证了前端技术的发展历程。目前三大 MVVM 框架的生态系统均非常完善,在世界范围内有大量公司和个人开发者对三大框架持续提供生态建设,更有大量 Web 前端开发者在使用以上三大框架的生态进行 Web 应用建设,新的前端技术在应用领域已经非常成熟。Vue 作为三大框架之一,也具备完善的生态和非常活跃的社区用户,并且在国内的 Web 应用开发领域起着重大的作用。笔者在多年的 Web 开发历程中使用 Vue 框架上线了大量的 Web 应用,也为 Vue 框架的生态建设做出了很多贡献,所以笔者打算通过编写书籍的形式,将 Vue 生态的完整学习历程整理并分享给读者。

本书以 Vue 框架为核心,以 Vue 2.x 和 Vue 3.x 两条生态为起点,分别介绍两个生态体系的完全学习攻略,读者可以通过阅读本书,快速地掌握两套 Vue 生态的入门到企业项目开发,笔者希望帮助准备学习前端开发的读者,使他们在前端学习的过程中少走弯路,也希望帮助正在从事前端开发的读者,使他们更深层地了解 Vue 生态体系并实现升职加薪。通过编写本书,笔者总结了大量开发场景的实际经验,也查阅了大量的官方文档,这使笔者也在多个维度上有了更深层的提升,收获良多。

本书主要内容

第 1 章主要介绍 Web 前端的发展史、Vue 框架是如何诞生的,以及掌握什么样的知识才能胜任 Vue 框架的开发者。

第 2 章简介 Vue 2.x 阶段框架,并主要介绍框架的环境搭建、基础语法、生命周期及框架内部的常用开发案例。

第 3 章主要介绍 Vue 2.x 的组件化思想、组件内部的重要属性及自定义组件在实战中的应用,还介绍 Vue 2.x 的动态组件、组件过渡动画、组件缓存等功能的使用及 Vue 2.x 的其他高级用法。

第 4 章主要介绍基于 Vue CLI 脚手架的项目开发,首先介绍什么是脚手架及如何在脚手架中创建 Vue 项目。后续介绍路由系统及路由系统在项目中的使用,还介绍 UI 框架在脚手架项目中的应用,包括什么是前、后分离架构及网络通信框架,最后介绍状态管理框架及状态管理在脚手架项目中的实际应用。

第 5 章主要介绍基于 Vue CLI 脚手架的真实开发流程，通过第 4 章学习的知识，从 0 开始构建 Vue 2.x 生态的完整项目，结合后台管理系统的真实业务流程进行实战开发，从项目搭建到实际业务开发，介绍 Vue 2.x 的企业级开发方案。

第 6 章主要介绍基于 Vite 脚手架实现的 Vue 3.x 项目开发。从 Vue 2.x 到 Vue 3.x 的发展历程、为什么衍生出 Vue 3.x、Vue 3.x 和 Vue 2.x 的本质区别及 Vue 3.x 的完整生态体系。语法上着重介绍 Vue 3.x 的组合式 API 和响应性 API 及 Vue 3.x 新增加的函数式编程方式。

第 7 章主要介绍基于 Vite 并结合 Vue 3.x 完整生态的项目实战。从项目搭建开始到整合新的路由体系和状态管理体系，详细介绍新生态与旧生态的区别，通过从 0 搭建到项目实战介绍彻底掌握 Vue 3.x 的下一代实战开发方案。

第 8 章主要介绍 Vue 的核心原理，从 Vue 2.x 的数据响应式原理到 Vue 3.x 的数据响应式原理，再到 MVVM 框架的虚拟 DOM 的原理，还介绍 Vue 3.x 生态中的路由和状态管理两大体系的原理和代码仿真案例。

阅读建议

本书是一本基础入门、项目实战及原理剖析三位一体的技术教程，既包括详细的基础知识介绍，又提供了丰富的实际项目开发案例，包括详细的项目开发步骤，每个代码片段都有详细的注释和对应的操作说明。本书的基础知识、项目实战及原理剖析部分均提供了完整可运行的代码示例，并将涉及的项目源代码开源到线上，这样可以帮助读者更好地自学全方位的技术体系。

建议没有 Vue 实际开发经验的读者从头开始按照顺序详细阅读每章节。章节划分是完全按照线性思维，由浅入深、由远及近的方式对 Vue 生态进行介绍，读者严格按照顺序阅读不会出现知识断层。

有 Vue 开发经验的读者可以快速浏览第 1~3 章，从第 4 章开始进入研读状态。从第 4 章起会介绍从 0 到 1 的项目搭建过程。由于现今互联网行业不再是起步阶段，各个公司仅有少数情况涉及从头搭建项目的过程，所以从 0 到 1 开发项目的过程非常难得，可以帮助读者补充开发场景中的空白部分。

第 5 章在第 4 章的基础上增加了具体的业务开发，完全符合企业级项目的开发流程和标准。在阅读第 5 章时一定要按照书中的步骤仔细编写代码，读者结合步骤示例代码的注释和文字说明可以避免出现运行错误。

第 6 章到第 7 章以 Vue 3.x 为核心，对下一代的 Vue 框架搭建和应用开发做了完整的介绍。建议读者在阅读第 6 章和第 7 章时，多做练习。在学习 Vue 3.x 生态的过程中，在大脑中将 Vue 3.x 与 Vue 2.x 做类比，这样可以快速抓住 Vue 3.x 的重点部分。

第 8 章为原理介绍和框架仿真。本章难度较大，在学习过程中一定要运行代码案例并逐行阅读，有一定思路后进行仿写。

本书源代码

本书源代码请扫描下方二维码获取。

源代码

致谢

感谢我的母亲和妻子,在写作的过程中对我大力支持并承担了所有的家务,使我得以全身心投入写作。感谢赵佳霓编辑,在写作的过程中对我的耐心指导和帮助。最后,感谢清华大学出版社所有为本书付出的老师们,得益于大家的帮助才使本书得以出版。

由于时间仓促,书中难免存在不妥之处,请读者见谅,并提宝贵意见。

张云鹏

2023 年 1 月

目 录
CONTENTS

第 1 章

Web 前端技术架构及 Vue 框架

1.1 Web 前端技术架构发展历程

从互联网技术出现开始 Web 技术便进入了萌芽期。在 2000 年初期,家用计算机的逐渐普及推动了全球互联网的建设。随着互联网用户的大量增长,各个行业的 IT 技术得到了极大的推动。本章以 Web 前端技术的发展历程为核心介绍互联网技术的发展历程。

1. 起航阶段

1990 年 WWW(World Wide Web)诞生,从此互联网的根基奠定,来自地球上不同位置的计算机连接到一起成为可能。1993 年 NCSA 研发了第 1 个浏览器:Mosaic,它可以窗口浏览网页,再之后网景、IE、火狐等浏览器相继诞生。1994 年 W3C 理事会成立,为 Web 前端开发成立了标准化组织。1995 年 JavaScript 语言诞生,将网页制作推向了更高的层次。

从 1990 年到 1995 年,短短五年时间,从 WWW 的出现到 JavaScript 的时代就完成了初期阶段,这也意味着之后的 Web 技术发展速度被抬到更高的高度。

2. 群雄割据

群雄割据时期的浏览器五花八门,互相竞争激烈。IE 浏览器、网景浏览器、火狐浏览器、谷歌浏览器是这个时期的主角。这个时代便以各大浏览器厂商的战争拉开了序幕。

虽然当时已经有了比较统一的 ECMA(JavaScript 规范文档)标准和 W3C(HTML、CSS 规范文档),但是浏览器先于标准在市场上流行,成为事实标准。所以这就导致了我们现在在开发项目时还要去处理一些浏览器兼容性问题(大家最常遇到的是 IE 兼容问题)。

随着 1998 年 Ajax 的出现,前端开发从 Web 1.0 升级到了 Web 2.0,从纯内容的静态页面,发展到了动态网页、富交互、前端数据处理的新时期。在这一时期,比较知名的两个富交互动态的浏览器产品是 Gmail(2004 年)和 Google 地图(2005 年)。

由于动态交互、数据交互的需求增多,还衍生出了 JQuery(2006 年)这种跨浏览器的 JS 工具库,主要用于 DOM 操作和数据交互。

这个时代如三国时期,群雄割据,各占一方。虽然各自整体上遵循标准化组织的实现,但是为了占有更大的市场份额各大浏览器厂商仍然会推出浏览器自有的特色功能,所以这个时期的前端开发领域异常混乱,开发者的工作量也很大。

3. 一统天下

由于群雄割据的时代让 Web 前端开发领域陷入了空前的兼容性危机,JQuery 的出现解决了这个核心问题,并且 JQuery 框架利用优雅的语法封装了大量的复杂操作的 API,为浏览器页面开发带来了极大的便利。种种优势使 JQuery 在浏览器厂商的竞争中走向了另一个层面的顶点。为了快速和稳定地开发网页并支持主流的浏览器厂商,当时绝大多数的 IT 公司会使用 JQuery 框架来做网页的构建。它的出现也促进了 ECMA 标准的进一步更新。

4. 多媒体技术的诞生

在网页技术发展的初期 Web 页面以文字、表格、图片等元素为核心,以展示信息为主。访问互联网的用户大多以搜索信息为主。当 Flash 多媒体技术诞生后,Web 页面的发展便进入了一个新的篇章。

通过对浏览器植入 Flash 插件,开发者可以通过 Flash 制作工具及编程的方式在网页中实现可交互的图形页面,这就衍生了大量的 Web 应用。这个时代在网页中可以通过 Flash 插件解析动画、游戏,甚至后期出现了 3D 渲染技术。让本来枯燥的 Web 浏览器页面,变得生动并有丰富的功能。通过 Flash 技术的推动,大量桌面程序便不需要在用户的计算机上安装,用户只需打开浏览器便可以实现各种只有本地应用程序才有的功能。

但是 Flash 技术存在技术瓶颈,由于它过度地占用 CPU,使在 Flash 时代一旦运行了包含 Flash 元素的网页,就会让计算机的 CPU 风扇飞速运转,经常会有计算机因扛不住 CPU 的高温而触发自动断电保护功能。

5. 动态网页时代

随着 Web 交互技术的升级,计算机的硬件能力提升,加上家用计算机的大量普及,接入互联网的设备和用户越来越多,网民对互联网上的资源使用需求变得更大。这就意味着仅仅靠 HTML 内部展示的内容并不足以满足互联网用户的浏览需求和操作需求。

伴随服务器端技术的高速发展,一个网站再也不是仅有几个 HTML 页面的企业站或者黄页的显示面板了。动态网页技术的出现让 Web 网页变成了真正的 Web 应用系统。通过 JavaScript 的交互能力加上服务器的动态解析能力,用户访问的网页变成了先访问 Web 服务器中间件,通过服务器访问数据库,在中间件上处理数据,并通过动态网页引擎将用户需要的数据动态解析,最后返回浏览器中。

这个时代用户可以直接通过网页操作有身份验证的管理系统,在系统中操作在线的数据。实现数据的录入、存储、读取、删除等操作,并且通过数据库技术的数据关系管理,实现在一个网站中管理公司的业务信息、学校的教务信息等,并且将数据存储在线上。这个技术的出现也促进了 PC 的去本地应用化,用户不需要安装大量的桌面程序来进入不同的管理系统。在开发层面,开发者也不再需要针对不同的操作系统,构建不同的客户端。这种双向有利的发展,让浏览器变成了所有接入互联网用户都必须安装的应用。从某种意义上讲浏览器在这个时代也成为建立在操作系统之上的"操作系统"。这也对先进的云技术发展起到了铺垫作用。

6．HTML5 时代

在浏览器及多种技术的继续发展中，之前的阶段已经让 Web 开发进入了一个稳定期，但是这个阶段还是存在各个层面的问题，初期主要体现在多媒体方面。在 2010 年后家用计算机从普及变成了家庭必需品，每个家庭至少会有一台家用计算机。随着智能设备的兴起，除家用计算机外，智能手机和智能移动设备的出现，让互联网设备的接入量逐年呈现指数级别的增长。用户及接入互联网设备的快速增长，使现有互联网应用面临了巨大访问量的问题。基于这些问题，Web 开发领域必须从用户页面的解析，到数据的传输速度进行全方位的升级和优化。

2010 年后国内的互联网用户量巨大，并且对网页的访问需求也不仅是简单的交互和功能实现，这样在视图解析方面产生了极大的冲击。如果利用 Flash 技术在网页中实现大量的交互和动画，在这个时代也是极其消耗 CPU 资源的。为了解决这个问题，HTML5 在 2008 年问世，从 HTML5 初期到现在浏览器实现了翻天覆地的变化，这个过程中最典型的案例就是浏览器的去 Flash 化。基于 Flash 的诟病，HTML5 标准为浏览器增加了音视频解决方案。SVG 绘图技术和 Canvas 绘图技术，让本来需要使用 Flash 实现的功能可以直接通过 Web 浏览器自带的 API 实现，为实现浏览器直接操作 GPU 进行图形渲染提供了解决方案。这样可以把大量的矩阵运算应用到显卡中操作，保证网页带来的复杂图形处理也不会使 CPU 经常 100％地运行。除了这些变化，HTML5 技术还提供了 CSS3 标准，让界面的样式交互变得更加平滑和细腻。后期的 HTML5 技术实现了网页的流媒体播放，以及即时音视频传输的解决方案。不仅实现了去 Flash 化和去桌面应用化，还实现了去移动应用化。HTML5 技术发展至今几乎可以实现设备中只要接入网络并安装了浏览器，就可以仅通过互联网的 Web 页面实现绝大多数本地应用能实现的功能。

再从数据交互角度分析，过去以 MVC 为核心的服务器端应用，虽然利用动态网页技术可实现 Web 系统的构建，但是指数级增长的网民数量，让服务器端出现了大量访问危机。在动态网页技术下，用户想要打开网站页面，必须先访问服务器中间件的 Controller 部分，再通过数据库的连接对象访问数据，最后从中间件上处理数据结果并利用动态网页引擎将生成的 HTML 代码返回浏览器。随着用户的访问量增大，这样的操作会在大量用户同时访问网站时，因为第一批用户的视图资源没有计算完毕，导致后续访问网站的用户出现等待时间过长或连接超时的问题。这个问题最典型的体现在早期的电商网站和 12306 网站上，在旺季时这些网站的用户会出现无法访问的现象。针对这个情况服务器端采用了分布式部署的解决方案，由此前端架构也伴随着发生了极大的变化。

7．前后分离架构的出现

鉴于访问数量带来的压力，仅服务器端自己升级只能解决一半问题。因为分布式技术出现后，虽然可以通过分流技术来降低服务器的压力，但是巨大的服务器使用量让 Web 应用的运营成本大大提升，所以随之而来的新技术——"前后分离架构"出现了。

前后分离架构主要是鉴于动态网页的弊端，每次访问动态网页时在数据库操作、中间件处理没有完成前,不会生成一个实体的网页访问资源,这段时间会导致用户必须等待,并且这些处理操作和网页代码的生成等操作,也都由服务器来处理。当只有少量的人员访问服务器时,它还处理得过来。当有海量的用户同时访问时,服务器必须对每个请求都进行网页的生成。浏览器仅仅用于解析网页结果。到这里会发现服务器的工作量太大,而客户端的性能却过剩,所以前后分离架构主要解决这个问题。

前后分离架构思想要求,用户在访问网站时不直接访问服务器中间件的 Controller,而是访问静态资源服务器中的 HTML 脚本文件,这样用户就可以直接从服务器获取网页内容。在加载网页的过程中通过 JavaScript 调用 Ajax 技术,将网页要动态展示的数据从服务器中间件中获取。在这个过程中服务器只需访问数据库或缓存,得到视图层需要的数据并返回数据本身。浏览器页面得到数据后在客户端通过 JavaScript 操作 DOM 进行页面的渲染。

这个思想的实现,让服务器不再需要针对每个访问,执行动态网页引擎生成 HTML 代码的步骤,这样可以直接将服务器的吞吐量提升数倍。将视图渲染交给客户端处理,可以让相同数量的服务器,比 MVC 技术的服务器大大提升吞吐量。直接访问静态资源,用户也不需要等待连接数据库的时间,就可以先将部分网页打开,再逐步实现动态数据展示。这样让两端工作量均衡,降低成本和服务器压力后,也提升了用户体验。

前后分离架构出现后,便成为现在主流的 Web 开发架构,这个架构的出现也促进了 Web 页面开发的进步。

由于渲染视图的工作全部交给浏览器处理,使用 JQuery 等 DOM 框架会让网页在前后分离架构运行时产生大量的 DOM 操作,极端状态下会出现渲染卡顿的情况。鉴于该问题,基于虚拟 DOM 操作的前端框架应运而生,新的前端时代到来。其中典型的框架包括 React、Angular 及 Vue 框架。

1.2　Vue 等新框架的诞生

随着架构体系的演进,更适合现今大规模的前端框架 React、Angular、Vue 等逐渐问世。新一代虚拟 DOM 的框架发展也经历了一个小型的群雄割据时期,直到以 Node.js 为核心模块化思想的 Webpack 打包构建工具出现之后前端的开发模式有了基本稳定的一套架构体系。

这里最典型的框架就是 React、Angular、Vue 三者,并且在国内尤其以 React 和 Vue 占有的市场份额最大。这些框架的主要特点是可以实现高性能的 Web 页面渲染,并且结合了 Webpack 的构建工具可以实现让前端开发模式脱离过去的 HTML＋CSS＋JavaScript 的以设计型语言为主的开发模式,进而进入前端工程化开发的模式,这样可以更好地为超大规模的项目架构提供支持。

1.2.1　Webpack 介绍

实现现代前端架构的转折点依赖于 Webpack 打包构建工具的诞生,在这之前也存在一些以 JavaScript 的模块化思想为主的打包构建工具,但是 Webpack 才是将前端架构标准化的一个里程碑,一切现代前端框架现在都依赖 Webpack 作为开发和构建的环境。那么什么是 Webpack？Webpack 图示如图 1-1 所示。

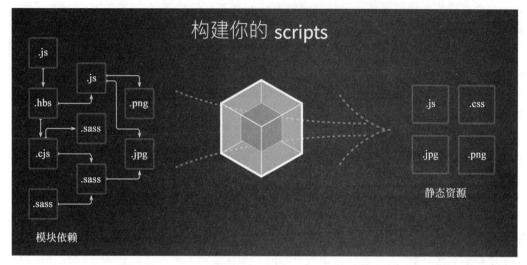

图 1-1　Webpack 图示

这张图片很详细地描述了 Webpack 在现今前端架构中的作用,它的任务就是将左侧复杂的文件类型和依赖关系通过小盒子加工成右侧 HTML 网页可以直接识别的 JavaScript 代码、CSS 代码、图片等静态资源。

先进的 Web 前端项目都会运行在一个叫作脚手架的开发环境中。在开发阶段开发者可以使用浏览器不能运行的代码语法和依赖加载方式,通过 Webpack 来管理项目的代码和依赖包并实现模拟运行环境。这样程序员在开发前端项目时,也可以像服务器端开发的程序员一样,创建一个结构复杂的项目,使用模块化的依赖管理方式进行前端项目开发。整个开发过程都可以无 HTML 网页参与,Webpack 负责程序的运行和解析。在程序开发完毕后通过 Webpack 工具,可以将程序输出成浏览器能直接识别的代码,在输出代码的过程中还可以做兼容性和安全性的补充,开发者只需维护工程化的项目代码。这种模式让前端项目从过去的杂乱无章,变成现在的结构化工程。它可以让开发者在前端开发过程中,使用更加丰富的脚本语言和模板语法,这样新时代的前端框架才有极致发挥的可能。Webpack 也支持传统的静态页面开发模式,使用 Webpack 加工静态页面项目时,程序员依然无须考虑浏览器兼容性等问题。

1.2.2　Vue 框架介绍

上面几节中多次提到了 Vue 框架,同时也提到了一些同类框架,在这几大框架中 Vue 是很特殊的框架。

React 和 Angular 分别是 Facebook 和谷歌公司内部团队研发并使用的。由于框架成熟、生态完善及性能优秀,所以内部开源后提供给全世界的开发者使用。与前两者不同的是 Vue 框架是由个人研发并开源的框架。

从研发到开源,再到第三方的生态支持,现在 Vue 框架的维护团队已由作者一人发展到了一个有规模的维护团队。团队持续对 Vue 框架进行迭代更新,目前它已经得到了软件基金会的扶持,所以开发者不需要担心这个框架未来是否存在问题。

Vue 框架之所以得到大量开发者提供的生态支持及基金会提供的资金支持,是因为它从性能到开发体验上的综合实力。在 Vue 的第 3 个版本推出之后,它的性能及生态与 React 和 Angular 这种世界大厂产出的框架相比已经有过之而无不及,尤其针对国内的开发环境来讲。

1. Vue 作者介绍

Vue 的作者尤雨溪,HTML5 版 Clear 的打造人,独立开源开发者。曾就职于 Google Creative Labs(谷歌创意实验室)和 Meteor Development Group。由于工作中大量接触开源的 JavaScript 项目,最后自己也走上了开源之路,现全职开发和维护 Vue.js。

尤雨溪出生于中国无锡,在国内读完高中便去美国留学。尤雨溪接触计算机的时间很早,但是年幼时和其他孩子一样对游戏更感兴趣。在高中时遇到了 Flash 并且对 Flash 产生了浓厚的兴趣,他个人对制作互动效果的网页非常喜欢。他在美国读大学时所就读的专业是室内艺术和艺术史,当时他觉得这个专业可能很难在毕业时找到一份相关的工作,于是决定去选择一门适合他的硕士课程,这个节点便是产生了 Vue 的转折点。

尤雨溪硕士读的专业是美术设计和技术,这个专业不仅需要学习设计方面的课程,还需要学习编程课程。在学校期间接触更多的是设计相关的开发工具,也会少量接触 JavaScript 语言。由于 JavaScript 可以快速地构建一个 Web 应用实现交互效果,并且可以直接将开发的结果放在网络上,通过网址就可以让其他人访问,所以这门语言深深地吸引了尤雨溪。当时 Chrome experiments 这个网站刚刚发布,尤雨溪被谷歌的这个网站震撼到了,于是他开始专注地学习 JavaScript 和前端开发技术,并且仿照 Chrome experiments 做了类似的项目放到了网上并写在简历里。之后他便被谷歌创意实验室的招聘人员注意到并加入了 Five program。每年创意实验室会招聘五名应届毕业生组成一个小组,一个人写文案,一个人做设计,一个人做技术,一个人做统筹安排,剩下一个人机动。通过这个契机尤雨溪开始了他的谷歌之旅。

尤雨溪在谷歌的工作需要在浏览器上进行大量的原型设计,当时项目中使用了 Angular。Angular 框架提供了一些用数据绑定和数据驱动来处理 DOM 的方法,所以开发者不需要直接去操作 DOM 对象。它也有一些副作用,就是需要按照它指定的方式来构建代码。尤雨溪觉得 Angular 这个框架对于他当时操作的实际场景来讲实在是太沉重了,大多数框架 API 在项目中实际上是无用的,所以他当时就思考是否可以将他喜欢的部分单独地从 Angular 中提取出来建立一个轻巧的库,用以进行快速的开发和构建项目。当时他想的就是将 Angular 中比较小的功能提取出来,例如声明式数据绑定。Vue 这个框架大概可以认为是从这个时间节点开始的。

尤雨溪在确定了想法之后便开始实际地落实改造 Angular，直到他在项目中对改造的成果满意了之后，尤雨溪觉得这个框架还是比较有前途的，之后他便将这个框架发布到了 GitHub 上。随着时间的推移这个框架逐渐在 GitHub 及开发者社区中火爆了起来，越来越多的开发者开始应用尤雨溪的设计成果。后来尤雨溪便离开谷歌踏上了个人开源的道路，全职开发 Vue 框架。Vue 带动了行业的变化并且发展到今天成为全世界最火爆的前端框架之一。

2．Vue 介绍

Vue 是一套用于构建用户界面的渐进式框架。与其他大型框架不同的是，Vue 被设计为可以自底向上逐层应用。Vue 的核心库只关注视图层，不仅易于上手，还便于与第三方库或既有项目整合。另一方面，当与现代化的工具链及各种支持类库结合使用时，Vue 也完全能够为复杂的单页面应用提供驱动。

Vue 框架致力于服务现今的大型互联网 Web 应用并且不仅在 Web 层面，Vue 框架提供的 render 渲染模式可以无缝对接非 Web 视图的应用并为其渲染。Vue 在经历了互联网发展的洗礼后已经成为行业中不可缺少的一个技术栈，到现在为止 Vue 的生态链几乎覆盖了 IT 行业的前端开发领域。

1.3　Vue 与主流前端框架的对比

由于 Vue 在各方面都比较出众，所以总会避免不了将它与其他的框架对比。接下来将从两个方面来介绍 Vue 与其他主流前端框架相比的相同点、不同点、优点及缺点。

1．Vue 与传统 DOM 框架对比

在与传统框架对比前，首先需要了解网页的渲染流程。网页的加载顺序如下：

（1）网页加载初期，浏览器的 HTML 解析器会解析网页内部的所有 HTML 代码并将其构建成一棵 DOM 树。

（2）浏览器使用 CSS 解析器，分析 CSS 文件和元素上的内联样式，最终构建 StyleRules。

（3）将 DOM 树和 StyleRules 关联起来构建成一棵 Render 树，这个过程又被称为 Attachment。每个 DOM 节点都有 attach 方法，用来接收样式信息，最后返回一个 renderer 对象，这些 renderer 对象最终会被构建成一棵 Render 树。

（4）Render 树的每个节点开始进行内部计算，计算的目的是算出每个元素在网页中应该显示的精确的坐标及占用的大小，所以网页中实际展示的元素的位置和大小，最终还是通过不同节点间的关系计算出物理坐标点展示在坐标系中。

（5）有了精确位置后，浏览器会调用每个节点的 paint 方法来将其按照节点本身的位置和样式渲染到网页上，形成最后人眼看到的效果。

了解了网页进行一次渲染的过程后可知，操作一次 DOM 对象会触发至少步骤（4）到（5）的重复执行，如果涉及复杂操作还会触发步骤（3）的重复执行。

传统 DOM 框架在操作视图交互或变更时，首先需要获取 DOM 对象，这个操作需要从

DOM 树的根节点遍历到需要操作的节点为止。由于 DOM 操作的流程是同步执行的,假设当前有 10 次更新 DOM 的操作,在浏览器的 JavaScript 解释器运行到第一次 DOM 变更时,并不知道后续还有 9 个 DOM 操作,所以浏览器就会直接将本次 DOM 操作执行一次。当运行到下一次 DOM 操作时,第一次修改元素的坐标已经重新计算了。这样的操作直到第 10 次运行结束才会结束,瞬间执行完毕的代码只会让浏览器呈现最后一次改动的结果,前 9 次更新就相当于做了无用功。如果 10 次改动的是相同的几个 DOM 对象的属性,则浏览器就浪费了 9 次的渲染性能,这个开销按照现在的硬件水平也是相当大的。

Vue 框架在视图更新上选择使用虚拟 DOM 进行视图操作。在视图渲染初期,Vue 会将其内部的虚拟节点和真实 DOM 捕获的节点合成一棵虚拟 DOM 树。合成后 Vue 会将其合并到真实 DOM 对象中。在视图更新时,使用 Vue 框架无须获取 DOM 对象,而是直接将 Vue 中定义好的与视图关联的 JavaScript 变量进行修改。当有多个数据被修改时,Vue 并不会直接将每次修改都进行一次渲染,而是在一个修改周期内统计所有改动的属性并将其异步地插入队列中。插入队列后的数据会在本轮修改确认完毕后统一地映射到虚拟的 DOM 树中,最后通过 PATCH 方法将虚拟 DOM 树中变化的节点信息替换到真实的 DOM 对象中,实现页面的更新。这样的操作使在 Vue 中一个修改周期内多次修改的数据,在最后才被一次性地渲染到页面上,实现多次修改一次渲染的效果。这种配合虚拟 DOM 异步更新视图的方式可以将传统 DOM 操作中耗费的性能节省下来,让网页运行的速度更快。

2. Vue 与其他虚拟 DOM 框架对比

目前全世界范围内生态完善且流行的主流虚拟 DOM 框架有 Angular、React 和 Vue。其他框架也在小范围流行,所以开发者避免不了将这些框架进行对比。

在介绍 Vue 的作者时已经从中得知,Vue 创建的初衷是借鉴 Angular 的优点并使框架更轻量,Vue 框架早期与 Angular 相比有完善的响应式数据系统和视图渲染能力,并在吸收优点的基础上排除了 Angular 的缺点,这使 Vue 在早期版本中比早期版本的 Angular 更加受开发者喜爱,尤其是国内开发者。在后续的版本更新中 Vue 又吸取了 React 的优点,加入了更多的函数式编程及高度自由的模块化开发方式。Vue 与其他两大框架相比生态完善,性能相差无几,并且吸收了 Angular 及 React 的很多优点,所以 Vue 是不逊色于 Angular 和 React 的。在开发层面,Vue 框架对开发者更加友好,它致力于处理渲染和底层能力的输出,开发者只需关注业务流程和数据操作,所以在此方面 Vue 收到了大多数国内开发者的好评。

就性能、生态和受欢迎度等方面而言,Vue 在行业内,尤其是国内的前端开发领域已经被绝大多数的开发者认可。笔者也因此契机编写本书,用以帮助更多 Vue 开发者少走弯路。

3. 掌握什么知识才能成为 Vue 开发者

如果想成为 Vue 开发者并希望无障碍阅读本书内容首先需要掌握如下技能:

(1) 具备 HTML、CSS 设计型语言开发基础,有布局开发简单静态网页的经验。

(2) 掌握 JavaScript 语言编程基础,对 DOM 操作有一定的了解,可以独立实现简单的界面交互功能。

（3）对 ECMA 标准有一定的认识，了解 ES5-ES2022 的特性并有实际的应用能力。

（4）熟练使用传统的 DOM 框架进行网页开发。

（5）对 Promise 有一定的了解，懂 JavaScript 异步编程的规范，了解 async 及 await 异步控制方式。

（6）对 Ajax 技术有一定的了解，可以通过 JavaScript 发送网络请求并实现界面的动态渲染。

第2章

Vue 2.x 开发基础

2.1　Vue 是什么

Vue 是一门以数据驱动页面渲染为核心,为浏览器提供模板渲染的引擎。在 Vue 的世界中操作视图只需将视图中绑定的数据变量更改便可以完成页面的更新。Vue 是一款非 DOM 操作框架,它内部继承了渲染能力、事件处理能力和组件通信能力等核心功能,可以在不需要任何 DOM 操作的情况下实现绝大多数 DOM 框架所具备的能力。

1. 为什么使用 Vue

由于时代的发展,现代 Web 项目中在网页中的项目规模持续膨胀,对前端项目的可维护性及性能要求逐渐升高,传统的 HTML+CSS+JQ(JQuery)的形式由于没有模块化开发的能力,所以导致大型 Web 项目中大量面向过程的代码在同一个网页中堆积,从而降低了项目的可维护性和持续迭代性,并且大量的 DOM 操作降低了浏览器的渲染性能,而 Vue 等以数据为核心驱动页面渲染的 MVVM 框架更加适合复杂烦琐的现代项目。

2. Vue 基于的设计模式 MVVM 介绍

MVVM 全称是 Model(数据层)-View(视图层)-ViewModel(视图的数据对象)。

Vue 是以数据驱动的,Vue 自身将 DOM 和数据进行绑定,一旦创建绑定,DOM 和数据将保持同步,每当数据发生变化时,DOM 会跟着变化。ViewModel 是 Vue 的核心,它是 Vue 的一个实例。Vue 实例作用于某个 HTML 元素上,这个 HTML 元素可以是 body,也可以是某个 id 所指代的元素。

2.2　环境搭建和 Hello World

引入网页的代码如下:

```html
<!-- 开发环境版本,包含了有帮助的命令行警告 -->
<script src="https://cdn.jsdelivr.net/npm/vue/dist/vue.js"></script>
<!-- 生产环境版本,优化了尺寸和速度 -->
<script src="https://cdn.jsdelivr.net/npm/vue"></script>
```

开发环境和生产环节的区别如下。

（1）开发环境：指程序员在公司进行开发过程中使用的依赖包，开发环境统称为 development 环境，简称 dev 环境。开发环境使用的依赖包中包含了更多的错误提示、语法检测，以及代码规范警告等功能。

（2）生产环境：指当项目上线，在互联网运行项目时使用的依赖包，生产环境统称为 production 环境，简称 prod 环境。在生产环境中依赖包会去掉所有的调试功能来精简包的体积，避免调试信息泄漏，也会使依赖包加载速度更快更安全。

用 Vue 实现一个 Hello World 网页。

首先打开计算机上的代码编辑器，在其中新建一个名为 hello-vue.html 的文件。将下面的代码粘贴到代码编辑器中并且详细地阅读代码的注释。

```html
<!-- 第 2 章 Hello World 案例 -->
<!DOCTYPE html>
<html>
  <head>
    <meta charset="utf-8">
    <title></title>
  </head>
<body>
  <!-- Vue 渲染内容依赖的 HTML 容器 -->
  <div id="app">
    <!-- 通过{{}}值表达式将 title 的内容渲染在网页中 -->
    {{title}}
  </div>
    <!-- 由于 Vue 对象通过 $mount 指定渲染范围,所以在 Vue 的渲染范围之外无法实现对内部数据的渲染 -->
    {{title}}
    <script src="https://cdn.jsdelivr.net/npm/vue/dist/vue.js" type="text/javascript"
charset="utf-8"></script>
    <script type="text/javascript">
    //初始化 Vue 对象
    new Vue({
      //在 data 中 return 的对象的属性才能在页面中通过"值表达式"的方式展示
      data(){
        return {
          title:'Hello World! This is my first Vue page!'
        }
      }
    // $mount('CSS 选择器')指要将当前 Vue 对象中的数据渲染在 id 为 app 的元素内
    }).$mount('#app')
  </script>
</body>
</html>
```

阅读注释后使用浏览器运行已经粘贴好的代码并且查看浏览器中展示的内容。运行效果如图 2-1 所示。

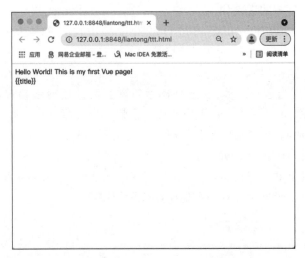

图 2-1　运行 hello-vue.html 的效果图

　　这样第 1 个 Hello World 网页就运行起来了，这里可以直观地看到，只有放在 id 为 app 的元素内部的内容才能正确地被 Vue 框架识别并渲染到页面上，其他地方编写的取值表达式是无法正确渲染的。

　　在 Hello World 案例中的 div 元素代表 Vue 框架的有效渲染区域，只有在这个元素内部编写的代码才能被 Vue 框架正确地解析，引入了 Vue 的开发环境依赖包之后全局作用域下就会自动地生成一个名为 Vue 的对象，第 2 个 script 标签中编写的 new Vue() 代表实例化 Vue 的全局对象，new Vue().$mount('♯app') 使用了 CSS 的选择器方式，代表当前的 Vue 对象会将数据渲染到 id 为 app 的元素内部，data 是 Vue 中声明视图使用的数据的对象，它应该以函数的形式存在，并且通过 return 返回一个 JSON 对象，这样 JSON 对象内部的属性就可以通过{{}}表达式在指定渲染的 DOM 区域将属性的值渲染到页面中，所以最终页面上会出现"Hello World! This is my first Vue page!"，代表 Hello World 运行成功。

2.3　Vue 的插值表达式

　　经过解读 Hello World 案例，Vue 的学习历程正式开始，第 1 个介绍的是 Vue 中不可缺少的功能，叫作插值表达式。

　　插值表达式是 MVVM 框架中特有的产物，传统 DOM 框架在对页面的操作过程中由于完全依赖 DOM 系列的 API，所以一切视图层的更改都需要调用 JavaScript 的函数实现，而 MVVM 框架在介绍时定义为以数据为核心驱动的视图渲染框架，所以插值表达式的工作原理正好与传统的 DOM 操作相反。它的作用是从 Vue 的数据对象中提取指定的 JavaScript 属性并自动将视图中的表达式替换成该变量的结果。

　　插值表达式可以理解为 Vue 实例中 data 选项内数据在网页上展示的一个通道，通过

{{属性}}的形式将属性的值展示在网页上。{{}}内部可以使用 data 中的属性、String、Date、Math 和 Array 等基础全局对象的 API,运算符表达式,Vue 中 computed 选项中定义的计算属性(computed 会在计算属性中详细讲解),代码如下:

```html
<!-- 第 2 章 插值表达式案例 -->
<!DOCTYPE html>
<html>
  <head>
    <meta charset="utf-8">
    <title></title>
  </head>
<body>
<!-- Vue 渲染内容依赖的 HTML 容器 -->
  <div id="app">
    <h4>1.值表达式(基本用法)</h4>
    <div>
      我是 title 的值:{{title}}
    </div>
    <h4>2.值表达式(表达式用法)</h4>
    <div>
      我的生日是:{{birthday}}<br/>
      <!-- 值表达式可以使用 Math Date String 的 API 或运算符表达式,不可以使用流程结构语句 -->
      我的生日是(以年月日形式展示):{{birthday.split('-')[0]+'年'+birthday.split('-')[1]+'月'+birthday.split('-')[2]+'日'}}
      <br/>
      <!-- 正确示例 -->
      {{Math.random()*10}}<br/>
      {{new Date()}}<br/>
      {{'你好'+'啊'}}<br/>
      {{flag==true?'flag 为 true':'flag 为 false'}}
      <!-- 错误示例,打开错误示例后网页将无法正常显示 -->
      <!-- {{var a=1}} -->
      <!-- {{if(true){ return "a" }}} -->
    </div>
    <h4>
          练习:通过 data 中定义的 name、age、sex 在页面输出 小明说:我今年 18 岁,我是男生。
    </h4>
    <div>
        <!-- 请在这里完成练习 -->
    </div>
  </div>
  <script src="https://cdn.jsdelivr.net/npm/vue/dist/vue.js" type="text/javascript" charset="utf-8"></script>
  <script type="text/javascript">
    //初始化 Vue 对象
    new Vue({
      data(){
        return {
          title:'Hello Vue!',
```

```
            birthday:'2020-01-01',
            flag:true,
            name:'小明',
            age:18,
            sex:1,//sex 为 1 时输出男,sex 为 0 时输出女
          }
        },
            // $mount(CSS 选择器')指要将当前 Vue 对象中的数据渲染在 id 为 app 的元素内
    }). $mount('♯app')
    </script >
</body >
</html >
```

在以上代码中详细地列出了插值表达式的使用方式及注意事项,这里需要注意的是虽然{{}}插值表达式可以获取 Vue 实例中的变量并且同时使用 JS 的全局对象,但是{{}}并不是一个完全的 JavaScript 作用域,所以不能编写 JavaScript 的流程化代码。

2.4 Vue 的常用指令介绍

了解了 Vue 的基本使用规则之后,开始进入 Vue 常用指令集的学习。首先介绍什么是指令。

Vue 中的指令指的是在 HTML 标签节点的属性位置编写的以 v-开头的属性,Vue 提供了大量的指令来提升 Vue 框架的开发效率,开发者可以利用指令实现在 HTML 文档部分直接进行条件判断或遍历等原本需要依赖 JavaScript 实现的操作。

2.4.1 v-html 指令介绍

v-html 指令为 Vue 定义的取值指令,可以将 data 选项中定义的属性输出到指定的标签内部,并且可以解析属性中所写的 HTML 代码,相当于 DOM 操作中的插入 innerHTML 操作。它的作用是弥补{{}}插值表达式无法解析字符串中的 HTML 标记代码的缺点。在开发过程中需要动态地向 HTML 文档部分插入一段同属 HTML 结构的内容时,如果使用{{}}进行操作,则渲染在界面上的将是原始代码。因为{{}}在取值渲染时,插入 HTML 文档部分的是 Text(纯文本)节点,相当于 DOM 操作中的插入 innerText 操作。v-html 必须在双标签中使用。

接下来通过实际代码案例学习 v-html 的使用方式,代码如下:

```
<!-- 第 2 章 v-html 指令案例 -->
<!DOCTYPE html >
< html >
  < head >
    < meta charset ="utf-8">
```

```html
    <title></title>
  </head>
  <body>
    <!-- Vue渲染内容依赖的HTML容器 -->
    <div id="app">
      <h4>2.插值表达式(指令用法)</h4>
      <div>
        我是title的值:<span v-html="title"></span>
        <!-- v-html中可以解析并渲染HTML文档数据 -->
        <div v-html="content"></div>
      </div>
    </div>
    <script src="https://cdn.jsdelivr.net/npm/vue/dist/vue.js" type="text/javascript"
charset="utf-8"></script>
    <script type="text/javascript">
      //初始化Vue对象
      new Vue({
        //在data中return的对象的属性才能在页面中通过"值表达式"的方式展示
        data(){
          return {
            title:'你好',
            content:`
              <p>
                <b>
                  <u>
                    <i>
                      <s>
                        我是HTML文档数据
                      </s>
                    </i>
                  </u>
                </b>
              </p>

            }
          }
        // $mount('CSS选择器')指要将当前Vue对象中的数据渲染在id为app的元素内
      }).$mount('#app')
    </script>
  </body>
</html>
```

该案例运行的结果如图2-2所示。

2.4.2　v-text指令介绍

v-text指令为Vue定义的取值指令,可以将在data选项中定义的属性输出到指定的标签,与v-html不同的是它会将属性的值完全以字符串的形式输出到网页,不会执行任何解析代码的操作。v-text 必须在双标签上使用,操作方式与 v-html 相同,v-text 的效果与{{ }} 表达式效果相同,但是使用方式没有其灵活,所以 v-text 的使用场景相对较少。

图 2-2　v-html 指令案例

接下来学习如何在 Vue 中使用 v-text 指令,代码如下:

```html
<!-- 第 2 章 v-text 指令案例 -->
<!DOCTYPE html>
<html>
  <head>
    <meta charset="utf-8">
    <title></title>
  </head>
  <body>
    <!-- Vue 渲染内容依赖的 HTML 容器 -->
    <div id="app">
      <h4>2.值表达式(指令用法)</h4>
      <div>
        我是 title 的值 :<span v-html="title"></span>
        <!-- v-html 中可以解析并渲染 HTML 文档数据 -->
        <div v-html="content"></div>
        <!-- v-text 中会以纯文本的形式输出变量数据的原始内容 -->
        <div v-text="content"></div>
      </div>
    </div>
    <script src="https://cdn.jsdelivr.net/npm/vue/dist/vue.js" type="text/javascript" charset="utf-8"></script>
    <script type="text/javascript">
      //初始化 Vue 对象
      new Vue({
        //在 data 中 return 的对象的属性才能在页面中通过"值表达式"的方式展示
```

```
        data(){
          return {
            title:'你好',
            content:`
              <p>
                <b>
                  <u>
                    <i>
                      <s>
                        我是 HTML 文档数据
                      </s>
                    </i>
                  </u>
                </b>
              </p>
              `
          }
        }
        // $mount('CSS 选择器')指要将当前 Vue 对象中的数据渲染在 id 为 app 的元素内
      }).$mount('#app')
    </script>
  </body>
</html>
```

运行结果如图 2-3 所示。

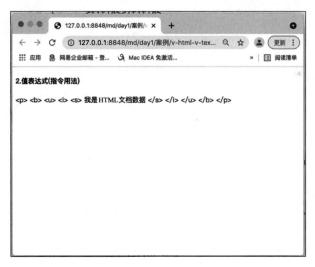

图 2-3　v-text 指令案例

2.4.3　v-if 条件渲染

v-if 条件渲染指令包含 v-if、v-else-if 和 v-else 三个指令,与 JavaScript 的条件判断语法相同,唯一不同的是该指令用在 HTML 标签上并且只有条件生效的指令修饰的标签最终才会被渲染到网页中。

　　v-if 和 v-else-if 接收一个布尔类型的结果,双引号中需要设置条件。可以直接使用在 data 选项中声明的属性进行比较判断,多个条件在一起使用时只有其中一个条件判断的结果为 true 的 HTML 标签最终会被渲染在网页中,代码如下:

```html
<!-- 第 2 章 v-if 结构 -->
<div v-if="条件判断">
  结果 1
</div>
<div v-else-if="条件判断">
  结果 2
</div>
<div v-else-if="条件判断">
  结果 3
</div>
...
<div v-else>
  结果 n
</div>
```

　　v-if 在 Vue 框架中的实际应用,代码如下:

```html
<!-- 第 2 章 v-if 指令案例 -->
<!DOCTYPE html>
<html>
  <head>
    <meta charset="utf-8">
    <title></title>
  </head>
  <body>
    <div id="app">
      <!-- 以分数判断为例子,根据不同的分数输出成绩的优、良、中、差 -->
      成绩为{{score}}分,
      <div v-if="score>=60&&score<80">
        成绩及格
      </div>
      <div v-else-if="score>=80&&score<100">
        成绩优秀
      </div>
      <div v-else-if="score>=100">
        满分
      </div>
      <div v-else>
        不及格
      </div>
    </div>
```

```
    < script src ="https://cdn. jsdelivr. net/npm/vue/dist/vue. js" type ="text/javascript"
charset ="utf-8"></script >
    < script type ="text/javascript">
      new Vue({
        data(){
          return {
            score:67 //定义一个分数属性
          }
        }
      }). $mount('♯app')
    </script >
  </body>
</html>
```

score 的值为 67 分,属于 60~80 的区间,所以页面上应该展示"成绩为 67 分,成绩及格",如图 2-4 所示。

图 2-4　v-if 指令案例

v-if 的渲染机制是根据所有条件判断的结果,只有最后条件为 true 的标签才会被添加到 DOM 节点中进行渲染,所以虽然原代码中条件编写了四部分,但是最终实际参与渲染的节点只有一个。测试方式是打开浏览器的 Web 查看器功能,选择 Elements 部分查看实际网页运行的 HTML 文档节点。最终 HTML 文档中只存在< div >成绩及格</div >这个节点,没有生效的条件没有被加入文档中进行渲染,如图 2-5 所示。

图 2-5　Web 查看器结果

2.4.4 v-show 条件渲染

v-show 指令与 v-if 有类似的能力，都可以通过布尔结果决定标签是否展示。与 v-if 不同的是，v-show 不存在 v-else-if 的情况。要么显示，要么不显示。另外 v-show 修饰的标签是通过 display:none 来隐藏的，而 v-if 修饰的标签在判断为 false 的情况不会插入 HTML 文档中，因此当涉及频繁显示隐藏的元素时推荐使用 v-show 来修饰，这样可减少在条件切换时 HTML 标签频繁地创建和删除所带来的性能开销。

v-show 指令的使用方式如下：

```
< div v-show="条件判断">
    要展示的值
</div>
```

v-show 的实际案例代码如下：

```
<!-- 第2章 v-show案例 -->
<! DOCTYPE html>
< html>
  < head>
    < meta charset="utf-8">
    < title></title>
  </head>
  < body>
    < div id="app">
      <!-- 使用 v-model 将 show 属性绑定在 input 上，show 属性会随着 checkbox 的选中和取消
切换 true 和 false -->
      < label for="check">
        < input id="check" type="checkbox" v-model="show"/>
        显示/隐藏
      </label>
      < div v-show="show">
        我会随着 checkbox 的选中而显示
      </div>
    </div>
     < script src="https://cdn. jsdelivr. net/npm/vue/dist/vue. js" type="text/javascript"
charset="utf-8"></script>
    < script type="text/javascript">
      new Vue({
        data(){
          return {
            show:true
          }
        }
      }). $mount('#app')
    </script>
  </body>
</html>
```

可以发现网页中会出现一个可以切换选中和取消的复选框,这里使用了 v-model 指令来对 checkbox 进行绑定,当选中 checkbox 时,show 属性为 true;当未选中 checkbox 时,show 属性为 false。这样网页中通过 v-show 绑定的 div 就会随着 show 值的变化而动态地切换显示和隐藏,代码运行结果如图 2-6 所示。

(a) 选中checkbox　　　　　　　　(b) 未选中checkbox

图 2-6　v-show 案例的运行结果

v-show 的特性是通过 CSS 样式来切换元素显示和隐藏的,可以通过浏览器 Web 控制台中的 Elements 查看器查看本页加载的 HTML 文档的具体样式。当 show 为 false 时元素在网页中已经隐藏,但是它仍然存在于 HTML 文档对象中,它的隐藏是通过行内样式 display:false 实现的,如图 2-7 所示。

图 2-7　v-show 的渲染方式案例

2.4.5　v-for 列表渲染

列表渲染指令是 Vue 模板语法在 HTML 标签中提供的语法糖,被它修饰的标签可以直接通过 data 选项中定义的数组类型数据在 HTML 标签上进行循环输出,无须通过 DOM 操作的方式由 JS 动态渲染到 HTML 代码中。被 v-for 修饰的标签上还需要绑定 key 属性,key 属性为唯一标识,主要用于提升列表更新时的渲染速度,key 必须是在当前网页内唯一的结果并且不可以为空。

列表渲染的代码如下：

```
<!-- 使用列表渲染时 item 相当于每次循环时数组的其中一个子项,index 相当于数组的序号,从 0
开始 -->
<!-- 在循环标签上必须通过 v-bind 绑定一个 key 属性,内部需要提供具备唯一性的值 -->
<div v-for="(item,index) in 数组对象" v-bind:key="唯一的值">
    <!-- 在循环体区域内部可以直接访问 item 和 index,当 item 为对象时可以通过"对象.属性"的
方式继续提取数据 -->
    {{item}}{{index}}
</div>
```

v-bind 标签将等号右侧的变量对应的结果绑定在 v-bind 修饰的属性上,是 Vue 提供的一个属性绑定的指令,在后续的介绍中会具体介绍它的使用方式。

接下来通过实际案例深入地学习 v-for 在 Vue 框架开发中的使用方式,代码如下：

```
<!-- 第 2 章 v-bind 使用方式案例 -->
<!DOCTYPE html>
<html>
  <head>
    <meta charset="utf-8">
    <title></title>
  </head>
  <body>
    <div id="app">
      <table border="1">
        <thead>
          <tr>
            <th>
              序号
            </th>
            <th>
              姓名
            </th>
            <th>
              电话
            </th>
            <th>
              邮箱
            </th>
            <th>
              生日
            </th>
            <th>
              操作
            </th>
          </tr>
        </thead>
```

```
    < tbody >
      <!-- -->
      < tr v-for ="(item,index) in list" v-bind:key="item.id">
        < td >
          {{index + 1}}
        </td>
        < td >
          {{item.name}}
        </td>
        < td >
          {{item.phone}}
        </td>
        < td >
          {{item.email}}
        </td>
        < td >
          {{item.birthday}}
        </td>
        < td >
          < button >修改</button >
          < button >删除</button >
        </td>
      </tr>
    </tbody >
  </table >
</div >
  < script src ="https://cdn.jsdelivr.net/npm/vue/dist/vue.js" type ="text/javascript"
charset ="utf-8"></script >
  < script type ="text/javascript">
    new Vue({
      data(){
        return {
          list:[
            {
              id:'a001',
              name:'阳顶天',
              phone:'17388889887',
              email:'xxx@xxx.com',
              birthday:'20xx-0x-0x'
            },
            {
              id:'a002',
              name:'杨逍',
              phone:'17388889888',
              email:'xxx@xxx.com',
              birthday:'20xx-0x-0x'
            },
            {
              id:'a003',
```

```
                name:'张无忌',
                phone:'17388889889',
                email:'xxx@xxx.com',
                birthday:'20xx-0x-0x'
            },
            {
                id:'a004',
                name:'张三丰',
                phone:'17388889880',
                email:'xxx@xxx.com',
                birthday:'20xx-0x-0x'
            }
        ]
      }
    }
    }).$mount('#app')
  </script>
  </body>
</html>
```

参考案例代码,在 data 中声明了一个名为 list 的数组对象,它是一条 JSON 对象数组,接下来的目标是将其内部的所有数据插入 table 表格中进行展示,如果使用原始的 JS 操作,则需要借助字符串拼接的方式或者 createElement 的方式才能实现,而使用了 v-for 之后渲染流程可以直接在 HTML 标签中进行操作,无须编写 JavaScript 的逻辑。使用 v-for 之后 item 对象就相当于数组中的每个 JSON 对象,以第一次循环为例,当 v-for 执行第一次循环时 item 内部存储的数据结构为{id:'a001',name:'阳顶天',phone:'17388889887',email:'xxx@xxx.com',birthday:'20xx-0x-0x'},item 本身就相当于这个对象,根据分析发现 id 这个属性具备数据的唯一性,所以使用它来绑定 key 属性,其他的内部属性对应的数据展示到表格的内部,只需使用 item.属性名称。这里需要注意的是,index 变量是从 0 开始计数的,所以在使用它作为列表序号时需要做 index+1 运算,实现 table 表格的数据渲染,如图 2-8 所示。

序号	姓名	电话	邮箱	生日	操作	
1	阳顶天	17388889887	xxx@xxx.com	20xx-0x-0x	修改	删除
2	杨逍	17388889888	xxx@xxx.com	20xx-0x-0x	修改	删除
3	张无忌	17388889889	xxx@xxx.com	20xx-0x-0x	修改	删除
4	张三丰	17388889880	xxx@xxx.com	20xx-0x-0x	修改	删除

图 2-8　v-for 案例的运行结果

2.4.6　v-model 双向绑定

v-model 是 Vue 中最具特色的指令之一,它可以将 data 选项中定义的属性绑定到指定的 HTML 标签上。一旦绑定成功,用户操作页面触发的变化,会直接作用到被绑定的变量本身。如使用 v-model 将变量绑定到 input 标签后,用户在页面输入框输入内容时,这个变量能实时记录输入的数据,并且当应用程序触发绑定在输入框上的变量值发生变化时,用户界面也会立即渲染新的结果,所以通常称 v-model 为双向绑定。

v-model 可作用的 HTML 标签有 input 的各种类型标签、select 标签、textarea 标签和

Vue 中的自定义组件。

接下来学习 v-model 的使用方式,代码如下:

```html
<!-- 第 2 章 v-model 案例 -->
<input v-model="data 中的属性"/>
<textarea v-model="data 中的属性"></textarea>
<select v-model="data 中的属性">
  <option value="1">选项一</option>
  <option value="1">选项二</option>
  <option value="1">选项三</option>
</select>
```

v-model 在可作用的标签上的操作行为相同。当绑定属性之后,用户操作页面触发的变化均会使标签上绑定的 data 属性的值发生变化。data 的属性变化也会触发这些标签重新渲染。v-model 在 input 标签上使用时,将 input 标签的 value 属性的值与 data 中的属性关联在一起;v-model 在 textarea 标签上使用时,将 textarea 的 innerText 的值与 data 中的属性关联在一起;v-model 在 select 标签上使用时,将 select 内部被选中的 option 标签的 value 与 data 中的属性关联在一起。

接下来对 v-model 在表单中的使用举例说明,代码如下:

```html
<!-- 第 2 章 v-model 在表单中的案例 -->
<!DOCTYPE html>
<html>
  <head>
    <meta charset="utf-8">
    <title></title>
  </head>
  <body>
    <div id="app">
      <h4>v-model 基础</h4>
      <!--
        v-model 会自动将 data 中指定的属性值绑定到当前组件中,
        并且引用后会持续与 HTML 组件关联,如输入框中人为在页面中输入新的值
        inputValue 的值会同步发生变化
      -->
      <input type="text" v-model="inputValue"><br/>
      inputValue 的值:{{inputValue}}<br/>
      <h4>
      <!-- v-model 默认支持所有的可输入表单控件及 Vue 的自定义组件,不支持普通的 HTML
元素 -->
      2.默认可使用 v-model 的常用原生 HTML 标签
      <div>
        学历:{{level}}
        <label for="level1"><input id="level1" type="radio" v-model="level" name="level"
value="1">专科</label>
```

```html
        <label for="level2"><input id="level2" type="radio" v-model="level" name=
"level" value="2">本科</label>
        <label for="level3"><input id="level3" type="radio" v-model="level" name=
"level" value="3">研究生</label>
      </div>
      <div>
        爱好:{{like}}
        <label for="like1">
          <input id="like1" type="checkbox" v-model="like[0]" name="like" value=
"1">旅行
        </label>
        <label for="like2">
          <input id="like2" type="checkbox" v-model="like[1]" name="like" value=
"2">摄影
        </label>
        <label for="like3">
          <input id="like3" type="checkbox" v-model="like[2]" name="like" value=
"3">游戏
        </label>
        <label for="like4">
          <input id="like4" type="checkbox" v-model="like[3]" name="like" value=
"4">写代码
        </label>
        <label for="like5">
          <input id="like5" type="checkbox" v-model="like[4]" name="like" value=
"5">待着
        </label>
      </div>
      <div>
        {{textareaValue}}<br/>
        <textarea name="" id="" cols="30" v-model="textareaValue" rows="2">
</textarea>
      </div>
      <div>
        性别: {{sex}}
        <select name="sex" v-model="sex" id="">
          <option value="">请选择</option>
          <option value="1">男</option>
          <option value="2">女</option>
        </select>
      </div>
    </h4>
  </div>
  <script src="https://cdn.jsdelivr.net/npm/vue/dist/vue.js" type="text/javascript"
charset="utf-8"></script>
  <script type="text/javascript">
    new Vue({
      data(){
        return {
```

```
                inputValue:'hello',
                textareaValue:'',
                level:'',
                like:[false,false,false,false,false],
                sex:''
            }
        }
    }). $mount('#app')
  </script>
  </body>
</html>
```

这里介绍了 v-model 在 input 系列标签、textarea 和 select 标签上绑定的详细案例。这里重点介绍 v-model 在 input 标签上的特殊情况。当 input 为文本标签时 data 中的 inputValue 会直接绑定在 input 标签的 value 属性上，并且随着页面的输入自动变化。当 input 的 type 为 radio 时，input 会从输入框变成单选组件。这时每个 input 就相当于有自己的固定 value 了，所以此时 input 标签上绑定的 sex 属性，会自动被设置为 radio 中被选中标签 value 属性的值。当 input 的 type 为 checkbox 时，该标签代表多选按钮。这种情况下每个 input 本身会被定义为选中和未选中两种状态。由于 checkbox 本身代表多选，绑定在 checkbox 上的属性应该与 checkbox 保持一对一的关系，所以代码中的爱好使用 like 数组进行绑定，选中的 checkbox 会将数组中对应位置的元素设置为 true。代码运行的结果如图 2-9 所示。

图 2-9　v-model 案例的运行结果

v-model 在 Vue 中有着举足轻重的地位，它实现的双向绑定在后续的自定义组件中应用时，会深入地介绍其底层的数据绑定原理。

2.4.7　v-once 一次性渲染

v-once 是 Vue 提供提升渲染性能的指令。被 v-once 指令修饰的标签及其所有后代元素，都只参与 Vue 的第一次渲染。当 Vue 对视图进行更新时，被 v-once 修饰的元素都会被跳过，这样可以在 Vue 的虚拟 DOM 做 diff 运算时大大缩短对比次数，从而提升渲染性能。它也用于在项目开发中展示某些数据最初的结果。由于 Vue 的渲染特性，当数据保存在

Vue 对象中之后如果值发生变化,则页面也会随之更新,所以有一些开发场景希望在页面局部永远展示这些数据最初的样子,这时也会应用到 v-once。

v-once 的使用方式,代码如下:

```
< div v-once >
<!-- 该标记的内部所有后代作用域都不会参与 Vue 的视图更新 -->
...
</div >
```

v-once 的实际应用场景,代码如下:

```
<!-- 第 2 章 v-once 应用场景案例 -->
<!DOCTYPE html >
< html >
  < head >
    < meta charset ="utf-8">
    < title ></title >
  </head >
  < body >
    < div id="app">
      < input type="text" v-model="inputValue">
      < br >
      inputValue 的值: {{inputValue}}
      < div v-once >
        inputValue 的初始值:{{inputValue}}
      </div >
    </div >
     < script src ="https://cdn. jsdelivr. net/npm/vue/dist/vue. js" type ="text/javascript"
charset ="utf-8"></script >
    < script type="text/javascript">
      new Vue({
        data(){
          return {
            inputValue:'我是初始结果'
          }
        }
      }). $mount('#app')
    </script >
  </body >
</html >
```

结合运行结果,可以了解 v-once 的作用。当插值表达式应用在 v-once 修饰的 div 后时,无论双向绑定的输入框如何更改数据,在 v-once 内部的部分都永远展示 inputValue 属性最初的结果,这就是一次性渲染的作用,如图 2-10 所示。

> 我是初始结果1234
>
> inputValue的值: 我是初始结果1234
> inputValue的初始值:我是初始结果

图 2-10　v-once 案例的运行结果

2.4.8　v-bind 属性绑定介绍

v-bind 指令是 Vue 为属性绑定提供的另一个解决方案。v-model 可以将 data 中定义的属性绑定到指定的 HTML 标签中,但是它的作用范围仅限于 input、select、textarea 及自定义组件。在实际开发中需要经常对 HTML 标签的各种原生属性进行更改操作,仅靠 v-model 指令无法满足工作需求,所以 v-bind 指令主要用来将 data 选项中定义的属性的值动态地绑定到 HTML 标签的原生属性上。在 v-for 列表渲染中已经对它有过一面之缘,接下来了解一下 v-bind 的基本使用方式,代码如下:

```html
<!-- 绑定后 src 的结果就是 data 中属性的值,当属性的值发生变化时 src 的值也会随之发生变化 -->
< img v-bind:src ="data 中定义的属性"/>
<!-- v-bind 的简写方式 -->
< img :src ="data 中定义的属性"/>
```

按照标准格式设置之后就相当于将 data 中定义的属性绑定到了 src 中,并且属性的值发生变化时,img 标签的 src 属性的值也会对应地变化。不同于 v-model,如果使用 v-bind 在 input 标签的 value 上绑定数据,虽然能将属性的值直接展示在 input 输入框中,但是当用户通过页面操作而触发输入框内部的值变化时,并不会让绑定在 value 上的变量发生变化,所以 v-bind 绑定方式也叫作单向绑定。单向绑定的方向是从 Vue 变量到页面视图的方向,当 Vue 的属性发生变化时页面会随之变化,而通过页面输入触发的变化不会影响 v-bind 绑定的属性。v-bind 的实际应用案例,代码如下:

```html
<!-- 第 2 章 v-bind 实际案例代码 -->
<!DOCTYPE html >
< html >
  < head >
    < meta charset ="utf-8">
    < title ></title >
  </head >
  < body >
    < div id ="app">
      < h4 >单向绑定案例</h4 >
      < input type ="text" v-bind:value ="inputValue">
      < br >
      inputValue 的值为{{inputValue}}
      < h4 >动态更新案例</h4 >
      < select v-model ="type">
        < option value ="input">变成输入框</option >
        < option value ="checkbox">变成多选</option >
        < option value ="radio">变成单选</option >
        < option value ="range">变成拉杆</option >
      </select >
      <!-- 这里使用了简写 -->
```

```
        被改变的 input: < input :type = "type" >
    </div>
      < script src = "https://cdn. jsdelivr. net/npm/vue/dist/vue. js" type = "text/javascript"
charset = "utf-8"></script>
    < script type = "text/javascript">
      new Vue({
        data(){
          return {
            inputValue:'我是初始结果',
            type:'input'
          }
        }
      }). $mount('#app')
    </script>
  </body>
</html>
```

　　单向绑定案例是单向绑定的案例,当把 inputValue 绑定在 input 输入框的 value 属性
上时,inputValue 的初始结果可以直接在输入框内部展示,但是
在网页中操作输入框变化时,不会触发 inputValue 变化。动态更
新案例是用来展示 data 的属性触发页面更新的案例。在 data 中
定义一个 type 属性,用来动态地设置 input 输入框的类型。配合
v-model 与 select 下拉列表的绑定,可以通过 v-model 模式动态
修改 type 的值,所以在页面中当选择变成多选时,type 的值会被
变更为 checkbox,这样 input 上绑定的 type 结果也会变成
checkbox,页面会从输入框变成多选按钮,如图 2-11 所示。

图 2-11　v-bind 案例的
　　　　运行结果

2.4.9　v-on 事件绑定介绍

　　v-on 事件绑定也是 Vue 中非常重要的指令之一。由于 Vue 是非 DOM 操作框架,因此
它的事件系统不能使用 HTML 的原生事件系统。原生事件系统无法直接与 Vue 对象内部
进行通信,所以 Vue 提供了一套内置的事件系统,可使用 v-on 指令来操作。它可以实现给
HTML 标签绑定自定义事件,并且将事件定义在 Vue 对象内部。这样自定义事件可以直
接通过 Vue 的上下文对象访问 data 属性,进而触发页面更新。这个流程让 Vue 可以在无
须获取任何 DOM 对象的前提下,实现对 HTML 页面的动态更新操作。开发者只需关注数
据的变化,大大地提升了开发效率。v-on 的基本使用方式,代码如下:

```
<!-- 第 2 章 v-on 事件绑定案例 -->
<!-- v-on:事件名="事件对象"就可以自动将 Vue 实例中的 methods 内定义的同名函数绑定在元素
上 -->
< button v-on:click="handleClick">完整绑定< button >
<!-- v-on:可以简写为@方便开发,当函数名带括号时原生事件对象就会消失 -->
```

```
<button @click="handleClick1()">简写绑定</button>
<!-- 当变成自定义传递参数模式时可以使用$event来获取原生的事件对象,并且后面可以追加自
定义参数,这些参数会按照传递顺序成为事件函数的形参 -->
<button @click="handleClick1($event,1,2)">简写绑定</button>
{{str}}
<script>
new Vue({
  data(){
    return{
      str:'初始值'
    }
  },
  methods:{
    //event为原生的事件对象
    handleClick(event){
      //事件执行,this代表Vue对象的实例,它可以直接访问data中的属性
      //this.str设置新值会直接触发页面的更新
      this.str='我变更了str'
      //事件中的this还可以直接访问methods中的其他事件并调用它们
      this.handleClick1()
    },
    handleClick1(){
      //此事件函数没有任何参数
    },
    handleClick2(event,arg1,arg2){
      //此事件中的event为原生事件对象,arg1为1,arg2为2
    }
  }
})

</script>
```

使用 v-on 绑定的事件和原生事件在实际操作中没有任何差别,不同点在绑定方式上。v-on 指令在开发场景中通常使用简写的方式进行事件绑定。被绑定的事件需要定义在 Vue 对象的 methods 选项内部并以函数的形式声明。在标签上绑定的事件有两种写法:当事件定义中只编写事件名称时,事件函数中默认的参数为 HTML 原生的事件对象;当绑定的事件名带括号的形式存在时,事件的默认参数会消失,但仍可通过在括号中传入 $event 来将事件对象恢复,括号中可继续追加自定义参数。事件函数对象内部的 this 为 Vue 的实例对象,可以直接通过 this 访问 data 中定义的属性。在函数中更改这个属性可以直接触发页面的更新。this 对象也可以直接访问并调用 methods 中其他的事件函数,所以 Vue 中的事件绑定机制非常灵活并且便于开发中的复杂业务操作。

2.4.10　style 绑定介绍

v-bind 在绑定 HTML 标签的原生属性时都可以通过字符串或者数字等基本类的变量进行设置,绑定 style 时与其他属性的设置方式不同。style 的默认编写方式是"CSS 属性:

属性值；CSS 属性；属性值"这种格式。如直接使用字符串作为变量的值绑定 style 属性，在 Vue 的事件对 style 样式的操作就会变得复杂。因为操作字符串时，JavaScript 无法直接对字符串内部的指定属性进行获取和更改，所以在 v-bind 绑定 style 时需要使用 JSON 对象的方式进行绑定。这样在 Vue 事件函数内就可以通过 JavaScript 直接访问指定的行内样式的属性进行操作。

在 Vue 开发过程中当对元素的样式有更改需求时，由于 Vue 的框架特性主张不应直接操作 DOM 对象的 style 属性来更改元素的样式，所以将行内样式内容以 JSON 结构定义在 Vue 的 data 选项中，通过 v-bind 映射到 Vue 视图对象中。通过以操作对象属性的方式来触发元素样式的持续改变，实现页面元素的一些复杂动作变化。这种方式的好处是每一步的动作都可以在 JavaScript 中追踪捕获到。style 绑定的基本使用方式，代码如下：

```html
<!-- 第 2 章 style 绑定案例 -->
<div :style="style">
  第一种方式,整个对象绑定
</div>
<div :style="{width:divWidth,height:divHeight}">
  第二种方式,整个对象绑定
</div>

<script>
new Vue({
  data(){
    return {
      style:{
        width:'100px',
        height:'100px',
        backgroundColor:'red'//当设置的 CSS 属性为带"-"的属性时,可以使用驼峰形式设置名称
      },
      divWidth:'100px',
      divHeight:'100px'
    }
  }
}). $mount('#app')
</script>
```

style 的绑定方式有两种：一种是直接将整个 JSON 对象变量绑定在 style 属性上，实现将 CSS 属性在 JavaScript 中进行统一配置；另一种是把 JSON 对象代码写在标签上，将需要改变的属性单独提取出来并定义在 data 中。这两种方式在结果上没有任何区别，如果在 JavaScript 中需要操作的 CSS 属性数量较少，则可以使用第二种绑定方式。如果在 JavaScript 中需要操作的 CSS 属性数量较多，就需要使用整个对象的绑定方式。这样在使用 JavaScript 更改指定属性时会更加方便，减少 data 中根级变量定义的数量。

接下来了解 style 绑定的实际应用，代码如下：

```
<!-- 第 2 章 style 绑定的实际应用案例 -->
<!DOCTYPE html>
<html>
  <head>
    <meta charset="utf-8">
    <title></title>
  </head>
  <body>
    <div id="app">
      <h4>style 绑定案例</h4>
      <!-- 在这里使用单个变量的方式绑定圆角半径,因为拉杆只操作一个变量的变化 -->
      <div :style="{width:'100px',height:'100px',backgroundColor:'red',borderRadius:r + 'px'}">

      </div>
      <!-- 使用拉杆标签将半径变量进行双向绑定 -->
      <input type="range" min="0" max="50" v-model="r">
    </div>
    <script src="https://cdn.jsdelivr.net/npm/vue/dist/vue.js" type="text/javascript"
charset="utf-8"></script>
    <script type="text/javascript">
      new Vue({
        data(){
          return {
            r:0
          }
        }
      }).$mount('#app')
    </script>
  </body>
</html>
```

当开发中有需求通过一根拉杆来动态地更改元素外观时,例如将页面元素从正方形变成圆形并要求每个步骤都能停顿,就需要使用 style 的绑定。针对本案例的情景,使用单个变量的方式绑定 style 更加适合。因为 div 的默认样式在事件触发的过程中不变,这个过程中变化的仅仅是圆角半径,所以拖曳拉杆时,使用双向绑定关联 data 选项中的 r 属性。将 r 属性绑定在 div 的 style 对象上时需要注意,borderRadius 属性的结果是需要单位的,所以在赋值时涉及字符串的拼接,如图 2-12 所示。

图 2-12　style 绑定案例的运行结果

2.4.11　class 绑定介绍

v-bind 绑定属性的特殊情况除 style 以外,当遇到 class 属性时,绑定的方式也有单独的规则。在 DOM 操作中除了可以直接修改 style 属性进行界面的图形操作外,经常会提前在样式文件中定义好同一个元素在不同状态下的样式,通过 JavaScript 动态切换 HTML 标签的 class 属性名应用不同的样式。在 Vue 中操作 class 的数据时，由于一个 HTML 元素可以同时设置多个 class 名称，Vue 规定绑定 class 时也要使用 JSON 对象的方式设置。Vue 提供了两种绑定 class 的方式，代码如下：

```
<!-- 第 2 章 class 绑定案例 -->
<!-- 实际渲染的结果是 class="p-div active" -->
<div class="p-div" :class="classObj">
        使用对象的绑定方式
</div>
<!-- 实际渲染的结果是 class="p-div active" -->
<div class="p-div1" :class="classArr">
        使用数组的绑定方式
</div>
<script type="text/JavaScript">
new Vue({
  data(){
    return {
      classObj:{ //对象的绑定方式是将 JSON 对象中值为 true 的 key 作为 class 名称追加到原始元素中
        active:true,
        hide:false
      },
      classArr:['active']//数组的绑定方式是将数组对象中设置的名称追加到元素原始 class 的后面

    }
  }
}). $mount('#app')
</script>
```

class 的绑定方式有两种：一种是 JSON 对象绑定的方式；另一种是数组绑定的方式。两种方式绑定的 class 名称与元素本身绑定的 class 互不冲突。被动态绑定的 class 名称会自动追加到元素自带 class 名称的后面。使用 JSON 对象的绑定方式时，对象的属性名称就是要绑定的样式名，通过属性的值为 true 或者 false 来决定该样式名是否追加到元素上，所以这种方式特别适合对 HTML 进行状态切换。数组的绑定方式是直接使用样式名的字符串数组，在数组中设置的内容会自动追加到元素上，所以它更加适合在不同样式名称切换的场景中使用。接下来学习 class 绑定的实际应用案例，代码如下：

```
<!-- 第 2 章 class 绑定实际应用案例 -->
<!DOCTYPE html>
<html>
  <head>
    <meta charset="utf-8">
    <title></title>
    <style type="text/css">
      .p-card{
        color: #444;
```

```css
  border: 1px solid #ccc;
  border-radius: 5px;
  padding: 10px 15px;
  display: inline-block;
  cursor: pointer;
  background: #fff;
  transition:all .3s ;
}
.p-card .p-card-title{
  font-weight: bold;
}
.p-card .p-card-content ul{
  padding: 0px;
  list-style: none;
  font-size: 14px;
  color: #888;
}
.p-card.active{
  transform: translate(0px,-3px);
  box-shadow: 0px 2px 10px 2px rgba(100,100,100,0.3);
}
.p-logo{
  display: block;
  width: 100px;
}
/* 动态插入旋转动画 */
.p-logo-rotate{
  animation: rotate;
  animation-timing-function: linear;
  animation-iteration-count: infinite;
  animation-duration: 2s;
}
/* 三维旋转动画 */
@keyframes rotate{
  from{
    transform: perspective(200px) rotateY(0deg);
  }
  to{
    transform:perspective(200px) rotateY(360deg);
  }
}
/* 动态插入心跳动画 */
.p-logo-scale{
  animation: scale;
  animation-timing-function: linear;
  animation-iteration-count: infinite;
  animation-duration: 1s;
}
/* 心跳动画 */
```

```css
@keyframes scale{
  0%{
    transform: scale(1);
  }
  10%{
    transform: scale(1.3);
  }
  20%{
    transform: scale(1.2);
  }
  30%{
    transform: scale(1.1);
  }
  40%{
    transform: scale(1);
  }
  50%{
    transform: scale(1);
  }
  60%{
    transform: scale(1.3);
  }
  70%{
    transform: scale(1.2);
  }
  80%{
    transform: scale(1.1);
  }
  90%{
    transform: scale(1);
  }
  100%{
    transform: scale(1);
  }
}
/* 动态插入跳跃动画 */
.p-logo-jump{
  animation: jump;
  animation-timing-function: linear;
  animation-iteration-count: infinite;
  animation-duration: 3s;
}
/* 跳跃动画 */
@keyframes jump{
  0%{transform: translate(0px,0px);}
  7%{transform: translate(0px,-20px);}
  15%{transform: translate(0px,-40px);}
  20%{transform: translate(0px,-50px);}
  37%{transform: translate(0px,-40px);}
  45%{transform: translate(0px,-20px);}
  50%{transform: translate(0px,0px);}
```

```
          60 %{transform: translate(0px,-20px);}
          70 %{transform: translate(0px,0px);}
          75 %{transform: translate(0px,-15px);}
          80 %{transform: translate(0px,0px);}
          95 %{transform: translate(0px,0px);}
          100 %{transform: translate(0px,0px);}
        }
     </style>
</head>
<body>
   <div id="app">
     <h4>
        1. 以对象方式绑定 class
     </h4>
     <!--
        直接写入方式:尝试更改 active 的值来观察网页中卡片 1 的样式是否变更
        当 active 为 true 时会对 div.p-card 追加一个 active 样式
        当 active 为 false 时不会追加样式
        具体效果可以打开浏览器的查看器观察
     -->
     <div class="p-card" :class="{active:false}">
        <div class="p-card-title">
          我是卡片 1
        </div>
        <div class="p-card-content">
          <ul>
            <li>我是卡片内容 1</li>
            <li>我是卡片内容 2</li>
            <li>我是卡片内容 3</li>
            <li>我是卡片内容 4</li>
          </ul>
        </div>
     </div>
     <!--
        绑定 data 中属性的方式,在 data 中定义 cardClass 对象,对象必须是 JSON
        格式,仍然是 className:boolean 的方式
        通过 data 绑定的变量可以由 Vue 的事件动态地改变 HTML 元素的样式
     -->
     <div class="p-card" :class="cardClass"
        @mouseover="handleMouseover"
        @mouseout="handleMouseout">
        <div class="p-card-title">
          我是卡片 2
        </div>
        <div class="p-card-content">
          <ul>
            <li>我是卡片内容 1</li>
            <li>我是卡片内容 2</li>
            <li>我是卡片内容 3</li>
            <li>我是卡片内容 4</li>
          </ul>
```

```
      </div>
    </div>
    <h4>
        练习：实现单击按钮展示不同的动画
        步骤：1.对动画按钮绑定单击事件
            2.在 data 中创建 animateClass 对象并绑定到 img 标签上
            3.在不同的单击事件中将当前应该使用的动画切换为 true
    </h4>
    <div>
        <button @click="handleRotateClick">三维旋转</button>
        <button @click="handleScaleClick">心跳</button>
        <button @click="handleJumpClick">跳跃</button>
        <button @click="handleCancelClick">取消</button>
        <img class="p-logo" :class="animateClass" src="assets/logo.png" alt="">
    </div>
  </div>
  <script src="https://cdn.jsdelivr.net/npm/vue/dist/vue.js" type="text/javascript"
charset="utf-8"></script>
  <script type="text/javascript">
    new Vue({
      data(){
        return {
          cardClass:{
            active:false
          },
          //当 class 名称带"-"时需要用引号将 key 引用
          animateClass:{
            'p-logo-rotate':false,
            'p-logo-scale':false,
            'p-logo-jump':false
          }
        }
      },
      methods:{
        //鼠标移入事件
        handleMouseover(){
          this.cardClass.active=true
        },
        //鼠标移出事件
        handleMouseout(){
          this.cardClass.active=false
        },
        //触发旋转动画
        handleRotateClick(){
          this.animateClass['p-logo-rotate']=true
          this.animateClass['p-logo-scale']=false
          this.animateClass['p-logo-jump']=false
        },
        //触发心跳动画
        handleScaleClick(){
          this.animateClass['p-logo-rotate']=false
```

```
            this.animateClass['p-logo-scale']=true
            this.animateClass['p-logo-jump']=false
        },
        //触发跳跃动画
        handleJumpClick(){
            this.animateClass['p-logo-rotate']=false
            this.animateClass['p-logo-scale']=false
            this.animateClass['p-logo-jump']=true
        },
        //取消所有动画
        handleCancelClick(){
            this.animateClass['p-logo-rotate']=false
            this.animateClass['p-logo-scale']=false
            this.animateClass['p-logo-jump']=false
        }
    }
}).$mount('#app')
</script>
</body>
</html>
```

　　根据应用场景总结，当开发过程中遇到操作元素的两种状态变更时，往往采用 class 切换的方式来操作 HTML 元素的样式变更，这样的渲染性能要高于直接操作 style 行内样式，所以 class 绑定在实际开发中占有重要的地位，代码运行结果如图 2-13 所示。

图 2-13 class 绑定应用案例的运行结果

2.4.12 其他常用指令介绍

1. v-clock 指令介绍

　　v-clock 指令主要的用途是防止插值表达式造成的页面闪烁问题。当代码运行在生产环境时，用户打开网页时浏览器会先加载网页中的 HTML、CSS 和 JavaScript 等在线资源，需要等待资源加载完毕后才能正确运行网页。在加载过程中，Vue 框架的核心渲染功能必须在 JavaScript 文件加载完毕后才能执行。由于网页的加载顺序是先加载 HTML 文件代码和样式代码,在 JavaScript 代码加载前网页的 HTML 部分就已经可见,所以在 Vue 第一次渲染执行完成前,使用{{}}的代码原始内容会随着 HTML 文档的加载而展示。在此期间可能会瞬间看见网页内部出现大量的插值表达式源代码,影响用户体验。为了避免这种不好的体验,Vue 提供了 v-clock 指令。它可以让程序在第一次渲染前,选择性地将带有{{}}表达式的部分内容进行隐藏,直到 Vue 执行完第一次渲染之后再让这些元素展示,代码如下:

```
<!-- 第 2 章 v-clock 指令案例 -->
<style>
  [v-clock]{
    display:none;
  }
</style>
<!-- 在 HTML 节点部分将带有{{}}的标签使用 v-clock 修饰并设置对应的样式,这样这些元素在第一次渲染之前就不会展示 -->
<div v-clock>
  {{带表达式的部分}}
</div>
```

2. v-pre 指令介绍

v-pre 指令的作用与 v-once 指令的作用类似,它们都可以提升 Vue 的单次渲染速度。不同的是 v-once 会参与 Vue 第一次渲染,写在 v-once 元素内部的插值表达式都会被渲染成值的内容。v-pre 修饰的元素会直接跳过 Vue 每次渲染的流程,全程不参与任何 Vue 相关的渲染操作,所以当使用 v-pre 修饰 HTML 标签之后,在其内部的所有后代区域全部都不会运行 Vue 框架的表达式,实际操作方式的代码如下:

```
<!-- 该标签在 Vue 渲染时不参与渲染并且在页面会原样输出{{123}}... -->
<div v-pre>{{123}}...</div>
```

3. ref 指令介绍

ref 指令的作用是在 Vue 中提供一个 DOM 对象的映射。在 Vue 框架第一次渲染时,Vue 会在处理视图组件时检测所有带 ref 的标签,并将其对应的 DOM 对象或组件对象的引用保存到 Vue 实例的 $refs 中。

虽然 Vue 框架通过良好的设计方式规避了所有常用场景中直接操作 DOM 的问题,但是在与其他框架整合时,仍然避免不了 DOM 对象的操作。为了让 DOM 对象的获取速度更快,Vue 提供了 ref 指令。这样在 Vue 框架中如果涉及必须获取 DOM 对象的场景,则无须借助 document 对象,直接使用 this.$refs 便能直接访问在 Vue 实例上注册的 ref 对象。通过 ref 获取的 HTML 标签对象与通过 DOM 操作获取的对象完全一样,不同的是,ref 是在 Vue 第一次渲染时直接记录到 Vue 实例对象中,后续获取不再需要遍历 DOM 树,这样

可以提高对象操作性能,代码如下:

```
<!-- 第2章 ref指令代码案例 -->
<!-- HTML部分代码 -->
<div ref="div">
  我是一段HTML代码
</div>
<script>
  //JS部分代码
  new Vue({
    mounted(){
    //输出的对象会是上面的div的完整DOM对象
     console.log(this.$refs.div)
    }

  })
</script>
```

2.5 Vue的常用选项介绍

Vue的选项是在实例化Vue对象时传入的JSON对象中定义的属性。

2.5.1 data选项介绍

data选项是Vue对象用来定义响应式数据属性的对象。它通常作为一个函数存在,需要在函数内部返回一个JSON对象。JSON对象中声明的属性可以直接通过插值表达式在页面中展示其结果。data选项中声明的属性具备响应式数据特性,当其值发生变化时会触发页面的重新渲染,实现网页的自动更新。Vue也是通过data选项实现以数据为核心驱动页面更新的编程方式。

使用data选项时需要注意,Vue框架会在初始化时递归地遍历data选项中返回的对象,为其中定义的所有属性绑定setter和getter,所以在Vue实例创建之后,Vue对象才能实时知道data中的属性什么时候被设置了新值。一旦Vue完成了属性的setter和getter绑定,便不会再对其内部追加的其他属性进行监听,所以在Vue中推荐定义数据时应先将需要使用的属性提前初始化到data选项中,否则后创建的属性将不再具备响应式能力,更改它时也不会触发页面的更新。data选项中返回对象的属性会被直接挂载到Vue实例上,所以在data中声明的属性才能直接通过this上下文对象访问。

data选项的初始化方式,代码如下:

```
<!-- 第2章data选项初始化方式案例 -->
//函数方式
new Vue({
  data(){
   return {
```

```
        属性:值,
        属性:值,
        属性:值,
        ...
      }
    }
})
//对象方式
new Vue({
  data:{
    属性:值,
    属性:值,
    属性:值,
    ...
    }
})
```

不推荐的 data 选项定义的方式,代码如下:

```html
<!-- 第 2 章 不推荐的 data 选项使用案例 -->
<!DOCTYPE html>
<html>
  <head>
    <meta charset="utf-8">
    <title></title>
  </head>
  <body>
    <!-- 这个 div 用于声明它是一个 Vue 框架的渲染容器
        只有在这个标签内部的空间才能书写 Vue 的语法
      -->
    <div id="app">
      用户的信息:{{user}}
      <button @click="handleClick">追加性别</button>
    </div>
    <!-- 开发环境版本,包含了有帮助的命令行警告 -->
    <script src="https://cdn.jsdelivr.net/npm/vue/dist/vue.js"></script>
    <!-- 生产环境版本,优化了尺寸和速度 -->
    <script src="https://cdn.jsdelivr.net/npm/vue"></script>
    <script type="text/javascript">
      new Vue({
        data(){
          return {
            user:{
              name:'小明',
              age:18
            }
          }
        },
        methods:{
          handleClick(){
```

```
              //本案例中直接对 user 对象追加 sex 属性并不会触发页面的更新
              this.user.sex='男'
          }
        }
    }).$mount('#app')
  </script>
 </body>
</html>
```

Vue 初始化 data 时 user 对象中只有 name 和 age 属性,这样 Vue 对象只能将这两个属性进行 setter 和 getter 的绑定。在单击事件触发时,由于 sex 属性是后创建属性,虽然赋值会成功,但是 user 对象没有对 sex 属性的监听,所以这个操作并不会触发页面的更新。

这个问题源于 Vue 2.x 底层数据响应系统所依赖的 Object.defineProperty(),导致了 Vue 2.x 无法实现对未知属性的监听。为此 Vue 2.x 在数据监听上也做了很多弥补的操作,例如在开发时当使用数组对象的 push 方法为一个数组追加新元素时,则可以触发页面更新,因为 Vue 2.x 在初始化时动态地对数组对象的所有 API 做了二次操作,使数组操作 API 能够顺利地触发页面更新,但是当数组对象通过[]的方式追加元素时,仍然无法被 Vue 直接监听。为此 Vue 为这些存在问题的情况提供了两种解决方案:一种是使用 $forceUpdate();另一种是使用 $set(),代码如下:

```
<!-- 第 2 章 解决对象更新的案例 -->
<!DOCTYPE html>
<html>
  <head>
    <meta charset="utf-8">
    <title></title>
  </head>
  <body>
    <!-- 这个 div 用于声明它是一个 Vue 框架的渲染容器
       只有在这个标签内部的空间才能书写 Vue 的语法
    -->
    <div id="app">
    用户的信息:{{user}}
      <button @click="handleClick">追加性别</button>
      <button @click="handleClick1">追加爱好</button>
    </div>
    <!-- 开发环境版本,包含了有帮助的命令行警告 -->
    <script src="https://cdn.jsdelivr.net/npm/vue/dist/vue.js"></script>
    <!-- 生产环境版本,优化了尺寸和速度 -->
    <script src="https://cdn.jsdelivr.net/npm/vue"></script>
    <script type="text/javascript">
    new Vue({
      data(){
        return {
          user:{
```

```
            name:'小明',
            age:18
          }
        }
      },
      methods:{
        handleClick(){
          //本案例中直接对 user 对象追加 sex 属性并不会触发页面的更新
          this.user.sex='男'
          // $forceUpdate 代表强制 Vue 进行一次渲染
          this.$forceUpdate()
        },
        handleClick1(){
          // $set 可以实现为 data 中对象原本不存在的属性设置值
          //操作方式为 this.$set(要设置的对象,要设置的属性名,要设置的值)
          this.$set(this.user,'like','游泳')
        }
      }
    }).$mount('#app')
  </script>
</body>
</html>
```

  $forceUpdate()是 Vue 框架提供的一个强制渲染一次页面的方法,主要用来辅助开发者在一些极端的情况下,实现页面的强制更新。因为频繁使用会造成很大的开销,所以要谨慎使用。$set()函数是更新变量的推荐解决方案,它需要传入要更新的 data 中定义的对象,以及属性名称和新的值,这样就可以实现针对未创建的属性进行更新了。

2.5.2　计算属性介绍

  计算属性 computed 是对 data 选项进行扩展的一个解决方案。在实际开发场景中,很多视图显示的结果未必与 data 中定义的数据完全一一对应。有些场景需要将 data 中多个结果做复杂的运算或类型转换等步骤后才能展示在界面上,例如当 data 中定义的日期类型数据在页面上以 yyyy-MM-dd 的格式展示时,如果直接使用该属性,则需要在插值表达式中做大量的类型转换和字符拼接。虽然可以实现,但是如果页面有多个地方使用这个结果,则插值表达式代码会变得难以维护。这时就可以使用计算属性实现。

  计算属性虽然叫属性,但是内部以函数形式定义,不过它的使用方式与属性相同。计算属性的基本使用方式,代码如下:

```
<!-- 第 2 章 计算属性的基本使用方式案例 -->
<!DOCTYPE html>
<html>
  <head>
    <meta charset="utf-8">
```

```
      <title></title>
    </head>
  <body>
    <div id="app">
      <h4>基本使用案例</h4>
      今天是:{{getToday}}(计算属性方式)
      <br>
      今天是:{{getToday1()}}(函数属性方式)
    </div>
    <script src="https://cdn.jsdelivr.net/npm/vue/dist/vue.js"></script>
    <script src="https://cdn.jsdelivr.net/npm/vue"></script>
    <script type="text/javascript">
      new Vue({
        data(){
          return {
            today:new Date()
          }
        },
        computed:{
          getToday(){
            let year=this.today.getFullYear()
            let month=this.today.getMonth() + 1
            let date=this.today.getDate()
            return `${year}年 ${month}月 ${date}日`
          },
        },
        methods:{
          getToday1(){
            let year=this.today.getFullYear()
            let month=this.today.getMonth() + 1
            let date=this.today.getDate()
            return `${year}年 ${month}月 ${date}日`
          }
        }
      }).$mount('#app')
    </script>
  </body>
</html>
```

在 computed 内定义的函数中,可以直接通过 this 对象访问 data 属性的数据并对其进行扩展。函数需要将结果通过 return 返回,该函数在页面中需要以引用属性的方式使用,不需要在后面追加()。计算属性使用案例中提供了两种格式化日期的方式,结果是相同的,但是通过计算属性格式化日期的好处是:computed 在第一次运行之后会把当次 return 的结果在网页中进行缓存,在其内部定义的响应式变量更新前,就算页面其他的变量发生变化,计算属性也不需要重新做一次函数运算,而是直接返回上一次缓存的结果。如果使用函数做这件事,则当页面有任何更新触发重新渲染时,插值表达式内部的函数都需要重新运行一次,这样的性能开销要比计算属性大很多。computed 中的函数内部如果没有响应式的数据参与运算,则这个函数将只执行一次,不再参与页面更新。如果其内部运行时包含了响应式的数据对象,则当这个数据对象更新时,才会触发计算属性函数重新计算返回新的结果,代码如下:

```html
<!-- 第 2 章 计算属性与函数的对比案例 -->
<!DOCTYPE html>
<html>
  <head>
    <meta charset="utf-8">
    <title></title>
  </head>
  <body>
    <div id="app">
      <h4>关于缓存</h4>
      name 的值: <input type="text" v-model="name"> <br>
      name1 的值: <input type="text" v-model="name1">
      <br>
      {{getName}} <br>
      {{getName1()}} <br>
      {{getName2}} <br>
    </div>
    <script src="https://cdn.jsdelivr.net/npm/vue/dist/vue.js"></script>
    <script src="https://cdn.jsdelivr.net/npm/vue"></script>
    <script type="text/javascript">
      new Vue({
        data(){
          return {
            name:'小明',
            name1:'小刚'
          }
        },
        computed:{
          getName(){
            console.log('this.name 改变我才会重新执行')
            return '我叫'+this.name
          },
          getName2(){
            console.log('我只会执行一次')
            return '我叫小丽'
          }
        },
        methods:{
          getName1(){
            console.log('只要有数据更新我就会执行')
            return '我叫'+this.name1
          }
        }
```

```
    }).$mount('♯app')
  </script>
  </body>
</html>
```

computed 还有其他两种使用方式,分别是作为伪属性和作为可传参数的函数,代码如下:

```
<!-- 第2章 计算属性的其他使用方式案例 -->
var vm=new Vue({
  data: { a: 1 },
  computed: {
    //参数传递
    aDouble: function () {
      return function(arg){
        return this.a * arg
      }
    },
    //读取和设置
    aPlus: {
      get: function () {
        return this.a+1
      },
      set: function (v) {
        this.a=v-1
      }
    }
  }
})
vm.aPlus                 // => 2
vm.aPlus=3
vm.a                     // => 2
vm.aDouble(2)            // => 4
```

2.5.3　watch 监听介绍

watch 为行为监听器,Vue 框架提供了响应式数据的默认监听行为,更改这些数据可以触发页面的更新,但是这些行为在发生时开发者是无法主动知晓的,所以 Vue 提供了 watch 选项作为对象行为监听的钩子。watch 可以实现对 this 实例上绑定的具备响应式的属性进行监听。当这些属性发生变化时,会触发监听的钩子函数执行,函数中可以获取数据变化前后的状态,开发者可以在变化的过程中插入自定义的拦截行为,代码如下:

```
<!-- 第2章 watch选项案例 -->
var vm=new Vue({
  data: {
```

```
        a: 1,
        b: 2,
        c: 3,
        d: 4,
        e: {
          f: {
            g: 5
          }
        }
      },
    watch: {
      a: function (val, oldVal) {
        console.log('new: % s, old: % s', val, oldVal)
      },
      //方法名
      b: 'someMethod',
      //该回调会在任何被侦听的对象的属性改变时被调用,不论其被嵌套多深
      c: {
        handler: function (val, oldVal) { / * ... * / },
        deep: true
      },
      //该回调将会在侦听开始之后被立即调用
      d: {
        handler: 'someMethod',
        immediate: true
      },
      //可以传入回调数组,它们会被逐一调用
      e: [
        'handle1',
        function handle2 (val, oldVal) { / * ... * / },
        {
          handler: function handle3 (val, oldVal) { / * ... * / },
          / * ... * /
        }
      ],
      //watch vm. e. f's value: {g: 5}
      'e.f': function (val, oldVal) { / * ... * / }
    }
  })
  vm. a = 2 // = > new: 2, old: 1
```

除此之外,methods 选项用来存储在 Vue 视图组件中绑定的自定义事件,具体使用方式可以参考 2.4.9 节 v-on 事件绑定介绍。components 为子组件注册选项,用于实现在当前组件内部注册一个自定义组件。在脚手架应用阶段会进行详细介绍。

2.6 Vue 的生命周期介绍

生命周期主要体现为 Vue 对象从 new 开始到对象销毁的过程。Vue 框架为从对象初始化开始到对象渲染、对象更新及对象销毁的整个完整过程做了完整的钩子函数系统。在对应的时间节点可以注册相应的钩子函数,钩子函数会在对应的时间节点自动触发,钩子函数是完全的异步函数,所以整个流程不会阻塞 Vue 对象的实例化和程序内部的主要代码运行。

2.6.1 生命周期图解

Vue 对象在实例化初期会先初始化事件对象和生命周期系统,然后执行 beforeCreate()函数。接下来进行 Vue 实例内部的响应式数据系统的初始化,对 data 选项等响应式数据进行 setter 和 getter 的绑定。完成整个动作之后 created()钩子函数会触发,代表 Vue 的初始化工作已经做完。接下来的流程有一个分支步骤,这里涉及它的多种初始化方式,如果在 Vue 对象中定义了 el 属性,下一步则会直接询问是否存在 template 属性。如果没有 el 属性,则会自动执行 $mount()函数进行组件渲染。到 template 属性时仍然会存在分支,如果对象存在 template 属性就通过 compile 将 template 字符串转换成 render()函数,如果不存在 template 属性,则将 el 获取的 DOM 对象作为渲染容器。

接下来进入框架的渲染阶段。首先会执行 beforeMount()钩子,代表即将开始渲染,然后创建虚拟 DOM 对象并将真实 DOM 对象替换,代表渲染完成。完成渲染时会触发 mounted()钩子,代表页面已经加载完整。mounted()可以理解为原生 JavaScript 中的 onload()函数,代表页面加载完成。页面渲染之后便进入程序运行中状态,程序运行时如果有响应式的属性发生变化,则会先触发 beforeUpdate()钩子函数执行,然后进入 Vue 内部的页面更新流程,之后再触发 updated()函数,代表更新完毕。更新过程可以一直循环操作直到页面将要销毁时,销毁主要在 v-if 失去 true 条件或单页面应用中即将跳出本页时执行。销毁时会触发 beforeDestroy()钩子,触发后该对象便从 Vue 实例中物理销毁,最后执行 destroyed(),代表销毁完成,具体流程如图 2-14 所示。

2.6.2 生命周期钩子函数详细讲解

1. beforeCreate()

在实例初始化之后,进行数据侦听和事件/侦听器的配置之前同步调用。

2. created()

在实例创建完成后被立即同步调用。在这一步中,实例已完成对选项的处理,意味着以下内容已被配置完毕:数据侦听、计算属性、方法、事件/侦听器的回调函数,然而,挂载阶段还没开始,并且 $el property 目前尚不可用。

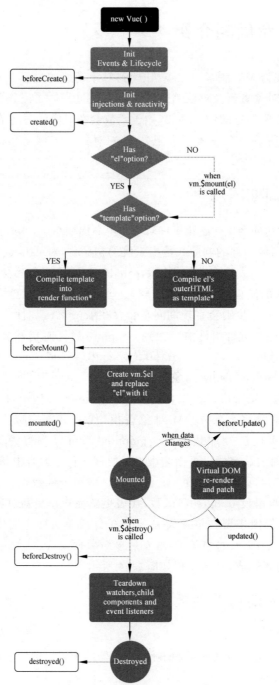

*template compilation is performed ahead-of-time if using
a build step,e.g.,single-file components.

图 2-14　生命周期图解

3. beforeMount()

在挂载开始之前被调用：相关的 render 函数首次被调用。该钩子在服务器端渲染期间不被调用。

4. mounted()

实例被挂载后调用，这时 el 被新创建的 vm.$el 替换了。如果根实例挂载到了一个文档内的元素上，当 mounted() 被调用时 vm.$el 也在文档内。注意 mounted() 不会保证所有的子组件也都被挂载完成。如果希望等到整个视图都渲染完毕再执行某些操作，则可以在 mounted() 内部使用 vm.$nextTick()，该钩子在服务器端渲染期间不被调用，代码如下：

```
mounted: function () {
  this.$nextTick(function () {
    //仅在整个视图都被渲染之后才会运行的代码
  })
}
```

5. beforeUpdate()

在数据发生改变后，DOM 被更新之前被调用。这里适合在现有 DOM 将要被更新之前访问它，例如移除手动添加的事件监听器。该钩子在服务器端渲染期间不被调用，因为只有初次渲染时才会在服务器端进行。

6. updated()

在数据更改导致的虚拟 DOM 重新渲染和更新完毕之后被调用。当这个钩子被调用时，组件 DOM 已经更新，所以现在可以执行依赖于 DOM 的操作，然而在大多数情况下，应该避免在此期间更改状态。如果要使相应状态改变，则通常最好使用计算属性或 watcher 取而代之。注意，updated() 不会保证所有的子组件也都被重新渲染完毕。如果希望等到整个视图都渲染完毕，则可以在 updated() 里使用 vm.$nextTick()，该钩子在服务器端渲染期间不被调用，代码如下：

```
updated: function () {
  this.$nextTick(function () {
    //仅在整个视图都被重新渲染之后才会运行的代码
  })
}
```

7. beforeDestroy()

实例销毁之前调用。在这一步，实例仍然完全可用。该钩子在服务器端渲染期间不被调用。

8. destroyed()

实例销毁后调用。该钩子被调用后，对应 Vue 实例的所有指令都被解绑，所有的事件监听器都被移除,所有的子实例也都被销毁。该钩子在服务器端渲染期间不被调用。

9. 完整生命周期代码案例

完整生命周期案例的代码如下:

```html
<!-- 第2章 完整生命周期代码案例 -->
<!DOCTYPE html>
<html>
  <head>
    <meta charset="utf-8">
    <title></title>
  </head>
  <body>
    <div id="app">
      <h4>
        Vue 的生命周期
        <button @click="handleClick">改变小明的值</button>
        {{name}}
        <button @click="handleDestory">销毁</button>
      </h4>
    </div>
    <script src="https://cdn.jsdelivr.net/npm/vue/dist/vue.js" type="text/javascript"
charset="utf-8"></script>
    <script type="text/javascript">
      new Vue({
        data(){
          return {
            name:'小明'
          }
        },
        //data 内容初始化之前
        beforeCreate() {
          console.log('beforeCreate')
          //由于当前函数是在 data 内容没有初始化完成前的,所以 this.name 无法访问 name 的值
          console.log(this.name)
        },
        //data 初始化完成
        created() {
          console.log('created')
          //由于当前函数是在 data 内容已经初始化完成后的,所以 this.name 可以访问 name 的值
          console.log(this.name)
        },
        //页面容器渲染前
        beforeMount() {
          console.log('beforeMount')
          //当前获取的 app 标签内部的值表达式是没有被渲染的
          console.log(document.querySelector('#app'))
        },
        //页面渲染完成
```

```
            mounted() {
              console.log('mounted')
              //当前获取的 app 标签内部的值表达式是渲染完成的
              console.log(document.querySelector('#app'))
            },
            //页面变更前
            beforeUpdate() {
              console.log('beforeUpdate')
            },
            //页面变更完成
            updated() {
              console.log('updated')
            },
            //页面销毁前
            beforeDestroy() {
              console.log('beforeDestroy')
            },
            //页面销毁完成
            destroyed() {
              console.log('destroyed')
            },
            methods:{
              handleClick(){
                //触发 data 的值的变化会造成页面的重新渲染
                this.name='小黄' + Math.random()
              },
              handleDestory(){
                //销毁当前对象之后会执行销毁函数,销毁之后 Vue 的实例将不再有用
                this.$destroy();
              }
            }
          }).$mount('#app')

    </script>
  </body>
</html>
```

Vue 2. x 组件开发

3.1　Vue 组件定义方案

　　组件定义是 Vue 框架中最具特点的开发方案,也是 MVVM 框架中的经典实现。当使用 Vue 框架进行项目开发时,Vue 允许开发者在项目中定义非 HTML 自有标签节点。并为其赋予相应的功能,用来将传统的 HTML 页面打散,按照页面中的不同部分和功能进行拆分,实现页面的功能细化和更友好的结构化。在学习 Vue 的组件开发前首先要了解什么是单页面应用。

1. 什么是单页面应用

　　单页面应用也称为 SPA(Single Page Application)。单页面应用与传统的 HTML 网页应用有明显的不同,在一个单页面应用项目中,有且只有一个 HTML 物理页面文件,其他的页面都以逻辑划分,通过 JavaScript 动态渲染到同一个 HTML 文件内。

　　单页面应用致力于更友好地切换页面及更快速地渲染视图。在单页面应用中,可以将页面拆分成一个或多个自定义组件,当页面的某个组件内部的视图更新时,只有被更新的部分会被重新渲染一次,其他页面部分保持原有的状态,所以单页面应用在进行页面跳转时并不会触发传统 HTML 重新加载静态资源的过程。由于单页面应用的一切页面都是通过 JavaScript 进行切换和渲染的,所以单页面应用在页面跳转时,可以结合 CSS 动画实现跳转页面的交互动画。

2. 单页面应用与传统 Web 应用的对比

　　单页面应用与传统 Web 应用相比,优点如下:

　　(1) 由于单页面应用只有一个 HTML 物理页面文件,所以一个单页面应用的整个项目占用空间和文件数量要比传统的 Web 应用小。

　　(2) 单页面应用通过结合组件化的开发方式,可以更好地对项目进行工程化管理,提升了项目的可维护性和持续迭代性。

　　(3) 由于单页面应用通过 JavaScript 渲染页面,所以在页面跳转时,可以更快速地加载新页面,无须触发网络请求与 HTML 文件的重新加载。

（4）单页面应用可以在页面跳转的过程中插入动态的过渡动画，提升项目的友好度和交互效果。

单页面应用与传统 Web 应用相比，缺点如下：

（1）单页面应用的核心渲染能力由 JavaScript 提供，如果开发者对依赖包的规划没有到位，在项目的 JavaScript 核心文件未下载完成前，用户只能看见白屏，这种现象叫作白屏时间。白屏时间极大地降低了项目的首屏加载速度和交互体验。

（2）单页面应用在浏览器的兼容性上不如传统的 Web 应用，由于单页面应用的数据响应式系统及其他的新式开发模式，大多会依赖现代浏览器才支持的核心 API，所以单页面应用不支持较早的浏览器版本。

（3）单页面应用对开发者的编程水平和设计能力有较高的要求，如果开发者没有较强的前端开发能力，则其构建的单页面应用会产生更多的问题并且更加难以维护。

3.1.1 自定义组件介绍

Vue 框架的组件系统允许开发者通过 Vue 代码创建一个 HTML 标签系统中原本不存在的标签对象。开发者不仅可以定义标签的名称，还可以为标签设计它特有的样式和功能。这样便可以将原本需要大量 HTML 基础标签堆叠起来的页面，根据结构划分成多个区域，针对区域的结构和功能单独创建不同的标签节点，分散在不同的组件代码中进行管理，最终使一个页面的源代码可以通过几个简单的基础标签实现，具体的页面划分方式如图 3-1 所示。

图 3-1 页面组件划分效果图

　　使用合理的页面划分思想,结合 Vue 的组件系统,可以将页面的基础标签分成几个高级组件来构建,不同的组件内部编写的代码只服务于组件本身,这个操作使页面代码也能变成可插拔式代码。Vue 的自定义组件系统可以理解为,在组装一台个人计算机时,设备厂商为了让不懂硬件生产和开发的普通人,能针对自己的需求独立拼装计算机,将一台计算机合理地分成内存、显卡、硬盘、主板、电源等大的模块单元,这样售卖计算机的卖家及购买计算机的用户都不需要去关注电路板上的精细电子元件,只需合理地将几个大部件组合便能快速地组装一台计算机。Vue 的自定义组件利用了相同的思想,当页面按照大的区域划分后,开发者如果想改动页面的某个部分,则只需修改指定区域对应的组件代码或将这部分直接替换成一个新的组件,便可以完成项目的重构,整个过程无须关注与修改部分无关的代码和组件,所以利用 Vue 的自定义组件方式,可以将图 3-1 的页面划分,构建成极其简单易读的样子,代码如下:

```html
<!-- 第 3 章 自定义组件的代码案例 -->
<!DOCTYPE html>
<html>
  <head>
    <meta charset="utf-8">
    <title></title>
  </head>
  <body>
    <div id="app">
      <!-- 头部组件 -->
      <p-header></p-header>
      <!-- 空间划分组件 -->
      <p-container>
        <!-- 菜单组件 -->
        <p-menu>
          菜单部分……
        </p-menu>
        <!-- 主体部分 -->
        <p-main>
          <!-- 标签页 -->
          <p-tabs></p-tabs>
          <!-- 页面主题 -->
          <p-title></p-title>
          <!-- 表格部分 -->
          <p-table></p-table>
        </p-main>
      </p-header>
    </div>
  </body>
</html>
```

　　自定义组件在 Vue 2.x 中的定义方式,代码如下:

```
Vue.component('组件名',{
    组件功能
})
```

自定义组件使用 Vue.component()进行创建,组件名不可以使用 HTML 中的自有标签(包括 SVG 系统中的所有标签)。自定义组件的命名可以使用以下两种方式:

(1) 全小写并使用"-"进行分词的方式。例如:当组件命名为 mycomponent 时,由于 my 和 component 为两个单词,所以最终命名应为 my-component。

(2) 首字母大写的驼峰形式。如:当组件命名为 mycomponent 时,由于 my 和 component 为两个单词,所以最终命名应为 MyComponent。

自定义组件的名称应见名知意,通常的命名方式为"作者代号-组件分类-组件功能……"不推荐单词过长或分词过多。

Vue.component()的第 2 个参数为组件的功能描述对象,该对象与 new Vue()时直接传入的对象结构基本一致,可以直接使用 Vue 框架的 data、computed、watch、methods 等选项及完整的生命周期。接下来以自定义按钮为例,学习如何创建第 1 个 Vue 的自定义组件,代码如下:

```
<!-- 第 3 章 自定义按钮代码案例 -->
<!DOCTYPE html>
<html>
  <head>
    <meta charset="utf-8">
    <title></title>
  </head>
  <body>
    <!-- Vue 渲染内容依赖的 HTML 容器 -->
    <div id="app">
      <h4>
          自定义按钮
      </h4>
      <p-button></p-button>
    </div>
    <script src="https://cdn.jsdelivr.net/npm/vue/dist/vue.js" type="text/javascript"
charset="utf-8"></script>
    <script type="text/javascript">
      Vue.component('p-button',{
        template:`
          <button>自定义按钮</button>
        `
      })
      new Vue({}).$mount('#app')
    </script>
  </body>
</html>
```

运行案例的效果如图 3-2 所示。

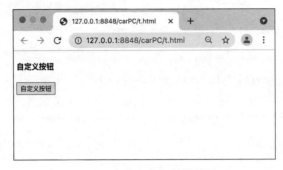

图 3-2　自定义按钮的效果图

自定义组件中可以使用 template 属性来描绘自定义组件的视图部分，template 接收一个字符串类型的值，该值支持 HTML 基本标签语法和 Vue 中的所有指令。Vue.component()必须在 new Vue()前进行创建，否则自定义组件会无法绑定在 Vue 实例上，导致在页面中应用自定义组件失败。在 Vue 2.x 自定义组件的 template 属性中还规定，在其内部定义的 HTML 标签有且只有一个根节点，不可以在 template 中同时创建并列的兄弟节点，否则会出现错误，代码如下：

```html
<!-- 第 3 章 自定义组件错误代码案例 -->
<!DOCTYPE html>
<html>
  <head>
    <meta charset="utf-8">
    <title></title>
  </head>
  <body>
    <!-- Vue 渲染内容依赖的 HTML 容器 -->
    <div id="app">
      <h4>
        自定义按钮
      </h4>
      <p-button></p-button>
    </div>
    <script src="https://cdn.jsdelivr.net/npm/vue/dist/vue.js" type="text/javascript" charset="utf-8"></script>
    <script type="text/javascript">
      Vue.component('p-button',{
        template:`
          <button>自定义按钮</button>
          <button>我也是自定义按钮</button>
        `
      })
      new Vue({}).$mount('#app')
```

```
      </script>
    </body>
</html>
```

运行案例,结果如图 3-3 所示。

图 3-3　自定义组件错误案例的效果图

控制台上会出现错误：Component template should contain exactly one root element. If you are using v-if on multiple elements，use v-else-if to chain them instead。该错误明确指出：自定义组件应该有且只有一个根节点,如果开发者想要使用多个兄弟节点,则必须结合 v-if、v-else-if 等指令来保证通过条件筛选,最终也只有一个节点作为根节点。

3.1.2　组件的属性介绍

虽然自定义组件是 HTML 中并不存在的标签节点,但自定义组件完全遵守 HTML 标签的所有规则。通过学习 3.1.1 节,创建一个自定义组件已经不存在问题,不过在创建组件时会发现,如果将代码直接写死在 template 属性内(如自定义按钮的案例),则无论组件被引用多少次,在页面上呈现的结果都是固定的,这显然并不适合真实的开发场景。

针对以上问题,Vue 在组件系统中提供了 props 选项,来支持开发者对创建的组件定义组件需要的属性及属性应具备的功能。在 props 中声明的属性会自动应用于自定义组件的标签上,开发者可以像使用 HTML 标签自有属性一样对其设置结果,自定义组件会针对属性不同的结果展示不同的形态。自定义组件的 props 属性的应用方式,代码如下：

```html
<!-- 第 3 章 props 属性应用方式代码案例 -->
<!DOCTYPE html>
<html>
  <head>
    <meta charset="utf-8">
    <title>props 应用方式</title>
  </head>
  <body>
    <!-- Vue 渲染内容依赖的 HTML 容器 -->
    <div id="app">
      <h4>
        props 应用方式
      </h4>
      <p-button></p-button>
      <p-button label="我是按钮的名字"></p-button>
      <p-button :label="label"></p-button>
    </div>
    <script src="https://cdn.jsdelivr.net/npm/vue/dist/vue.js" type="text/javascript"
charset="utf-8"></script>
    <script type="text/javascript">
      Vue.component('p-button',{
        props:{
          label:{                          //为组件定义自定义属性 props
            required:true,                 //label 属性是否必填
            type:String,                   //label 属性支持的数据类型
            default(){                     //label 为空时的默认值
              return '默认值'
            }
          }
        },
        //在 props 中定义的属性会自动挂载到组件实例中,可以直接在 template 中使用
        template:`
          <button>{{label}}</button>
        `
      })
      new Vue({
        data(){
          return {
            label:'我是动态绑定的内容'
          }
        }
      }).$mount('#app')
    </script>
  </body>
</html>
```

运行案例代码,结果如图 3-4 所示。

在 props 中定义的对象包含三个常用属性。

图 3-4　props 属性应用方式的效果图

1）required

required 代表该属性是否必填。它接收一个布尔类型的值，默认值为 false，当值为 true 时，若属性在组件中没有被使用，则控制台会抛出警告信息，告知开发者有一个必填的属性没有使用，警告信息抛出并不会中断程序运行，所以当设置了默认值时，组件依然会按照默认值展示。

2）type

type 代表自定义属性可接受的类型。可以直接对其设置 JavaScript 中的类型包装类，若希望属性的类型只接收字符串型，则将 type 的值设置为 String 即可。只有使用 v-bind 传入的属性，才能保持属性的数据类型，若希望自定义属性接收更多类型，则可以使用数组的方式定义 type，代码如下：

```
//第 3 章 自定义组件 props 中的 type 代码案例
props:{
  label:{                             //为组件定义自定义属性 props
    required:true,                    //label 属性是否必填
    type:[String,Number,Boolean],     //label 属性支持的数据类型
    default(){                        //label 为空时的默认值
      return '默认值'
    }
  }
}
```

3）default

default 代表自定义属性的默认值。当该属性未在自定义组件中使用时自动称为属性

的默认值，default 属性可直接设置为默认值的结果，也可使用函数的方式将默认值返回去。当自定义属性的类型为数组或对象时，必须使用函数的方式返回默认值，否则当有多个组件副本时，default 会引用同一块内存地址而造成数据隔离失败。

在 props 中定义的属性会自动挂载到组件的实例对象上，可以直接在 template 中使用插值表达式引用，也可以在组件内部的函数中通过 this 进行引用。在 props 中定义的属性是响应式的，若其绑定的值发生变化，则组件会感知到变化并触发视图的更新。props 的特性与 data 选项中定义的数据类似。不同于 data 选项，props 中声明的自定义属性为只读属性，Vue 不推荐在组件内部通过 JavaScript 改变 props 中定义的属性的值，props 中属性的综合使用案例，代码如下：

```html
<!-- 第 3 章 props 中属性的综合使用案例 -->
<!DOCTYPE html>
<html>
  <head>
    <meta charset="utf-8">
    <title>props 综合应用案例</title>
  </head>
  <body>
    <!-- Vue 渲染内容依赖的 HTML 容器 -->
    <div id="app">
      <h4>
        props 综合应用案例
      </h4>
      <p-button :label="label"></p-button>
      <br>
      <!-- 在文本框中改动 -->
      <input type="text" v-model="label"/>
    </div>
    <script src="https://cdn.jsdelivr.net/npm/vue/dist/vue.js" type="text/javascript"
charset="utf-8"></script>
    <script type="text/javascript">
    Vue.component('p-button',{
      props:{
        label:{                                    //为组件定义自定义属性 props
          required:true,                           //label 属性是否必填
          type:[String,Number,Boolean],           //label 属性支持的数据类型
          default(){                               //label 为空时的默认值
            return '默认值'
          }
        }
      },
      created(){
        this.label='这是一个不推荐的操作'
      },
      updated(){
        console.log('组件发生了变更')
```

```
    },
    //在 props 中定义的属性会自动挂载到组件实例中,可以直接在 template 中使用
    template:`
      <button>{{label}}</button>
    `
  })
  new Vue({
    data(){
      return {
        label:'我是动态绑定的内容'
      }
    }
  }). $mount('#app')
</script>
</body>
</html>
```

案例运行结果如图 3-5 所示。

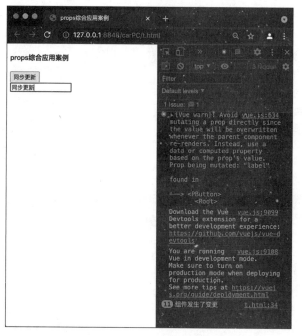

图 3-5　props 中属性的综合使用案例的效果图

在运行结果中会发现控制台抛出如下警告：Avoid vue.js:634 mutating a prop directly since the value will be overwritten whenever the parent component re-renders. Instead，use a data or computed property based on the prop's value。该警告提示开发者,不推荐开发者在组件内部主动修改 props 中创建的自定义属性的值,因为属性的值由组件外绑定并

传入,当自定义属性绑定的值发生变更时,组件外部对属性设置的新值会在组件重新渲染时覆盖组件内部的更改。这个规则在 Vue 3.x 版本中被定义得更加严格,Vue 3.x 中严格禁止了开发者在组件内部修改 props 中定义的属性的值。

3.1.3　组件的事件绑定介绍

自定义组件除自定义属性外还支持自定义事件系统。自定义事件系统可直接应用 Vue 内置的事件绑定方式。与原生 HTML 标签不同的是,自定义组件在实际渲染到网页时会被解析为其内部 template 中设置的内容,所以在自定义组件上绑定的事件默认为无法被挂载到其内部的 HTML 标签上,代码如下:

```html
<!-- 第 3 章 自定义组件的事件绑定案例 1 -->
<!DOCTYPE html>
<html>
  <head>
    <meta charset="utf-8">
    <title></title>
  </head>
  <body>
    <div id="app">
      <p-button label="自定义按钮" @click="handleClick"></p-button>
    </div>
    <script src="https://cdn.jsdelivr.net/npm/vue/dist/vue.js"></script>
    <script type="text/javascript">
      Vue.component('p-button',{
        props:{
          label:{
            type:String,
          }
        },
        template:`
          <button>{{label}}</button>
        `
      })
      new Vue({
        methods:{
          handleClick(){
            console.log('自定义事件')
          }
        }
      }).$mount('#app')
    </script>
  </body>
</html>
```

运行案例中的代码,会发现页面中并不会报错并且单击事件并没有成功地绑定在按钮上。发生这种现象主要因为,虽然自定义组件在源代码中当作真实存在的 HTML 标签使用,但是实际上视图渲染的内容是 template 中编写的 button 标签本身。这意味着 p-button 实际上只是逻辑上的存在,所以绑定在 p-button 上的单击事件并不会发生任何作用。

由于 p-button 组件实际渲染在页面中的是其内部的 button 标签,所以在网页中实际单击的也是 button 标签,如果想要让自定义事件成功执行,则需要将 click 事件绑定在组件内部的 button 标签上,代码如下:

```html
<!-- 第 3 章 自定义组件的事件绑定案例 2 -->
<!DOCTYPE html>
<html>
  <head>
    <meta charset="utf-8">
    <title></title>
  </head>
  <body>
    <div id="app">
      <p-button label="自定义按钮" @click="handleClick"></p-button>
    </div>
    <script src="https://cdn.jsdelivr.net/npm/vue/dist/vue.js"></script>
    <script type="text/javascript">
      Vue.component('p-button',{
        props:{
          label:{
            type:String,
          }
        },
        methods:{
          handleClick(e){
            //组件实际执行的单击事件
            console.log(e)
            console.log('组件内部的自定义事件')
          }
        },
        template:`
          <button @click="handleClick">{{label}}</button>
        `
      })
      new Vue({
        methods:{
          handleClick(){
            console.log('自定义事件')
          }
        }
      }).$mount('#app')
    </script>
  </body>
</html>
```

运行自定义组件的事件绑定案例 2 并查看控制台，如图 3-6 所示。

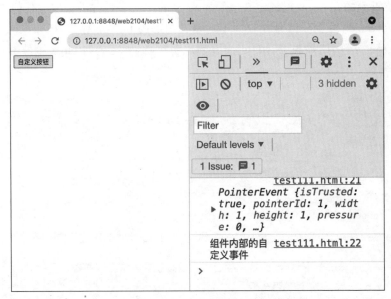

图 3-6　自定义组件的事件绑定案例 2 的效果图

改造代码后发现单击按钮可以触发单击事件执行了。不过当前执行的单击事件并不是在 p-button 上绑定的事件，仅仅让组件内部的单击事件执行仍然无法解决问题。Vue 框架为所有自定义组件内置了 \$emit() 函数，代码如下：

```
this.$emit('事件名',参数)
```

如果想要触发自定义组件 p-button 上绑定的单击事件，则需要在 p-button 内部的单击事件中通过 this.\$emit('click',e) 来触发 p-button 上绑定的单击事件，通过传递第 2 个参数 e 可以将单击事件的默认参数传入 click 事件中，这样便可触发自定义组件上绑定的自定义事件，代码如下：

```
<!DOCTYPE html>
<html>
  <head>
    <meta charset="utf-8">
    <title></title>
  </head>
  <body>
    <div id="app">
      <p-button label="自定义按钮" @click="handleClick"></p-button>
    </div>
    <script src="https://cdn.jsdelivr.net/npm/vue/dist/vue.js"></script>
    <script type="text/javascript">
```

```
        Vue.component('p-button',{
          props:{
            label:{
              type:String,
            }
          },
          methods:{
            handleClick(e){
              //console.log(e)
              //console.log('组件内部的自定义事件')
              //该函数会触发 p-button 上定义的 click 事件,并将 e 对象传入其中
              this.$emit('click',e)
            }
          },
          template:`
            <button @click="handleClick">{{label}}</button>
          `
        })
        new Vue({
          methods:{
            handleClick(e){
              console.log(e)
              console.log('自定义事件,真正执行.')
            }
          }
        }).$mount('#app')
      </script>
    </body>
</html>
```

自定义组件的事件绑定方式编写起来稍微有些复杂,不过它可以实现在事件触发时,将自定义组件的内部信息,通过参数传递的形式传递到自定义组件外部。这种方式可以灵活地处理 Vue 组件系统中的数据流向,让不同组件可以通过 props 与事件系统进行相互通信。

3.1.4　组件属性的双向绑定

在第 2 章中对 Vue 的双向绑定已经做了初步介绍,在 2.4.6 节中介绍了 v-model 除了可作用在 input、textarea 及 select 外,还可以作用在自定义组件上,所以在自定义组件中除了基本的属性与事件系统外,还可以通过 v-model 为自定义组件提供双向绑定的能力。接下来以自定义输入框的案例学习 v-model 在自定义组件中的应用。

1. 创建一个自定义 input 标签

在编辑器中创建一个自定义组件 p-input,为其定义属性 label 并作为 p-input 输入框中展示的数据。在 p-input 外部定义 str 变量,通过 v-bind 的方式将 str 变量绑定在 label 属性上传入 p-input 中,由于 label 属性在组件内部不推荐修改,所以在组件内部的 input 标签中

使用 v-bind 的方式将 label 的值绑定在 input 上,最后在视图中打印 str 的初始结果,代码如下:

```html
<!-- 第 3 章 创建一个自定义 input 标签案例 -->
<!DOCTYPE html>
<html>
  <head>
    <meta charset="utf-8">
    <title></title>
  </head>
  <body>
    <div id="app">
      <p-input :label="str"></p-input>{{str}}
    </div>
    <script src="https://cdn.jsdelivr.net/npm/vue/dist/vue.js"></script>
    <script type="text/javascript">
      Vue.component('p-input',{
        props:{
          label:{
            type:String,
          }
        },
        template:`
          <input :value="label"/>
        `
      })
      new Vue({
        data(){
          return {
            str:"默认值"
          }
        }
      }).$mount('#app')
    </script>
  </body>
</html>
```

案例代码运行结果如图 3-7 所示。

2. 对 p-input 标签绑定自定义事件

p-input 标签定义后会发现自定义属性 label 的值可以被渲染在输入框的内部,不过在页面中修改输入框的值时并不会使外部的 str 属性的结果同步变化,这是因为以 v-bind 方式传入的属性是从外到内的,并不是双向绑定的。想要实现在 p-input 中改动输入框内容时,让 label 属性绑定的 str 的值同步更新可以利用事件触发的原理实现:在 p-input 内部的 input 输入框中绑定输入事件,用于监听文本框实时输入的内容,通过 $emit() 函数通知 p-input 上的自定义事件执行,并将输入框内部的值传递到组件外部,最后将组件外部得到的结果赋值给 str,这样便会触发 str 与 p-input 中的数据同步更新,代码如下:

图 3-7　运行自定义 input 标签案例的效果图

```html
<!-- 第 3 章 对 p-input 标签绑定自定义事件案例 -->
<!DOCTYPE html>
<html>
  <head>
    <meta charset="utf-8">
    <title></title>
  </head>
  <body>
    <div id="app">
      <p-input :label="str" @value-change="handleValueChange"></p-input>{{str}}
    </div>
    <script src="https://cdn.jsdelivr.net/npm/vue/dist/vue.js"></script>
    <script type="text/javascript">
    Vue.component('p-input',{
      props:{
        label:{
          type:String,
        }
      },
      methods:{
        handleInput(e){
          //通过 e.target.value 获取文本框输入的值
          //当自定义事件的名称为多个单词时使用"-"进行分词
          this.$emit('value-change',e.target.value)
        }
      },
      template:`
        <input :value="label" @input="handleInput"/>
```

```
        `
     })
     new Vue({
       data(){
         return {
           str:"默认值"
         }
       },
       methods:{
         handleValueChange(v){
           this.str=v
         }
       }
     }).$mount('#app')
   </script>
 </body>
</html>
```

通过自定义事件系统,已经可以将 p-input 中输入的内容同步到 str 内部,实现了双向绑定的效果,不过这种方式耦合性偏高,必须在自定义事件中编写代码逻辑才能将 p-input 中输入的内容实时地同步到 str 属性中。

3. 对 p-input 定义 v-model 指令

如果想要进一步简化代码并实现更理想的双向绑定,则需要对 p-input 定义 v-model 指令。v-model 指令在自定义组件中,需要开发者手动编写代码才能实现对应的能力。如果想要让自定义组件支持 v-model,则需要在组件内部定义 model 选项,用来告诉组件当前组件的 v-model 指令对应的值默认存储到组件的哪个 prop 上。还需要在 model 选项内部定义触发双向绑定的事件名称,代码如下:

```
<!-- 第 3 章 对 p-input 定义 v-model 指令案例 -->
<!DOCTYPE html>
<html>
  <head>
    <meta charset="utf-8">
    <title></title>
  </head>
  <body>
    <div id="app">
      <!-- 在自定义标签上直接使用 v-model 即可 -->
      <p-input v-model="str"></p-input>{{str}}
    </div>
    <script src="https://cdn.jsdelivr.net/npm/vue/dist/vue.js"></script>
    <script type="text/javascript">
      Vue.component('p-input',{
        props:{
          label:{
```

```
          type:String,
        }
      },
      model:{
        prop:'label',//定义在 v-model 中设置的 str 的值默认绑定在哪个属性上
        event:'value-change'//定义触发 str 变化的函数名称,函数功能已由 v-model 在内部实现
      },
      methods:{
        handleInput(e){
          //直接调用 model 中 event 配置的函数名称,并将目标结果传入,即可实现在输入内容时
          //直接更改 str 的值
          this.$emit('value-change',e.target.value)
        }
      },
      template:`
        < input :value="label" @input="handleInput"/>
      `
    })
    new Vue({
      data(){
        return {
          str:"默认值"
        }
      },
      methods:{
        handleValueChange(v){
          this.str=v
        }
      }
    }).$mount('#app')
  </script>
 </body>
</html>
```

使用 model 对象改造代码后,只需将 str 设置在 p-input 的 v-model 指令中,便可以实现与原生 input 标签中 v-model 完全相同的效果。由此可以分析 v-model 的实际原理:在使用 v-model 修饰 p-input 标签后,str 的值实际上保存在 label 属性中,所以在初始化时,str 属性的值可以直接显示在 p-input 内部的 value 属性位置。当通过输入触发 p-input 内部数据变更时,优先触发 p-input 内部的输入事件,并在事件中获得输入框实时输入的结果,将结果通过 model 中自带的 event 事件直接设置到 v-model 对应的 str 属性中,str 属性的值变更又会触发 p-input 组件自动更新,所以 v-model 实现的双向绑定实际上是一个环形的数据。接下来在组件内部和外部做一些改造,以此来更彻底地理解 v-model 的原理,代码如下:

```
<!DOCTYPE html>
< html >
```

```html
<head>
  <meta charset="utf-8">
  <title></title>
</head>
<body>
  <div id="app">
    <!-- 在自定义标签上直接使用 v-model 即可 -->
    <p-input v-model="str"></p-input>{{str}}
  </div>
  <script src="https://cdn.jsdelivr.net/npm/vue/dist/vue.js"></script>
  <script type="text/javascript">
    Vue.component('p-input',{
      props:{
        label:{
          type:String,
        }
      },
      watch:{
        label(v){
          console.log('p-input 组件接收了新的值：' + v)
        }
      },
      model:{
        prop:'label',//定义在 v-model 中设置的 str 的值默认绑定在哪个属性上
        event:'value-change'//定义触发 str 变化的函数名称,函数功能已由 v-model 在内部实现
      },
      methods:{
        handleInput(e){
          console.log('通过输入改变了 p-input 组件的内容：' + e.target.value)
          //直接调用 model 中 event 配置的函数名称,并将目标结果传入,即可实现在输入内容时
          //直接更改 str 的值
          this.$emit('value-change',e.target.value)
        }
      },
      template:`
        <input :value="label" @input="handleInput"/>
        `
    })
    var vm=new Vue({
      data(){
        return {
          str:"默认值"
        }
      },
      watch:{
        str(v){
```

```
            console.log('str 的值发生了变化:' + v)
        }
    }
}).$mount('#app')

    </script>
  </body>
</html>
```

　　运行案例代码,首先在输入框中改变文字内容并观察控制台的输出顺序,如图 3-8
所示。

图 3-8　在输入框中输入的效果图

　　在输入框中输入触发数据变更后会发现,优先触发的是内部 input 标签的输入事件,在
输入事件中可以直接获取本次输入的结果。接下来通过 $emit()函数调用,直接改变了 str
属性的值,进而触发了 str 的监听函数。最后由于 str 的值发生了变化,又触发了 p-input 组
件的重新渲染,所以组件内部对 label 的监听又执行了一次。接下来在控制台中操作 vm 对
象将 str 的值改变后观察控制台的输出,如图 3-9 所示。

　　通过 vm.str 修改了属性的值后,优先触发 str 属性的监听函数,输出 str 的值发生变
化。由于 str 的变化触发了 label 属性的监听,进而 p-input 重新渲染,这样便实现了通过改
变 str 触发 p-input 更新。结合图 3-8 与图 3-9 的对比结果会发现,无论通过页面输入还是
对 vm.str 进行值的改变,最后两个步骤都是完全一样的,所以双向绑定的本质实际上是一
个环形的路线,当通过自定义组件本身影响 v-model 绑定的属性时,数据会完整地走一整
圈。当直接修改 v-model 绑定的属性时,数据只走半圈,如图 3-10 所示。

图 3-9　在控制台修改 str 的效果图

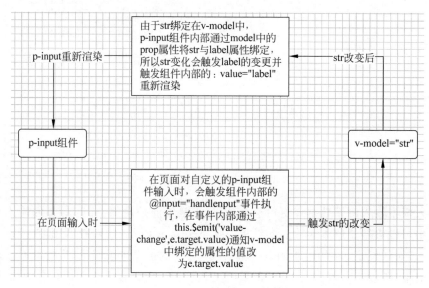

图 3-10　v-model 数据流向的效果图

3.1.5　组件属性的多重双向绑定

有些场景仅使用 v-model 进行数据的双向绑定并不能完美地解决场景的需求，当需要在同一个组件上实现多个属性的双向绑定时，一个 v-model 是完全不够用的。Vue 2.x 对多个属性的双向绑定需求也提供了完美的解决方案，代码如下：

```
<!-- 第 3 章 自定义组件多重双向绑定的格式 -->
<自定义组件 :属性 1.sync="变量 1" :属性 2.sync="变量 2"></自定义组件>
```

多重双向绑定的封装方式比 v-model 更加简洁,不需要在组件内部定义 model 选项,只需要在组件内部配合 this.$emit('update:要更新的属性',要更新的值)进行调用,便可以直接更改要更新的属性的值。硬性要求:必须在自定义组件中使用 props 提前定义好组件属性,在自定义组件上应用属性时必须携带.sync 字样。在 Vue 3.x 中多重双向绑定的实现方式与 Vue 2.x 不同,在后续的章节中会补充介绍。Vue 2.x 的多重双向绑定案例,代码如下:

```
<!-- 第 3 章 Vue 2.x 多重双向绑定案例 -->
<!DOCTYPE html>
<html>
  <head>
    <meta charset="utf-8">
    <title></title>
  </head>
  <body>
    <div id="app">
      <!-- 在自定义标签上直接使用 v-model 即可 -->
      <p-login :username.sync="username" :password.sync="password"></p-login>
      账号为{{username}}
      密码为{{password}}
    </div>
    <script src="https://cdn.jsdelivr.net/npm/vue/dist/vue.js"></script>
    <script type="text/javascript">
    Vue.component('p-login',{
      props:{
        username:{
          type:String,
        },
        password:{
          type:String
        }
      },
      methods:{
        handleInput(e,key){
          this.$emit(`update:${key}`,e.target.value)
        }
      },
      template:`
       <form>
         账号: <input :value="username" @input="handleInput($event,'username')"/> <br/>
         密码: <input :value="password" @input="handleInput($event,'password')"/> <br/>
       </form>
```

```
      })
    var vm=new Vue({
      data(){
        return {
          username:'',
          password:''
        }
      }
    }).$mount('#app')

    </script>
  </body>
</html>
```

p-login 组件在内部定义了两个输入框组件,所以该组件需要实时地向组件外部反馈两个输入框中的结果。针对账号和密码两个输入框,在组件内部声明 username 和 password 属性进行一一对应。账号输入框在进行输入时,会触发对 username 属性的更新,this. $emit('update:${key}',e. target. value)会根据两个输入框触发输入时,分别解释成 this. $emit('update:username',e. target. value)及 this. $emit('update:password',e. target. value),所以在修改账号时,组件外部绑定的 username 会自动更新,在修改密码时,组件外部的 password 会自动更新。具体的操作效果如图 3-11 所示。

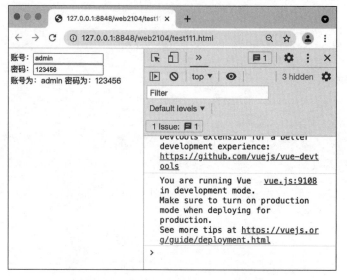

图 3-11　多重双向绑定操作的效果图

3.1.6　实现一个自定义 confirm 组件

下面通过一个实际的组件案例,进一步地夯实自定义组件的基础。confirm 询问框是网页开发中最常用的组件之一,它的特点是可提升交互友好度,便于对操作行为进行判断。询问框结构主要包含标题部分、内容部分、操作按钮部分及关闭按钮部分。由于不同浏览器自带的询问框样式不统一并缺少定制功能,所以在实际开发中大多通过 HTML、CSS 及 JavaScript 结合手动实现询问框组件,在 Vue 框架中可以通过自定义组件的能力将询问框变成一个可复用的组件。

想要开发一个询问框组件,首先应根据实际开发经验分析一个询问框组件所具备的结构和功能。从结构和功能上来看,一个询问框应具备以下内容:

(1)有标题,可以展示当前弹出的询问框的所属类型。

(2)有关闭按钮,单击关闭按钮可以将询问框隐藏,通常在组件的右上角。

(3)有明确的内容提示,通过内容可以让用户知道当前询问框弹出的意图。

(4)有"确定"和"取消"两个按钮,询问框组件可以根据用户单击的按钮来自行判断用户的反馈结果。

(5)有背景遮罩,弹出层背景应是半透明遮罩,一方面可以突出询问框的展示效果,另一方面可以防止用户单击穿透。

(6)有事件反馈,开发者可以根据事件来确定用户单击了"确定"还是"取消"按钮。

分析完询问框的基本结构和能力,便可以开始进行询问框的组件构建了。在编写 Vue 代码前,首先要在 HTML 文件中单独通过 HTML 与 CSS 语言实现询问框的基本样式,代码如下:

```html
<!-- 第 3 章 询问框基本样式的代码案例 -->
<!DOCTYPE html>
<html>
  <head>
    <meta charset="utf-8">
    <title></title>
    <style type="text/css">
      .p-btn{
        padding: 5px 10px;
        background: #eee;
        outline: none;
        border:1px solid #ddd;
        color: #555;
        border-radius: 5px;
        cursor: pointer;
        position: relative;
      }
      .p-btn:hover:after{
        content: '';
        position: absolute;
        left: 0;
        top: 0;
        width: 100%;
```

```css
    height: 100%;
    background-color: rgba(100,100,100,.2);
  }
  .p-btn:active:after{
    content: '';
    position: absolute;
    left: 0;
    top: 0;
    width: 100%;
    height: 100%;
    background-color: rgba(100,100,100,.3);
  }
  .p-btn.primary{
    color: #fff;
    background: #409EFF;
    border-color: #409EFF;
  }
  .p-btn.success{
    color: #fff;
    background: #67C23A;
    border-color: #67C23A;
  }
  .p-btn.danger{
    color: #fff;
    background: #F56C6C;
    border-color: #F56C6C;
  }
  .p-btn.warning{
    color: #fff;
    background: #E6A23C;
    border-color: #E6A23C;
  }
  .p-confirm-bg{
    position: fixed;
    left: 0;
    top: 0;
    width: 100%;
    height: 100%;
    background-color: rgba(0,0,0,0.3);
    text-align: center;
  }
  .p-confirm-bg .p-confirm{
    text-align: left;
    background-color: #fff;
    display: inline-block;
    min-width: 300px;
    margin-top: 150px;
    border-radius: 9px;
    padding: 10px 15px;
```

```
          }
          .p-confirm-bg .p-confirm .p-confirm-title{
            color: #222;
            position: relative;
          }
          .p-confirm-bg .p-confirm .p-confirm-title .p-close{
            position: absolute;
            top: 0px;
            right: 0px;
            cursor: pointer;
            font-weight: bold;
          }
          .p-confirm-bg .p-confirm .p-confirm-title .p-close:hover{
            color: #666;
          }
          .p-confirm-bg .p-confirm .p-confirm-content{
            font-size: 14px;
            color: #444;
            padding: 5px 0px;
          }
      </style>
    </head>
    <body>
      <!--
        confirm 样式模板,CSS 文件在 assets 中
        运行本页并阅读代码,之后转到笔记中继续阅读
        -->
      <div class="p-confirm-bg">
        <div class="p-confirm">
          <div class="p-confirm-title">
            title
            <div class="p-close">
              &times;
            </div>
          </div>
          <div class="p-confirm-content">
            内容
          </div>
          <div class="p-confirm-btn">
            <button class="p-btn primary">确定</button>
            <button class="p-btn">取消</button>
          </div>
        </div>
      </div>
    </body>
  </html>
```

　　编写案例代码并使用浏览器运行,可以提前完成弹出后的询问框基本样式,如图 3-12
所示。

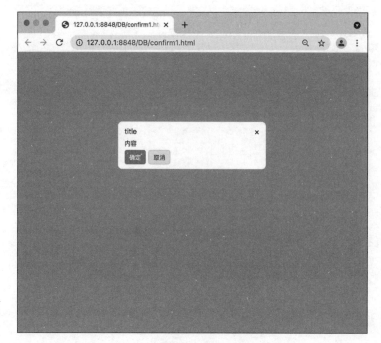

图 3-12　询问框基本样式效果图

接下来正式进入询问框组件的封装过程。

（1）创建一个 HTML 文件并命名为 confirm. html，在文件中初始化 Vue 框架的基本结构，代码如下：

```
<!-- 第 3 章 初始化 Vue 框架基本结构的代码案例 -->
<!DOCTYPE html>
<html>
  <head>
    <meta charset="utf-8">
    <title></title>
  </head>
  <body>
    <div id="app">

    </div>
    <script src="https://cdn.jsdelivr.net/npm/vue/dist/vue.js" type="text/javascript"
charset="utf-8"></script>
    <script type="text/javascript">

    new Vue({}).$mount('#app')
    </script>
  </body>
</html>
```

（2）将询问框基本样式的 CSS 样式部分代码分别粘贴到基本代码结构中，代码如下：

```
<!-- 第 3 章 修改样式部分的代码案例 -->
<!DOCTYPE html>
<html>
  <head>
    <meta charset="utf-8">
    <title></title>
    <style type="text/css">
      .p-btn{
        padding: 5px 10px;
        background: #eee;
        outline: none;
        border:1px solid #ddd;
        color: #555;
        border-radius: 5px;
        cursor: pointer;
        position: relative;
      }
      .p-btn:hover:after{
        content: '';
        position: absolute;
        left: 0;
        top: 0;
        width: 100%;
        height: 100%;
        background-color: rgba(100,100,100,.2);
      }
      .p-btn:active:after{
        content: '';
        position: absolute;
        left: 0;
        top: 0;
        width: 100%;
        height: 100%;
        background-color: rgba(100,100,100,.3);
      }
      .p-btn.primary{
        color: #fff;
        background: #409EFF;
        border-color: #409EFF;
      }
      .p-btn.success{
        color: #fff;
        background: #67C23A;
        border-color: #67C23A;
      }
      .p-btn.danger{
        color: #fff;
```

```
        background: #F56C6C;
        border-color: #F56C6C;
    }
    .p-btn.warning{
        color: #fff;
        background: #E6A23C;
        border-color: #E6A23C;
    }
    .p-confirm-bg{
        position: fixed;
        left: 0;
        top: 0;
        width: 100%;
        height: 100%;
        background-color: rgba(0,0,0,0.3);
        text-align: center;
    }
    .p-confirm-bg .p-confirm{
        text-align: left;
        background-color: #fff;
        display: inline-block;
        min-width: 300px;
        margin-top: 150px;
        border-radius: 9px;
        padding: 10px 15px;
    }
    .p-confirm-bg .p-confirm .p-confirm-title{
        color: #222;
        position: relative;
    }
    .p-confirm-bg .p-confirm .p-confirm-title .p-close{
        position: absolute;
        top: 0px;
        right: 0px;
        cursor: pointer;
        font-weight: bold;
    }
    .p-confirm-bg .p-confirm .p-confirm-title .p-close:hover{
        color: #666;
    }
    .p-confirm-bg .p-confirm .p-confirm-content{
        font-size: 14px;
        color: #444;
        padding: 5px 0px;
    }
  </style>
</head>
<body>
  <div id="app">
```

```
    </div>
    < script src =" https://cdn. jsdelivr. net/npm/vue/dist/vue. js" type =" text/javascript"
charset ="utf-8"></script>
    < script type ="text/javascript">

        new Vue({}). $mount('♯app')
    </script>
  </body>
</html>
```

（3）在 JavaScript 部分创建名为 p-confirm 的自定义组件，并将询问框基本样式案例中的 HTML 部分代码粘贴到组件的 template 属性中，代码如下：

```
<!-- 第 3 章 初始化 p-confirm 组件的代码案例 -->
<!DOCTYPE html >
< html >
  < head >
    < meta charset ="utf-8">
    < title ></title>
    < style type ="text/css">
      . p-btn{
        padding: 5px 10px;
        background: ♯eee;
        outline: none;
        border:1px solid ♯ddd;
        color:♯555;
        border-radius: 5px;
        cursor: pointer;
        position: relative;
      }
      . p-btn:hover:after{
        content: '';
        position: absolute;
        left: 0;
        top: 0;
        width: 100 % ;
        height: 100 % ;
        background-color: rgba(100,100,100,.2);
      }
      . p-btn:active:after{
        content: '';
        position: absolute;
        left: 0;
        top: 0;
        width: 100 % ;
        height: 100 % ;
        background-color: rgba(100,100,100,.3);
```

```
    }
    .p-btn.primary{
      color: #fff;
      background: #409EFF;
      border-color: #409EFF;
    }
    .p-btn.success{
      color: #fff;
      background: #67C23A;
      border-color: #67C23A;
    }
    .p-btn.danger{
      color: #fff;
      background: #F56C6C;
      border-color: #F56C6C;
    }
    .p-btn.warning{
      color: #fff;
      background: #E6A23C;
      border-color: #E6A23C;
    }
    .p-confirm-bg{
      position: fixed;
      left: 0;
      top: 0;
      width: 100%;
      height: 100%;
      background-color: rgba(0,0,0,0.3);
      text-align: center;
    }
    .p-confirm-bg .p-confirm{
      text-align: left;
      background-color: #fff;
      display: inline-block;
      min-width: 300px;
      margin-top: 150px;
      border-radius: 9px;
      padding: 10px 15px;
    }
    .p-confirm-bg .p-confirm .p-confirm-title{
      color: #222;
      position: relative;
    }
    .p-confirm-bg .p-confirm .p-confirm-title .p-close{
      position: absolute;
      top: 0px;
      right: 0px;
      cursor: pointer;
      font-weight: bold;
```

```
      }
      .p-confirm-bg .p-confirm .p-confirm-title .p-close:hover{
        color: #666;
      }
      .p-confirm-bg .p-confirm .p-confirm-content{
        font-size: 14px;
        color: #444;
        padding: 5px 0px;
      }
    </style>
  </head>
  <body>
    <div id="app">
    </div>
    <script src="https://cdn.jsdelivr.net/npm/vue/dist/vue.js" type="text/javascript"
charset="utf-8"></script>
    <script type="text/javascript">
      //初始化 p-confirm 组件
      Vue.component('p-confirm',{
        template:`
          <div class="p-confirm-bg">
            <div class="p-confirm">
              <div class="p-confirm-title">
                title
                <div class="p-close">
                  &times;
                </div>
              </div>
              <div class="p-confirm-content">
                内容
              </div>
              <div class="p-confirm-btn">
                <button class="p-btn primary">确定</button>
                <button class="p-btn">取消</button>
              </div>
            </div>
          </div>
          `
      })
      new Vue({}).$mount('#app')
    </script>
  </body>
</html>
```

（4）在组件中加入开关功能。由于询问框是以弹出形式展示的，所以询问框默认不显示在页面中，通过开关控制其显示或隐藏。由于组件的开关应在组件内部和外部都可操作，所以组件的开关应为双向绑定数据。接下来要对组件定义 props 选项及 model 选项实现组件的开关功能，代码如下：

```html
<!-- 第 3 章 实现组件开关功能的代码案例 -->
<!DOCTYPE html>
<html>
  <head>
    <meta charset="utf-8">
    <title></title>
    <link rel="stylesheet" type="text/css"
     href="assets/confirm.css"/>
    <style type="text/css">
      .p-btn{
        padding: 5px 10px;
        background: #eee;
        outline: none;
        border:1px solid #ddd;
        color: #555;
        border-radius: 5px;
        cursor: pointer;
        position: relative;
      }
      .p-btn:hover:after{
        content: '';
        position: absolute;
        left: 0;
        top: 0;
        width: 100%;
        height: 100%;
        background-color: rgba(100,100,100,.2);
      }
      .p-btn:active:after{
        content: '';
        position: absolute;
        left: 0;
        top: 0;
        width: 100%;
        height: 100%;
        background-color: rgba(100,100,100,.3);
      }
      .p-btn.primary{
        color: #fff;
        background: #409EFF;
        border-color: #409EFF;
      }
      .p-btn.success{
        color: #fff;
        background: #67C23A;
        border-color: #67C23A;
      }
      .p-btn.danger{
        color: #fff;
```

```
      background: #F56C6C;
      border-color: #F56C6C;
    }
    .p-btn.warning{
      color: #fff;
      background: #E6A23C;
      border-color: #E6A23C;
    }
    .p-confirm-bg{
      position: fixed;
      left: 0;
      top: 0;
      width: 100%;
      height: 100%;
      background-color: rgba(0,0,0,0.3);
      text-align: center;
    }
    .p-confirm-bg .p-confirm{
      text-align: left;
      background-color: #fff;
      display: inline-block;
      min-width: 300px;
      margin-top: 150px;
      border-radius: 9px;
      padding: 10px 15px;
    }
    .p-confirm-bg .p-confirm .p-confirm-title{
      color: #222;
      position: relative;
    }
    .p-confirm-bg .p-confirm .p-confirm-title .p-close{
      position: absolute;
      top: 0px;
      right: 0px;
      cursor: pointer;
      font-weight: bold;
    }
    .p-confirm-bg .p-confirm .p-confirm-title .p-close:hover{
      color: #666;
    }
    .p-confirm-bg .p-confirm .p-confirm-content{
      font-size: 14px;
      color: #444;
      padding: 5px 0px;
    }
  </style>
</head>
<body>
  <div id="app">
```

```
      <button @click="handleClick">切换展示 confirm</button>
      <p-confirm v-model="show"></p-confirm>
    </div>
    <script src="https://cdn.jsdelivr.net/npm/vue/dist/vue.js" type="text/javascript"
charset="utf-8"></script>
    <script type="text/javascript">
      Vue.component('p-confirm', {
        props: {
          show: {
            type: Boolean,
            default: false
          },
        },
        model: {
          prop: 'show',
          event: 'change-show'
        },
        methods: {
          handleClose() {
            //通知 v-model 将 show 的值更新为 false
            this.$emit('change-show', false)
            //通知关闭的回调函数执行
            this.$emit('close')
          }
        },
        template: `
          <div v-if="show" class="p-confirm-bg">
            <div class="p-confirm">
              <div class="p-confirm-title">
                title
                <div class="p-close" @click="handleClose">
                  &times;
                </div>
              </div>
              <div class="p-confirm-content">
                内容
              </div>
              <div class="p-confirm-btn">
                <button class="p-btn primary">确定</button>
                <button class="p-btn">取消</button>
              </div>
            </div>
          </div>
        `,
      })
      new Vue({
        data() {
          return {
            show: false,
```

```
            title:'系统提示',
            content:`
              <p>
                <span
                  style="color:red;font-weight:bold"
                >正在进行 xx 操作,单击"确定"按钮继续</span>

              </p>

            `
          }
        },
        methods:{
          handleClick(){
            this.show=!this.show
          }
        }
    }).$mount('#app')
  </script>
</body>
</html>
```

（5）为了完善组件的完整功能,接下来需要将组件的标题、组件的提示内容及按钮文字等全部变成动态传入的参数,还要完善组件的事件系统,最后可以再补充组件的过渡动画。开发完整的询问框组件,代码如下:

```
<!-- 第 3 章 完整的询问框组件的代码案例 -->
<!DOCTYPE html>
<html>
  <head>
    <meta charset="utf-8">
    <title></title>
    <style type="text/css">
      .p-btn{
        padding: 5px 10px;
        background: #eee;
        outline: none;
        border:1px solid #ddd;
        color:#555;
        border-radius: 5px;
        cursor: pointer;
        position: relative;
      }
      .p-btn:hover:after{
        content: '';
        position: absolute;
        left: 0;
```

```css
      top: 0;
      width: 100%;
      height: 100%;
      background-color: rgba(100,100,100,.2);
    }
    .p-btn:active:after{
      content: '';
      position: absolute;
      left: 0;
      top: 0;
      width: 100%;
      height: 100%;
      background-color: rgba(100,100,100,.3);
    }
    .p-btn.primary{
      color: #fff;
      background: #409EFF;
      border-color: #409EFF;
    }
    .p-btn.success{
      color: #fff;
      background: #67C23A;
      border-color: #67C23A;
    }
    .p-btn.danger{
      color: #fff;
      background: #F56C6C;
      border-color: #F56C6C;
    }
    .p-btn.warning{
      color: #fff;
      background: #E6A23C;
      border-color: #E6A23C;
    }
    .p-confirm-bg{
      position: fixed;
      left: 0;
      top: 0;
      width: 100%;
      height: 100%;
      background-color: rgba(0,0,0,0.3);
      text-align: center;
    }
    .p-confirm-bg .p-confirm{
      text-align: left;
      background-color: #fff;
      display: inline-block;
      min-width: 300px;
      margin-top: 150px;
```

```css
      border-radius: 9px;
      padding: 10px 15px;
    }
    .p-confirm-bg .p-confirm .p-confirm-title{
      color: #222;
      position: relative;
    }
    .p-confirm-bg .p-confirm .p-confirm-title .p-close{
      position: absolute;
      top: 0px;
      right: 0px;
      cursor: pointer;
      font-weight: bold;
    }
    .p-confirm-bg .p-confirm .p-confirm-title .p-close:hover{
      color: #666;
    }
    .p-confirm-bg .p-confirm .p-confirm-content{
      font-size: 14px;
      color: #444;
      padding: 5px 0px;
    }
    .fade-enter-active{
      animation-name: fade-in;
      animation-duration: 0.5s;
    }
    .fade-leave-active{
      animation-name: fade-in;
      animation-duration: 0.5s;
      animation-direction: reverse;
    }
    @keyframes fade-in{
      from{opacity:0}
      to{opacity:1}
    }
    .p-confirm{
      animation-name: slide-in;
      animation-duration: .3s;
    }
    @keyframes slide-in{
      from{opacity: 0; transform: translateY( -30px);}
      to{opacity: 1; transform: translateY(0px);}
    }
  </style>
</head>
<body>
  <div id="app">
    <button @click="handleClick">切换展示 confirm</button>
    {{show}}
```

```
      < p-confirm v-model="show"
        :title="title"
        :content="content"
        :confirm-button-text="'确定'"
        :cancel-button-text="'关闭'"
        @confirm="handleConfirm"
        @close="handleClose"></p-confirm>
    </div>
    < script src="https://cdn.jsdelivr.net/npm/vue/dist/vue.js" type="text/javascript"
  charset="utf-8"></script>
    < script type="text/javascript">
    Vue.component('p-confirm',{
      props:{
        show:{
          type:Boolean,
          default:false
        },
        title:{
          type:String,
          default:''
        },
        content:{
          type:String,
          default:''
        },
        confirmButtonText:{
          type:String,
          default:'确定'
        },
        cancelButtonText:{
          type:String,
          default:'取消'
        }
      },
      model:{
        prop:'show',
        event:'change-show'
      },
      methods:{
        handleClose(){
          //通知 v-model 将 show 的值更新为 false
          this.$emit('change-show',false)
          //通知关闭的回调函数执行
          this.$emit('close')
        },
        handleConfirm(){
          this.$emit('change-show',false)
          //通知确定的回调函数执行
          this.$emit('confirm')
```

```
      }
    },
    template:`
      <transition name="fade">
        <div v-if="show" class="p-confirm-bg">
          <div class="p-confirm">
            <div class="p-confirm-title">
              {{title}}
              <div class="p-close"
                @click="handleClose">
                &times;
              </div>
            </div>
            <div class="p-confirm-content">

              <div v-html="content">
              </div>
            </div>
            <div class="p-confirm-btn">
              <button class="p-btn primary"
                @click="handleConfirm">
                {{confirmButtonText}}
              </button>
              <button @click="handleClose" class="p-btn">
                {{cancelButtonText}}
              </button>
            </div>
          </div>
        </div>
      </transition>
    `,
})
new Vue({
  data(){
    return {
      show:false,
      title:'系统提示',
      content:`
        <p>
          <span
            style="color:red;font-weight:bold"
          >正在进行xx操作,单击"确定"按钮继续</span>

        </p>


      `
    }
  },
  methods:{
```

```
        handleClick(){
          console.log('danji')
          this.show=!this.show
        },
        handleConfirm(){
          console.log('单击了确定')
        },
        handleClose(){
          console.log('单击了关闭')
        }
      }
    }).$mount('#app')
  </script>
  </body>
</html>
```

完整的 p-confirm 组件运行结果如图 3-13 所示。

图 3-13　完整的询问框组件的效果图

3.2　Vue 的插槽介绍

插槽是 Vue 组件化开发场景中必不可少的组件之一,在仅使用 props 选项和 this. $emit()配合开发的组件存在一个缺陷:当开发按钮或可嵌套组件时,使用 props 选项定义的属性必须在组件标签上定义和传入。如果希望自定义组件是可嵌套组件,则在组件双标签结构中间编写的内容就会不翼而飞。插槽就是为了解决自定义可嵌套组件而开发的解决方案。

1. 插槽的概念介绍

Vue 实现了一套内容分发的 API,这套 API 的设计灵感源自 Web Components 规范草案,将<slot>元素作为承载分发内容的出口。在 Vue 中使用插槽的示例,代码如下:

```html
<!-- 第3章 在Vue中使用插槽的代码案例 -->
<!DOCTYPE html>
<html>
  <head>
    <meta charset="utf-8">
    <title></title>
  </head>
  <body>
    <div id="app">
      <p-button>
        我是按钮名称
      </p-button>
    </div>
    <script src="https://cdn.jsdelivr.net/npm/vue/dist/vue.js" type="text/javascript"
charset="utf-8"></script>
    <script type="text/javascript">
      Vue.component('p-button',{
        template:`
        <button>
          <slot></slot>
        </button>
        `
      })
      new Vue({}).$mount('#app')
    </script>
  </body>
</html>
```

如果定义的组件是双标签组件,则标签中间输入的内容会自动分发到<slot>组件中,案例中的自定义组件无须使用 props,便可以将<p-button>标签中间输入的内容渲染到实际的<button>按钮内,这就是插槽的最基本使用方式。

2. 具名插槽

Vue 的插槽系统可以实现自定义组件管理双标签内部代码的功能,这样开发者便可以创建可嵌套的自定义组件。插槽在默认的使用场景可以解决大部分开发需求,考虑到特殊场景,<slot>还可以通过命名实现,将不同的标签分到组件内部的不同位置,例如在开发后台管理系统时,经常需要设计上、左、右结构的页面,开发者可先定义好布局组件的样式,再通过具名插槽,将组件内容指定分配到页面的相应部分。具名插槽使用方式的代码如下:

```html
<!-- 第 3 章 具名插槽使用方式的代码案例 -->
<!DOCTYPE html>
<html>
  <head>
    <meta charset="utf-8">
    <title></title>
    <style type="text/css">
      html,body, #app{
        margin: 0;
        height: 100%;
      }
      .p-layout{
        width: 100%;
        height: 100%;
        display: flex;
        flex-direction: column;
      }
      .p-layout .p-header{
        height: 60px;
        background-color: #409EFF;
      }
      .p-layout .p-container{
        flex-grow: 1;
        display: flex;
      }
      .p-layout .p-container .p-left{
        width: 300px;
        height: 100%;
        background-color: #E6A23C;
      }
      .p-layout .p-container .p-right{
        flex-grow: 1;
        height: 100%;
        background-color: antiquewhite;
      }
    </style>
  </head>
  <body>
    <div id="app">
      <p-layout>
        <!-- 分配到头部的部分 -->
        <template v-slot:header>
          头部
        </template>
        <!-- 分配到左侧的部分 -->
        <template v-slot:left>
```

```
        左侧部分
      </template>
      <!-- 分配到右侧的部分 -->
      <template v-slot:right>
        右侧部分
      </template>
    </p-layout>
  </div>
  <script src="https://cdn.jsdelivr.net/npm/vue/dist/vue.js" type="text/javascript"
charset="utf-8"></script>
  <script type="text/javascript">
    Vue.component('p-layout',{
      template:`
        <div class="p-layout">
          <div class="p-header">
            <slot name="header"></slot>
          </div>
          <div class="p-container">
            <div class="p-left">
              <slot name="left"></slot>
            </div>
            <div class="p-right">
              <slot name="right"></slot>
            </div>
          </div>
        </div>
      `
    })
    new Vue({}).$mount('#app')
  </script>
  </body>
</html>
```

　　具名插槽的使用方式非常简单，在组件内部使用<slot>标签时需要对其定义的 name
属性进行命名，在组件应用的代码内部需要通过<template>标签的 v-slot 指令来配置内容
分发。使用"v-slot:名称"的方式，将当前编写的<template>中的内容分发到命名相同的
<slot>标签内部。具名插槽代码案例中通过定义<p-layout>实现了自动分发内容的上、
左、右布局组件，其运行效果如图 3-14 所示。

　　3. 作用域插槽

　　作用域插槽是插槽的高级使用方式，它主要应用于动态数据处理，例如在原生 HTML
代码中使用<table>表格结合列表渲染，当将 JavaScript 中的列表数据结构渲染到网页时，
可以将表格结合列表渲染的部分进一步抽象成自定义表格组件。在这个应用场景中，作用
域插槽便可以实现组件的高级功能。在学习作用域插槽前，应先通过代码实现自定义表格
组件，代码如下：

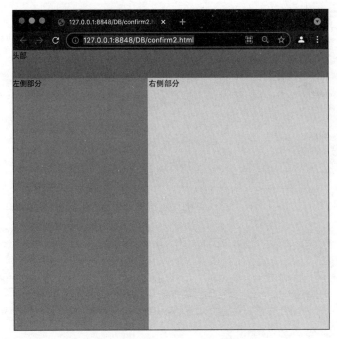

图 3-14　具名插槽案例的效果图

```html
<!-- 第 3 章 自定义表格组件的代码案例 -->
<!DOCTYPE html>
<html>
  <head>
    <meta charset="utf-8">
    <title></title>
  </head>
  <body>
    <div id="app">
      <p-table :data="list" :header="header"></p-table>
    </div>
    <script src="https://cdn.jsdelivr.net/npm/vue/dist/vue.js" type="text/javascript" charset="utf-8"></script>
    <script type="text/javascript">
      Vue.component('p-table',{
        props:{
          data:{                              //表格的数据参数
            type:Array,
            default(){
              return []
            }
          },
          header:{                            //表头的描述参数
            type:Array,
```

```
            default(){
              return []
            }
          }
        },
      template:`
        <table border="1">
          <thead>
            <tr>
              <th v-for="item in header" :key="item.label">
                {{item.label}}
              </th>
            </tr>
          </thead>
          <tbody>
            <tr v-for="item in data" :key="item.id">
              <td v-for="itemHead in header" :key="itemHead.label">
                {{item[itemHead.prop]}}
              </td>
            </tr>
          </tbody>
        </table>
      `
})
new Vue({
  data(){
    return {
      //表格的初始数据
      list:[
        {
          id:'a001',
          name:'阳顶天',
          phone:'17388889887',
          email:'xxx@xxx.com',
          birthday:'20xx-0x-0x'
        },
        {
          id:'a002',
          name:'杨逍',
          phone:'17388889888',
          email:'xxx@xxx.com',
          birthday:'20xx-0x-0x'
        },
        {
          id:'a003',
          name:'张无忌',
          phone:'17388889889',
          email:'xxx@xxx.com',
          birthday:'20xx-0x-0x'
```

```
                },
                {
                    id:'a004',
                    name:'张三丰',
                    phone:'17388889880',
                    email:'xxx@xxx.com',
                    birthday:'20xx-0x-0x'
                }
            ],
            //表头的初始数据,prop 代表本列从数组中提取指定属性名称
            //label 代表当前列名
            header:[
                {
                    prop:'name',
                    label:'姓名'
                },
                {
                    prop:'phone',
                    label:'电话'
                },
                {
                    prop:'email',
                    label:'邮箱'
                },
                {
                    prop:'birthday',
                    label:'生日'
                },
                {
                    label:'操作'
                }
            ]
        }
    }
}).$mount('#app')
    </script>
  </body>
</html>
```

  自定义表格组件中包含两个属性,即 data 和 header。data 代表表格中渲染的数据内容,数据格式是一个对象数组。header 代表表格的表头部分数据描述,用来配置表头的列名及当前列在 data 中所对应的属性名称。两个属性按照要求设置好初始值后,表格便会自动按照数据渲染到网页中,如图 3-15 所示。

  在当前的自定义表格中,已经实现了自动渲染数据的能力,由于在 header 中定义了一个名为"操作"的列,该列在 list 属性中没有任何可对应的数据,所以该列在展示时内部为空值。根据通用组件封装的要求,如果想让自定义表格在开发中可以适应更多的业务场景,开

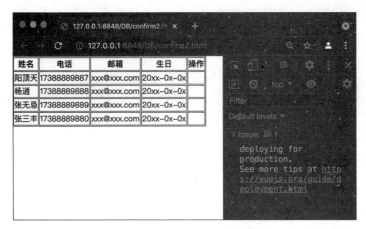

图 3-15 自定义表格案例的效果图

发者则应对自定义表格的列进行自定义。除最基本的数据展示外,开发者应有权向表格的任意单元格内增加自定义内容,所以表格中的每个单元格都应允许通过具名插槽进行自定义。接下来需要在组件内改造代码,为每个单元格定义插槽,代码如下:

```html
<!-- 第 3 章 加入具名插槽的代码案例 -->
<!DOCTYPE html>
<html>
  <head>
    <meta charset="utf-8">
    <title></title>
  </head>
  <body>
    <div id="app">
      <p-table :data="list" :header="header">
        <!-- 以英雄名称为例子,将插槽内容分发到自定义表格内部 -->
        <template v-slot:name>
          英雄名称
        </template>
      </p-table>
    </div>
    <script src="https://cdn.jsdelivr.net/npm/vue/dist/vue.js" type="text/javascript"
charset="utf-8"></script>
    <script type="text/javascript">
    Vue.component('p-table',{
      props:{
        data:{                                  //表格的数据参数
          type:Array,
          default(){
            return []
          }
        },
```

```
    header:{                            //表头的描述参数
      type:Array,
      default(){
        return []
      }
    }
  },
  template:`
    < table border="1">
      < thead >
        < tr >
          < th v-for="item in header" :key="item.label" >
            {{item.label}}
          </th>
        </tr>
      </thead>
      < tbody >
        < tr v-for="item in data" :key="item.id">
          < td v-for="itemHead in header" :key="itemHead.label">
            <!--
              在组件应用时如果未使用对应的具名插槽,则会展示<slot>内部的数据
              如果使用了具名插槽,则<slot>会被渲染为外部传入的数据
              -->
            < slot :name="itemHead.prop">
              {{item[itemHead.prop]}}
            </slot>
          </td>
        </tr>
      </tbody>
    </table>
  `
})
new Vue({
  data(){
    return {
      //表格的初始数据
      list:[
        {
          id:'a001',
          name:'阳顶天',
          phone:'17388889887',
          email:'xxx@xxx.com',
          birthday:'20xx-0x-0x'
        },
        {
          id:'a002',
          name:'杨逍',
          phone:'17388889888',
          email:'xxx@xxx.com',
```

```
          birthday:'20xx-0x-0x'
        },
        {
          id:'a003',
          name:'张无忌',
          phone:'17388889889',
          email:'xxx@xxx.com',
          birthday:'20xx-0x-0x'
        },
        {
          id:'a004',
          name:'张三丰',
          phone:'17388889880',
          email:'xxx@xxx.com',
          birthday:'20xx-0x-0x'
        }
      ],
      //表头的初始数据,prop代表本列从数组中提取指定属性名称
      //label代表当前列名
      header:[
        {
          prop:'name',
          label:'姓名'
        },
        {
          prop:'phone',
          label:'电话'
        },
        {
          prop:'email',
          label:'邮箱'
        },
        {
          prop:'birthday',
          label:'生日'
        },
        {
          prop:'control',
          label:'操作'
        }
      ]
    }
  }
}).$mount('#app')
    </script>
  </body>
</html>
```

改造案例代码后,list属性传入的数据仍然能正常触发表格内容渲染,只有指定了插槽

的列才会应用外部传入的插槽内容,不过应用了具名插槽的列的数据会出现问题。具体效果如图 3-16 所示。

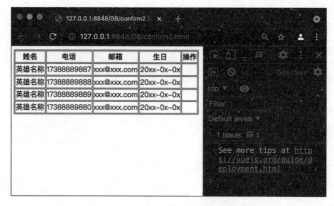

图 3-16　增加具名插槽的效果图

增加具名插槽后,可以实现插槽的内容分发,由于表格内容数据是数组类型,定义的< template v-slot:name >插槽内容会在列表渲染时渲染成多行数据。虽然传入插槽中的"英雄名称"可以在每行中展示,但使用插槽时会覆盖当前列的原始数据,这导致通过插槽渲染的数据无法获取 name 属性每行的原始结果,作用域插槽便是在这种高级组件的应用场景中解决此问题而存在的。< slot >标签上除 name 属性外,还可以在组件源代码中通过 v-bind 绑定自定义属性,一旦绑定了自定义属性,< template >标签上便可以获取组件内部绑定的自定义属性。作用域插槽实际应用的代码如下:

```html
<!-- 第 3 章 作用域插槽实际应用的代码案例 -->
<!DOCTYPE html>
<html>
  <head>
    <meta charset="utf-8">
    <title></title>
  </head>
  <body>
    <div id="app">
      <p-table :data="list" :header="header">
        <!-- 在 v-slot:name="row" 中可以获取 slot 中绑定的 row 属性的值 -->
        <template v-slot:name="row">
          英雄名称{{row}}
        </template>
      </p-table>
    </div>
    <script src="https://cdn.jsdelivr.net/npm/vue/dist/vue.js" type="text/javascript" charset="utf-8"></script>
    <script type="text/javascript">
      Vue.component('p-table',{
```

```
props:{
  data:{                              //表格的数据参数
    type:Array,
    default(){
      return []
    }
  },
  header:{                            //表头的描述参数
    type:Array,
    default(){
      return []
    }
  }
},
template:`
  <table border="1">
    <thead>
      <tr>
        <th v-for="item in header" :key="item.label">
          {{item.label}}
        </th>
      </tr>
    </thead>
    <tbody>
      <tr v-for="item in data" :key="item.id">
        <td v-for="itemHead in header" :key="itemHead.label">
          <!--
            在 slot 上绑定了 row 属性,并将 data 中的每一行数据 item 设置到 row 中
          -->
          <slot :name="itemHead.prop" :row="item">
            {{item[itemHead.prop]}}
          </slot>
        </td>
      </tr>
    </tbody>
  </table>
`
})
new Vue({
  data(){
    return {
      //表格的初始数据
      list:[
        {
          id:'a001',
          name:'阳顶天',
          phone:'17388889887',
          email:'xxx@xxx.com',
          birthday:'20xx-0x-0x'
```

```
        },
        {
            id:'a002',
            name:'杨逍',
            phone:'17388889888',
            email:'xxx@xxx.com',
            birthday:'20xx-0x-0x'
        },
        {
            id:'a003',
            name:'张无忌',
            phone:'17388889889',
            email:'xxx@xxx.com',
            birthday:'20xx-0x-0x'
        },
        {
            id:'a004',
            name:'张三丰',
            phone:'17388889880',
            email:'xxx@xxx.com',
            birthday:'20xx-0x-0x'
        }
    ],
    //表头的初始数据,prop代表本列从数组中提取指定属性名称
    //label代表当前列名
    header:[
        {
            prop:'name',
            label:'姓名'
        },
        {
            prop:'phone',
            label:'电话'
        },
        {
            prop:'email',
            label:'邮箱'
        },
        {
            prop:'birthday',
            label:'生日'
        },
        {
            prop:'control',
            label:'操作'
        }
    ]
  }
}
```

```
    }).$mount('♯app')
    </script>
  </body>
</html>
```

代码改造后,可直接通过 v-slot:name="row" 获取组件内部绑定的 row 属性的值。通过这种方式,可将组件升级为高可定制组件。当开发者不需要自定义表格内部数据时,可直接将数据渲染到表格内部。开发者对任何单元格内部有定制开发需求时,可以通过 <template> 进行内容分发,以此来自定义每个单元格的数据内容和展示样式。作用域插槽案例的运行结果如图 3-17 所示。

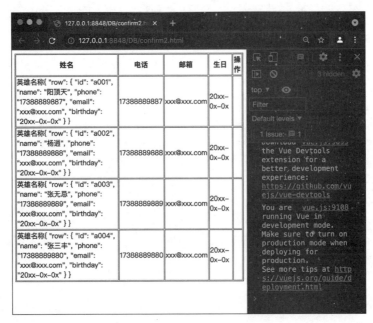

图 3-17　作用域插槽的效果图

接下来将作用域插槽案例代码继续丰富,将姓名列的数据使用插槽展示,将电话号码数据的中间四位数变成 * 号,在操作列中加入删除按钮并实现数据的删除功能。作用域插槽的最终案例,代码如下:

```
<!-- 第 3 章 作用域插槽最终的代码案例 -->
<!DOCTYPE html>
<html>
  <head>
    <meta charset="utf-8">
    <title></title>
  </head>
  <body>
```

```html
<div id="app">
  <p-table :data="list" :header="header">
    <!-- 在 v-slot:name="row"中可以获取 slot 中绑定的 row 属性的值 -->
    <template v-slot:name="{row}">
      {{row.name}}
    </template>
    <!-- 通过计算属性格式化手机号码 -->
    <template v-slot:phone="{row}">
      {{formatPhone(row.phone)}}
    </template>
    <!-- 通过插槽实现对每行定义删除按钮,并将每行的数据传入来确定要删除的数据 -->
    <template v-slot:control="{row}">
      <button @click="handleDelete(row)">删除</button>
    </template>
  </p-table>
</div>
<script src="https://cdn.jsdelivr.net/npm/vue/dist/vue.js" type="text/javascript"
charset="utf-8"></script>
<script type="text/javascript">
  Vue.component('p-table',{
    props:{
      data:{                          //表格的数据参数
        type:Array,
        default(){
          return []
        }
      },
      header:{                        //表头的描述参数
        type:Array,
        default(){
          return []
        }
      }
    },
    template:`
      <table border="1">
        <thead>
          <tr>
            <th v-for="item in header" :key="item.label">
              {{item.label}}
            </th>
          </tr>
        </thead>
        <tbody>
          <tr v-for="item in data" :key="item.id">
            <td v-for="itemHead in header" :key="itemHead.label">
              <!--
                在 slot 上绑定了 row 属性,并将 data 中的每一行数据 item 设置到 row 中
              -->
```

```
            < slot :name="itemHead. prop" :row="item">
              {{item[ itemHead. prop]}}
            </slot >
        </td >
      </tr >
    </tbody >
  </table >
`
})
new Vue({
  data(){
    return {
      //表格的初始数据
      list:[
        {
          id:'a001',
          name:'阳顶天',
          phone:'17388889887',
          email:'xxx@xxx. com',
          birthday:'20xx-0x-0x'
        },
        {
          id:'a002',
          name:'杨逍',
          phone:'17388889888',
          email:'xxx@xxx. com',
          birthday:'20xx-0x-0x'
        },
        {
          id:'a003',
          name:'张无忌',
          phone:'17388889889',
          email:'xxx@xxx. com',
          birthday:'20xx-0x-0x'
        },
        {
          id:'a004',
          name:'张三丰',
          phone:'17388889880',
          email:'xxx@xxx. com',
          birthday:'20xx-0x-0x'
        }
      ],
      //表头的初始数据,prop 代表本列从数组中提取指定属性名称
      //label 代表当前列名
      header:[
        {
          prop:'name',
          label:'姓名'
```

```
      },
      {
        prop:'phone',
        label:'电话'
      },
      {
        prop:'email',
        label:'邮箱'
      },
      {
        prop:'birthday',
        label:'生日'
      },
      {
        prop:'control',
        label:'操作'
      }
    ]
  }
},
computed:{
  formatPhone(){
    //计算属性可以使用返回一个函数的方式来接收外部传入的参数
    return function(phone){
      let prefix=phone.substring(0,3)
      let suffix=phone.substring(7)
      return `${prefix}****${suffix}`
    }
  }
},
methods:{
  handleDelete(row){
    let res=window.confirm('正在删除该数据,是否继续?')
    if(res){
      //通过 filter 循环将要删除的数据过滤掉
      this.list=this.list.filter(item=>item.id!=row.id)
    }
  }
}
}).$mount('#app')
    </script>
  </body>
</html>
```

4.递归组件

熟练掌握插槽用法,可以帮助开发者实现高级组件的定义,这里就包括 Vue 中最常用的递归组件。递归组件允许组件动态解析一个未知深度的属性结构,通常应用在级联菜单或树形组件中,本节以属性组件为例介绍递归组件的实际应用。首先需要定义一组未知深

度的树形数据结构,代码如下:

```html
<!-- 第 3 章 树形数据结构的代码案例 -->
<!DOCTYPE html>
<html>
  <head>
    <meta charset="utf-8">
    <title></title>
  </head>
  <body>
    <div id="app">

    </div>
    <script src="https://cdn.jsdelivr.net/npm/vue/dist/vue.js" type="text/javascript"
charset="utf-8"></script>
    <script type="text/javascript">
      new Vue({
        data(){
          return {
            //初始树形数据
            data:[
              {
                id:'1',
                name:'运营事业部',
                children:[
                  {
                    id:'1-1',
                    name:'IT 研发一部',
                    children:[
                      {
                        id:'1-1-1',
                        name:'研发 1 组'
                      },
                      {
                        id:'1-1-2',
                        name:'研发 2 组'
                      }
                    ]
                  },
                  {
                    id:'1-2',
                    name:'运营部'
                  },
                  {
                    id:'1-3',
                    name:'财务部'
                  }
                ]
              },
```

```
          {
            id:'2',
            name:'营销事业部',
            children:[
              {
                id:'2-1',
                name:'售前服务部',
                children:[
                  {
                    id:'2-1-1',
                    name:'服务 1 组'
                  },
                  {
                    id:'2-1-2',
                    name:'服务 2 组'
                  }
                ]
              },
              {
                id:'2 - 2',
                name:'售后服务部',
                children:[
                  {
                    id:'2-1-1',
                    name:'反馈 1 组',
                    children:[
                      {
                        id:'2-1-1-1',
                        name:'第一梯队'
                      },
                      {
                        id:'2-1-1-2',
                        name:'第二梯队'
                      }
                    ]
                  },
                  {
                    id:'2-1-2',
                    name:'反馈 2 组'
                  }
                ]
              }
            ]
          }
        ]
      }
    }
  }).$mount('#app')
  </script>
  </body>
</html>
```

在 data 中定义的 data 属性是一个非对称树形结构,该树的每个节点的子节点数据深度各不相同,假设 data 属性定义的数据为服务器端返回的数据,每次返回数据的节点内容和深度可能不同,这样就无法通过固定层数的循环来解决数据的渲染。递归组件的设计方案便是解决此类数据渲染的解决方案。接下来需要定义一个名为 p-tree 的自定义组件,并通过组件递归的方式解决初始组件渲染问题,代码如下:

```html
<!-- 第3章 递归组件的代码案例 -->
<!DOCTYPE html>
<html>
  <head>
    <meta charset="utf-8">
    <title></title>
  </head>
  <body>
    <div id="app">
      <p-tree :data="data"></p-tree>
    </div>
    <script src="https://cdn.jsdelivr.net/npm/vue/dist/vue.js" type="text/javascript" charset="utf-8"></script>
    <script type="text/javascript">
      Vue.component('p-tree',{
        props:{
          data:{
            type:Array,
            default(){
              return []
            }
          }
        },
        template:`
          <ul>
            <li v-for="item in data" :key="data.id">
              {{item.name}}
              <!-- 递归组件的用法是当组件内部需要未知层深的内容展示时,可以直接将组件
本身作为渲染内容在组件内部调用 -->
              <!-- 在组件渲染时,p-tree 会自动识别当前节点是否有后代,如果有后代就会触发
链式渲染 -->
              <p-tree v-if="item.children" :data="item.children"><p-tree>
            </li>
          </ul>
        `
      })
      new Vue({
        data(){
          return {
            //初始树形数据
            data:[
```

```
{
  id:'1',
  name:'运营事业部',
  children:[
    {
      id:'1-1',
      name:'IT 研发一部',
      children:[
        {
          id:'1-1-1',
          name:'研发 1 组'
        },
        {
          id:'1-1-2',
          name:'研发 2 组'
        }
      ]
    },
    {
      id:'1-2',
      name:'运营部'
    },
    {
      id:'1-3',
      name:'财务部'
    }
  ]
},
{
  id:'2',
  name:'营销事业部',
  children:[
    {
      id:'2-1',
      name:'售前服务部',
      children:[
        {
          id:'2-1-1',
          name:'服务 1 组'
        },
        {
          id:'2-1-2',
          name:'服务 2 组'
        }
      ]
    },
    {
      id:'2 - 2',
      name:'售后服务部',
```

```
                    children:[
                      {
                        id:'2-1-1',
                        name:'反馈 1 组',
                        children:[
                          {
                            id:'2-1-1-1',
                            name:'第一梯队'
                          },
                          {
                            id:'2-1-1-2',
                            name:'第二梯队'
                          }
                        ]
                      },
                      {
                        id:'2-1-2',
                        name:'反馈 2 组'
                      }
                    ]
                  }
                ]
              }
            ]
          }
        }
      }). $mount('#app')
    </script>
  </body>
</html>
```

通过 p-tree 内部引用自己的方式,解决了非对称树形结构的数据展示,这个模式与
JavaScript 中的递归思想完全一致,通过运行过程中链式触发,解决未知深度数据的遍历。
递归组件案例的运行结果如图 3-18 所示。

图 3-18　递归组件案例的效果图

　　完成了递归组件的定义,已经可以实现部门组成的视图展示,根据自定义表格的封装经验,树形组件的内部数据在未来也有很大的定制开发需求,所以每个树形节点的数据和样式都应该是开发者可以自定义的,这里就涉及递归组件中的作用域插槽应用。接下来在树形组件中定义作用域插槽,代码如下:

```html
<!-- 第 3 章 在树形组件中定义作用域插槽的代码案例 -->
<!DOCTYPE html>
<html>
  <head>
    <meta charset="utf-8">
    <title></title>
  </head>
  <body>
    <div id="app">
      <p-tree :data="data">
        <!-- 通过作用域插槽自定义树形组件的节点内容 -->
        <template v-slot:node="{row}">
          名称: {{row.name}}
        </template>
      </p-tree>
    </div>
    <script src="https://cdn.jsdelivr.net/npm/vue/dist/vue.js" type="text/javascript" charset="utf-8"></script>
    <script type="text/javascript">
      Vue.component('p-tree',{
        props:{
          data:{
            type:Array,
            default(){
              return []
            }
          }
        },
        template:`
          <ul>
            <li v-for="item in data" :key="data.id">
              <!-- 使用作用域插槽实现内容分发和值的传递 -->
              <slot name="node" :row="item">
                {{item.name}}
              </slot>
              <!-- 递归组件的用法是当组件内部需要未知层深的内容展示时,可以直接将组件本身作为渲染内容在组件内部调用 -->
              <!-- 在组件渲染时,p-tree 会自动识别当前节点是否有后代,如果有后代就会触发链式渲染 -->
              <p-tree v-if="item.children" :data="item.children"><p-tree>
            </li>
          </ul>
```

```
})
new Vue({
  data(){
    return {
      //初始树形数据
      data:[
        {
          id:'1',
          name:'运营事业部',
          children:[
            {
              id:'1-1',
              name:'IT 研发一部',
              children:[
                {
                  id:'1-1-1',
                  name:'研发 1 组'
                },
                {
                  id:'1-1-2',
                  name:'研发 2 组'
                }
              ]
            },
            {
              id:'1-2',
              name:'运营部'
            },
            {
              id:'1-3',
              name:'财务部'
            }
          ]
        },
        {
          id:'2',
          name:'营销事业部',
          children:[
            {
              id:'2-1',
              name:'售前服务部',
              children:[
                {
                  id:'2-1-1',
                  name:'服务 1 组'
                },
```

```
                          {
                            id:'2-1-2',
                            name:'服务 2 组'
                          }
                        ]
                      },
                      {
                        id:'2-2',
                        name:'售后服务部',
                        children:[
                          {
                            id:'2-1-1',
                            name:'反馈 1 组',
                            children:[
                              {
                                id:'2-1-1-1',
                                name:'第一梯队'
                              },
                              {
                                id:'2-1-1-2',
                                name:'第二梯队'
                              }
                            ]
                          },
                          {
                            id:'2-1-2',
                            name:'反馈 2 组'
                          }
                        ]
                      }
                    ]
                  }
                ]
              }
            }).$mount('#app')
    </script>
  </body>
</html>
```

　　使用作用域插槽改造组件后,可以针对树的每个节点做自定义的改造,但本案例运行结果却不尽人意。具体问题如图 3-19 所示。

　　按照当前方式改造后,只有树的第一层节点能被插槽分发的内容渲染。这是由于在递归组件中继续引用了组件本身,而案例代码并没有对组件内部引用的组件本身做插槽数据分发,所以造成了只有第一层节点可以应用插槽数据的结果。接下来要将属性组件的内部插槽体系做进一步的改造,最终完成递归组件,代码如下:

图 3-19 树形组件追加作用域插槽的效果图

```
<!-- 第3章 最终递归组件的代码案例 -->
<!DOCTYPE html>
<html>
  <head>
    <meta charset="utf-8">
    <title></title>
  </head>
  <body>
    <div id="app">
      <p-tree :data="data">
        <!-- 通过作用域插槽自定义树形组件的节点内容 -->
        <template v-slot:node="{row}">
          名称: {{row.name}}
        </template>
      </p-tree>
    </div>
    <script src="https://cdn.jsdelivr.net/npm/vue/dist/vue.js" type="text/javascript"
charset="utf-8"></script>
    <script type="text/javascript">
      Vue.component('p-tree',{
        props:{
          data:{
            type:Array,
            default(){
              return []
            }
          }
        },
        template:`
          <ul>
```

```
        <li v-for="item in data" :key="data.id">
            <!-- 使用作用域插槽实现内容分发和值的传递 -->
            <slot name="node" :row="item">
                {{item.name}}
            </slot>
            <!-- 递归组件的用法是当组件内部需要未知层深的内容展示时,可以直接将组件
本身作为渲染内容在组件内部调用 -->
            <!-- 在组件渲染时,p-tree会自动识别当前节点是否有后代,如果有后代就会触发
链式渲染 -->
            <p-tree v-if="item.children" :data="item.children">
                <!-- 通过向递归组件中传入template实现插槽的定制分发 -->
                <template v-slot:node="{row}">
                <!-- 将递归组件外部传入的内容通过slot获得并传入子组件内,实现对任何层
级的数据都可以进行高可定制 -->
                    <slot name="node" :row="row">
                        {{row.name}}
                    </slot>
                </template>
            <p-tree>
        </li>
    </ul>

})
new Vue({
    data(){
        return {
            //初始树形数据
            data:[
                {
                    id:'1',
                    name:'运营事业部',
                    children:[
                        {
                            id:'1-1',
                            name:'IT研发一部',
                            children:[
                                {
                                    id:'1-1-1',
                                    name:'研发1组'
                                },
                                {
                                    id:'1-1-2',
                                    name:'研发2组'
                                }
                            ]
                        },
                        {
                            id:'1-2',
                            name:'运营部'
```

```
        },
        {
          id:'1-3',
          name:'财务部'
        }
      ]
    },
    {
      id:'2',
      name:'营销事业部',
      children:[
        {
          id:'2-1',
          name:'售前服务部',
          children:[
            {
              id:'2-1-1',
              name:'服务 1 组'
            },
            {
              id:'2-1-2',
              name:'服务 2 组'
            }
          ]
        },
        {
          id:'2 - 2',
          name:'售后服务部',
          children:[
            {
              id:'2-1-1',
              name:'反馈 1 组',
              children:[
                {
                  id:'2-1-1-1',
                  name:'第一梯队'
                },
                {
                  id:'2-1-1-2',
                  name:'第二梯队'
                }
              ]
            },
            {
              id:'2-1-2',
              name:'反馈 2 组'
            }
          ]
        }
```

```
                    ]
                }
            ]
        }
    }
}).$mount('#app')
</script>
</body>
</html>
```

通过最终改造,树形组件可以仅通过一个<template>标签,来高度定制其内部任何子节点的样式和数据内容。树形组件最终改造的结果如图3-20所示。

图 3-20   最终递归组件的效果图

3.3 Vue 的动态组件介绍

动态组件是 Vue 组件系统中最具特色的功能,也是单页面应用的核心解决方案。通过动态组件技术,可以实现单页面应用的路由系统。Vue 对动态组件提供了一套完整的解决方案,Vue 在初始化阶段便注册了大量的内置组件,其中就包括<component>组件。

1. <component>组件介绍

Vue 框架内置了<component>组件。在 Vue 初始化完成后,任何组件内部都可以直接应用<component>组件,<component>组件本身没有任何样式和功能,它相当于组件容器,其作用是加载开发者在项目中定义的自定义组件。<component>中包含 is 属性,它的值可以是字符串或自定义组件的 JavaScript 对象。当值为字符串时,只要 is 的值与任何运行环境中已注册的组件名称相同,<component>就会变成对应的组件并渲染其内容。当值为自定义组件的 JavaScript 对象时,<component>会自动渲染该组件内容。动态组件的实际应

用案例,代码如下:

```html
<!-- 第 3 章 动态组件实际应用的代码案例 -->
<!DOCTYPE html>
<html>
  <head>
    <meta charset="utf-8">
    <title></title>
    <style type="text/css">
      .page{
        width: 400px;
        height: 400px;
      }
      .page1{
        background-color: #42B983;
      }
      .page2{
        background-color: aquamarine;
      }
    </style>
  </head>
  <body>
    <div id="app">
    <!-- 使用 pageName 绑定单选按钮,用来动态切换 pageName 的结果 -->
      <label for="page1">
        <input id="page1" type="radio" v-model="pageName" value="page1">访问 page1
      </label>
      <label for="page2">
        <input id="page2" type="radio" v-model="pageName" value="page2">访问 page2
      </label>
      <!-- 将 pageName 的值绑定在 component 组件上,component 会根据 pageName 的值匹配对应的
组件 -->
      <component :is="pageName"></component>
    </div>
    <script src="https://cdn.jsdelivr.net/npm/vue/dist/vue.js" type="text/javascript"
charset="utf-8"></script>
    <script type="text/javascript">
      Vue.component('page1',{
        template:`
        <div class="page page1">
          page1 组件
        </div>
        `
      })
      Vue.component('page2',{
        template:`
        <div class="page page2">
          page2 组件
        </div>
```

```
    })
    new Vue({
      data(){
        return {
          //通过字符串匹配组件名称,让动态组件可以自动识别
          pageName:'page1'
        }
      }
    }). $mount('#app')

  </script>
 </body>
</html>
```

<component>标签会自动匹配 pageName 对应的值,当 pageName 的值为 page1 时,动态组件展示的就是<page1>标签的结果,当 pageName 的值为 page2 时,动态组件展示的就是<page2>标签的结果。该案例的运行结果如图 3-21 所示。

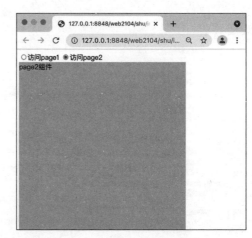

(a) pageName的值为page1时   (b) pageName的值为page2时

图 3-21　动态组件实际案例的效果图

2. 动态组件的生命周期

在动态组件切换时,会触发组件自身的生命周期执行,Vue 中的所有自定义组件都具备完整独立的生命周期系统,在从组件加载到组件销毁的过程中,组件内部的生命周期会自动执行。当某一个组件被动态组件渲染时,该组件会触发 beforeCreate()、created()、beforeMount()及 mounted()四个钩子函数。当动态组件切换到其他组件时,该组件会自动触发销毁流程,执行 beforeDestroy()和 destroyed()钩子函数。

根据组件切换的特性,当使用动态组件进行视图切换时,如果想实现类似浏览器窗口切换的效果,则会触发不好的用户体验。浏览器在窗口切换时,用户在不同网页中输入的内容

及位置信息都会记录在独立的窗口内,这样在下一次切换回该网页时,用户可以接着上次的浏览轨迹继续浏览网页。使用动态组件实现的页面切换,仅能实现页面切换功能,Vue 的生命周期规则会导致每次切换组件时组件都会重新创建一次,所以上一次访问该组件的浏览记录和操作记录会全部丢失。根据当前的分析,首先需要了解动态组件的生命周期执行过程,动态组件生命周期的基本案例,代码如下:

```html
<!-- 第 3 章 动态组件生命周期的代码案例 -->
<!DOCTYPE html>
<html>
  <head>
    <meta charset="utf-8">
    <title></title>
    <style type="text/css">
      .page{
        width: 400px;
        height: 400px;
      }
      .page1{
        background-color: #42B983;
      }
      .page2{
        background-color: aquamarine;
      }
    </style>
  </head>
  <body>
    <div id="app">
    <!-- 使用 pageName 绑定单选按钮,用来动态切换 pageName 的结果 -->
      <label for="page1">
        <input id="page1" type="radio" v-model="pageName" value="page1">访问 page1
      </label>
      <label for="page2">
        <input id="page2" type="radio" v-model="pageName" value="page2">访问 page2
      </label>
      <!-- 将 pageName 的值绑定在 component 组件上,component 会根据 pageName 的值匹配对应的
组件 -->
      <component :is="pageName"></component>
    </div>
    <script src="https://cdn.jsdelivr.net/npm/vue/dist/vue.js" type="text/javascript"
charset="utf-8"></script>
    <script type="text/javascript">
      Vue.component('page1',{
        template:`
          <div class="page page1">
            page1 组件
            <input/>
          </div>
```

```
  `,
  beforeCreate() {
    console.log('page1 beforeCreate')
  },
  created(){
    console.log('page1 created')
  },
  beforeMount(){
    console.log('page1 beforeMount')
  },
  mounted(){
    console.log('page1 mounted')
  },
  beforeDestroy(){
    console.log('page1 beforeDestroy')
  },
  destroyed(){
    console.log('page1 destroyed')
  }
})
Vue.component('page2',{
  template:`
    <div class="page page2">
      page2 组件
      <input/>
    </div>
  `,
  beforeCreate() {
    console.log('page2 beforeCreate')
  },
  created(){
    console.log('page2 created')
  },
  beforeMount(){
    console.log('page2 beforeMount')
  },
  mounted(){
    console.log('page2 mounted')
  },
  beforeDestroy(){
    console.log('page2 beforeDestroy')
  },
  destroyed(){
    console.log('page2 destroyed')
  }
})
new Vue({
  data(){
    return {
```

```
                //通过字符串匹配组件名称,让动态组件可以自动识别
                pageName:'page1'
            }
        }
    }). $mount('#app')

    </script>
  </body>
</html>
```

动态组件在初次加载时,会执行<page1>组件的生命周期,动态组件从<page1>切换到<page2>时,在触发<page2>组件加载的过程中,会同时触发<page1>组件的销毁流程,这导致无论在组件间切换儿次,每次展示的自定义组件都是重新创建的组件,所以在组件切换时,无论是<page1>还是<page2>,都无法保留其内部输入框中输入的内容。Vue之所以这样设计,是为了节省程序在浏览器中占用的内存。组件化可以让视图代码在可维护性上取得更大的优势,由于组件代码都是通过JavaScript执行的,所以所有的视图组件都需要在浏览器内存中进行管理。开发一个完整的项目,会定义大量的组件,如果每个组件创建后不执行销毁操作,则会导致浏览器内部保存大量当前不展示的页面数据,随着时间的推移,触发内存溢出的可能性会变得很高,所以在动态组件系统中,每当<component>加载一个新的组件时,都是将上一次的组件从内存中销毁,以此来释放内存。组件生命周期案例运行的结果如图3-22所示。

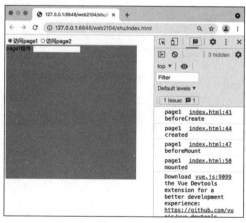

(a) <page1>组件加载时

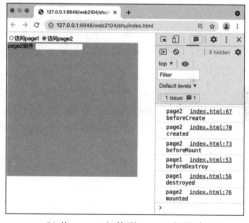

(b) 从<page1>切换到<page2>组件时

图3-22　动态组件生命周期案例的效果图

3.4　Vue的组件缓存

通过3.3节的学习,了解了组件的生命周期及加载流程,根据当前的情况还无法实现保留每个组件的访问状态。想要实现在Vue的视图切换时,保存组件的访问和操作状态,就

需要借助组件缓存技术实现。组件缓存技术需要借助 Vue 的内置组件< keep-alive >,凡是被< keep-alive >包裹的< component >组件,在第一次加载后,便会被保存在浏览器的内存中,在组件切换时便不会将这些被缓存的组件销毁,所以被缓存后的组件无论如何切换,都不会再触发组件的生命周期钩子函数,这样便实现了保存访问和操作记录。组件缓存的实际案例,代码如下:

```html
<!-- 第 3 章 组件缓存的代码案例 -->
<!DOCTYPE html>
<html>
  <head>
    <meta charset="utf-8">
    <title></title>
    <style type="text/css">
      .page{
        width: 400px;
        height: 400px;
      }
      .page1{
        background-color: #42B983;
      }
      .page2{
        background-color: aquamarine;
      }
    </style>
  </head>
  <body>
    <div id="app">
    <!-- 使用 pageName 绑定单选按钮,用来动态切换 pageName 的结果 -->
      <label for="page1">
        <input id="page1" type="radio" v-model="pageName" value="page1">访问 page1
      </label>
      <label for="page2">
        <input id="page2" type="radio" v-model="pageName" value="page2">访问 page2
      </label>
      <!-- 通过 keep-alive 直接嵌套 component 动态组件后,其内部的组件在切换时便不会再销毁 -->
      <keep-alive>
        <component :is="pageName"></component>
      </keep-alive>
    </div>
    <script src="https://cdn.jsdelivr.net/npm/vue/dist/vue.js" type="text/javascript" charset="utf-8"></script>
    <script type="text/javascript">
      Vue.component('page1',{
        template:`
          <div class="page page1">
            page1 组件
```

```
      < input/>
    </div>
  `,
  beforeCreate() {
    console.log('page1 beforeCreate')
  },
  created(){
    console.log('page1 created')
  },
  beforeMount(){
    console.log('page1 beforeMount')
  },
  mounted(){
    console.log('page1 mounted')
  },
  beforeDestroy(){
    console.log('page1 beforeDestroy')
  },
  destroyed(){
    console.log('page1 destroyed')
  }
})
Vue.component('page2',{
  template:`
    < div class ="page page2">
      page2 组件
      < input/>
    </div>
  `,
  beforeCreate() {
    console.log('page2 beforeCreate')
  },
  created(){
    console.log('page2 created')
  },
  beforeMount(){
    console.log('page2 beforeMount')
  },
  mounted(){
    console.log('page2 mounted')
  },
  beforeDestroy(){
    console.log('page2 beforeDestroy')
  },
  destroyed(){
    console.log('page2 destroyed')
  }
})
new Vue({
```

```
        data(){
          return {
            //通过字符串匹配组件名称,让动态组件可以自动识别
            pageName:'page1'
          }
        }
    }). $mount('#app')

    </script>
  </body>
</html>
```

运行案例代码后,在<page1>组件的输入框中输入 123,在<page2>组件的输入框中输入 456。切换两个组件的展示并观察控制台输出,会发现第一次访问<page1>或<page2>时都会触发两个组件的 beforeCreate()、created()、beforeUpdate()及 updated()四个钩子函数,组件的销毁函数不会触发。在这之后继续切换<page1>和<page2>时,组件便不会触发任何生命周期钩子函数,<page1>和<page2>两个组件内的输入框中输入的内容也不会消失。

以上便是组件缓存技术的实现,缓存技术可以让自定义组件在做视图切换时,保存用户的操作行为和数据,来方便用户在视图切换中有更好的操作体验,但是组件缓存会增加浏览器的内存负担。视图组件对象在内存中持续增加会大量占用 JavaScript 的堆内存空间,一旦超过界限,就会触发内存溢出的错误。当然,Vue 的作者已经考虑到这些问题,所以为了提高组件性能,<keep-alive>内置了以下几个属性:

1) max 属性

max 属性用来控制<keep-alive>组件最多可以缓存多少个组件实例,一旦这个数字达到了阈值,在新实例被创建之前,已缓存组件中最久没有被访问的实例会被销毁。具体的使用方式,代码如下:

```
<keep-alive :max="10">
  <component :is="view"></component>
</keep-alive>
```

2) include 属性

include 属性通常使用数组类型,也可以使用字符串类型,它的作用是选择性缓存自定义组件实例对象。在 include 中包含的组件会自动被缓存,其他不在数组中的视图组件并不会被缓存。选择性缓存可以让开发者在视图组件缓存规划上有更多的选择,用以提高内存利用率和访问体验。选择性缓存的案例,代码如下:

```
<!-- 第 3 章 include属性的代码案例 -->
<!-- 逗号分隔字符串 -->
<keep-alive include="a,b">
```

```
  < component :is="view"></component>
</keep-alive>

<!-- 正则表达式 (使用 `v-bind`) -->
< keep-alive :include="/a|b/">
  < component :is="view"></component>
</keep-alive>

<!-- 数组 (使用 `v-bind`) -->
< keep-alive :include="['a', 'b']">
  < component :is="view"></component>
</keep-alive>
```

3）exclude 属性

exclude 属性与 include 属性的使用方式完全一样。不同的是，exclude 代表选择性不缓存，只有定义在 exclude 中的组件才会被< keep-alive >排除，开发者在项目的特殊情况中，可主动排除不想缓存的组件。选择性不缓存的案例，代码如下：

```
<!-- 第 3 章 exclude 属性的代码案例 -->
<!-- 逗号分隔字符串 -->
< keep-alive :exclude="a,b">
  < component :is="view"></component>
</keep-alive>

<!-- 正则表达式 (使用 `v-bind`) -->
< keep-alive :exclude="/a|b/">
  < component :is="view"></component>
</keep-alive>

<!-- 数组 (使用 `v-bind`) -->
< keep-alive :exclude="['a', 'b']">
  < component :is="view"></component>
</keep-alive>
```

< keep-alive >的优缺点已经介绍得差不多了，接下来需要介绍的是缓存后的组件访问问题。使用组件缓存技术后，视图组件的实例便会被暂存在内存中，切换视图组件也不会触发自定义组件的销毁，所以一旦所有要切换的组件全部被访问过后，再次访问任何一个组件也不会触发其内部的初始化钩子函数。这就导致在切换组件时，应用程序并不知道被缓存的组件何时被访问。为此，Vue 提供了两个补充的生命周期钩子函数，用来在被缓存的组件中使用，具体用法如下。

1）activated()

activated()函数只在被缓存的组件中有效，通过该函数开发者可以完全掌控被缓存后的组件，每当组件被访问时，便会触发 activated()执行。activated()函数的应用场景，代码如下：

```html
<!-- 第 3 章 activated()函数应用场景的代码案例 -->
<!DOCTYPE html>
<html>
  <head>
    <meta charset="utf-8">
    <title></title>
    <style type="text/css">
      .page{
        width: 400px;
        height: 400px;
      }
      .page1{
        background-color: #42B983;
      }
      .page2{
        background-color: aquamarine;
      }
    </style>
  </head>
  <body>
    <div id="app">
    <!-- 使用 pageName 绑定单选按钮,用来动态切换 pageName 的结果 -->
      <label for="page1">
        <input id="page1" type="radio" v-model="pageName" value="page1">访问 page1
      </label>
      <label for="page2">
        <input id="page2" type="radio" v-model="pageName" value="page2">访问 page2
      </label>
      <!-- 通过 keep-alive 直接嵌套 component 动态组件后,其内部的组件在切换时便不会再被
销毁 -->
      <keep-alive>
        <component :is="pageName"></component>
      </keep-alive>
    </div>
    <script src="https://cdn.jsdelivr.net/npm/vue/dist/vue.js" type="text/javascript"
charset="utf-8"></script>
    <script type="text/javascript">
      Vue.component('page1',{
        template:`
          <div class="page page1">
            page1 组件
            <input/>
            <br/>
            {{visitTime}}
          </div>
        `,
        data(){
          return {
            visitTime:new Date()
```

```
    }
  },
  beforeCreate() {
    console.log('page1 beforeCreate')
  },
  created(){
    console.log('page1 created')
  },
  beforeMount(){
    console.log('page1 beforeMount')
  },
  mounted(){
    console.log('page1 mounted')
  },
  beforeDestroy(){
    console.log('page1 beforeDestroy')
  },
  destroyed(){
    console.log('page1 destroyed')
  },
  activated(){
    console.log('page1 被缓存后,被访问')
    this.visitTime=new Date()
  }
})
Vue.component('page2',{
  template:`
    <div class="page page2">
      page2 组件
      <input/>
      <br/>
      {{visitTime}}
    </div>
  `,
  data(){
    return {
      visitTime:new Date()
    }
  },
  beforeCreate() {
    console.log('page2 beforeCreate')
  },
  created(){
    console.log('page2 created')
  },
  beforeMount(){
    console.log('page2 beforeMount')
  },
  mounted(){
```

```
                console.log('page2 mounted')
            },
            beforeDestroy(){
                console.log('page2 beforeDestroy')
            },
            destroyed(){
                console.log('page2 destroyed')
            },
            activated(){
                console.log('page2 被缓存后,被访问')
                this.visitTime=new Date()
            }
        })
        new Vue({
            data(){
                return {
                    //通过字符串匹配组件名称,让动态组件可以自动识别
                    pageName:'page1'
                }
            }
        }).$mount('#app')

    </script>
  </body>
</html>
```

被缓存的< page1 >和< page2 >组件在后续的访问中不会被重新初始化,所以无法更新 visitTime 的值。想要更新组件的访问时间,需要在 activated()函数中手动进行初始化,这样可以保证用户无论访问任何组件,都可以记录用户的实时访问时间。该案例的运行结果如图 3-23 所示。

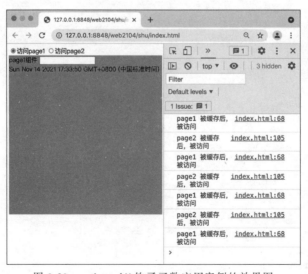

图 3-23　activated()钩子函数应用案例的效果图

2) deactivated()

deactivated()函数只在被缓存的组件中有效,当被缓存的组件从缓存列表中移除时,deactivated()函数便会被执行,用来通知开发者该组件已经不再被缓存。

3.5 Vue 的组件过渡

在原生 Web 开发场景中,开发者经常需要来对视图组件进行过渡动画的定义,配合 JavaScript 和 CSS 语言可以快速为 HTML 标签定义好看的动画和交互效果。在 Vue 框架中,配合组件化思想开发时,仅使用原生的过渡动画方式很难写出高效好看的代码,所以 Vue 框架提供了内置的过渡解决方案。

1. <transition>组件介绍

Vue 框架内置了<transition>组件,用来管理自定义组件的过渡行为,<transition>可以拦截嵌套在它内部的组件的进入和离开状态,在不同的状态切换时补偿过渡动画。<transition>内部可以被管理状态变更的组件包括以下几种:

(1) 使用 v-if 切换显示和隐藏的组件。

(2) 使用 v-show 切换显示和隐藏的组件。

(3) 切换过程的动态组件。

(4) 根节点的组件。

接下来通过一个简单的案例学习组件过渡的实际应用,代码如下:

```
<!-- 第 3 章 组件过渡实际应用的代码案例 -->
<!DOCTYPE html>
<html>
  <head>
    <meta charset="utf-8">
    <title></title>
    <style type="text/css">
    /* 过渡动画的样式状态 */
    .fade-enter{
      opacity: 0;
    }
    .fade-enter-active{
      transition: opacity .5s;
    }
    .fade-enter-to{
      opacity: 1;
    }
    .fade-leave{
      opacity: 1;
    }
    .fade-leave-active{
      transition: opacity .5s;
```

```
      }
    .fade-leave-to{
      opacity: 0;
    }
  </style>
</head>
<body>
  <div id="app">
    <button @click="handleClick">执行过渡</button>
    <!-- 使用 transition 嵌套 p 标签捕捉其过渡状态,name 属性为过渡样式的名称 -->
    <transition name="fade">
      <!-- 使用 v-if 切换元素的显示和隐藏 -->
      <p v-if="show">
        我是一段文字
      </p>
    </transition>
  </div>
  <script src="https://cdn.jsdelivr.net/npm/vue/dist/vue.js" type="text/javascript"
charset="utf-8"></script>
  <script type="text/javascript">

    new Vue({
      data(){
        return {
          //开关属性
          show:false
        }
      },
      methods:{
        //单击按钮时切换 show 属性的结果
        handleClick(){
          this.show=!this.show
        }
      }
    }).$mount('#app')

  </script>
</body>
</html>
```

当单击按钮时,<transition>会自动感知到<p>标签的显示和隐藏的过程,为其在进入和离开时补偿 CSS 交互效果,实现淡入和淡出的动画。在使用<transition>体系时,并不会打破 Vue 默认的状态切换流程。

当插入或删除包含在<transition>组件中的元素时,Vue 将会做以下处理:

(1)自动嗅探目标元素是否应用了 CSS 过渡或动画,如果应用了,则在恰当的时机添加/删除 CSS 类名。

(2)如果过渡组件提供了 JavaScript 钩子函数,则这些钩子函数将在恰当的时机被调用。

（3）如果没有找到 JavaScript 钩子并且也没有检测到 CSS 过渡动画,则 DOM 操作会在下一帧中立即执行,不会产生任何过渡或动画效果。

2. 过渡的类名

在进入或离开的过渡中,被<transition>组件包裹的元素会有 6 个 class 切换的过程。

1) v-enter

定义进入过渡的开始状态。在元素被插入之前生效,在元素被插入之后的下一帧移除。

2) v-enter-active

定义进入过渡生效时的状态。在整个进入过渡的阶段中应用,在元素被插入之前生效,在过渡/动画完成之后移除。这个类可以被用来定义进入过渡的时间、延迟和曲线函数。

3) v-enter-to

2.1.8 版及以上定义进入过渡的结束状态。在元素被插入之后的下一帧生效(与此同时 v-enter 被移除),在过渡/动画完成之后移除。

4) v-leave

定义离开过渡的开始状态。在离开过渡被触发时立刻生效,下一帧被移除。

5) v-leave-active

定义离开过渡生效时的状态。在整个离开过渡的阶段中应用,在离开过渡被触发时立刻生效,在过渡/动画完成之后移除。这个类可以被用来定义离开过渡的时间、延迟和曲线函数。

6) v-leave-to

2.1.8 版及以上定义离开过渡的结束状态。在离开过渡被触发之后的下一帧生效(与此同时 v-leave 被删除),在过渡/动画完成之后移除。

整个状态过渡期,<transition>标签会自动按照顺序对元素应用 6 个 class 名称,这些class 名称被应用和执行的顺序如图 3-24 所示。

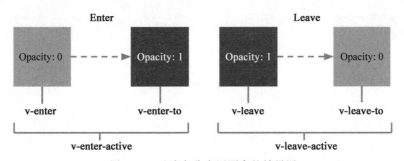

图 3-24　过渡名称应用顺序的效果图

关于过渡名称,如果开发者在使用<transition>组件时没有传递任何参数,则 6 个过渡名称默认以 v-开头,如果在<transition>组件中定义了 name 属性,如在过渡的实际应用中对<transition>标签设置了 name="fade",则该组件的过渡名称以 fade-开头。v-enter、v-enter-to、v-leave 及 v-leave-to 四个名称为分别进入和离开状态的起点和终点,所以在

v-enter 中定义元素进入前的样式，在 v-enter-to 中定义元素进入后的最终样式，在 v-leave 中定义元素离开前的样式，在 v-leave-to 中定义元素离开后的最终样式。v-enter-active 和 v-leave-active 分别为进入和离开过程中持续应用的样式，所以在过渡中将 CSS 样式的 transition 属性应用在包含-active 的类名中。

3. animation 实现过渡

使用 CSS 样式定义过渡状态，需要定义 6 个类名，虽然这些样式可以进一步简写，但 6 种状态的切换是通过 transition 属性来控制元素过渡的，这导致过渡只能实现从起点到终点的两种状态的线性变化。Vue 在过渡中支持在类名中定义 CSS 动画，实现过渡效果的复杂化。使用 CSS 动画后，原有的 6 个样式名只需要定义两个，CSS 动画实现的过渡，代码如下：

```html
<!-- 第 3 章 CSS 动画实现过渡的代码案例 -->
<!DOCTYPE html>
<html>
  <head>
    <meta charset="utf-8">
    <title></title>
    <style type="text/css">
      /* 过渡动画的样式状态 */
      .fade-enter-active{
        animation-name: scale-in-out;
        animation-duration: 0.5s ;
      }
      .fade-leave-active{
        animation-name: scale-in-out;
        animation-duration: 0.5s ;
        animation-direction: reverse;
      }
      @keyframes scale-in-out{
        0%{
          transform: scale(0);
        }
        50%{
          transform: scale(1.5);
        }
        100%{
          transform: scale(1);
        }
      }
    </style>
  </head>
  <body>
    <div id="app">
      <button @click="handleClick">执行过渡</button>
      <!-- 使用 transition 嵌套 p 标签捕捉其过渡状态,name 属性为过渡样式的名称 -->
```

```
        < transition name ="fade">
         <!-- 使用 v-if 切换元素的显示和隐藏 -->
         < p v-if ="show" style="display: inline-block;">
           这是一段文字
         </p>
        </transition >
     </div>
     < script src =" https://cdn. jsdelivr. net/npm/vue/dist/vue. js" type =" text/javascript"
charset="utf-8"></script >
     < script type="text/javascript">

     new Vue({
       data(){
         return {
           //开关属性
           show:false
         }
       },
       methods:{
         //单击按钮时切换 show 属性的结果
         handleClick(){
           this.show=!this.show
         }
       }
     }). $mount('#app')

   </script >
  </body >
</html >
```

使用 animation 应用关键帧动画后，只需配合 v-enter-active 及 v-leave-active 两个样式名称便可以实现过渡流程。利用动画可以倒序播放的特点，只需定义一套关键帧，便可以实现进入和离开的两套过渡动作复用。关键帧可以逐帧定义动画的具体动作，所以 animation 动画可以让过渡效果变得更加复杂和自由。

4. 自定义过渡类名

在< transition >组件中，可以通过以下属性来自定义过渡类名：

1）enter-class

2）enter-active-class

3）enter-to-class（2.1.8+）

4）leave-class

5）leave-active-class

6）leave-to-class（2.1.8+）

它们的优先级高于普通的类名，这对于 Vue 的过渡系统和其他第三方 CSS 动画库（如 Animate. css）结合使用十分有用。自定义类名的应用案例，代码如下：

```html
<!-- 第 3 章 自定义类名的代码案例 -->
<!DOCTYPE html>
<html>
  <head>
    <meta charset="utf-8">
    <title></title>
    <link href="https://cdn.jsdelivr.net/npm/animate.css@3.5.1" rel="stylesheet" type="text/css">
  </head>
  <body>
    <div id="app">
      <button @click="show=!show">
        Toggle render
      </button>
      <transition
        name="custom-classes-transition"
        enter-active-class="animated tada"
        leave-active-class="animated bounceOutRight"
      >
        <p v-if="show">hello</p>
      </transition>
    </div>
    <script src="https://cdn.jsdelivr.net/npm/vue/dist/vue.js" type="text/javascript" charset="utf-8"></script>
    <script type="text/javascript">
      new Vue({
        data(){
          return {
            //开关属性
            show:false
          }
        }
      }).$mount('#app')
    </script>
  </body>
</html>
```

5. 过渡的其他使用方式

（1）同时使用过渡和动画：Vue 为了知道过渡是否已完成，必须设置相应的事件监听器。它可以是 transitionend 或 animationend，这取决于给元素应用的 CSS 规则。如果使用其中任何一种，则 Vue 能自动识别类型并设置监听，但是，在一些场景中，需要给同一个元素同时设置两种过渡动效，例如 animation 很快地被触发并完成了，而 transition 效果还没有结束。在这种情况下就需要使用 type attribute 并设置 animation 或 transition 来明确声明 Vue 监听的类型。

（2）显性的过渡持续时间：在很多情况下，Vue 可以自动得出过渡效果的完成时机。默认情况下，Vue 会等待其在过渡效果的根元素的第 1 个 transitionend 或 animationend 事件,然而也可以不这样设定,例如精心编排的一系列过渡效果,其中一些嵌套的内部元素,相比于过渡效果的根元素,有延迟或更长的过渡效果。在这种情况下可以用 < transition > 组件上的 duration prop 定制一个显性的过渡持续时间,代码如下:

```
< transition :duration="1000">...</transition >
```

也可以定制进入和移出的持续时间,代码如下:

```
< transition :duration="{ enter: 500, leave: 800 }">...</transition >
```

(3) JavaScript 钩子: < transition >组件上提供了完整的事件系统,以支持 JavaScript 钩子函数驱动过渡执行的代码如下:

```
<!-- 第 3 章 JavaScript 钩子函数驱动过渡执行的代码案例 -->
<!-- HTML 部分写法 -->
< transition
  v-on:before-enter="beforeEnter"
  v-on:enter="enter"
  v-on:after-enter="afterEnter"
  v-on:enter-cancelled="enterCancelled"

  v-on:before-leave="beforeLeave"
  v-on:leave="leave"
  v-on:after-leave="afterLeave"
  v-on:leave-cancelled="leaveCancelled"
>
  <!-- ... -->
</transition >
<!-- JavaScript 部分的写法 -->
//...
methods: {
  // --------
  //进入中
  // --------
  beforeEnter: function (el) {
    //...
  },
  //当与 CSS 结合使用时
  //回调函数 done 是可选的
  enter: function (el, done) {
    //...
    done()
  },
  afterEnter: function (el) {
    //...
  },
  enterCancelled: function (el) {
```

```
    //...
  },

  // --------
  //离开时
  // --------

  beforeLeave: function (el) {
    //...
  },
  //当与 CSS 结合使用时
  //回调函数 done 是可选的
  leave: function (el, done) {
    //...
    done()
  },
  afterLeave: function (el) {
    //...
  },
  //leaveCancelled 只用于 v-show 中
  leaveCancelled: function (el) {
    //...
  }
}
```

（4）初始渲染的过渡：<transition>组件包含 appear 属性来允许节点在初始化时立即执行过渡动画，代码如下：

```
<transition appear>
  <!-- ... -->
</transition>
```

appear 也支持自定义 CSS 的类名及 JavaScript 的钩子函数，代码如下：

```
<!-- 第 3 章 appear 自定义类名和钩子函数的代码案例 -->
<!-- 自定义 CSS 类名的案例 -->
<transition
  appear
  appear-class="custom-appear-class"
  appear-to-class="custom-appear-to-class" (2.1.8+)
  appear-active-class="custom-appear-active-class"
>
  <!-- ... -->
</transition>
<!-- 自定义 JavaScript 钩子函数的案例 -->
<transition
  appear
  v-on:before-appear="customBeforeAppearHook"
```

```
      v-on:appear="customAppearHook"
      v-on:after-appear="customAfterAppearHook"
      v-on:appear-cancelled="customAppearCancelledHook"
>
      <!-- ... -->
</transition>
```

（5）多个元素的过渡：之前讨论的过渡，都是基于一个组件的显示和隐藏进行过渡补偿。当<transition>标签内部嵌套的过渡内容有多个时，例如 v-if 与 v-else 指令同时应用，代码如下：

```html
<!-- 第3章 v-if 与 v-else 同时应用的代码案例  -->
<!DOCTYPE html>
<html>
  <head>
    <meta charset="utf-8">
    <title></title>
    <style type="text/css">
      .fade-enter{
        opacity: 0;
      }
      .fade-enter-active,.fade-leave-active{
        transition: all 1s;
      }
      .fade-leave-to{
        opacity: 0;
      }
    </style>
  </head>
  <body>
    <div id="app">
      <button @click="show=!show">
        切换
      </button>
      <div>
        <transition name="fade">
          <!-- 这里必须使用 key 修饰防止视图不更新 -->
          <button v-if="show" key="on">
            show 为 true
          </button>
          <button v-else key="off">
            show 为 false
          </button>
        </transition>
      </div>
    </div>
```

```
    < script src =" https://cdn. jsdelivr. net/npm/vue/dist/vue. js" type ="text/javascript"
charset ="utf-8"></script >
    < script type ="text/javascript">
      new Vue({
        data(){
          return {
            //开关属性
            show:false
          }
        }
      }). $mount('♯app')
    </script >
  </body >
</html >
```

运行案例代码,在切换 show 属性的结果时,视图层会根据 show 的值动态切换按钮的展示。当前案例运行结果会出现问题,如图 3-25 所示。

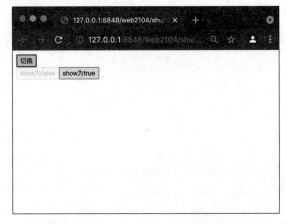

图 3-25　v-if 与 v-else 同时应用案例的效果图

运行案例后,会发现切换过程中,由于使用了 v-if 和 v-else 指令,当前按钮会被从 DOM 树中移除,新的按钮会被添加进 DOM 树中。这个过程被< transition >捕捉到后,当前按钮进入隐藏状态和新按钮进入显示状态会同时进行,这就导致了网页中会同时进行一个按钮正在消失,另一个按钮正在进入的过程。< transition >中提供了 mode 属性来解决多组件切换的问题,为了让两个组件有序地执行动画,可以在< transition >组件中设置 mode="in-out"或 mode="out-in"来切换过渡执行的模式。

1)in-out

in-out 代表先执行新元素的进入动画,新元素进入后再执行当前元素的离开动画。

2)out-in

out-in 代表先执行当前元素的离开动画,当前元素离开后再执行新元素的进入动画。

在多个元素的进入/离开过渡案例中,out-in 模式更加适合。

6. 列表过渡

列表过渡与多元素过渡不同,列表过渡管理了多个元素同时触发的过渡动画,通常与列表渲染同时使用,实现在同一个过渡组件下,对多个元素的进入和离开状态进行管理。列表过渡采用的组件为< transition-group >,不同于< transition >组件,< transition-group >组件在视图中呈现为真实元素,默认为< span >标签,可通过 tag 属性来改变真实呈现的标签类型。列表过渡的案例,代码如下:

```html
<!-- 第 3 章 列表过渡的代码案例 -->
<!DOCTYPE html>
<html>
  <head>
    <meta charset="utf-8">
    <title></title>
    <style type="text/css">
      .list-item{
        display: inline-block;
        margin-right: 15px;
      }
      .slide-enter,.slide-leave-to{
        transform: translate(0px,50px);
        opacity: 0;
      }
      .slide-enter-active,.slide-leave-active{
        transition: all .5s;
      }
    </style>
  </head>
  <body>
    <div id="app">
      <button @click="handleAddRandom">
        随机插入
      </button>
      <button @click="handleRemoveRandom">
        随机删除
      </button>
      <!-- 使用 tag 将 transition-group 设置为 div 标签 -->
      <transition-group name="slide" tag="div">
        <!-- key 不可以绑定为序号,必须绑定为数组的每个元素 -->
        <span v-for="(item,index) in list" :key="item" class="list-item">
          {{item}}
        </span>
      </transition-group>
    </div>
    <script src="https://cdn.jsdelivr.net/npm/vue/dist/vue.js" type="text/javascript"
charset="utf-8"></script>
```

```
< script type="text/javascript">
  new Vue({
    data(){
      return {
        list:[
          1,2,3,4,5,6,7,8,9
        ]
      }
    },
    methods:{
      handleAddRandom(){
        //根据数组获取随机位置
        let randomIndex=parseInt(Math.random()*this.list.length)
        //对数组的指定位置插入新的数字

this.list.splice(randomIndex,1,this.list.length+1,this.list[randomIndex])
      },
      handleRemoveRandom(){
        //获取数组的随机位置
        let randomIndex=parseInt(Math.random()*this.list.length)
        //删除该位置的元素
        this.list.splice(randomIndex,1)
      }
    }

  }). $mount('#app')
</script>
</body>
</html>
```

单击"随机插入"按钮,程序会在当前数组内随机获取位置插入新的数字,数字是按照数组的长度动态生成的。单击"随机删除"按钮,程序会在当前数组内随机获取一个位置,并将当前位置的数字删除。两个操作都会触发视图的更新,也会触发列表内的进入和离开过渡,连续单击"随机插入"或"随机删除"按钮时,会触发多个元素同时展示过渡效果,如图 3-26 所示。

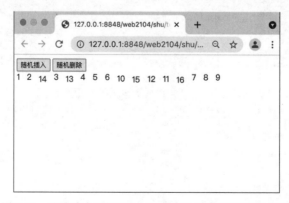

图 3-26 连续单击"随机插入"或"随机删除"按钮的效果图

列表过渡除了可以批量管理多个元素的进入和离开过渡外,还可以触发列表排序的过渡动画管理,当数组内部元素的展示顺序发生变化时,进入和离开的过渡动画无法进行补偿,若想实现排序动画,则需要记录数组变化前每个元素的位置,以及变化后每个元素的位置。Vue 为排序过渡提供了内置动画,Vue 使用了一个叫作 FLIP 的简单的动画队列,使用transforms 将元素从之前的位置平滑过渡到新的位置。列表排序过渡的案例,代码如下:

```html
<!-- 第 3 章 列表排序过渡的代码案例 -->
<!DOCTYPE html>
<html>
  <head>
    <meta charset="utf-8">
    <title>列表过渡</title>
    <style type="text/css">
      .sort-move{
        transition: all 1s;
      }
    </style>
  </head>
  <body>
    <!-- div id 为 app,它的作用是作为 Vue 框架的渲染容器,只有在这个标签内部编写的 Vue 代码
才能被正确地解析 -->
    <div id="app">
      <button @click="handleSort">随机排序</button>
      <transition-group name="sort">
        <div v-for="item in list" :key="item">
          {{item}}
        </div>
      </transition-group>
    </div>
    <script src="https://cdn.jsdelivr.net/npm/vue@2.6.14/dist/vue.js"></script>
    <script type="text/javascript">
      //vm 是 Vue 的实例对象
      var vm=new Vue({
        data(){
          return {
            list:[1,2,3,4,5,6,7,8,9,10]
          }
        },
        methods:{
          handleSort(){
            this.list=this.list.sort(()=> Math.random()>0.5?1:-1)
          }
        }

      }).$mount('#app')
    </script>
  </body>
</html>
```

3.6 其他高级 API 的介绍

除之前章节介绍的特性及编程方式外,Vue 还提供了大量的 API 方便开发者在不同场景中使用,本书着重介绍开发场景常用的 API 及其应用案例,未提及的 API 和应用案例可参考 Vue 的官方文档。本节继续介绍 Vue 框架在开发中实用性比较高的其他框架 API。

1. 响应式数据的更新限制

使用 Vue 框架开发时,开发者可以通过操作 Vue 实例上绑定的数据来触发视图层的更新。Vue 2.x 版本中存在一些特殊情况,会导致开发者即使修改 data 选项中定义的数据也不会触发视图的更新,代码如下:

```html
<!-- 第 3 章 Vue 2.x 版本中存在一些特殊情况的代码案例 -->
<!DOCTYPE html>
<html>
  <head>
    <meta charset="utf-8">
    <title>组件更新策略</title>
  </head>
  <body>
    <!-- div id 为 app,它的作用是作为 Vue 框架的渲染容器,只有在这个标签内部编写的 Vue 代码
才能被正确地解析 -->
    <div id="app">
      用户信息:{{userInfo}}
      <br>
      <button @click="handleUpdateSex">更新 sex 属性</button>
      <button @click="handleUpdateMoney">更新 money 属性</button>
    </div>
    <script src="https://cdn.jsdelivr.net/npm/vue@2.6.14/dist/vue.js"></script>
    <script type="text/javascript">
      var vm=new Vue({
        data(){
          return {
            userInfo:{
              username:'张三',
              age:18,
              sex:'男'
            }
          }
        },
        methods:{
          handleUpdateSex(){
            this.userInfo.sex='女'
          },
          handleUpdateMoney(){
            this.userInfo.money=10000
```

```
        }
      }
    }).$mount('#app')
  </script>
 </body>
</html>
```

运行代码后会发现,单击"更新 sex 属性"按钮后,视图中的 sex 属性的值会变成女。单击"更新 money 属性"按钮后,视图中并不会发生任何变化。参考代码中的属性修改方式会发现,两个按钮的代码逻辑是相同的,都是通过 this.userInfo.属性名来修改属性值的。这个案例暴露了 Vue 2.x 在响应式数据更新机制上的瓶颈,具体原因可以参考官方文档中的描述:"Vue 实例的数据对象。Vue 会递归地把 data 的 property 转换为 getter/setter,从而让 data 的 property 能够响应数据变化。对象必须是纯粹的对象(含有零个或多个的key-value 对):浏览器 API 创建的原生对象,原型上的 property 会被忽略。大概来讲,data应该只能是数据,不推荐观察拥有状态行为的对象。一旦观察过,你就无法在根数据对象上添加响应式 property,因此推荐在创建实例之前,就声明所有的根级响应式 property。"

由官方描述得知,在 Vue 2.x 版本中,定义在 data 选项中的属性应提前声明好要使用的属性,否则 Vue 框架无法追踪后添加属性的变化,这种状况很大程度地限制了开发场景的灵活性。对象中初始化的属性与未初始化的属性在 Vue 实例中的描述有所差别,如图 3-27 所示。

图 3-27　初始化的属性与未初始化的
属性差别的效果图

Vue 对象中初始化的对象及其属性,被绑定到 Vue 实例后,会在对象内部存在对应的 set()和 get()函数,当属性的值变化时会直接触发对应属性的 set()和 get()函数,而后创建的 money 属性并没有经过 Vue 对象初始化的过程,所以该属性在对象内并没有对应的 set()和 get()函数,这就是后创建属性不能更新的原因。

2. 解决属性更新问题

直接操作对象中未初始化的属性时,Vue 框架无法感知,所以无法执行视图部分的更新。虽然 Vue 框架推荐开发者应提前声明对象未来要使用的所有属性,但这种方式仍然不适合一些特殊的开发场景,所以 Vue 框架为此提供了其他方式,来保证后创建的对象属性能具备视图更新的能力。Vue 提供了两种解决方案,用以在视图更新上提供补偿措施。

1) $set()函数

$set()函数是 Vue 每个组件的实例对象上自带的一个函数,该函数可以为对象未创建的属性赋值,并触发视图层的更新。$set()的使用方式,代码如下:

```
实例对象.$set(对象,赋值的属性,对应属性的值)
```

使用$set()实现属性更新的案例,代码如下:

```html
<!-- 第 3 章 $set()实现属性更新的代码案例 -->
<!DOCTYPE html>
<html>
  <head>
    <meta charset="utf-8">
    <title>组件更新策略</title>
  </head>
  <body>
    <!-- div id 为 app,它的作用是作为 Vue 框架的渲染容器,只有在这个标签内部编写的 Vue 代码
才能被正确地解析 -->
    <div id="app">
      用户信息:{{userInfo}}
      <br>
      <button @click="handleUpdateSex">更新 sex 属性</button>
      <button @click="handleUpdateMoney">更新 money 属性</button>
    </div>
    <script src="https://cdn.jsdelivr.net/npm/vue@2.6.14/dist/vue.js"></script>
    <script type="text/javascript">
      var vm=new Vue({
        data(){
          return {
            userInfo:{
              username:'张三',
              age:18,
              sex:'男'
            }
          }
        },
        methods:{
          handleUpdateSex(){
            this.userInfo.sex='女'
          },
          handleUpdateMoney(){
            //this.$set(this.userInfo,'money',10000)
            //用来将 userInfo 对象的 money 属性的值更新
            this.$set(this.userInfo,'money',10000)
          }
        }
      }).$mount('#app')
    </script>
  </body>
</html>
```

2)$forceUpdate()函数

$forceUpdate()函数是 Vue 框架提供的强制更新视图的 API,该函数存在于任何组件的实例对象上,调用该函数会触发整个视图的重新渲染,所以不推荐在实际业务中频繁调用

$forceUpdate()函数。$forceUpdate()函数的使用案例的代码如下：

```html
<!-- 第 3 章 $forceUpdate()函数的代码案例 -->
<!DOCTYPE html>
<html>
  <head>
    <meta charset="utf-8">
    <title>组件更新策略</title>
  </head>
  <body>
    <!-- div id 为 app,它的作用是作为 Vue 框架的渲染容器,只有在这个标签内部编写的 Vue 代码
才能被正确地解析 -->
    <div id="app">
      用户信息:{{userInfo}}
      <br>
      <button @click="handleUpdateSex">更新 sex 属性</button>
      <button @click="handleUpdateMoney">更新 money 属性</button>
    </div>
    <script src="https://cdn.jsdelivr.net/npm/vue@2.6.14/dist/vue.js"></script>
    <script type="text/javascript">
      var vm=new Vue({
        data(){
          return {
            userInfo:{
              username:'张三',
              age:18,
              sex:'男'
            }
          }
        },
        methods:{
          handleUpdateSex(){
            this.userInfo.sex='女'
          },
          handleUpdateMoney(){
            //this.$set(this.userInfo,'money',10000)
            //用来将 userInfo 对象的 money 属性的值更新
            this.userInfo.money=10000
            this.userInfo.abcd=1234
            //当执行 this.$forceUpdate()时,整个视图的所有内容都会更新
            this.$forceUpdate()
          }
        }
      }).$mount('#app')
    </script>
  </body>
</html>
```

3. mixin 功能的介绍

Vue 提供了 mixin(混入)功能,通过定义一个对象,来分发 Vue 组件中的可复用功能。一个混入对象可以包含任意组件选项。当组件使用混入对象时,所有混入对象的选项将被"混合"进入该组件本身的选项。mixin 有两种使用方式。

1)选项合并

该方式为局部混入,可以在 Vue 实例外部定义相同结构的对象,并将对象合并到任意组件的 mixins 选项中,Vue 实例会自动将两个对象的结构组合起来,当遇到同名变量触发冲突时,Vue 会优先使用组件内部的原有数据。选项合并的应用案例,代码如下:

```html
<!-- 第 3 章 选项合并的代码案例 -->
<!DOCTYPE html>
<html>
  <head>
    <meta charset="utf-8">
    <title>选项合并案例</title>
  </head>
  <body>
    <div id="app">
      <h4>组件资深属性</h4>
      {{hello}}
      <h4>混入组件的属性</h4>
      <input type="text" v-model="str">{{str}}
      <h4>混入时冲突的属性处理结果</h4>
      <!-- 在混入时由于组件内部存在 userInfo,所以 userInfo 的结果优先展示在组件内部 -->
      <!-- 由于混入对象中的 userInfo 中包含组件内不存在的 sex 属性,所以该属性会被合并 -->
      {{userInfo}}
    </div>
    <script src="https://cdn.jsdelivr.net/npm/vue@2.6.14/dist/vue.js"></script>
    <script type="text/javascript">
      //定义一个混入对象
      var mixin={
        data(){
          return {
            str:'混入的字符串',
            userInfo:{
              username:'小黄',
              password:'123456',
              sex:'男'
            }
          }
        },
        watch:{
          //混入对象可以使用 Vue 实例中可用的任何功能
          str(v){
            console.log(v)
          }
```

```
            }
          }
          var vm=new Vue({
            mixins:[mixin],
            data(){
              return {
                hello:'你好 Vue',
                userInfo:{
                  username:'小明',
                  password:'654321',
                }
              }
            }
          }). $mount('#app')
        </script>
      </body>
    </html>
```

2）全局混入

可以通过 Vue. mixin()定义一个全局的混入对象,该方式会导致定义的混入对象自动被加载到 Vue 实例对象中,同时也被加载到任何该 Vue 实例的自定义组件中。全局混入的入侵能力极其强,可以在组件开发场景中抽取可复用功能,不推荐在业务开发中使用全局混入,因为在业务开发场景中,开发者定义的全局混入对象也会被应用在开发者使用的第三方框架对象中,这样会导致代码污染。全局混入的应用案例,代码如下:

```html
<!-- 第 3 章 全局混入的代码案例 -->
<!DOCTYPE html>
<html>
  <head>
    <meta charset="utf-8">
    <title>全局混入案例</title>
  </head>
  <body>
    <div id="app">
      {{str}}
      <p-div>
        自定义组件
      </p-div>
    </div>
    <script src="https://cdn.jsdelivr.net/npm/vue@2.6.14/dist/vue.js"></script>
    <script type="text/javascript">
      //定义一个全局的混入
      Vue.mixin({
        data(){
          return{
            str:'全局混入的变量'
```

```
          }
        },
        //混入对象中的任何选项都会被注入可作用的对象中
        created(){
        //该生命周期会被注入所有的组件对象中
        //只要组件中存在 name 属性,生命周期中就可以得到不同组件的 name 的值
          console.log('混入组件的生命周期: '+this.name)
        }
      })
      //自定义组件
      Vue.component('p-div',{
        data(){
          return {
            name:'我是 p-div 组件的 name 的值'
          }
        },
        template:`
          < div id="p-div">
            < slot/>
            < br/>
            混入组件的 str: {{str}}
          </div>
        `
      })
      //全局 Vue 实例
      var vm=new Vue({
        data(){
          return {
            name:'我是全局 Vue 实例中的 name 的值'
          }
        }
      }). $mount('♯app')
    </script>
  </body>
</html>
```

4. 自定义指令的介绍

在之前的章节中介绍了 Vue 的指令系统,凡是在标签上使用的 v-开头的关键字都是 Vue 框架提供的全局指令,并且每个指令都有不同的能力。Vue 框架除了提供了方便的指令系统外,还为开发者提供了自定义指令的通道,开发者可以根据项目的需要,创建 Vue 框架中本不存在的指令关键字,并为这些关键字赋予能力。自定义指令的使用方式为 Vue. directive(指令名称,指令对象)。指令对象中包含 5 个钩子函数,用来为自定义指令从绑定到渲染的不同时期提供事件的通知,具体的钩子函数介绍如下。

1) bind()

该函数只调用一次,指令第一次绑定到元素时调用,在这里可以进行一次性的初始化设置。

2）inserted()

被绑定元素插入父节点时调用。

3）update()

所在组件的 VNode 更新时调用,但可能发生在其子 VNode 更新之前。指令的值可能发生了改变,也可能没有,但可以通过比较更新前后的值,来忽略不必要的模板更新。

4）componentUpdated()

指令所在组件的 VNode 及其子 VNode 全部更新后调用。

5）unbind()

只调用一次,指令与元素解绑时调用。

每个自定义指令的钩子函数中都会被传入固定的几个参数:

1）el

指令所绑定的元素,可以用来直接操作 DOM。

2）binding

自定义指令的描述对象,其中包含多个属性。

（1）name:指令名,不包含 v-前缀。

（2）value:指令绑定的值,例如:v-my-directive="1+1"中,绑定的值为 2。

（3）oldValue:指令绑定的前一个值,仅在 update 和 componentUpdated 钩子中可用。无论值是否改变都可用。

（4）expression:字符串形式的指令表达式。例如 v-my-directive="1+1"中,表达式为"1+1"。

（5）arg:传给指令的参数,可选。例如 v-my-directive:foo 中,参数为"foo"。

（6）modifiers:一个包含修饰符的对象。例如:v-my-directive.foo.bar 中,修饰符对象为{foo:true,bar:true}。

3）vnode

Vue 编译生成的虚拟节点。

4）oldVnode

上一个虚拟节点,仅在 update 和 componentUpdated 钩子中可用。

除 el 之外,其他参数都应该是只读的,切勿进行修改。如果需要在钩子之间共享数据,则建议通过元素的 dataset 进行设置。自定义指令的实际应用案例的代码如下:

```
<!-- 第3章 自定义指令实际应用的代码案例 -->
<!DOCTYPE html>
<html>
  <head>
    <meta charset="utf-8">
    <title>自定义指令案例</title>
  </head>
  <body>
```

```
<div id="app">
  <h4>自定义列表渲染案例</h4>
  <ul>
    <li v-p-for="list" :key="index"></li>
  </ul>
</div>
<script src="https://cdn.jsdelivr.net/npm/vue@2.6.14/dist/vue.js"></script>
<script type="text/javascript">
  Vue.directive('p-for',{
    bind(el,binding,vnode){
      //console.log(el,binding,vnode)
      console.log(vnode.parent,el)

    },
    inserted(el,binding,vnode){
      //console.log(el,binding,vnode)
      console.log(vnode,el.parentNode)
      let parent=el.parentNode
      let str=''
      binding.value.forEach((item,index)=>{
        let prefix=`<li>`
        let suffix=`</li>`
        str+=prefix + item.name + suffix
      })
      parent.innerHTML=str
    },
    update(el,binding,vnode){
      console.log(el,binding,vnode)
    },
    componentUpdated(el,binding,vnode){
      console.log(el,binding,vnode)
    },
    unbind(el,binding,vnode){
      console.log(el,binding,vnode)
    }
  })
  var vm=new Vue({
    data(){
      return {
        list:[
          {id:'01',name:'张三丰'},
          {id:'01',name:'张无忌'},
          {id:'01',name:'张翠山'},
          {id:'01',name:'张远桥'},
          {id:'01',name:'张云鹏'}
        ]
      }
    }
  }).$mount('#app')
```

```
      </script>
    </body>
  </html>
```

5. 动态渲染的介绍

Vue 框架提供了 Vue. extend( )函数,用以动态地为 Vue 创建一个"子类"。Vue. extend( )中可以传入与初始化 Vue 实例相同的参数结构,其中的 data 选项要求只能使用函数形式进行创建。Vue. extend( )需要依赖一个物理标签作为容器进行组件的渲染。动态渲染的应用案例的代码如下:

```html
<!-- 第 3 章 动态渲染的代码案例 -->
<!DOCTYPE html>
<html>
  <head>
    <meta charset="utf-8">
    <title>Vue. extend( )案例</title>
  </head>
  <body>
    <div id="app">
      <h4>动态渲染的案例</h4>
      <button @click="handleClick">单击展示</button>
      <!-- 渲染后 div 容器会被替换成子类组件本身 -->
      <div id="container"></div>
    </div>
    <script src="https://cdn.jsdelivr.net/npm/vue@2.6.14/dist/vue.js"></script>
    <script type="text/javascript">
      //创建 Vue 的子类对象,并初始化组件内容
      var Profile=Vue.extend({
        template:`
          <p>动态插入的组件内容</p>
        `
      })

      var vm=new Vue({
        methods:{
          handleClick(){
            //实例化子类并渲染到指定容器中
            new Profile().$mount('#container')
          }
        }
      }).$mount('#app')
    </script>
  </body>
</html>
```

6. 异步更新队列

Vue 在更新 DOM 时是异步执行的。只要侦听到数据变化,Vue 将开启一个队列,并缓

存在同一事件循环中发生的所有数据变更。如果同一个 watcher 被多次触发,只会被推入队列中一次。这种在缓存时去除重复数据对于避免不必要的计算和 DOM 操作是非常重要的,然后在下一个事件循环 tick 中,Vue 刷新队列并执行实际(已去重的)工作。Vue 在内部对异步队列尝试使用原生的 Promise.then、MutationObserver 和 setImmediate,如果执行环境不支持,则会采用 setTimeout(fn, 0)代替。

当设置 vm.someData='new value'时,组件不会立即被重新渲染。当刷新队列时,组件会在下一个事件循环 tick 中更新。多数情况不需要关心这个过程,但是如果想基于更新后的 DOM 状态做点什么,这就可能会有些棘手。虽然 Vue.js 通常鼓励开发人员使用"数据驱动"的方式思考,避免直接接触 DOM,但是有时必须操作 DOM。为了在数据变化后等待Vue 完成更新 DOM,可以在数据变化后立即使用 Vue.nextTick(callback)。这样回调函数将在 DOM 更新完成后被调用。异步更新队列的应用案例的代码如下:

```html
<!-- 第 3 章 异步更新队列的代码案例 -->
<!DOCTYPE html>
<html>
  <head>
    <meta charset="utf-8">
    <title>Vue.nextTick()案例</title>
  </head>
  <body>
    <div id="app">
      <h4>异步更新队列案例</h4>
      <button @click="handleClick">单击展示</button>
      <div id="n">{{name}}</div>
    </div>
    <script src="https://cdn.jsdelivr.net/npm/vue@2.6.14/dist/vue.js"></script>
    <script type="text/javascript">
      var vm=new Vue({
        data(){
          return {
            name:'初始值'
          }
        },
        methods:{
          handleClick(){

            this.name='修改后的新值'
            var n=document.getElementById('n')
            //查看 DOM 对象是否渲染了新的结果
            //此时会输出'初始值'
            console.log(n.innerHTML)
            //Vue.nextTick()在实例内部可以使用 this.nextTick()进行调用
            this.$nextTick().then(()=>{
              //使用 nextTick 来查看视图是否更新完毕
              //此时会输出'修改后的新值'
```

```
                    console. log(n. innerHTML)
                })
            }
        }
    }). $mount('#app')
    </script>
  </body>
</html>
```

第 4 章

Vue CLI 开发完全指南

4.1 什么是脚手架

脚手架这个词汇并不是软件开发领域的原始词汇,它最早始于其他行业。在其他行业中,脚手架是为了保证各施工过程顺利进行而搭设的工作平台。按搭设的位置分为外脚手架、里脚手架;按材料不同可分为木脚手架、竹脚手架、钢管脚手架;按构造形式分为立杆式脚手架、桥式脚手架、门式脚手架、悬吊式脚手架、挂式脚手架、挑式脚手架、爬式脚手架。

1. 生活中的脚手架

20 世纪 80 年代初,我国先后从国外引进门式脚手架、碗扣式脚手架等多种形式脚手架。门式脚手架在国内许多工程中也曾大量应用过,取得了较好的效果,由于门式脚手架的产品质量问题,这种脚手架没有得到大量推广应用。在国内又建了一批门式脚手架生产厂,其产品大部分是按外商来图加工。碗扣式脚手架是新型脚手架中推广应用最多的一种脚手架,但使用面还不广,只有部分地区和部分工程中应用。

20 世纪 90 年代以来,国内一些企业引进国外技术,开发了多种新型脚手架,如插销式脚手架,CRAB 模块脚手架、圆盘式脚手架、方塔式脚手架,以及各种类型的爬架。至 2013年,国内专业脚手架生产企业百余家,主要在无锡、广州、青岛等地。从技术上来讲,我国脚手架企业已具备加工生产各种新型脚手架的能力,但是国内市场还没有形成,施工企业对新型脚手架的认识还不足。

随着我国大量现代化大型建筑体系的出现,扣件式钢管脚手架已不能适应建筑施工发展的需要,大力开发和推广应用新型脚手架是当务之急。实践证明,采用新型脚手架不仅施工安全可靠,装拆速度快,而且脚手架用钢量可减少 33%,装拆工效提高两倍以上,施工成本可明显下降,施工现场文明、整洁。

2. 脚手架对生产的帮助

不同类型的工程施工选用不同用途的脚手架。桥梁支撑架使用碗扣脚手架的居多,也有使用门式脚手架的。主体结构施工落地脚手架使用扣件脚手架的居多,脚手架立杆的纵距一般为 1.2~1.8m;横距一般为 0.9~1.5m。

脚手架与一般结构相比,其工作条件具有以下特点:

(1) 所受荷载变异性较大。

(2) 扣件连接节点属于半刚性,并且节点刚性大小与扣件质量、安装质量有关,节点性能存在较大差异。

(3) 脚手架结构、构件存在初始缺陷,如杆件的初弯曲、锈蚀,搭设尺寸误差、受荷偏心等均较大。

(4) 与墙的连接点,对脚手架的约束性变异较大。对以上问题的研究缺乏系统积累和统计资料,不具备独立进行概率分析的条件,故对结构抗力乘以小于1的调整系数,其值系通过与以往采用的安全系数进行校准确定,因此,本规范采用的设计方法在实际上是属于半概率、半经验的。脚手架满足规范规定的构造要求是设计计算的基本条件。

3. 软件行业的脚手架

脚手架在生活中的各行各业都起到了关键的作用,在软件开发中,脚手架依然是举足轻重的存在。在过去的 Web 开发中并不需要使用脚手架,因为早期的 Web 开发以 HTML 为主导,开发者直接在 HTML 界面中编写代码即可实现快速开发视图应用。随着互联网技术的发展及项目规模的日益扩张,传统的 Web 开发方式不再适合现今的大规模项目开发场景,所以在 Web 项目开发中,出现了前端的脚手架工具。

前端领域的脚手架,就是一个继承了框架的常用功能,可以快速地编译和构建项目的工具。脚手架的出现可以让程序员将注意力集中在业务开发上,不需要过多地关注项目的性能和复杂的优化操作。软件中的脚手架与生活中的脚手架相同,可以帮助程序员解决很多现实的开发问题。

(1) 帮助程序员构建和编译项目。由于大前端时代发展得特别迅速,很多新型的技术并不能快速地被浏览器兼容,如 Sass、Less、ES6-2022 等技术,所以想要应用这些新型的技术进行前端开发,就无法像过去一样直接在 HTML 文件中编写代码。这时便需要通过脚手架环境,将新型的语法和框架转换成浏览器支持的 HTML+CSS+JavaScript 代码。

(2) 帮助程序员处理单页面应用常用的优化。

(3) 集成了测试工具和语法检测工具,来规范程序员的开发习惯。

(4) 让程序员将注意力集中在业务开发上,不需要花费过多的精力在研发和优化上。降低对开发人员的技术要求。

这里介绍一下业务开发和研发的区别,最简单的理解是,业务开发的程序员大多数时间可以在不懂原理的情况下,使用工具进行可视化应用的快速搭建,所以类比汽车制造行业,业务开发人员相当于在流水线上实现汽车部件拼装的工人,而不是汽车零部件的生产厂商,而研发人员相当于在系统层或应用层,对业务开发人员使用的工具和框架进行研发的人员,他们开发的应用大多是软件行业的工具型应用,用于辅助开发用户在生活中使用应用软件。类比汽车制造业,研发人员相当于汽车制造过程中各种零件和加工工具的生产厂商。由此对比得知,业务开发人员相对于研发人员更容易上手且门槛更低,而研发人员需要对专业领域的某些方向有特别深的造诣。业务开发人员可以通过自己的努力在工作过程中升级为某一个领域的研发人员。

　　脚手架在软件行业发展至今也经历了多个年头,市面上现存的脚手架多种多样,按功能和发展历程来讲,早期的 gulp 和 grunt 脚手架在前端工程化的推进上起到了重大的作用,现今流行的 Webpack 脚手架让前端领域的工程化开发方式得到了空前的统一,基于 Webpack 衍生出来的打包构建工具层出不穷,在 Vue 领域最流行的当属 Vue CLI 脚手架,而在 React 领域出现了 Umi 和 Create React App 等优秀的脚手架。

4. 关于 Webpack

　　本质上,Webpack 是一个用于现代 JavaScript 应用程序的静态模块打包工具。当 Webpack 处理应用程序时,它会在内部从一个或多个入口点构建一个依赖图(Dependency Graph),然后将项目中所需的每个模块组合成一个或多个 bundles,它们均为静态资源,用于展示内容。Webpack 致力于为前端工程化开发提供解决方案。

　　接下来对前端工程化做一个简单的介绍,前端工程化的目的是通过模块化的 JavaScript 管理方式,将原本面向过程开发的 JavaScript 代码,改造成与 Java 语言等面向对象语言相通的模块依赖管理方式。开发者可以通过 import 或 require 等关键字在程序代码中动态地加载依赖,这种方式可以使大规模的前端项目变得结构清晰,层次分明。工程化的前端项目是非常利于维护的,开发者在做项目的迭代升级时,不再需要在上千行代码中苦苦寻找需要改造的代码,只需要在有条理的文件结构中找到自己需要升级的部分,改造该部分的少量代码便可实现项目的迭代。由于 HTML 文件早期并不支持模块化的 JavaScript,想要在 HTML 中实现模块化是很多开发者的毕生追求,模块化的发展也经历了数个年头,直到 ECMAScript 的模块化规范提出后,市场上主流的技术栈都在向统一的规范进行迈进。由于模块化的编程方式在众多的浏览器版本和品牌上很难达到统一的开发规范,Webpack 便将这个统一化的重担挑在了自己的肩膀上。Webpack 的具体工作流程如图 4-1 所示。

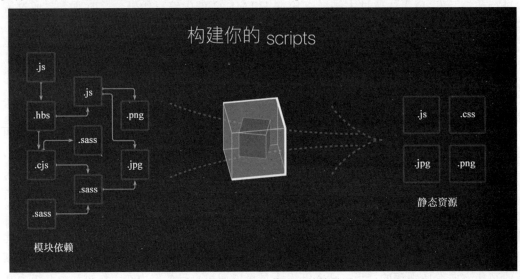

图 4-1　Webpack 工作流程的效果图

　　Webpack的工作原理非常简单,它将自己作为程序的运行环境,开发者在Webpack环境中开发应用时,无须考虑编写的内容是否可以被目标浏览器正确地解析,开发者可以使用最新的JavaScript模块管理方式及最新的JavaScript的编程语法,在对较低版本浏览器的支持方面由Webpack进行处理。Webpack在执行开发者编写的代码时,会按照开发者希望兼容的浏览器品牌和版本范围进行代码的重写,将开发者编写的代码用ES5或更早的JavaScript语法进行转换和处理,输出对应浏览器可执行的代码。经过这样的处理后,开发者便无须关注浏览器的兼容性等问题,可直接在较低版本的浏览器中运行新的JavaScript语法。这样便实现使用完全工程化的方式开发前端的项目。

4.2　Vue CLI 的入门指南

　　Vue CLI是应用Webpack脚手架的能力进行封装后开发的脚手架,它是专门针对Vue框架及其生态构建的脚手架,开发者在使用Vue CLI进行项目开发和构建时,无须关注复杂的Webpack配置文件及其内部的插件管理机制。Vue CLI提供了完全的开箱即用功能,所以开发者在使用该脚手架进行Vue应用开发时,仅仅关注业务开发即可。Vue CLI经历了两代版本的发展。

　　1)vue-cli脚手架

　　vue-cli脚手架已不再更新,它是最早基于Webpack实现的Vue开发的脚手架,由于其内部集成了大量的Vue相关插件和解决方案在当年大受欢迎,后期由于其无法避免复杂的Webpack配置及代码抽象不完善等问题而被官方弃用。

　　2)@vue/cli脚手架

　　@vue/cli脚手架是本书重点介绍的Vue框架的脚手架之一,它继承了Vue CLI的全部优点,并将Webpack的相关配置完全抽象到了依赖包内部,开发者可以免配置文件进行应用构建。该脚手架还提供了简易的配置文件,用来支持高端开发者对脚手架的定制开发需求,所以至今仍然大受好评。

4.2.1　使用 Vue CLI 初始化项目

1. 安装 Vue CLI 脚手架

　　使用Vue CLI脚手架需要确保计算机上已经安装了Node.js开发环境,并且存在npm包管理器。在此前提的保证下需要在命令行工具中进行操作,步骤如下:

　　(1)打开计算机上的命令行工具,在命令行工具中输入node -v命令来查看计算机上的Node.js环境版本,如图4-2所示。

　　(2)在命令行中继续输入npm -v命令来查看本机上安装的npm包管理器版本,如图4-3所示。

　　(3)接下来需要在计算机上安装Vue CLI脚手架,由于vue-cli已淘汰,所以安装时要选择@vue/cli的依赖库。如果计算机上已经安装了vue-cli脚手架的依赖包,则需要先卸载

vue-cli 依赖,否则新的脚手架将无法安装。卸载 vue-cli 的指令是 npm uninstall vue-cli -g,
如图 4-4 所示。

图 4-2　查看 Node.js 版本的效果图

图 4-3　查看 npm 版本的效果图

图 4-4　卸载 vue-cli 的效果图

（4）确保计算机上没有旧版本的 vue-cli 依赖后,在命令行工具中输入 npm install
@vue/cli -g 命令,进行全局安装@vue/cli 的依赖库。这里需要注意的是如果使用 Mac 操
作系统,则需要在命令前加入 sudo 命令获取超级管理员权限,输入指令后输入密码即可实
现依赖下载,安装@vue/cli 的具体步骤如图 4-5 所示。

（5）安装成功后可以继续在命令行工具中输入 vue -V 命令来查看已安装的@vue/cli
脚手架的版本号,如图 4-6 所示。

按照上述步骤即可实现脚手架工具的安装,如果安装过程中出现网络访问慢的问题,则
可以检查一下当前操作系统的 npm 镜像网址。默认的 npm 包管理器的镜像网址是其官方
镜像服务器地址,官方服务器部署在国外,由于线路问题会导致大多数国内用户使用默认镜
像下载依赖速度很慢。查看当前系统镜像网址的指令为 npm config get registry,在命令行
输入该指令并运行,如图 4-7 所示。

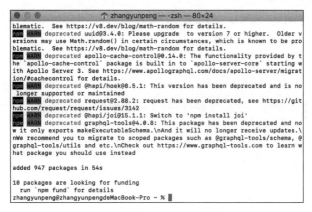

图 4-5　安装@vue/cli 的效果图

图 4-6　查看@vue/cli 版本号的效果图

图 4-7　查看 npm 镜像网址的效果图

如果得到的结果为 https://registry.npmjs.org/，则代表当前系统使用的 npm 镜像网址为默认地址。提升 npm 下载速度的方式就是将 npm 的镜像网址设置为国内的镜像网址，国内镜像网址使用最多且最稳定的为淘宝镜像，其设置方式为在命令行工具中输入 npm config set registry https://registry.npm.taobao.org/命令，如图 4-8 所示。

图 4-8　设置淘宝镜像的效果图

查看设置是否正确，可以继续输入 npm config get registry 命令，如果返回的网址为淘宝镜像的网址，则代表设置成功。通过 npm config 命令进行 npm 镜像的管理步骤比较复杂,开发者需要在计算机上手动记录网址,才能进行良好的镜像管理和切换。针对这种情况,可以使用 nrm 命令进行镜像源的管理和切换,具体步骤如下:

(1) 全局安装 nrm 镜像管理器,在命令行工具中输入 npm install nrm -g 命令,如图 4-9 所示。

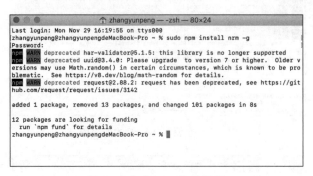

图 4-9　安装 nrm 的效果图

(2) 安装后可使用全局命令 nrm,在命令行工具中输入 nrm ls 命令可查看当前可用的主流 npm 镜像网址,如图 4-10 所示。

图 4-10　查看 npm 镜像网址的效果图

(3) 输入 nrm ls 命令后,nrm 会返回可用的镜像网址列表。参考图 4-10 会发现,淘宝镜像的网址已经变更为 https://registry. npmmirror. com/,所以需要将网址切换成新网址。使用 nrm 切换镜像的步骤非常简单,只需要在命令行键入 nrm use 镜像名称,便可以实现镜像的切换。如需要应用新的淘宝镜像网址,则只需输入 nrm use taobao 命令,如图 4-11 所示。

图 4-11　使用 nrm 切换镜像的效果图

到此，Vue CLI的安装和npm的镜像管理便告一段落，其他的npm命令使用案例会在后续的实际开发场景中陆续介绍。接下来需要学习的是如何使用vue命令初始化项目。

2.使用Vue CLI初始化脚手架项目

初始化脚手架项目，需要使用已经安装好的@vue/cli脚手架。成功安装脚手架后，开发者可在命令行工具中直接使用vue命令。vue命令中包含很多脚手架提供的功能，其中包括创建项目、启动可视化项目管理工具、项目配置及项目构建等众多功能。可以通过在命令行中输入vue关键字来查看可用的全部功能，如图4-12所示。

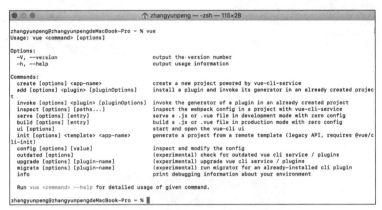

图4-12 查看可用的vue命令的效果图

接下来进入正式的Vue CLI项目初始化阶段：

（1）在VS Code开发工具中创建一个空目录，命名没有任何要求。在该目录位置打开命令行工具，如图4-13所示。

图4-13 VS Code打开后的效果图

（2）在 VS Code 的命令行工具中输入 vue create my-app 命令进行项目的创建，终端会提示项目创建的步骤和基本配置信息，如图 4-14 所示。

（3）在选项中可以使用键盘的方向键操作选项，使用 Enter 键确认选项。Default（[Vue 2] babel，eslint）选项代表初始化默认的 Vue 2. x 项目。Default（Vue 3）（[Vue 3] babel，eslint）选项代表初始化默认的 Vue 3. x 项目。Manually select features 代表自定义初始化项目的配置。本界面优先选择自定义配置，如图 4-15 所示。

图 4-14　输入创建项目指令的效果图　　　　　　图 4-15　选择自定义配置的效果图

（4）选择自定义配置后，会出现插件列表界面。开发者可在插件列表界面中选择脚手架项目中需要的插件，该界面使用上下方向键切换选项，使用空格键选择项目中需要的插件。需要选择的基本配置内容如图 4-16 所示。

图 4-16　选择插件配置的效果图

（5）插件选择完毕后会进入 Vue 版本选择界面，这里优先选择 Vue 2. x 版本，如图 4-17 所示。

图 4-17　选择 Vue 版本的效果图

（6）版本确认后，会进入 CSS 预处理器的配置界面，这里优先选择 Sass/SCSS（with dart-sass），如图 4-18 所示。

图 4-18　选择预处理器的效果图

（7）预处理器配置完毕后会进入 ESLint 工具的选择界面。ESLint 主要用于项目开发中的语法检测及格式规范等约束功能，这里选择 ESLint with error prevention only，如图 4-19 所示。

图 4-19　选择 ESLint 的效果图

（8）接下来需要配置 ESLint 的触发时机，这里选择 Lint on save 选项，如图 4-20 所示。

图 4-20　选择 ESLint 触发时机的效果图

（9）然后是 babel、ESLint、etc 等插件的配置文件存放位置的设置。可以选择在 package.json 文件中进行相关插件的配置描述，也可以选择使用插件默认的配置方式进行。本次创建选择 In dedicated config files，如图 4-21 所示。

图 4-21　选择插件配置文件存放位置的效果图

（10）接下来系统会询问开发者："是否将本次的项目搭配方案保存，以便于未来创建项目时，可以选择该配置方案作为默认项目的初始化方案"。这里可以输入 y，如图 4-22 所示。

图 4-22　选择是否保存配置方案的效果图

（11）输入 y 后，命令行中会提示开发者输入一个名称，用来保存本次初始化项目的配置信息，本次输入 vue2.x-default，如图 4-23 所示。

图 4-23　设置保存的配置方案名称的效果图

（12）最后，脚手架会按照设置好的配置信息和插件版本，自动构建项目的目录结构并下载项目所需要的依赖文件，控制台会出现初始化项目的过程，如图 4-24 所示。

图 4-24　项目初始化过程的效果图

（13）初始化项目成功后，可以在命令行中再次输入 vue create xxx 命令。查看命令行列表会发现，本次创建项目的配置信息会出现在新的初始化选项中。这样在未来的项目创建时，可以省去选择配置信息的时间。查看保存好的项目配置信息结果，如图 4-25 所示。

（14）最后，按照项目创建成功后的提示，在命令行中输入 cd my-app 及 npm run serve 两条命令。控制台最终会出现项目启动信息，如图 4-26 所示。

图 4-25　项目初始化过程的效果图　　　　　图 4-26　项目启动信息的效果图

（15）信息中会包含 App running at 字样，代表项目已经成功在计算机上启动了一个本地服务。Local 右侧的网络地址代表项目在本机的访问地址，Network 右侧的网络地址代表项目在局域网络中的访问地址。Network 对应的值可能为空，项目的默认端口号为8080，如果本机的 8080 端口被占用，则脚手架在启动过程中会在 8080 端口的基础上逐次加1 来保证端口不冲突。项目运行成功后，可以在 Chrome 浏览器中输入 http://localhost：

8080/地址访问项目。浏览器中会出现项目的默认欢迎页面，如图 4-27 所示。到此，使用 Vue CLI 命令行工具初始化 Vue 2.x 项目的流程便介绍完毕。

图 4-27　项目欢迎页面显示的效果图

4.2.2　脚手架项目结构介绍

项目创建成功后，可以在代码编辑器中查看项目的默认文件结构，如图 4-28 所示。

图 4-28　项目文件结构的效果图

项目文件结构文字说明的代码如下：

```
# 第 4 章 项目文件结构文字说明的代码案例
my-app # 项目文件夹
├── README.md # 项目的说明文件
├── babel.config.js # babel 构建工具的配置文件
├── node_modules # 项目的依赖包文件夹
├── package-lock.json # 项目的依赖列表版本锁定信息的配置文件
├── package.json # 项目的包结构描述文件,包含项目的依赖列表和运行脚本
├── public # 项目的静态资源文件夹,该文件夹内部的文件可以在项目开发时直接在浏览器中通
│              # 过 HTTP 协议访问到
│    ├── favicon.ico
│    └── index.html # 项目的唯一视图文件容器,所有的内容都会通过 index.html 进行加载
└── src # 项目的源代码文件夹,所有的项目代码都要放在 src 目录下进行编写
     ├── App.vue # 项目的根组件,网页中展示的内容都基于此文件
     ├── assets # 项目源代码中的静态资源文件夹,该目录无法在浏览器中直接访问,可以通过
     │          # 脚手架构建成动态的静态资源
     │    └── logo.png
     ├── components # 项目的自定义组件存放文件夹,项目中一切开发者自定义的组件都应放在
     │              # 该文件夹内部进行管理
     │    └── HelloWorld.vue
└── main.js # 项目的启动文件,项目运行时会自动执行 main.js 文件中的代码
```

1. index.html 文件的介绍

index.html 文件是脚手架项目最先加载的视图文件。当用户访问 http://localhost:8080/时,就相当于访问了 http://localhost:8080/index.html,这时便相当于执行了 index.html 文件中的代码如下:

```html
<!-- 第 4 章 index.html 的代码案例 -->
<!DOCTYPE html>
<html lang="">
  <head>
    <meta charset="utf-8">
    <meta http-equiv="X-UA-Compatible" content="IE=edge">
    <meta name="viewport" content="width=device-width,initial-scale=1.0">
    <link rel="icon" href="<%=BASE_URL %>favicon.ico">
    <title><%=htmlWebpackPlugin.options.title %></title>
  </head>
  <body>
    <noscript>
      <strong>We're sorry but <%=htmlWebpackPlugin.options.title %> doesn't work properly
without JavaScript enabled. Please enable it to continue.</strong>
</noscript>
<!-- 该 div 仍然作为 Vue 框架的视图加载容器 -->
    <div id="app"></div>
    <!-- built files will be auto injected -->
  </body>
</html>
```

index. html 文件在运行时,会被 Vue CLI 动态注入 JavaScript 代码块,从而执行 main. js 文件的代码,所以 index. html 文件中并不需要编写 script 标签来引用项目的依赖包,整个项目的依赖管理完全托管给了底层的 Webpack,所以脚手架项目可以使用 ECMA 较新的语法规范及模块化规范。

2. main. js 文件的介绍

在访问项目界面时,main. js 文件中的代码会被立即执行,并且在其中引入的相关依赖中的代码也会相应地执行。main. js 文件的初始内容如下:

```
//第 4 章 main. js 文件初始内容的代码案例
//引入 Vue 对象
import Vue from 'vue'
//引入 App 对象
import App from './App. vue'
//设置为 false 以阻止 vue 在启动时生成生产提示
Vue. config. productionTip=false
//实例化 Vue 对象并渲染 App. vue 文件中的内容
new Vue({
  render: h=> h(App),
}). $mount('♯app')
```

main. js 文件中的 JavaScript 代码使用的是 ECMAScript 模块化开发的代码规范,所以在脚手架项目中,一切依赖包都使用 import 关键字进行加载。import Vue from 'vue'代表从 node_modules 文件夹中找到 vue 的依赖包,将依赖包保存到 Vue 变量中。加载后本文件内部可以使用 Vue 作为 Vue 的全局对象。Import App from './App. vue'代表使用相对路径的方式加载 App. vue 文件中的代码,在脚手架项目中 from 后的字符串中如果包含 ./或../,则代表当前加载的 JavaScript 对象是项目中 src 内的代码。如果不包含 ./或../,则代表当前加载的 JavaScript 对象是 node_modules 文件夹中的依赖包文件或通过 Webpack 的 resolve 属性配置的内容。new Vue()执行时,与静态页中直接使用 Vue 框架开发时的初始化方式一样,代表将 App. vue 文件中的内容渲染到 id 为 app 的标签中,所以 index. html 文件中展示的具体内容就是 App. vue 文件中的内容,以及其内部加载的其他组件的内容。

3. App. vue 文件的介绍

App. vue 文件是 Vue 脚手架项目中的特色文件。在脚手架项目中,可以使用后缀为 vue 的文件用于项目开发,该文件无法直接在浏览器中运行,所以在脚手架项目中的 ＊. vue 文件全部由 Webpack 加载的 vue-loader 插件进行管理。开发者在项目编写中创建的 ＊. vue 文件,在运行时,被脚手架解析为纯 JavaScript 文件进行界面的构建,这种结构也叫作 Vue 框架的单文件组件结构。

Vue 脚手架项目中,每个单独的 ＊. vue 文件都相当于一个单独的组件或页面。＊. vue 文件包含三个部分:＜ template ＞、＜ script ＞和＜ style ＞。App. vue 的具体内容,代码如下:

```
<!-- 第 4 章 App.vue具体内容的代码案例 -->
<template>
  <div id="app">
    <img alt="Vue logo" src="./assets/logo.png">
    <HelloWorld msg="Welcome to Your Vue.js App"/>
  </div>
</template>

<script>
import HelloWorld from './components/HelloWorld.vue'

export default {
  name: 'App',
  components: {
    HelloWorld
  }
}
</script>

<style lang="scss">
#app {
  font-family: Avenir, Helvetica, Arial, sans-serif;
  -webkit-font-smoothing: antialiased;
  -moz-osx-font-smoothing: grayscale;
  text-align: center;
  color: #2c3e50;
  margin-top: 60px;
}
</style>
```

在脚手架项目中,每个 Vue 文件都最多包含以下三部分。

1) <template>部分

<template>代表 Vue 文件的视图部分,内部可以使用完整的 HTML 语法结构,还可以在内部加载 Vue 中的自定义组件。<template>标签相当于 Vue.component()创建的自定义组件中的 template 属性,在 Vue 2.x 中要求<template>标签中有且只有一个根标签,不可以在 template 的直接子代作用域中编写两个并列的元素,如果一定要在<template>结构中编写根级别的并列标签,则需要配合 v-if 使用,来保证真正参与渲染的只有条件为 true 的标签内容。<template>使用规范的代码如下:

```
<!-- 第 4 章 <template>使用规范的代码案例 -->
<!-- 正确案例 -->
<template>
  <div>
    <button>按钮</button>
    <div>
```

```
          后代内容
          …
      </div>
    </div>
</template>


<!-- 错误案例 -->
<template>
  <button>按钮</button>
  <div>
      后代内容
      …
  </div>
</template>
<!-- 一定要使用并列根标签的方式 -->
<template>
  <button v-if="结果">按钮</button>
  <div v-else>
      后代内容
      …
  </div>
</template>
```

2）<script>部分

<script>标签内部用来编写该组件文件的交互功能和数据定义的代码片段，它相当于初始化 Vue 实例或初始化组件实例时传入的 JSON 对象，对象中可以使用 Vue 组件系统中的所有属性和方法，内部仍然包含 this 对象来获得当前组件的实例。<script>使用方式的代码如下：

```
<!-- 第 4 章 <script>使用规范的代码案例 -->
<script>
export default {
  name: 'HelloWorld',
  props: {
    msg: String
  },
  data(){
    return {
      name:'xxx'
    }
  },
  methods:{
    handleClick(){

    }
  },
```

```
    watch:{

    },
    computed:{

    },
    beforeCreate(){}
    ...
}
</script>
```

3)＜style＞部分

＜style＞标签内部用来定义该组件内部的 CSS 样式,内部支持完整的 CSS 语法代码。由于脚手架项目属于单页面应用,虽然每个 ＊.vue 文件在开发时是独立的,但是最终加载到 HTML 文件中的样式代码都会被动态地追加到同一个文件的＜head＞标签中,所以＜style＞中的代码默认为对整个项目都生效。Vue 框架为＜style＞标签定义了两个常用属性。

（1）lang 属性。

lang 属性可以在 ＊.vue 文件中设置当前文件所使用的 CSS 预处理器,如编写＜style lang="scss"＞代表当前页面可使用 SASS 语法进行样式定义。

（2）scoped 属性。

scoped 属性用来限制 ＊.vue 文件中样式的有效范围,由于样式默认为影响全局,所以 Vue 提供了 scoped 属性。如果编写了＜style scoped＞,则本组件内部的所有标签在渲染时,会被自动设置为同一个"data-v-唯一字符串"。本组件内的样式解析时会被自动追加 .xx[data-v-本组件唯一字符串],来保证设置的样式只针对当前组件生效。

App.vue 文件代码除应用了上述内容外,还应用了自定义组件系统。该文件中使用的组件加载方式为局部加载组件,＜HelloWorld＞组件在定义时并没有参与整个项目的运行,App.vue 文件进入加载阶段时,通过运行 import HelloWorld from './components/HelloWorld.vue'代码来执行＜HelloWorld＞组件的引入,并通过 components 选项进行组件注册。如果不使用 components 注册＜HelloWorld＞组件,则该页面无法解析＜HelloWorld＞组件,控制台会提示组件未定义,如图 4-29 所示。

触发组件未注册错误的代码如下:

```
<!-- 第 4 章 触发组件未注册错误的代码案例 -->
<template>
  <div id="app">
    <img alt="Vue logo" src="./assets/logo.png">
    <HelloWorld msg="Welcome to Your Vue.js App"/>
  </div>
</template>
```

```
< script >
import HelloWorld from './components/HelloWorld.vue'
console.log(HelloWorld)
export default {
  name: 'App',
  //注释掉组件注册选项,就会引发组件未定义错误
  //components: {
  //HelloWorld
  //}
}
</script>

< style lang="scss">
#app {
  font-family: Avenir, Helvetica, Arial, sans-serif;
  -webkit-font-smoothing: antialiased;
  -moz-osx-font-smoothing: grayscale;
  text-align: center;
  color: #2c3e50;
  margin-top: 60px;
}
</style>
```

图 4-29 不使用 components 注册组件的效果图

4.2.3　生产环境和开发环境的介绍

生产环境和开发环境是前端开发场景中非常重要的两个环境。除两者外还会包含测试环境、灰度环境等多种业务环境，不同环境下的项目依赖组成及运行要求各不相同，生产环境和开发环境在脚手架项目中主要有以下区别。

1）开发环境

开发环境在脚手架项目中代表开发项目时项目代码的运行环境。开发环境除需要安装项目所需的依赖包文件外，还需要在项目中安装脚手架环境运行所需的依赖包。开发环境运行时，会自动创建一个本地服务，用于解析运行开发者编写的代码。开发环境通常还会内置浏览器兼容性解决方案、代码规范、单元测试、项目优化方案等解决方案。

2）生产环境

生产环境在脚手架项目中代表项目发布上线时项目代码的运行环境。生产环境并不是脚手架本身，也不是开发者的计算机，而是开发完成的项目代码在服务器上的运行环境。脚手架可以为项目发布生产环境提供打包构建功能，该功能的作用是在通过脚手架解析和构建项目的过程中，将项目中无法直接运行于浏览器的代码转换成浏览器可以直接识别的代码。构建生产代码时，脚手架还会自动识别模块化的代码加载关系，并将其汇总成一个新的代码体系，通过 Web 的引用方式注入浏览器中。发布到生产环境后 Vue 的项目会自动变成以 HTML 文件为核心的静态资源，用于用户直接在浏览器中运行。

开发环境和生产环境在工作中区分明确，通常运行环境和参数都在脚手架安装后事先做好全局配置，配置后开发者无须重复配置，将全部注意力放在业务开发上即可，这也是脚手架存在的意义。接下来介绍一下 Vue CLI 中如何使用开发环境和生产环境。

在 Vue CLI 脚手架项目初始化成功后，开发者可以通过 npm run serve 命令来启动项目，这就是开发环境的启动方式。Vue CLI 的开发环境自带代码热更新能力，所以开发者在进行代码编写时无须重启服务器，便可以实时在浏览器中查看代码的更改结果。在 Vue CLI 脚手架项目开发到发布上线的阶段时，开发者可以使用 npm run build 命令来对项目进行打包构建。只需要在命令行工具中输入 npm run build 命令，脚手架就会将项目中的所有代码自动构建并生成到项目目录中的 dist 文件夹中，如图 4-30 所示。

图 4-30　使用 npm run build 命令构建项目的效果图

运行构建命令后，脚手架会在控制台上输出构建结果，构建结果中包含项目中使用的第三方依赖包和开发者编写的代码。开发者可以方便地从构建日志中查看构建后生成的不同类型的文件和文件占用的空间。构建完毕后会在当前项目中出现一个名为 dist 的文件夹，如图 4-31 所示。

从 dist 中的文件结构可以发现，其实最终运行在浏览器中的代码还是最早期的 HTML＋CSS＋JavaScript 的结构，项目中使用 import 进行管理的 ECMA 模块化依赖，在生成的代码结构中并不存在。接下来在资源管理器中双击 index.html 文件，通过浏览器运行构建后的网页，查看是否可以正常运行生成的项目结构，如图 4-32 所示。

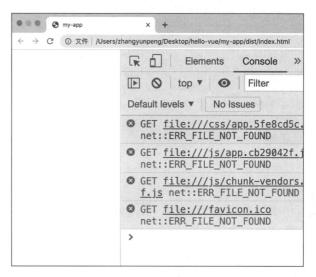

图 4-31　构建生成的 dist 目录　　　　图 4-32　运行构建生成网页的效果图
　　　　　结构的效果图

运行生成的 index.html 文件时，会发现网页无法展示任何内容。打开 Web 控制台会发现，控制台上抛出多条找不到文件的异常信息。产生异常的原因是，默认的脚手架构建工具是按照服务器的绝对路径的解析方式，来生成引入依赖的路径。这种方式构建的项目必须放在服务器的静态资源文件夹的根目录，才能保证项目内部网页的依赖文件引用路径正确。具体原因可以参考 index.html 文件的内部代码，代码如下：

```html
<!-- 第 4 章 index.html 文件内部的代码案例 -->
<!DOCTYPE html>
<html lang="">

<head>
  <meta charset="utf-8">
  <meta http-equiv="X-UA-Compatible" content="IE=edge">
  <meta name="viewport" content="width=device-width,initial-scale=1">
  <link rel="icon" href="/favicon.ico">
  <title>my-app</title>
  <link href="/css/app.5fe8cd5c.css" rel="preload" as="style">
```

```
    <link href="/js/app.cb29042f.js" rel="preload" as="script">
    <link href="/js/chunk-vendors.ca45571f.js" rel="preload" as="script">
    <link href="/css/app.5fe8cd5c.css" rel="stylesheet">
</head>

<body>
  <noscript>
    <strong>We're sorry but my-app doesn't work properly without JavaScript enabled. Please
enable it to
      continue.
    </strong>
  </noscript>
  <div id="app"></div>
  <script src="/js/chunk-vendors.ca45571f.js"></script>
  <script src="/js/app.cb29042f.js"></script>
</body>
</html>
```

由于生成的 dist 文件夹并不是磁盘的根路径,index.html 文件的内部引入的依赖路径全部都以/开头进行引入,所以在非根目录结构下运行 index.html 文件会导致依赖地址无法按照项目对路径正确解析,最终就会出现构建的网页无法顺利运行。

考虑到构建规则的定制需求,Vue CLI 为开发者提供了可定制开发的配置文件 vue.config.js。该文件需要创建在脚手架项目的根目录下,在启动开发环境或进行生产环境构建时,只要脚手架检测到该文件的存在,就会按照该文件描述的内容进行项目的运行或构建。vue.config.js 文件的具体配置参数和方案有很多种,详细配置方式可参考官方网站 https://cli.vuejs.org/zh/guide/。解决构建网页无法正确访问的步骤如下:

图 4-33　创建 vue.config.js
文件的效果图

（1）在该项目的根目录下创建 vue.config.js 文件,如图 4-33 所示。

（2）在 vue.config.js 文件中编写依赖引入路径的配置方式,代码如下:

```
//该文件是 Webpack 在 Node 环境中运行的代码
//所以该代码块中默认只支持 CommonJS 模块系统
module.exports={
  publicPath:''//配置生成的 html 文件中的依赖引入路径的前缀为空
}
```

（3）停止当前运行的项目,在命令行工具中输入 npm run build 命令构建项目。

（4）检查 dist 目录中的 index.html 文件内容中的依赖路径是否成功变更为相对路径,index.html 文件正确的依赖引入,代码如下:

```html
<!-- 第 4 章 相对路径引入依赖的 index.html 的代码案例 -->
<!DOCTYPE html>
<html lang="">

<head>
  <meta charset="utf-8">
  <meta http-equiv="X-UA-Compatible" content="IE=edge">
  <meta name="viewport" content="width=device-width,initial-scale=1">
  <link rel="icon" href="favicon.ico">
  <title>my-app</title>
  <link href="css/app.5fe8cd5c.css" rel="preload" as="style">
  <link href="js/app.f3418bf0.js" rel="preload" as="script">
  <link href="js/chunk-vendors.ca45571f.js" rel="preload" as="script">
  <link href="css/app.5fe8cd5c.css" rel="stylesheet">
</head>

<body><noscript><strong>We're sorry but my-app doesn't work properly without JavaScript
enabled. Please enable it to
      continue.</strong></noscript>
  <div id="app"></div>
  <script src="js/chunk-vendors.ca45571f.js"></script>
  <script src="js/app.f3418bf0.js"></script>
</body>

</html>
```

（5）在资源管理器中使用浏览器运行 index.html 文件中的代码，当没有问题时会显示 Vue 项目的默认欢迎界面，如图 4-34 所示。

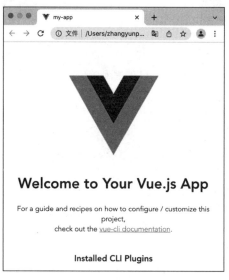

图 4-34　dist 中 index.html 文件正确运行的效果图

4.3　Vue CLI 的项目开发实战

在前面的章节中已经初步学习,如何创建一个 Vue CLI 的脚手架项目,也对生产环境和开发环境有了初步的认识,接下来以实际项目需求为起点,沿着真实项目开发的场景,一边开发一边学习。

4.3.1　从 0 开始开发一个后台管理系统

以之前的学习经验,从创建项目开始进行项目的构建,并初始化目录结构和配置信息,用来做后台管理项目的基础架构,具体步骤如下:

(1) 按照之前章节学习的方式通过 vue create admin-dev 命令来初始化项目的基本结构,项目的配置方式使用上次保存的信息即可,初始化后的项目结构如图 4-35 所示。

(2) 在根目录中加入 vue.config.js 文件,如图 4-36 所示。

图 4-35　admin-dev 目录结构的效果图　　　　图 4-36　加入 vue.config.js 文件的效果图

(3) 在 vue.config.js 文件中配置项目的基础配置信息,代码如下:

```
module.exports={
  publicPath:'',                    //配置依赖以相对路径加载
  lintOnSave:false                  //配置开发阶段不进行代码风格检测
}
```

(4) 改造 App.vue 文件中的内容,代码如下:

```
<!-- 第 4 章 改造 App.vue 文件的代码案例 -->
<template>
  <div id="app">
    {{title}}
  </div>
```

```
</template>

<script>
export default {
  name: 'App',
  data(){
    return {
      title:'你好 Vue CLI'
    }
  }
}
</script>

<style lang="scss">
</style>
```

（5）删除 components 文件夹中的 HelloWorld.vue 文件，在 src 目录中创建 views 文件夹，如图 4-37 所示。

（6）在命令行工具中打开该项目目录并输入 npm run serve 命令启动项目，在浏览器中访问 http://localhost:8080/，如果出现 App.vue 文件中编写的内容，则代表项目启动成功，如图 4-38 所示。

图 4-37　改造文件结构的效果图

图 4-38　项目启动成功的效果图

4.3.2　通过动态组件学习视图切换的概念

Vue 脚手架的视图容器只有 index.html 文件，所有的视图内容都需要在 index.html 文件构建的视图界面中展示。在项目开发过程中，一个系统或应用必定存在多页面的切换，所以想要实现在 Vue 项目中切换不同的界面，可以通过动态组件的方式实现，具体步骤如下：

（1）在创建的 views 目录中创建 Index.vue 和 Login.vue 两个文件，如图 4-39 所示。

图 4-39　Index.vue 和 Login.vue 的效果图

（2）在 Login.vue 文件中定义初始结构，代码如下：

```
<!-- 第 4 章 Login.vue 初始结构的代码案例 -->
<template>
  <div class="login-page">
    登录界面
  </div>
</template>
<script>
  export default {
    name:'Login'
  }
</script>
<style scoped lang="scss">
  .login-page{
    width: 400px;
    height: 400px;
    background-color: burlywood;
  }
</style>
```

（3）在 Index.vue 文件中定义与 Login.vue 文件相同的初始结构，代码如下：

```
<!-- 第 4 章 Index.vue 文件初始结构的代码案例 -->
<template>
  <div class="index-page">
    首页
  </div>
</template>
<script>
  export default {
    name:'Index'
  }
</script>
<style scoped lang="scss">
  .index-page{
    width: 400px;
    height: 400px;
    background-color: bisque;
  }
</style>
```

（4）在 main.js 文件中将创建的 Login.vue 和 Index.vue 文件注册为全局组件,代码
如下：

```
//第 4 章 将 Login.vue 和 Index.vue 文件注册为全局组件的代码案例
import Vue from 'vue'
import App from './App.vue'
//引入 Login 和 Index 的组件文件
import Login from './views/Login.vue'
import Index from './views/Index.vue'
Vue.config.productionTip=false
//通过两个组件的 name 属性和组件对象注册全局组件
Vue.component(Login.name,Login)
Vue.component(Index.name,Index)
new Vue({
  render: h=> h(App),
}).$mount('#app')
```

（5）在 App.vue 文件中将注册的组件引入 Index.vue 和 Login.vue 文件,代码如下：

```
<!-- 第 4 章 在 App.vue 文件中引入 Index.vue 和 Login.vue 文件的代码案例 -->
<template>
  <div id="app">
    <!-- 引入登录页面和首页的组件 -->
    <Login></Login>
    <Index></Index>
  </div>
</template>

<script>
export default {
  name: 'App',
  data(){
    return {
      title:'你好 Vue CLI'
    }
  }
}
</script>

<style lang="scss">
</style>
```

（6）通过 npm run serve 命令启动项目访问 http://localhost:8080,查看运行结果,如
图 4-40 所示。

（7）继续改造 App.vue 文件,通过<component>进行组件加载,让<component>组件
使用 Login.vue 文件的内容展示,代码如下：

图 4-40　全局组件展示的效果图

```html
<!-- 第 4 章 使用<component>加载 Login.vue 文件的代码案例 -->
<template>
  <div id="app">
    <!-- 使用动态组件加载组件 -->
    <component :is="pageName"></component>
  </div>
</template>

<script>
export default {
  name: 'App',
  data(){
    return {
      //将变量名配置为 Login 来匹配组件
      pageName:'Login'
    }
  }
}
```

```
}
</script>

<style lang="scss">
</style>
```

（8）到此步骤，默认的登录页面已经能正常展示了，接下来需要做的任务是将Login.vue文件改造成登录页面的基本结构，并实现简单的登录验证和界面的跳转。这里需要改造Login.vue文件的内容，实现初步的账号和密码输入和基本验证功能，代码如下：

```
<!-- 第4章 改造 Login.vue 的代码案例 -->
<template>
  <div class="login-page">
    登录界面
    <form>
      <div>
        账号: <input type="text" v-model="formData.username">
      </div>
      <div>
        密码: <input type="password" v-model="formData.password">
      </div>
      <div>
        <button type="button" @click="handleLogin">登录</button>
      </div>
    </form>
  </div>
</template>
<script>
  export default {
    name:'Login',
    data(){
      return {
        formData:{
          username:'',
          password:''
        }
      }
    },
    methods:{
      handleLogin(){
        if(this.formData.username== ''){
          alert('账号不可以为空')
          return
        }
        if(this.formData.password== ''){
          alert('密码不可以为空')
          return
```

```
      }
      if(this.formData.username != 'admin'||
      this.formData.password != '123456'){
        alert('账号或密码错误')
        return
      }
      alert('登录成功')
    }
  }
}
</script>
<style scoped lang="scss">
  .login-page{
    width: 400px;
    height: 400px;
    background-color: burlywood;
  }
</style>
```

（9）改造完毕后默认页面会出现账号和密码的输入框及"登录"按钮，如图 4-41 所示。

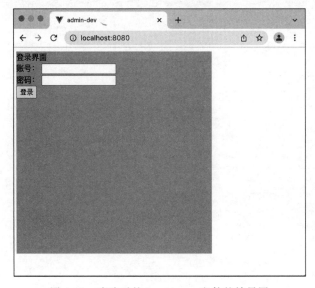

图 4-41　改造后的 Login. vue 文件的效果图

（10）接下来需要实现账号和密码验证后的跳转功能，由于 Vue 为单页面应用，界面跳转不能使用 location. href 进行跨网页的跳转，所以在实现登录跳转时，应通过动态组件技术来切换< component >所渲染的组件。当前触发单击事件的按钮在组件 Login. vue 文件中，想要通过该组件影响 App. vue 文件中的< component >组件绑定的组件名称，需要借助 Vue. observable()这个 API，实现跨组件共享数据，需要在 src 目录中创建名为 utils 的文件夹并在该文件夹内创建名为 global-data. js 的文件，如图 4-42 所示。

图 4-42　创建 global-data.js 文件的效果图

（11）在 global-data.js 文件中追加初始内容,代码如下:

```
//第 4 章 global-data.js 文件中追加初始内容的代码案例
import Vue from 'vue'
//定义全局的响应式数据,该数据可实现跨组件共享
const state=Vue.observable({
  pageName:'Login'
})
//导出 state 对象
export default state
```

（12）改造 App.vue 文件,将 global-data.js 文件中导出的 state 对象引入,并通过计算属性进行初始化数据,使用 state 中的 pageName 来绑定< component >的 is 属性,代码如下:

```
<!-- 第 4 章 改造 App.vue 文件的代码案例 -->
< template >
  < div id="app">
    <!-- 使用动态组件加载组件 -->
    < component :is="pageName"></ component >
  </ div >
</ template >

< script >
//导入 state 对象
import state from './utils/global-data.js'
export default {
  name: 'App',
  computed:{
    //定义计算属性 pageName 来共享 state 对象中的 pageName
    pageName(){
      return state.pageName
    }
  }
}
```

```
</script>

< style lang="scss">
</style>
```

（13）在 Login. vue 文件中导入 global-data. js 文件中的 state 对象，并在登录事件触发时，将 state 对象中的 pageName 的值变更为 Index，代码如下：

```
<!-- 第 4 章 改造 Login. vue 文件的代码案例 -->
< template >
  < div class="login-page">
    登录界面
    < form >
      < div >
        账号: < input type="text" v-model="formData. username">
      </div>
      < div >
        密码: < input type="password" v-model="formData. password">
      </div>
      < div >
        < button type="button" @click="handleLogin">登录</button >
      </div>
    </form >
  </div>
</template>
< script >
//导入 state 对象
  import state from '../utils/global-data. js'
  export default {
    name:'Login',
    data(){
      return {
        formData:{
          username:'',
          password:''
        }
      }
    },
    methods:{
      handleLogin(){
        if(this. formData. username== ''){
          alert('账号不可以为空')
          return
        }
        if(this. formData. password== ''){
          alert('密码不可以为空')
          return
        }
```

```
        if(this.formData.username != 'admin'||
        this.formData.password != '123456'){
          alert('账号或密码错误')
          return
        }
        //变更 state 中 pageName 的值,会触发动态组件的重新加载,实现跳页效果
        state.pageName ='Index'
      }
    }
  }
</script>
<style scoped lang="scss">
  .login-page{
    width: 400px;
    height: 400px;
    background-color: burlywood;
  }
</style>
```

（14）以上操作均无问题后,在输入框中输入账号为 admin、密码为 123456 时,单击"登录"按钮便会使网页从登录界面跳转到首页。到此,通过动态组件技术实现的单页应用的界面管理功能完成。

4.4　认识路由框架 Vue Router

通过动态组件技术可以实现 Vue 框架的视图管理和页面切换,不过动态组件技术需要开发者花费大量的精力来管理界面结构,这样不仅会大大拖延项目开发的速度,也会使项目的可维护性下降。虽然动态组件可以管理视图组件,但结构化和组件化的组件管理无法和传统的 URL 路径跳转页面的方便程度相比,所以在 Vue 项目开发的场景中,除 Vue 核心框架外,开发者还会使用一款名为 Vue Router 的路由框架。

1. 路由的介绍

Vue Router 框架是管理 Vue 视图组件的核心框架,开发者可以通过少量的代码,将创建的 Vue 视图组件注册到 Vue Router 框架中,并为视图组件关联一个 URL 路径。注册到路由中的组件便可以通过配置的 URL 路径直接访问。Vue Router 内置了<router-link>和<router-view>组件用于实现路由的导航和视图组件的渲染容器。Vue Router 还提供了多种参数传递和多种视图的切换方式,Vue Router 也对组件加载和项目优化提供了良好的解决方案,用以解决超大规模项目中组件的管理和视图的快速加载。

Vue Router 框架通常在 Vue CLI 脚手架项目中使用,Vue 2.x 框架的路由依赖安装方式,代码如下:

```
npm install vue-router
```

Vue Router 框架也可以在传统的网页结构内直接使用,代码如下:

```
<script src="/path/to/vue.js"></script>
<script src="/path/to/vue-router.js"></script>
```

2．路由的快速上手

（1）通过 Vue CLI 脚手架的创建命令,按照之前保存好的配置信息创建名为 router-test 的项目,如图 4-43 所示。

（2）在当前项目目录下打开命令行工具,并执行路由的安装命令 npm install vue-router -s,如图 4-44 所示。

图 4-43　router-test 项目结构的效果图

图 4-44　执行路由安装命令的效果图

（3）命令执行后检查 package.json 文件,如果发现依赖表中包含 vue-router 及其版本号,则代表路由依赖安装成功,如图 4-45 所示。

图 4-45　检查路由框架是否安装成功的效果图

（4）改造项目目录,先将 components 文件夹中的内容删除,再改造 App.vue 文件内容,代码如下:

```
< template >
  < div id="app">
    <!-- 路由框架提供的导航组件,相当于超链接,可以在网页不发生重新加载的情况下改变 URL
路径切换路由页面 -->
    <!-- to 属性用来配置路由配置文件中设置的 path 属性,用于定义跳转的目标路径 -->
    < router-link to="/">首页</router-link> |
    < router-link to="/about">关于</router-link>
    <!-- 使用路由的容器组件,该组件会自动加载访问的 URL 所对应的视图组件,同动态组件能力
相同 -->
    < router-view></router-view>
  </div>
</template>

< script >

export default {
  name: 'App'
}
</script>

< style lang="scss">
</style>
```

（5）在 src 目录下创建视图组件文件夹 views,在 views 文件夹内部创建 Home. vue 和 About. vue 文件,如图 4-46 所示。

图 4-46　创建视图组件的效果图

（6）在 Home. vue 和 About. vue 文件中分别初始化基本内容,代码如下:

```
<!-- 第 4 章 初始化 Home.vue 和 About.vue 文件基本内容的代码案例 -->
<!-- Home.vue 的文件内容 -->
< template >
  < div >
    Home 页面
```

```
    </div>
</template>
<script>
export default {
  name:'Home'
}
</script>
<!-- About.vue 的文件内容 -->
<template>
  <div>
    About 页面
  </div>
</template>
<script>
export default {
  name:'About'
}
</script>
```

（7）接下来需要创建路由的配置文件，在 src 目录下创建 router 文件夹，并在 router 文件夹内部创建 index.js 文件，如图 4-47 所示。

图 4-47　创建路由配置文件的效果图

（8）在 router 文件夹下的 index.js 文件中初始化 Vue Router 的配置内容，代码如下：

```
//第 4 章 初始化 Vue Router 配置内容的代码案例
//引入 Vue 对象
import Vue from 'vue'
//引入 VueRouter 对象
import VueRouter from 'vue-router'
//引入首页代码(同步引入)
import Home from '../views/Home.vue'
//将路由框架与 Vue 框架整合
Vue.use(VueRouter)
//定义路由的配置文件,将组件对象和 URL 访问路径关联
```

```
const routes=[
  {
    path:'/',              //定义组件的访问路径,相当于 http://localhost:8080/
    name:'Home',           //定义该路由模块的 name 属性
    component:Home         //指定首页所加载的实际 Vue 组件,用于将访问路径和视图组件关联
  },
  {
    path:'/about',
    name:'About',
    //About 使用了异步引入的方式来加载组件,该方式主要用来提供路由的优化
    component:()=> import(/ * webpackChunkName:"About" * /'../views/About.vue')
  }
]
//实例化路由对象,并写入基础配置信息
const router=new VueRouter({
  mode:'hash',            //定义页面切换模式,使用 hash 模式
  routes                  //将配置好的视图组件注入路由对象
})
//导出路由对象
export default router
```

（9）在 main.js 文件中改造代码,将路由对象注入 Vue 对象中实现最终的路由整合,代码如下：

```
//第 4 章 将路由对象注入 Vue 对象的代码案例
import Vue from 'vue'
import App from './App.vue'
//导入配置好的路由对象
import router from './router'
Vue.config.productionTip=false

new Vue({
  router,//将路由对象注入 Vue 实例中
  render: h=> h(App),
}).$mount('#app')
```

（10）完成所有配置后,在命令行工具中输入 npm run serve 命令启动新创建的项目,启动成功后访问 http://localhost:8080/,会发现地址后会自动补充/♯/字样,单击界面上出现的首页和关于两个模块,可以触发页面中的内容切换,如图 4-48 所示。

3. 同步加载和异步加载的介绍

在编写路由基本配置文件 router/index.js 时,使用了两种引入 *.vue 文件的方式：一种是采用文件最上方使用 import 对象 from '文件路径'导入对象的方式,另一种是采用 import（'文件路径'）的方式导入对象。这两种方式分别对应同步加载和异步加载两种方式。

1）同步加载

同步加载会按照正常 ESModule 的加载规则,将需要使用的视图组件导入并解析为

JavaScript 对象。这种方式导入的视图组件在项目初始化时便参与整个项目的运行,由于项目采用脚手架进行依赖解析,所以使用同步加载的视图组件代码,会在生产环境直接合并到项目的核心依赖包内部。这种方式构建的视图组件会随着项目一起运行,但视图组件过多时,由于所有代码都被注入一个 JavaScript 文件,会导致应用在第一次加载依赖时下载核心 JavaScript 依赖文件消耗时间过长。

(a) 访问首页时   (b) 访问关于时

图 4-48   配置路由后的效果图

2)异步加载

异步加载会按照 JavaScript 异步模块的规则进行文件加载,以这种模式加载的 JavaScript 依赖并不会随主文件同时运行。在路由中,异步加载的视图组件会在构建时,单独进入新的依赖模块中,不参与项目核心 JavaScript 文件的加载和运行,这样可以保证在复杂的前端项目构建时,大量的业务代码从核心 JavaScript 文件中分离到其他依赖文件中,访问项目首页时,只需下载核心的 JavaScript 依赖文件和同步加载的视图组件,异步加载的组件被访问时,才会触发该依赖的下载和运行行为,这样可以极大程度地加速单页面应用的首屏响应速度。

同步加载和异步加载需要在应用开发中结合使用,不能只使用同步加载或异步加载。只使用同步加载会造成最终构建的核心依赖文件过大,只使用异步加载会导致用户访问首屏时,除加载框架核心依赖外,还要单独发送一条请求加载首屏必要展示的视图组件,从而降低首屏加载速度。

使用异步加载组件的方式加载视图组件时,还需要考虑视图组件的容量和业务场景。如果除首屏外,每个视图组件都使用异步加载,还需要在极小的视图组件代码前通过 /＊webpackChunkName:"模块名称"＊/的方式对异步模块进行命名,使用相同名称的异步组件,最终被构建在相同名称的同一依赖文件内部。这种方式可以解决异步加载产生的另一个问题,即脚手架在构建项目时,会按照 import()作为切点进行文件拆分,而项目中可能存在数百或数千个视图组件。如果每个视图组件都拆分到单独的 JavaScript 文件中,则会导致项目构建后产生大量的 JavaScript 文件用于对应视图组件。这种方式会使构建后的项目中包含大量不足 10KB 的 JavaScript 依赖，导致加载每个视图组件都需要单独发送一条 HTTP 请求，浪费项目的网络资源。使用命名异步模块可以将众多的小型视图组件重新合并成一个整体，使项目在构建时，异步加载的视图组件在数量和体积上有一个良好的配比，从而实现项目优化的目的。

4. hash 模式和 history 模式的介绍

由于 Vue 项目为单页面应用，所以整个项目在开发和构建过程中，仅存在一个 HTML 物理文件。通过路由系统可以实现将项目的组件与可访问的 URL 路径进行绑定。由于 Vue 项目只有一个 HTML 物理文件，切换页面时既需要让访问的 URL 路径发生变化，又不能触发 HTML 物理文件的重新加载，这就使 Vue Router 的跳页模式不能使用普通的超链接方式。

Vue Router 为了支持单页面应用的页面管理和页面跳转，提供了两种页面的跳转和加载模式。

1）hash 模式

hash 模式使用了锚点技术重写 URL 访问路径，会在原有的 URL 路径后拼接 /#/xxx，这种方式可以在不重新加载原有 HTML 文件的基础上，实现切换 URL 路径的目的。hash 模式的原理实现案例，代码如下：

```
<!-- 第 4 章 hash 模式原理的代码案例 -->
<! DOCTYPE html >
< html >
  < head >
    < meta charset ="utf-8">
    < title > hash 模式案例</title >
    < style type="text/css">
      .page{
        width: 400px;
        height: 400px;
      }
      .about{
        background-color: antiquewhite;
        display: none;
      }
      .index{
        background-color: aquamarine;
        display: none;
      }
    </style >
  </head >
  < body >
    <!-- 定义锚点菜单 -->
    < a href ="#/index">访问首页</a>
    < a href ="#/about">访问关于页面</a>
    <!-- 定义页面结构 -->
```

```
<div class="page index">
    首页
</div>
<div class="page about">
    关于页面
</div>
<script type="text/JavaScript">
    //URL的hash部分切换事件
    window.onhashchange=function(event){
        //获取要跳转的URL路径并截取页面名称
        var newURL=event.newURL.split('#/')[1]
        //获取跳转时的起点页面路径并截取页面名称
        var oldURL=event.oldURL.split('#/')[1]
        //获取两个页面的DOM对象
        var newPage=document.querySelector('.'+newURL)
        var oldPage=document.querySelector('.'+oldURL)
        //显示目标页面
        newPage.style.display='block'
        //隐藏当前页面
        oldPage.style.display='none'
    }
</script>
</body>
</html>
```

hash模式利用了纯静态技术,解决了单页面应用的页面划分,它可以在不触发网页重新加载的情况下切换URL路径,配合onhashchange()可以实现,一旦URL中的hash部分发生变化,就触发函数通知,通过JavaScript编程便可以快速地实现DOM对象的切换展示。hash模式同时也存在不足之处,如在分布式微前端项目中,嵌套的子应用和主应用都使用hash模式时,由于hash模式的URL路径只能存在一个#,会导致子应用和主应用在定义URL路径上存在困难。hash模式的URL路径中包含#,也会在视觉上导致URL路径不美观。

2) history模式

history模式是Vue Router中常用的一种路由模式,它与hash模式不同,不需要借助锚点技术重写URL路径,所以history模式使用的URL路径中不存在#,在视觉上更加美观。history模式采用history对象中的pushState()函数重写URL路径,可在触发重新加载的情况下变更URL路径,history模式的原理,代码如下:

```
<!-- 第4章 history模式原理的代码案例 -->
<!DOCTYPE html>
<html lang="en">
<head>
  <meta charset="UTF-8">
  <meta http-equiv="X-UA-Compatible" content="IE=edge">
```

```html
    <meta name="viewport" content="width=device-width, initial-scale=1.0">
    <title>history 模式</title>
    <style type="text/css">
      .page{
        width: 400px;
        height: 400px;
      }
      .about{
        background-color: antiquewhite;
        display: none;
      }
      .index{
        background-color: aquamarine;
        display: none;
      }
    </style>
  </head>
  <body>
    <!-- 定义路由菜单 -->
    <a href="javascript:jump('/index')">跳转到 index 页面</a>
    <a href="javascript:jump('/about')">跳转到 about 页面</a>
    <!-- 定义页面结构 -->
    <div class="page index">
      首页
    </div>
    <div class="page about">
      关于页面
    </div>
    <script type="text/javascript">
      //跳转函数
      function jump(path){
        //将 URL 路径重写为超链接传入的名称
        history.pushState(null,'page',path)
        //获取所有页面组件
        var pages=document.querySelectorAll('.page')
        //获取指定跳转的目标页面对象
        var newPage=document.querySelector(path.replace('/','.'))
        //隐藏其他页面
        pages.forEach(item=> item.style.display='none')
        //展示跳转的页面
        newPage.style.display='block'
      }
    </script>
  </body>
</html>
```

history 模式重写 URL 路径的解决方案与 hash 模式类似,但本质不同,虽然 history 模式可以重写 URL 路径,但是重写后的新路径中并不包含原有 HTML 物理文件的访问地址,所以 history 模式在重写 URL 路径后,一旦刷新网页会造成 404 无法访问的效果。Vue CLI 在开发环境中解决了 history 模式的刷新问题,不过将项目发布到生产环境时,由于 history 模式的 URL 路径问题,还需要配合生产服务器的转发规则重写,用以支持 history 模式的路由加载。

在 Vue CLI 项目中,可以通过 mode 属性来切换路由的 history 模式和 hash 模式。接下来继续使用前面章节创建好的 router-test 项目来演示一下路由模式切换的案例,打开 src/router/index.js 文件,代码如下:

```
//引入 Vue 对象
import Vue from 'vue'
//引入 VueRouter 对象
import VueRouter from 'vue-router'
//引入首页代码(同步引入)
import Home from '../views/Home.vue'
//将路由框架与 Vue 框架整合
Vue.use(VueRouter)
//定义路由的配置文件,将组件对象和 URL 访问路径关联
const routes=[
  {
    path:'/',              //定义组件的访问路径,相当于 http://localhost:8080/
    name:'Home',           //定义该路由模块的 name 属性
    component:Home         //指定首页所加载的实际 Vue 组件,用于将访问路径和视图组件关联
  },
  {
    path:'/about',
    name:'About',
    //About 使用了异步引入的方式来加载组件,该方式主要用来提供路由的优化
    component:()=> import(/* webpackChunkName:"About" */'../views/About.vue')
  }
]
//实例化路由对象,并写入基础配置信息
const router=new VueRouter({
  mode:'hash',            //定义页面切换模式,使用 hash 模式
  routes                  //将配置好的视图组件注入路由对象
})
//导出路由对象
export default router
```

将 mode 设置为 hash 时,项目的访问路径中会包含/♯/关键字,将 mode 设置为 history 时,项目的访问路径不包含/♯/关键字。在用 npm run serve 命令启动项目时,hash 模式和 history 模式的项目表现没有差异,当运行 npm run build 命令后,访问 dist 文件夹中生成的 index.html 文件时,会发现 hash 模式的项目可以正常运行并实现页面切换,而 history 模式的项目在访问首页时,并不会展示默认的 Index.vue 组件的内容,需要在网页中主动单击<router-link>包裹的导航组件才能加载对应的界面,并且刷新后会出现页面无

法访问的错误,想要实现界面的正常刷新,就需要在生产服务器进行大量的配置修改,用以保证 history 模式下的 URL 路径可以被服务器正确解析。在日常开发中,如果没有严格的模式要求,则可优先使用 hash 模式的路由配置,这样可以从开发到部署上大大降低成本。

4.5 路由的深入研究

4.5.1 路由的常用跳转方式

之前的章节已经大量介绍了路由的配置方式及路由与 Vue 框架的整合,并介绍了最基本的页面跳转方式。Vue Router 框架为了保证开发者可以在项目开发中更灵活地实现界面跳转,提供了多种路由跳转的方式,其中就包含声明式跳转和编程式跳转。声明式跳转是< router-link >标签模拟超链接的跳转能力,编程式跳转则采用 JavaScript 语法编程的方式实现页面的切换。

1. 声明式跳转介绍

声明式跳转用< router-link >组件实现跳转,组件包含以下几个常用参数。

1) to 属性

to 属性是< router-link >组件必填属性,用于设置跳转目标组件的 URL 路径,代码如下:

```
< router-link to="home"> Home </router-link >
```

2) active-class 属性

active-class 属性用于设置< router-link >组件激活时的样式名称,默认值为 router-link-active。使用该属性可自定义< router-link >组件激活时的样式。

3) tag 属性

< router-link >组件默认在网页中会被解析为超链接标签,tag 属性可以配置< router-link >组件最终被渲染的结果,其值的类型为 string,可以通过传入指定的标签名将< router-link >组件渲染成需要的 HTML 标签。

4) append 属性

设置 append 属性后,则在当前(相对)路径前添加基路径。例如,从/a 导航到相对路径 b,如果没有配置 append,则路径为/b,如果配置了,则路径为/a/b,代码如下:

```
< router-link :to="{ path: 'relative/path'}" append ></router-link >
```

声明式跳转使用的< router-link >除常用属性外,还有其他属性可以提供更多的功能。更多功能可参考官方文档 https://router.vuejs.org/zh/api/#router-link 进一步学习。

2. 编程式跳转介绍

编程式跳转是 Vue Router 中常用的跳转方式。在项目开发中,很多场景需要在单击

"跳转"按钮或超链接时,先运行某些代码逻辑或条件判断,根据不同的条件决定下一页的去向。此时,声明式跳转无法满足开发需求,编程式跳转便可以为此场景提供服务。

在使用 Vue Router 整合 Vue 项目后,Vue Router 会将 router 和 route 两个对象挂载到 Vue 属性的原型对象上,项目内部的所有组件的上下文对象 this 都可以通过 this.$router 和 this.$route 访问路由框架中的 router 和 route 对象,所以在任何 Vue 组件中都可以通过访问路由的对象实现跳转和值传递的功能。编程式跳转的常用 API 如下。

1) router.push(location, onComplete?, onAbort?)

在使用 router 对象时可以通过 router.push() 实现页面跳转,在单文件项目中可以通过 this.$router.push() 实现相同功能。router.push() 的参数使用非常灵活并有多种使用方式,代码如下:

```
//第 4 章 router.push()使用方式的代码案例
//字符串
router.push('home')

//对象
router.push({ path: 'home' })

//命名的路由
router.push({ name: 'user', params: { userId: '123' }})

//带查询参数,变成 /register?plan=private
router.push({ path: 'register', query: { plan: 'private' }})
```

在参数对象中可以通过 path(对应 routes 中配置的 path)和 name(对应 routes 中配置的 name)两种方式来描绘下一步跳转的页面路径,并可以通过 params 和 query 两个对象来携带参数。params 对象携带的参数会通过 JavaScript 属性携带到目标页面,而 query 对象携带的参数会通过 URL 路径携带到目标页面。当使用 path 作为跳转媒介时 params 携带的参数无法传递。

2) router.replace(location, onComplete?, onAbort?)

跟 router.push() 很像,唯一的不同就是,它不会向 history 添加新记录,而是跟它的方法名一样,替换掉当前的 history 记录。

3) router.go(n)

该方法的参数是一个整数,意思是在 history 记录中向前或者后退多少步,类似 window.history.go(n)。router.go() 的使用方式,代码如下:

```
//第 4 章 router.go()使用方式的代码案例
//在浏览器记录中前进一步,等同于 history.forward()
router.go(1)

//后退一步记录,等同于 history.back()
```

```
router.go( - 1)

//前进 3 步记录
router.go(3)

//如果 history 记录不够用,就默默地失败
router.go( - 100)
router.go(100)
```

4.5.2 多级路由的实现

多级路由是在整页跳转的基础上,进一步地实现在某个页面内部实现局部的路由跳转。多级路由的需求在实际开发场景有很多体现,最典型的就是上、左、右结构的后台管理系统。通常,在后台管理系统中,除了登录和首页是整个网页的跳转外,其他模块的页面都是通过左侧或其他部分的菜单做导航,只有页面的功能部分切换,导航部分固定不变,这种模式用到多级路由的功能。以之前创建 router-test 项目为例,实现多级路由的步骤如下:

(1)在开发工具中打开项目,输入 npm run serve 命令启动项目,访问 http://localhost:8080 打开项目默认页面,如图 4-49 所示。

(2)在项目文件夹目录中找到 src/views 文件夹,在其中创建 about 文件夹,在 about 文件夹中创建 AboutPage1.vue 和 AboutPage2.vue 两个文件,初始化 AboutPage1.vue 文件中的内容,代码如下:

图 4-49　项目启动页的效果图

```
<!-- 第 4 章 初始化 AboutPage1.vue 文件内容的代码案例 -->
< template >
  < div class ="page">
    about 的第 1 个子页面
  </ div >
</ template >
< script >
export default {
  name:'AboutPage1'
}
</ script >
< style scoped >
  .page{
    width: 400px;
    height: 400px;
    background-color: bisque;
```

```
    }
</style>
```

（3）初始化 AboutPage2.vue 文件中的内容，代码如下：

```
<!-- 第 4 章 初始化 AboutPage2.vue 文件内容的代码案例 -->
<template>
  <div class="page">
    about 的第 2 个子页面
  </div>
</template>
<script>
export default {
  name:'AboutPage1'
}
</script>
<style scoped>
  .page{
    width: 400px;
    height: 400px;
    background-color: bisque;
  }
</style>
```

（4）接下来需要为 About.vue 页面配置子页面路由信息，将 src/router/index.js 文件的路由配置内容改造，追加 About.vue 页面的子路由配置，代码如下：

```
//第 4 章 路由配置改造的代码案例
//引入 Vue 对象
import Vue from 'vue'
//引入 VueRouter 对象
import VueRouter from 'vue-router'
//引入首页代码(同步引入)
import Home from '../views/Home.vue'
//将路由框架与 Vue 框架整合
Vue.use(VueRouter)
//定义路由的配置文件,将组件对象和 URL 访问路径关联
const routes =[
  {
    path:'/',              //定义组件的访问路径,相当于 http://localhost:8080/
    name:'Home',           //定义该路由模块的 name 属性
    component:Home         //指定首页所加载的实际 Vue 组件,用于将访问路径和视图组件关联
  },
  {
    path:'/about',
    name:'About',
    //About 使用了异步引入的方式来加载组件,该方式主要用来提供路由的优化
```

```
  component:()=> import(/ * webpackChunkName:"About" * /'../views/About.vue'),
  //子路由配置方式
  children:[
    {
    //访问路径要求全小写,使用/进行分词,子页面路径中需要包含主页面的URL关键字
    path:'/about/page1',
    name:'AboutPage1',
    component:()=> import(
      / * webpackChunkName:"About" * /
      '@/views/about/AboutPage1.vue'
      )
    },
    {
    path:'/about/page2',
    name:'AboutPage2',
    component:()=> import(
      / * webpackChunkName:"About" * /
      '@/views/about/AboutPage2.vue'
      )
    }
  ]
  }
]
//实例化路由对象,并写入基础配置信息
const router=new VueRouter({
  mode:'hash',                    //定义页面切换模式,使用hash模式
  routes                          //将配置好的视图组件注入路由对象
})
//导出路由对象
export default router
```

（5）改造路由配置相当于告诉Vue Router框架,已经包含两个视图组件,URL路径分别为/about/page1和/about/page2,对应视图组件分别为AboutPage1.vue和AboutPage2.vue。当前路由配置生效后还需要在About.vue文件中,通过<router-view>组件配置子页面的展示容器,否则即使输入正确的URL路径,也不会展示访问的页面。子页面展示配置,代码如下:

```
<!-- 第4章 子页面展示配置的代码案例 -->
<template>
  <div>
    <router-link to="/about/page1">
      <button> about/page1 </button>
    </router-link>
    <router-link to="/about/page2">
      <button> about/page2 </button>
    </router-link>
    <!-- 子页面的展示容器,子路由的页面需要在子页面单独配置router-view标签 -->
```

```
    <router-view></router-view>
  </div>
</template>
<script>
export default {
  name:'About'
}
</script>
```

（6）配置后可以在浏览器中访问"关于"页面，并且单击页面中展示的两个按钮，可以实现在"关于"页面内部触发局部跳转的功能，如图 4-50 所示。多级路由的配置步骤到此结束。

图 4-50　局部跳转的效果图

4.5.3　路由缓存的实现

路由缓存功能是在实际项目开发场景中必备的功能。由于单页面应用的特殊架构，每个用户访问的视图页面并不是真实的 HTML 物理文件，所以实际在加载页面时，每次访问页面都相当于重新地执行了一下该 URL 路径对应的视图组件的 JavaScript 代码。在这种情况下，如果用户从/a 页面跳转到/b 页面，在/b 页面的一个输入框中输入了一些内容又跳转到/a 页面，重新回到/b 页面时，之前在输入框中输入的内容就会消失不见，并且如果/b 页面中包含表单组件，则之前操作的记录也会完全丢失。接下来，在 router-test 已完成部分的项目中复现以上描述，步骤如下。

（1）改造 Home.vue 文件，在其中追加生命周期函数和输入框，代码如下：

```
<!-- 第 4 章 改造 Home.vue 文件的代码案例 -->
<template>
  <div>
    Home 页面
    <br>
```

```
      < input type ="text">
    </div >
</template >
< script >
export default {
  name :'Home',
  beforeCreate(){
    console. log('Home beforeCreate')
  },
  created(){
    console. log('Home created')
  },
  beforeMount(){
    console. log('Home beforeMount')
  },
  mounted(){
    console. log('Home mounted')
  },
  beforeDestroy() {
    console. log('Home beforeDestroy')
  },
  destroyed() {
    console. log('Home destroyed')
  }
}
</script >
```

（2）改造 About.vue 文件，在页面内追加输入框和生命周期函数，代码如下：

```
<!-- 第 4 章 改造 About.vue 文件的代码案例 -->
< template >
  < div >
    < input type ="text">
    < router -link to ="/about/page1">
      < button > about/page1 </button >
    </router -link >
    < router -link to ="/about/page2">
      < button > about/page2 </button >
    </router -link >
    <!-- 子页面的展示容器,子路由的页面需要在子页面单独配置 router -view 标签 -->
    < router -view ></router -view >
  </div >
</template >
< script >
export default {
  name :'About',
  beforeCreate(){
    console. log('About beforeCreate')
```

```
  },
  created(){
    console.log('About created')
  },
  beforeMount(){
    console.log('About beforeMount')
  },
  mounted(){
    console.log('About mounted')
  },
  beforeDestroy() {
    console.log('About beforeDestroy')
  },
  destroyed() {
    console.log('About destroyed')
  }
}
</script>
```

（3）启动项目，在首页展示的输入框中随意输入一些内容，然后跳转到/about页面，最后跳转回首页，会发现输入框中输入的内容无法在页面切换的过程中保留。具体原因可以观察从首页切换到/about页面时的控制台输出内容，如图4-51所示。

（4）结合控制台输出可以发现，在从首页切换到/about页面时，Home. vue对象会触发自动销毁，之后才会展示About. vue组件的内容，所以在Vue项目中每次访问任何路由页面，都相当于第一次加载该页面，之前的操作不会被记录。

图4-51　从首页切换到/about页面时控制台输出的效果图

路由缓存就是为了解决以上问题提供的一个浏览器缓存方案，目的是让用户在使用Vue这种单页面应用时，可以被系统自动记录用户在每个页面的操作。这个期望与用户使用浏览器的习惯相同，当用户打开浏览器访问百度搜索数据时，可能会通过新的标签页访问淘宝浏览商品，这时在两个标签页切换的过程中，百度和淘宝会保留用户在各自网站的操作记录。虽然两个网站都是通过一个浏览器窗口展示的，但是对用户而言，每个标签页就是相互独立地存在。路由缓存功能可以通过简单的配置，让路由页面在切换时，其特性与切换浏览器标签页的效果趋于一致。Vue提供了< keep-alive >组件，用于对以上场景提供缓存功能，通过< keep-alive >组件嵌套< router-view >组件可以直接实现组件的缓存功能，具体操作步骤如下。

（1）改造项目中src/App. vue文件的内容，追加< keep-alive >组件，代码如下：

```
<!-- 第 4 章 改造 src/App.vue 文件内容的代码案例 -->
<template>
  <div id="app">
    <!-- 路由框架提供的导航组件,相当于超链接,可以在网页不发生重新加载的情况下改变 URL
路径切换路由页面 -->
    <!-- to 属性用来配置路由配置文件中设置的 path 属性,用于定义跳转的目标路径 -->
    <router-link to="/">首页</router-link> |
    <router-link to="/about">关于</router-link>
    <!-- 使用 keep-alive 嵌套 router-view 可以实现对路由页面的缓存 -->
    <keep-alive>
      <!-- 使用路由的容器组件,该组件会自动加载访问的 URL 所对应的视图组件,同动态组件能
力相同 -->
      <router-view></router-view>
    </keep-alive>
  </div>
</template>

<script>

export default {
  name: 'App'
}
</script>

<style lang="scss">
</style>
```

（2）在网页中访问首页,在首页的输入框中输入一些内容,跳转到/about 页面,在该页面的输入框中输入一些内容,在首页和/about 页面反复跳转,会发现网页中的 input 会保留上一次的输入内容。

加入<keep-alive>组件后,会发现路由切换时,所有的操作记录都会完整地保存下来,这是因为<keep-alive>直接包裹的组件,并不会因为组件切换而触发组件销毁的钩子函数。在反复切换页面时仔细观察控制台便可发现,组件被缓存后只有第一次加载组件时会触发从 beforeCreate()到 mounted()的四个钩子函数,之后便不会有任何输出,所以之后的视图切换并没有触发组件的重新初始化,这样之前访问时的操作数据就不会因为页面切换而消失了。

虽然通过缓存组件<keep-alive>解决了 Vue 项目路由切换时的缓存问题,但是这也引发了第 2 个问题:组件被缓存后,原有的生命周期钩子函数便不会再次被触发。这个效果看似无影响,如果在项目开发中,每个页面自动执行的钩子函数都不被触发,就相当于每个页面只有在第一次被访问时会自动执行全局代码,之后除交互事件外,开发者无法通过事件追踪当前页面何时被访问。这就意味着,任何页面只有第一次访问时可获取一次数据,之后再次访问时就永远不会触发更新,假设用户在操作系统的某个模块新增一条数据,再次访问该模块时便无法看到新增的数据。

    Vue框架为了保证健壮性,在实现组件缓存功能后为组件提供了新的钩子函数 activated(),该函数只有被< keep-alive >缓存的组件可以使用,用以追踪被缓存的组件何时被访问,接下来在项目中通过代码编写,实现监听缓存组件被访问的监听函数,首先改造 Home.vue文件并追加activated()函数,代码如下:

```
<!-- 第 4 章 改造 Home.vue 文件的代码案例 -->
< template >
  < div >
    Home 页面
    < br >
    < input type="text">
  </div >
</template >
< script >
export default {
 name:'Home',
 //追加监听缓存组件被访问的钩子函数
 activated() {
   console.log('Home activated')
 },
 beforeCreate(){
   console.log('Home beforeCreate')
 },
 created(){
   console.log('Home created')
 },
 beforeMount(){
   console.log('Home beforeMount')
 },
 mounted(){
   console.log('Home mounted')
 },
 beforeDestroy() {
   console.log('Home beforeDestroy')
 },
 destroyed() {
   console.log('Home destroyed')
 }
}
</script >
```

    追加activated()函数后,访问首页时会发现在mounted()函数触发后activated()函数也自动执行,并且返回切换页面跳转时,只要访问首页,activated()函数都会被触发,这样便可以在实际开发中,通过该钩子函数实现页面数据的更新。< keep-alive >组件还可以通过 include属性、exclude属性和length属性配置选择性缓存和缓存长度限制,具体的配置方式可以参考 https://cn.vuejs.org/v2/api/#keep-alive 官方文档进行学习。

4.6　结合路由系统的项目开发

本章节以第 3 章中创建的 router-test 项目为例,继续进行开发,在操作项目开发前备份好之前的代码。进入正式开发步骤前,先按照开发后台管理系统的标准初始化项目结构,具体步骤如下:

(1) 将 src/components 文件夹删空。

(2) 将 src/views 文件夹删空。

(3) 初始化 App.vue 文件中的内容,代码如下:

```html
<!-- 第 4 章 初始化 App.vue 文件中的内容的代码案例 -->
<template>
  <div id="app">
    <router-view></router-view>
  </div>
</template>

<script>
export default {
  name: 'App'
}
</script>

<style lang="scss">
</style>
```

(4) 在 src/views 文件夹下创建 Index.vue 文件,初始化 Index.vue 文件中的内容,代码如下:

```html
<!-- 第 4 章 初始化 Index.vue 文件中的内容的代码案例 -->
<template>
  <div>
    首页
  </div>
</template>
<script>
export default {
  name:'Index'
}
</script>
<style lang="scss" scoped>

</style>
```

(5) 在 src/views 文件夹下创建 Login.vue 文件,初始化 Login.vue 文件中的内容,代

码如下：

```
< template >
  < div >
    登录
  </ div >
</ template >
< script >
export default {
  name:'Login'
}
</ script >
< style lang="scss" scoped >

</ style >
```

（6）在 src/router/index.js 文件中改造路由配置，代码如下：

```
//第 4 章 改造路由配置的代码案例
//引入 Vue 对象
import Vue from 'vue'
//引入 VueRouter 对象
import VueRouter from 'vue-router'
//引入首页代码(同步引入)
import Index from '../views/Index.vue'
//将路由框架与 Vue 框架整合
Vue.use(VueRouter)
//定义路由的配置文件,将组件对象和 URL 访问路径关联
const routes=[
  {
    path:'/',                //定义组件的访问路径,相当于 http://localhost:8080/
    name:'Index',            //定义该路由模块的 name 属性
    component:Index          //指定首页所加载的实际 Vue 组件,用于将访问路径和视图组件关联
  },
  {
    path:'/login',
    name:'Login',
    //About 使用了异步引入的方式来加载组件,该方式主要用来提供路由的优化
    component:()=> import(/* webpackChunkName:"Login" */'../views/Login.vue'),
  }
]
//实例化路由对象,并写入基础配置信息
const router=new VueRouter({
  mode:'hash',               //定义页面切换模式,使用 hash 模式
  routes                     //将配置好的视图组件注入路由对象
})
//导出路由对象
export default router
```

（7）到此准备工作进行完毕，可以使用 npm run serve 命令启动项目，项目的目录结构如图 4-52 所示。

图 4-52　项目目录结构的效果图

4.6.1　重构项目的登录页面

项目基本结构和基础页面已经搭建完毕，接下来开始搭建登录页面。登录页面通常是项目开发的核心页面，页面内部包含账号、密码、登录按钮及其他常用功能。重构登录页面的具体步骤如下。

（1）在 src/Login.vue 文件中，初始化登录页面的视图部分，代码如下：

```
<!-- 第 4 章 初始化登录页面视图部分的代码案例 -->
<template>
  <div>
    登录
    <form>
      <div>
        账号：<input type="text" placeholder="请输入账号">
      </div>
      <div>
        密码：<input type="password" placeholder="请输入密码">
      </div>
      <div>
        <button type="button">登录</button>
      </div>
    </form>
  </div>
</template>
<script>
export default {
  name:'Login'
```

```
}
</script>
< style lang="scss" scoped>

</style>
```

（2）在< script >部分创建登录的表单数据,并将其绑定在对应的输入框和密码框内部,代码如下:

```
<!-- 第 4 章 创建登录的表单数据,并将其绑定在对应的输入框和密码框内部的代码案例 -->
< template>
  < div>
    登录
    < form>
      < div>
        账号: < input type="text"
          placeholder="请输入账号"
          v-model="formData.username">
      </div>
      < div>
        密码: < input type="password"
          placeholder="请输入密码"
          v-model="formData.password">
      </div>
      < div>
        < button type="button">登录</button>
      </div>
    </form>
  </div>
</template>
< script>
export default {
  name:'Login',
  data(){
    //账号和密码的表单数据
    return {
      formData:{
        username:'',
        password:''
      }
    }
  }
}
</script>
< style lang="scss" scoped>

</style>
```

（3）在"登录"按钮上绑定单击事件，跳转到首页并将输入的数据存储在 sessionStorage 中实现登录和页面的跳转，完整的登录功能，代码如下：

```
<!-- 第 4 章 完整登录功能的代码案例 -->
<template>
  <div>
    登录
    <form>
      <div>
        账号: <input type="text"
          placeholder="请输入账号"
          v-model="formData.username">
      </div>
      <div>
        密码: <input type="password"
          placeholder="请输入密码"
          v-model="formData.password">
      </div>
      <div>
        <button type="button" @click="handleSubmit">登录</button>
      </div>
    </form>
  </div>
</template>
<script>
export default {
  name:'Login',
  data(){
    //账号和密码的表单数据
    return {
      formData:{
        username:'',
        password:''
      }
    }
  },
  methods:{
    //登录跳转事件
    handleSubmit(){
      this.$router.push('/')
    }
  }
}
</script>
<style lang="scss" scoped>

</style>
```

4.6.2　重构项目的首页并实现模拟登录

完成登录页面的搭建和初步跳转功能后,进一步搭建首页的上、左、右结构。具体步骤如下:

(1) 在 src/views 文件夹中创建 layout 文件夹。

(2) 在 src/views/layout 文件夹中创建 PLeft.vue 文件,初始化 PLeft.vue 文件中的内容,代码如下:

```
<!-- 第 4 章 初始化 PLeft.vue 文件中的内容的代码案例 -->
<template>
  <div class="p-left">
    左侧部分
  </div>
</template>
<script>
export default {
  name:'PLeft'
}
</script>
<style lang="scss" scoped>
  .p-left{
    width: 300px;
    height: 100%;
    background-color: bisque;
  }
</style>
```

(3) 在 src/views/layout 文件夹中创建 PRight.vue 文件,初始化 PRight.vue 文件中的内容,代码如下:

```
<!-- 第 4 章 初始化 PRight.vue 文件中的内容的代码案例 -->
<template>
  <div class="p-right">
    右侧部分
  </div>
</template>
<script>
export default {
  name:'PRight'
}
</script>
<style lang="scss" scoped>
  .p-right{
    width: 100%;
    height: 100%;
```

```
      background-color: darkcyan ;
    }
</style>
```

（4）在 src/views/layout 文件夹中创建 PHead.vue 文件，初始化 PHead.vue 文件中的内容，代码如下：

```
<!-- 第 4 章 初始化 PHead.vue 文件中的内容的代码案例 -->
<template>
  <div class="p-head">
    头部部分
  </div>
</template>
<script>
export default {
  name:'PHead'
}
</script>
<style lang="scss" scoped>
  .p-head{
    width: 100 % ;
    height: 60px;
    background-color: chartreuse ;
  }
</style>
```

（5）在 src/views/Index.vue 文件中引入上面步骤定义的 3 个组件，引入组件的 JavaScript 部分，代码如下：

```
//第 4 章 引入组件的 JavaScript 部分的代码案例
//引入上、左、右分区组件
import PHead from '@/views/layout/PHead'
import PLeft from '@/views/layout/PLeft'
import PRight from '@/views/layout/PRight'
export default {
  name:'Index',
  //在 Index.vue 文件中注册 3 个组件
  components:{
    PHead,
    PLeft,
    PRight
  }
}
```

（6）在 src/views/Index.vue 文件的<template>视图部分，构建上、左、右结构的基本布局，代码如下：

```
<!-- 第4章 构建上、左、右结构基本布局的代码案例 -->
<template>
  <div class="p-index">
    <!-- 初始化布局结构 -->
    <p-head></p-head>
    <div class="container">
      <p-left></p-left>
      <p-right></p-right>
    </div>
  </div>
</template>
```

（7）在 src/views/Index.vue 文件的<style>中，定义上、左、右结构的样式，代码如下：

```
<!-- 第4章 定义上、左、右结构样式的代码案例 -->
<style lang="scss" scoped>
  .p-index{
    height: 100%;
    display: flex;
    flex-direction: column;
    .container{
      display: flex;
      flex-grow: 1;
    }
  }
</style>
```

（8）在 src/App.vue 文件的 style 中，定义总布局样式，代码如下：

```
<!-- 第4章 定义总布局样式的代码案例 -->
<style lang="scss">
  html,body, #app{
    margin: 0;
    width: 100%;
    height: 100%;
  }
</style>
```

（9）src/views/Index.vue 文件的完整内容，代码如下：

```
<!-- 第4章 src/views/Index.vue 文件完整内容的代码案例 -->
<template>
  <div class="p-index">
    <!-- 初始化布局结构 -->
    <p-head></p-head>
    <div class="container">
      <p-left></p-left>
```

```
        <p-right></p-right>
      </div>
    </div>
  </template>
  <script>
  //引入上、左、右分区组件
  import PHead from '@/views/layout/PHead'
  import PLeft from '@/views/layout/PLeft'
  import PRight from '@/views/layout/PRight'
  export default {
    name:'Index',
    //在 Index.vue 文件中注册 3 个组件
    components:{
      PHead,
      PLeft,
      PRight
    }
  }
  </script>
  <style lang="scss" scoped>
    .p-index{
      height: 100%;
      display: flex;
      flex-direction: column;
      .container{
        display: flex;
        flex-grow: 1;
      }
    }
  </style>
```

（10）到此首页的样式定义操作完成，访问首页查看最终结果，如图 4-53 所示。

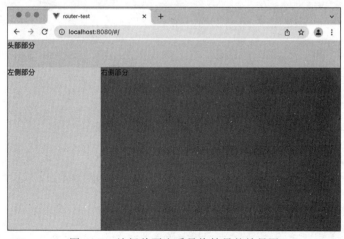

图 4-53　访问首页查看最终结果的效果图

4.6.3　实现多级路由和缓存功能

首页和登录页面完成后,便需要在首页的基础上进一步地插入系统的其他业务模块,这里就可以用到多级路由和缓存功能,具体实现步骤如下:

(1) 在 src/views 文件夹中创建 system 文件夹。

(2) 在 src/views/system 文件夹中创建 user 文件夹和 log 文件夹。

(3) 在 src/views/system/user 文件夹下创建 List.vue 文件,初始化 user/List.vue 文件中的内容,代码如下:

```html
<!-- 第 4 章 初始化 user/List.vue 文件内容的代码案例 -->
<template>
  <div class="router-page">
    <h4>用户管理</h4>
    账号:<input placeholder="请输入账号" type="" name="" value="">
    <button>新增</button>
    <table border="1">
      <thead>
        <tr>
          <th>序号</th>
          <th>账号</th>
          <th>密码</th>
          <th>操作</th>
        </tr>
      </thead>
      <tbody>
        <tr v-for="(item,index) in list" :key="item.id">
          <td>{{index}}</td>
          <td>{{item.username}}</td>
          <td>{{item.password}}</td>
          <td>
            <button>修改</button>
            <button>删除</button>
          </td>
        </tr>
      </tbody>
    </table>
  </div>
</template>
<script>
export default {
  name:'UserList',
  data(){
    return {
      list:[
        {id:'1',username:'admin01',password:'1234561'},
        {id:'2',username:'admin02',password:'1234562'},
```

```
        {id:'3',username:'admin03',password:'1234563'},
        {id:'4',username:'admin04',password:'1234564'},
        {id:'5',username:'admin05',password:'1234565'}
      ]
    }
  }
}
</script>
<style lang="scss" scoped>

</style>
```

（4）在 src/views/system/log 文件夹下创建 List.vue 文件，初始化 log/List.vue 文件中的内容，代码如下：

```
<!-- 第4章 初始化 log/List.vue 文件内容的代码案例 -->
<template>
  <div class="router-page">
    <h4>日志管理</h4>
    URL 路径:<input placeholder="请输入 URL 路径" type="" name="" value="">
    <button>新增</button>
    <table border="1">
      <thead>
        <tr>
          <th>序号</th>
          <th>IP</th>
          <th>METHOD</th>
          <th>URL</th>
          <th>操作</th>
        </tr>
      </thead>
      <tbody>
        <tr v-for="(item,index) in list" :key="item.id">
          <td>{{index}}</td>
          <td>{{item.ip}}</td>
          <td>{{item.method}}</td>
          <td>{{item.url}}</td>
          <td>
            <button>详情</button>
          </td>
        </tr>
      </tbody>
    </table>
  </div>
</template>
<script>
export default {
  name:'LogList',
```

```
  data(){
    return {
      list:[
        {id:'1',ip:'127.0.0.1',method:'get',url:'/user/list'},
        {id:'2',ip:'127.0.0.1',method:'post',url:'/user/add'},
        {id:'3',ip:'127.0.0.1',method:'get',url:'/log/list'},
        {id:'4',ip:'127.0.0.1',method:'post',url:'/log/add'},
        {id:'5',ip:'127.0.0.1',method:'post',url:'/login'}
      ]
    }
  }
}
</script>
<style lang="scss" scoped>

</style>
```

（5）在 src/router/index.js 文件中配置路由信息，对 Index.vue 文件配置子路由，代码如下：

```
//第 4 章 对 Index.vue 文件配置子路由的代码案例
//引入 Vue 对象
import Vue from 'vue'
//引入 VueRouter 对象
import VueRouter from 'vue-router'
//引入首页代码(同步引入)
import Index from '../views/Index.vue'
//将路由框架与 Vue 框架整合
Vue.use(VueRouter)
//定义路由的配置文件,将组件对象和 URL 访问路径关联
const routes=[
  {
    path:'/',                //定义组件的访问路径,相当于 http://localhost:8080/
    name:'Index',            //定义该路由模块的 name 属性
    component:Index,         //指定首页所加载的实际 Vue 组件,用于将访问路径和视图组件关联
    //对首页增加子路由
    children:[
      {
        path:'/user/list',
        name:'UserList',
        component:()=> import(
          /* webpackChunkName:"User" */
          '@/views/system/user/List'
        )
      },
      {
        path:'/log/list',
        name:'LogList',
```

```
        component:() => import(
          / * webpackChunkName:"Log" * /
          '@/views/system/log/List'
        )
      }
    ]
  },
  {
    path:'/login',
    name:'Login',
    //About 使用了异步引入的方式来加载组件,该方式主要用来提供路由的优化
    component:() => import(/ * webpackChunkName:"Login" * /'../views/Login.vue'),
  }
]
//实例化路由对象,并写入基础配置信息
const router = new VueRouter({
  mode:'hash',            //定义页面切换模式,使用 hash 模式
  routes                  //将配置好的视图组件注入路由对象
})
//导出路由对象
export default router
```

（6）在 src/views/layout/Left.vue 文件中,配置路由导航菜单,代码如下：

```
<!-- 第 4 章 配置路由导航菜单的代码案例 -->
<template>
  <div class="p-left">
    系统设置
    <ul>
      <li>
        <router-link to="/user/list">用户管理</router-link>
      </li>
      <li>
        <router-link to="/log/list">日志管理</router-link>
      </li>
    </ul>
  </div>
</template>
```

（7）在 src/views/layout/Right.vue 文件中,配置路由视图容器及缓存,代码如下：

```
<!-- 第 4 章 配置路由视图容器及缓存的代码案例 -->
<template>
  <div class="p-right">
    <keep-alive>
      <router-view></router-view>
    </keep-alive>
  </div>
</template>
```

（8）运行项目并访问首页，在左侧导航菜单部分可以查看 Left.vue 文件中编写的导航菜单，切换菜单可以在右侧查看子路由对应的页面。在两个页面切换的过程中可以在输入框中输入数据，以便检测缓存是否生效，如图 4-54 所示。

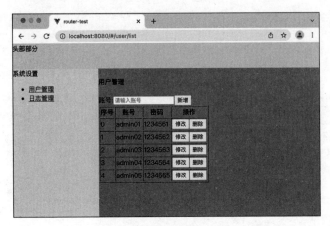

图 4-54　访问首页查看最终结果的效果图

4.6.4　导航守卫的介绍

导航守卫是 Vue Router 框架提供的一套拦截器机制，可以在路由跳转事件发生的前后进行拦截和监听操作。导航守卫在项目开发中主要使用于跳转事件发生前的逻辑处理，最典型的就是登录验证操作。在前后分离的 Web 项目中，用户登录后的权限通常交给客户端处理，操作系统的公共页面除登录和注册外，通常不允许直接访问。为了保证页面跳转权限可以全局管理，导航守卫提供了全局的前置守卫，用于实现登录权限的验证，本章节继续使用 router-test 项目进行实现，具体操作如下：

（1）在 src/router/index.js 文件中，追加全局前置守卫的钩子函数，代码如下：

```
//第 4 章 追加全局前置守卫的钩子函数的代码案例
//to:即将跳转的目标页面路由对象
//from:即将离开的页面路由对象
//next:执行下一步操作
router.beforeEach((to,from,next)=>{

})
```

（2）在路由配置文件中通过 router 对象定义前置守卫，可以通过 next 参数作为下一步跳转的限制对象，当不执行 next()函数调用或使用 next(false)时，整个项目的跳转将无法进行。当使用 next(目标路径)时，无论最初跳转的目标路径设置为何值，最终跳转目标都会遵循 next()函数中传递的参数，全局的导航守卫需要通过合理的条件设置来限制跳转，否则容易触发路由跳转的死循环。

（3）在 src/views/Login.vue 页面的 methods 中的 handleSubmit()函数中追加保存登录状态逻辑，代码如下：

```
handleSubmit(){
    //将用户信息保存到本地会话
    sessionStorage.userInfo=JSON.stringify(this.formData)
    this.$router.push('/')
}
```

（4）在 src/router/index.js 文件中追加的全局前置守卫函数内部增加登录验证的逻辑，代码如下：

```
//第4章 增加登录验证逻辑的代码案例
router.beforeEach((to,from,next)=>{
  if(to.path!='/login'&&sessionStorage.userInfo==undefined){
    alert('您还没有登录,无法访问当前内容,请登录')
    next('/login')
  } else{
    next()
  }
})
```

（5）启动 router-test 项目，直接访问项目首页，此时会发现无法访问项目首页并弹出相应提示，单击"确定"按钮后会自动跳转到/login 页面，如图 4-55 所示。

图 4-55　无法访问项目首页的效果图

（6）在/login 页面中输入账号和密码登录后，便可访问项目的所有页面，如图 4-56 所示。

（7）到此便实现了导航守卫和项目的整合。关于导航守卫的完整使用方式，可以参考 Vue Router 的官方文档，网址为 https://router.vuejs.org/zh/guide/advanced/navigation-guards.html。

图 4-56　输入账号和密码登录后的效果图

4.7　UI 框架的引入

4.7.1　什么是 UI 框架及常用的 UI 框架介绍

UI(User Interface)框架，是 Web 项目开发领域中使用最为广泛的框架之一。虽然通过 HTML＋CSS＋JavaScript 技术可以快速构建 Web 页面，但在实际应用开发场景中，由于项目工期及兼容性等要求，为了提高工作效率，降低开发复杂度，通常在项目开发过程中，绝大多数公司和项目组会选择在代码中集成 UI 框架，用于快速地描绘用户界面和功能。

UI 框架的本质是将通用的页面组件样式代码抽象成可复用的代码库，通常以 CSS 代码库为主。这样开发者可以在不编写 CSS 代码的基础上，直接通过编写固定格式及样式名称的 HTML 代码来快速地构建页面样式，这种方式在 Web 开发初期特别流行。随着 Web 技术的发展，纯 CSS 代码库的解决方案也慢慢跟不上时代的进步。进而有开源作者在 CSS 代码库的基础上，结合 JavaScript 代码动态创建通用组件的 HTML 代码结构来渲染页面，这种方式处理的 UI 框架在开发过程中使用的代码量更小、效率更高。直到现在 MVVM 框架统治天下的时代，UI 框架通过自定义组件的方式将 Web 页面的构建速度提升到了极致。整个 Web 发展历程中，无论哪个时期都存在特别亮眼和高效的 UI 框架，其中就包括以下几个框架。

1) Bootstrap 框架

Bootstrap 的官方文档网址为 https://v5.bootcss.com。Bootstrap 是历史悠久的前端框架，从 JQuery 时代服务到 Vue 时代，市面现存项目中有相当比例的项目界面是通过 Bootstrap 框架实现的。Bootstrap 是全球最流行的前端开源工具包之一，它支持 Sass 变量、mixins、响应式网格系统、大量的预建组件和强大的 JavaScript 插件，助力开发者快速设计和自定义响应式、移动设备优先的站点。Bootstrap 框架的灵魂在于响应式设计，它是第一代支持响应式适配的 UI 框架之一,可以实现编写一套代码,自动支持 PC 端的界面布局及移动端的界面布局,通过强大的样式库封装,可以让开发者在编写极少样式代码的情况下完美实现各行各业的应用需求,直到今天 Bootstrap 框架依然服务于大大小小的新应用建设。

2) LayUI 框架

LayUI 框架的原官方文档网址为 https://www.layui.com。LayUI 为个人开源项目,由于工作和个人原因及 MVVM 架构时代的来临,作者于 2021 年 10 月 13 日将其下架,虽然该项目官网已经无法访问,但 LayUI 仍然是国产 UI 框架中最优秀的 UI 框架之一,下架后依然有大量的前端项目在使用该框架,并有很多开发者自发地为其提供文档支持和响应的维护。LayUI 在 Bootstrap 的基础上深度结合 JavaScript 语言,让框架在编程上体验更好,维护性更强,LayUI 在其语法内提供了类似 MVVM 框架的模板语法,同时 LayUI 也提供了完整的组件生态为大量的实际开发场景提供服务。

3) ElementUI 框架

ElementUI 框架的原官方文档网址为 https://element.eleme.cn/#/zh-CN。ElementUI 是 Vue 生态体系中最经典也是使用最为广泛的 UI 框架之一,ElementUI 由"饿了么"团队打造,主要用于解决基于 MVVM 架构设计的数据框架的 UI 界面的构建。ElementUI 对 Vue、React 和 Angular 三大单页面应用框架提供了 UI 界面的支持,可以保证无论使用哪种技术栈,应用的视图风格和组件体现保持一致。ElementUI 主要适用于 PC 网页应用开发,自带基于栅格系统的响应式设计模式,可以快速地开发同时兼容 PC 和移动端的 Web 应用。ElementUI 基于组件化设计思想,相当于提供了一套自定义 HTML 标签,开发者可以在只应用一个 ElementUI 自带组件的情况下,实现网页中的一套完整组件功能,例如通知栏、对话框、数据表格、导航菜单等,在代码简化方面已经完胜 LayUI 及 Bootstrap 等原生 UI 框架。

4) Ant Design 框架

Ant Design 的官方文档网址为 https://ant.design/index-cn。Ant Design 是阿里巴巴技术团队研发的 UI 框架,通常被简称为 antd,是基于 Ant Design 设计体系的 React UI 组件库,主要用于研发企业级中后台产品。它的特点是生态完善,除 PC 端样式组件库以外,还提供了移动端样式组件的解决方案,不仅服务于 React 框架,还提供了对 Vue 框架的样式支持。同时,Ant Design 致力于跨平台样式兼容解决方案,所以 Ant Design 更可以兼容基于 ReactNative 创建的移动端 App 及基于 Electron 创建的 PC 客户端应用。

4.7.2　ElementUI 的介绍及如何结合 Vue CLI 使用

ElementUI 是 Vue 生态体系中最为经典的 UI 框架之一,目前 ElementUI 同时支持 Vue、React 和 Angular 三大框架。ElementUI 最初专门为 Vue 提供支持,由于 Element 前六个字母为 Eleme 的拼音音译及创始团队是"饿了么"技术团队,所以 ElementUI 也被广大开发者称为"饿了么 UI"。ElementUI 在 Vue 框架中有两种安装方式。

1）npm 安装方式

使用 npm 安装方式需要确保计算机已经安装 Node.js 运行环境，推荐安装最新稳定版，在已有运行环境的基础上可以在目标项目的根目录内部运行安装命令，代码如下：

```
npm i element-ui -S
```

2）网页直接引用方式

网页直接引入的方式目前只推荐在学习环境中使用，官方提供了在线的 CDN 网址，需要在 HTML 页面中通过<link>和<script>两个标签，分别引入 ElementUI 的 CSS 样式库和 JavaScript 核心库，代码如下：

```
<!-- 引入样式 -->
<link rel="stylesheet" href="https://unpkg.com/element-ui/lib/theme-chalk/index.css">
<!-- 引入组件库 -->
<script src="https://unpkg.com/element-ui/lib/index.js"></script>
```

在真正使用脚手架项目集成 ElementUI 前，先通过 HTML 页面的 HelloWorld 案例体验一下 ElementUI 与 Vue 的整合方式，代码如下：

```
<!-- 第 4 章 HTML 页面的 ElementUI 的 HelloWorld 的代码案例 -->
<!DOCTYPE html>
<html>
<head>
  <meta charset="UTF-8">
  <!-- import CSS -->
  <link rel="stylesheet" href="https://unpkg.com/element-ui/lib/theme-chalk/index.css">
</head>
<body>
  <div id="app">
    <el-button @click="visible=true">Button</el-button>
    <el-dialog :visible.sync="visible" title="Hello world">
      <p>Try Element</p>
    </el-dialog>
  </div>
</body>
  <!-- import Vue before Element -->
  <script src="https://unpkg.com/vue/dist/vue.js"></script>
  <!-- import JavaScript -->
  <script src="https://unpkg.com/element-ui/lib/index.js"></script>
  <script>
    new Vue({
      el: '#app',
```

```
      data: function() {
        return { visible: false }
      }
    })
  </script>
</html>
```

由于 ElementUI 是一套基于 Vue 框架的组件系统,所以 ElementUI 框架必须与 Vue 共同使用,无法单独运行。在脚手架项目中使用 ElementUI 与在 HTML 网页中的使用方式区别较大,该框架在基于 Webpack 打包构建功能的脚手架中有两种使用方式:一种是全量引入,另一种是按需引入。全量引入方式顾名思义,即直接把 ElementUI 框架的完整源代码合并到 Vue 项目中参与项目的运行和构建,这种方式适用于对 ElementUI 组件使用率较高的项目。按需引入的方式是通过 TreeShaking 的策略,为了防止第三方框架代码中没有被使用的部分也参与项目构建,提高代码使用率,从而只将项目中应用的组件合并到最终构建的项目中。这两种方式都是市面上主流的应用方式,需要根据项目的实际环境和需求自行权衡。接下来针对两种方式进一步学习。

1. 全量引入方式

全量引入方式需要结合实际操作进行测试,具体步骤如下。

(1) 在编辑器中新建一个空项目,用命令行工具打开该项目的根目录,按照前面章节学习的 Vue 项目创建方式输入创建项目命令 vue create element-test。选择项目创建的初始参数为 Vue 2.x 项目,不需要使用路由框架,其他属性按照之前项目配置方式即可,创建项目结构,如图 4-57 所示。

(2) 在命令行工具中输入指令 cd element-test。进入 element-test 目录后,执行 ElementUI 的安装命令,代码如下:

```
npm i element-ui -S
```

(3) 在 element-ui/package.json 文件中检查 dependencies 属性,确保依赖包安装成功。如安装成功,dependencies 属性中则会包含 element-ui 及版本号字样,如图 4-58 所示。

图 4-57 项目初始结构的效果图

图 4-58 package.json 文件中 dependencies 属性的效果图

（4）改造 src/main.js 文件中的初始代码，加入全量引入 ElementUI 的逻辑，代码如下：

```
//第4章 全量引入 ElementUI 逻辑的代码案例
import Vue from 'vue'
import App from './App.vue'
//加载 ElementUI 的总样式文件
import 'element-ui/lib/theme-chalk/index.css'
//引入 ElementUI 全局对象
import ElementUI from 'element-ui'
//使用 Vue 整合 ElementUI 对象的所有组件
Vue.use(ElementUI)

Vue.config.productionTip=false

new Vue({
  render: h=> h(App),
}).$mount('#app')
```

（5）改造 src/App.vue 文件，在内部使用 ElementUI 的按钮组件初始化项目首页，代码如下：

```
<!-- 第4章 初始化项目首页的代码案例 -->
<template>
  <div id="app">
    <el-button type="primary" icon="el-icon-user">Hello ElementUI</el-button>
  </div>
</template>

<script>
export default {
  name: 'App'
}
</script>

<style lang="scss">
#app {
  font-family: Avenir, Helvetica, Arial, sans-serif;
   -webkit-font-smoothing: antialiased;
   -moz-osx-font-smoothing: grayscale;
  text-align: center;
  color: #2c3e50;
  margin-top: 60px;
}
</style>
```

（6）在命令行工具中执行命令 npm run serve。运行后访问 http://localhost:8080/ 查看首页的效果，如图 4-59 所示。

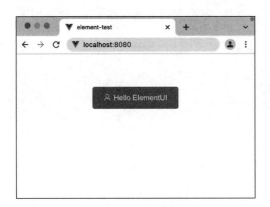

图 4-59　首页的效果图

（7）到此，全量引入的步骤操作完毕。

2. 按需引入方式

按需引入方式与全量引入方式类似，同样需要实际编码实现，具体步骤如下。

（1）按照全量引入的方式创建名为 element-test1 的项目。

（2）在项目安装完毕后，使用命令行工具安装 ElementUI 的依赖包，并在 package.json 文件中检查依赖是否正确安装。

（3）按需引入需要配合 babel-plugin-component 实现按需应用组件样式，所以接下来在命令行工具输入并运行命令，代码如下：

```
npm i babel-plugin-component -D
```

（4）安装 babel-plugin-component 插件后，在项目根目录下的 babel.config.js 文件中追加配置项，用以实现组件样式按需加载，代码如下：

```
//第4章 实现组件样式按需加载的代码案例
module.exports={
  presets: [
    '@vue/cli-plugin-babel/preset'
  ],
  plugins: [
    [
      "component",
      {
        "libraryName": "element-ui",
        "styleLibraryName": "theme-chalk"
      }
    ]
  ]
}
```

（5）改造 src/main.js 文件，将按需引入的代码插入，代码如下：

```
//第 4 章 按需引入的代码案例
import Vue from 'vue'
import App from './App.vue'
//按需引入按钮和输入框组件
import {
  Button,
  Input
} from 'element-ui'
//将两个组件安装到 Vue 中作为全局组件
Vue.use(Button)
Vue.use(Input)

Vue.config.productionTip=false

new Vue({
  render: h=> h(App),
}).$mount('#app')
```

（6）改造 App.vue 文件，加入按需引入的测试代码，代码如下：

```
<!-- 第 4 章 按需引入测试代码的代码案例 -->
<template>
  <div id="app">
    <!-- 按需引入的 button 和 input 组件都能正常展示 -->
    <el-button type="primary">我是按钮</el-button>
    <br>
    <el-input placeholder="请输入"></el-input>
    <br>
    <!-- 由于 tag 没有被引入，所以控制台会在这里报错 -->
    <el-tag>标签</el-tag>
  </div>
</template>

<script>

export default {
  name: 'App'
}
</script>

<style lang="scss">
#app {
  font-family: Avenir, Helvetica, Arial, sans-serif;
  -webkit-font-smoothing: antialiased;
  -moz-osx-font-smoothing: grayscale;
  text-align: center;
```

```
    color: #2c3e50;
    margin-top: 60px;
}
</style>
```

（7）启动项目并访问 http://localhost:8080/，可以查看最终渲染的结果。最终，按钮
< el-button >和输入框< el-input >组件会被正确地展示在网页中，而标签组件< el-tag >无法
被正确渲染，控制台会有相应的错误提示，如图 4-60 所示。

图 4-60　首页的效果图

（8）按需引入只应用 ElementUI 框架中引入的组件及其相关核心库，所以用此方式构
建的项目在依赖包体积上会进一步减小，特别适合项目优化时使用。到此，按需引入的实现
流程结束。

4.8　通过 ElementUI 重构项目

本章仍然使用之前 4.5 节创建的 router-test 项目代码进一步改造。在实现项目目标功
能前，先按照上一章节中学习的 ElementUI 的整合方式改造 router-test 项目。为了方便教
学演示，本章节采用全量引入的方式整合 Vue 和 ElementUI 框架，由于本书的主线目标是
围绕 Vue 框架展开的基础到进阶教程，所以实现项目过程中需要使用的 ElementUI 组件介
绍不在下文详细描述，详细的使用规则参考官方文档：https://element. eleme. cn/#/
zh-CN。

在做实战改造前，先将 ElementUI 框架整合到 router-test 项目中，具体步骤如下。

（1）使用命令行工具打开 router-test 项目的根目录，在命令行工具中输入 ElementUI

的安装命令,代码如下:

```
npm i element-ui -S
```

(2) 在 src/main.js 文件中加入整合 ElementUI 的内容,代码如下:

```
//第 4 章 加入整合 ElementUI 内容的代码案例
import Vue from 'vue'
import App from './App.vue'
//加载 element-ui 包内的全局样式代码
import 'element-ui/lib/theme-chalk/index.css'
//导入 element-ui 包内的全局对象
import ElementUI from 'element-ui'
//将 element-ui 的组件注册到 Vue 中
Vue.use(ElementUI)
//导入配置好的路由对象
import router from './router'
Vue.config.productionTip=false

new Vue({
  router,//将路由对象注入 Vue 实例中
  render: h=> h(App),
}).$mount('#app')
```

4.8.1　改造登录页面

改造登录页面的步骤如下。

(1) 打开 src/Login.vue 文件,在文件内部改造< template >内部的代码,使用< el-form >表单组件初始化账号和密码部分,具体的视图结构,代码如下:

```
<template>
  <div style="padding:20px">
    <el-form ref="form"
      :model="formData"
      size="small"
      label-width="auto"
      >
      <el-form-item label="账号" prop="username">
        <el-input v-model="formData.username"
          prefix-icon="el-icon-user"
          clearable
          placeholder="请输入账号" ></el-input>
      </el-form-item>
      <el-form-item label="密码" prop="password">
        <el-input v-model="formData.password"
          prefix-icon="el-icon-lock"
```

```
            clearable
            placeholder="请输入密码"></el-input>
      </el-form-item>
      <el-form-item>
        <el-button type="primary" @click="handleSubmit">登录</el-button>
      </el-form-item>
    </el-form>
  </div>
</template>
```

（2）在改造的过程中要将formData的数据绑定在表单的model属性中，将账号和密码关联在两个输入框中，改造完后的登录页面会变成ElementUI的自带样式，如图4-61所示。

图 4-61　改造后的登录页面的效果图

（3）接下来，在视图构建完成的基础上增加表单验证功能，首先在本页面的data选项中定义rules属性并将其绑定到<el-form>组件的rules属性上，代码如下：

```
<!-- 第4章 定义 rules 属性的代码案例 -->
<!-- 视图部分代码 -->
<template>
  <el-form :rules="rules">
    …
  </el-form>
</template>
<!-- JavaScript 部分代码 -->
<script>
export default{
  data(){
    return {
      rules:{}          //定义表单验证规则
    }
```

```
    }
  }
</script>
```

（4）在 JavaScript 部分的 data 选项中为 rules 属性定义具体的验证规则内容，rules 属性中的 key 可以自动关联表单组件中< form-item >上定义的 prop 属性，在触发表单验证时，相同属性下定义的规则会自动生效。规则的配置方式，代码如下：

```
<!-- 第 4 章 规则配置方式的代码案例 -->
< script >
export default {
  name:'Login',
  data(){
    //账号和密码的表单数据
    return {
      formData:{
        username:'',
        password:''
      },
      rules:{
        //关联< form-item prop="username">中的输入框数据
        username:[
          {
            required:true,              //required 代表属性,必填
            message:'账号不可以为空',      //不符合验证规则时提示的内容
            trigger:'blur'              //触发验证的事件,这里采用失去焦点事件
          }
        ],
        password:[
          {
            required:true,              //required 代表属性,必填
            message:'密码不可以为空',      //不符合验证规则时提示的内容
            trigger:'blur'              //触发验证的事件,这里采用失去焦点事件
          }
        ]
      }
    }
  },
  methods:{
    //登录跳转事件
    handleSubmit(){
      //将用户信息保存到本地会话
      sessionStorage.userInfo=JSON.stringify(this.formData)
      this.$router.push('/')
    }
  }
}
</script>
```

（5）样式规则配置完成后，可以访问登录页面，在不填写账号和密码的情况下，分别单击两个输入框，再单击网页空白处，会发现表单验证被触发，如图 4-62 所示。

图 4-62　表单验证触发的效果图

（6）至此表单验证并没有完全完成，由于表单验证的触发机制是 blur 事件，只有在输入框失去焦点的时候才会触发，而单击"登录"按钮时并不一定会触发输入框的失去焦点事件，此时需要在"登录"按钮绑定的 handleSubmit()函数中进行基于 JavaScript 触发的表单验证。改造 handleSubmit()内部的具体实现，代码如下：

```
//第 4 章 改造 handleSubmit()内部的代码案例
//handleSubmit()函数部分
async handleSubmit(){
    //通过 ref 属性获取 el-form 组件实例,通过调用其内部的 validate 函数主动触发一次表单验证
    let res=await this.$refs.form.validate().catch(err=>err)
    //当 res 的值为 true 时代码表单验证通过,反之为不通过
    if(res){
        //将用户信息保存到本地会话
        sessionStorage.userInfo=JSON.stringify(this.formData)
        this.$router.push('/')
    }
}
```

（7）到此登录页面的基本改造便实现完成，登录按钮也可以触发表单验证，Login.vue 文件改造后的完整内容，代码如下：

```
<!-- 第 4 章 Login.vue 文件改造后的完整内容代码案例 -->
<template>
    <div style="padding:20px">
        <el-form ref="form"
            :model="formData"
            size="small"
```

```
        label-width="auto"
        :rules="rules"
        >
        <el-form-item label="账号" prop="username">
          <el-input v-model="formData.username"
            prefix-icon="el-icon-user"
            clearable
            placeholder="请输入账号"></el-input>
        </el-form-item>
        <el-form-item label="密码" prop="password">
          <el-input v-model="formData.password"
            prefix-icon="el-icon-lock"
            clearable
            placeholder="请输入密码"></el-input>
        </el-form-item>
        <el-form-item>
          <el-button type="primary" @click="handleSubmit">登录</el-button>
        </el-form-item>
      </el-form>
    </div>
</template>
<script>
export default {
  name:'Login',
  data(){
    //账号和密码的表单数据
    return {
      formData:{
        username:'',
        password:''
      },
      rules:{
        //关联<form-item prop="username">中的输入框数据
        username:[
          {
            required:true,              //required 代表属性,必填
            message:'账号不可以为空',      //不符合验证规则时提示的内容
            trigger:'blur'              //触发验证的事件,这里采用失去焦点事件
          }
        ],
        password:[
          {
            required:true,              //required 代表属性,必填
            message:'密码不可以为空',      //不符合验证规则时提示的内容
            trigger:'blur'              //触发验证的事件,这里采用失去焦点事件
          }
        ]
      }
    }
```

```
    },
  methods:{
    //登录跳转事件
    async handleSubmit(){
      //通过 ref 属性获取 el-form 组件实例,通过调用其内部的 validate 函数主动触发一次表单
//验证
      let res=await this.$refs.form.validate().catch(err=>err)
      //当 res 的值为 true 时代码表单验证通过,反之为不通过
      if(res){
      //将用户信息保存到本地会话
      sessionStorage.userInfo=JSON.stringify(this.formData)
      this.$router.push('/')
      }

    }
  }
}
</script>
<style lang="scss" scoped>

</style>
```

4.8.2 改造首页结构

登录页面改造完毕后,继续将首页的结构使用 ElementUI 组件进行重构,步骤如下。

（1）原始的首页内容使用自定义组件实现上、左、右布局,ElementUI 框架提供了免CSS 的布局解决方案,使用 ElementUI 重构首页需要将首页的界面组件进行重写,代码如下:

```
<!-- 第 4 章 重构首页的代码案例 -->
<template>
<!-- <el-container>为布局容器,内部使用<el-header>会自动进行上下布局 -->
  <el-container class="p-index">
    <!-- <el-header>为标题组件,自带 60px 的高度 -->
    <el-header>
      <p-head></p-head>
    </el-header>
    <!-- <el-container>内部使用的<el-aside>和<el-main>会自动水平布局 -->
    <el-container>
      <!-- <el-aside>自带 300px 的宽度,可通过 width 属性自定义调整 -->
      <el-aside>
        <p-left></p-left>
      </el-aside>
      <!-- <el-main>自动占用剩余空间 -->
      <el-main>
        <p-right></p-right>
```

```
          </el-main>
        </el-container>
      </el-container>
</template>
<script>
import PHead from '@/views/layout/PHead.vue'
import PLeft from '@/views/layout/PLeft.vue'
import PRight from '@/views/layout/PRight.vue'
export default {
  name:'Index',
  components:{
    PHead,
    PLeft,
    PRight
    }
}
</script>
<style lang="scss" scoped>
  .p-index{
    height: 100%;
  }
</style>
```

（2）使用 ElementUI 重构首页布局格式后启动项目，登录并访问首页可查看重构后的
首页效果，会发现整体布局没有变化，头部和右侧出现了白色边距区域，如图 4-63 所示。

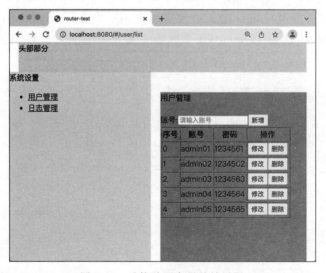

图 4-63　重构首页布局的效果图

（3）接下来改造 src/views/layout/PHead. vue 文件中的内容，按照通用的后台管理系
统方式设置标题部分的背景颜色、用户信息的展示等内容，代码如下：

```vue
<!-- 第4章 重构 PHead.vue 文件的代码案例 -->
<template>
  <div class="p-head">
    <div class="title">
      <a href="/#/">某某后台管理系统</a>
    </div>
    <div class="user-info">
      <i class="el-icon-user"></i>
      <!-- 渲染用户账号 -->
      <span>当前用户：{{userInfo.username}}</span>
      <i class="el-icon-caret-bottom"></i>
    </div>
  </div>
</template>
<script>
export default {
  name:'PHead',
  data(){
    return {
      //声明用户数据对象
      userInfo:{}
    }
  },
  created(){
    //在初始化 data 数据完成时，将 session 中的用户数据保存到本模块的 userInfo 属性中
    this.userInfo=JSON.parse(sessionStorage.userInfo)
  }
}
</script>
<style lang="scss" scoped>
//中和 el-header 的内边距并设置背景颜色
  .p-head{
    width: 100%;
    height: 100%;
    margin: 0px -20px;
    padding: 0px 20px;
    background-color: rgb(84, 92, 100);
    //将标题分为左右结构
    display: flex;
    justify-content: space-between;
    align-items: center;
    //设置标题样式和交互效果
    .title{
      a{
        text-decoration: none;
        color: #ddd;
        font-size: 20px;
      }
      a:hover{
```

```
      color: #fff;
    }
  }
  //设置用户信息的样式和交互效果
  .user-info{
    color: #ddd;
    cursor: pointer;
    &:hover{
      color: #fff;
    }
  }
}
</style>
```

（4）重构头部组件后，访问项目首页，查看重构结果，如图4-64所示。

图4-64　重构头部组件的效果图

（5）到此重构首页的初步阶段完成。

4.8.3　导航菜单的实现

首页布局和头部组件重构完毕后，接下来完成左侧导航菜单的展示。ElementUI提供了< el-menu >（导航菜单）、< el-menu-item >（导航菜单选项）和< el-submenu >（导航菜单折叠选项）三个组件实现多级导航菜单的功能，使用该结构可以快速创建导航菜单，具体步骤如下。

（1）打开 src/views/layout/PLeft.vue 文件，在文件中定义菜单树结构数据，以二级菜单为例，在 data 选项中定义一套二级菜单的初始数据，代码如下：

```
//第4章 在 data 选项中定义一套二级菜单的初始数据的代码案例
//在 data 中定义的菜单树的数据
```

```
menuList:[
  {
    //菜单主键
    id:'1',
    //菜单名称
    name:'系统设置',
    //菜单图标
    icon:'el-icon-setting',
    //二级菜单对象
    children:[
      {
        //菜单主键
        id:'1-1',
        //菜单名称
        name:'用户管理',
        //菜单图标
        icon:'el-icon-user',
        //菜单访问路径
        url:'/user/list'
      },
      {
        id:'1-2',
        name:'日志管理',
        icon:'el-icon-pie-chart',
        url:'/log/list'
      }
    ]
  },
  {
    id:'2',name:'字典管理',icon:'el-icon-reading',
    children:[
      {
        id:'2-1',
        name:'用户类型管理',
        icon:'el-icon-user',
        url:'/user/list'
      },
      {
        id:'2-2',
        name:'日志类型管理',
        icon:'el-icon-pie-chart',
        url:'/log/list'
      }
    ]
  },
]
```

（2）在<template>部分通过<el-menu>系列组件实现菜单结构的搭建，代码如下：

```html
<!-- 第4章 搭建菜单结构的代码案例 -->
<template>
  <div class="p-left">
    <!-- 初始化菜单结构
    default-active 代表默认激活的菜单选项,设置想要被激活的菜单项的 index 属性的值
    background-color 代表菜单整体的背景颜色
    router 代表开启菜单路由模式,设置后<el-menu-item>才可以使用 route 属性配置导航信息
    text-color 代表菜单中字体的颜色
      -->
    <el-menu
      default-active="1-1"
      background-color="#545c64"
      router
      text-color="#fff">
      <!-- 配置菜单中的折叠选项 -->
      <!--
        index 代表菜单的唯一标识
        -->
      <el-submenu index="1">
        <!-- 使用插槽配置菜单折叠选项中的文字和图标 -->
        <template slot="title">
          <i class="el-icon-location"></i>
          <span>系统设置</span>
        </template>
        <!-- 配置折叠菜单中的二级菜单选项 -->
        <el-menu-item index="1-1" route="/user/list">用户管理</el-menu-item>
        <el-menu-item index="1-2" route="/log/list">日志管理</el-menu-item>
      </el-submenu>
    </el-menu>
  </div>
</template>
```

（3）接下来在<style>中对当前模块做整体的样式改造，让菜单数据展示与整体的主题风格搭配，代码如下：

```scss
<!-- 第4章 重构菜单样式的代码案例 -->
<style lang="scss" scoped>
  .p-left{
    width: 100%;
    height: 100%;
    background-color: #545c64;
    //通过 v-deep 样式穿透重构组件样式
    ::v-deep .el-menu{
      //将菜单默认的右侧边框清除
      border:none;
      //重写展开后的菜单项的背景颜色
```

```
.el-menu--inline{
    background-color: #606163 !important;
}
.el-menu-item{
    background-color: #606163 !important ;
}
//重写鼠标移入菜单项的交互样式
.el-menu-item:hover{
    background-color: rgb(64,74,80) !important ;
}
}

}
</style>
```

（4）配置基本菜单结构的组件代码后，首页会展示静态数据的菜单效果，如图4-65所示。

图4-65　菜单展示的效果图

（5）菜单展示完成后，改造< template >部分中< el-menu >内部的代码结构，使用data中创建的菜单数据动态渲染当前菜单结构，代码如下：

```
<!-- 第 4 章 使用 data 中创建的菜单数据动态渲染当前菜单结构的代码案例 -->
< el-menu
    :default-active="menuList[0].children[0].id"
    background-color="#545c64"
    router
    text-color="#fff">
    <!-- 遍历 menuList 的第一层数据,展示折叠菜单 -->
    < el-submenu v-for="menuItem in menuList" :key="menuItem.id"
```

```
          :index="menuItem.id">
          <!-- 绑定相关数据 -->
          <template slot="title">
            <i :class="[menuItem.icon]"></i>
            <span>{{menuItem.name}}</span>
          </template>
          <!-- 深度遍历每个折叠菜单选项的二级菜单并绑定访问路径和图标等信息 -->
          <el-menu-item v-for="menuItemChild in menuItem.children"
            :key="menuItemChild.id"
            :index="menuItemChild.id"
            :route="menuItemChild.url"
            :icon="menuItemChild.icon">
            <template slot="title">
              <i :class="[menuItemChild.icon]"></i>
              <span>{{menuItemChild.name}}</span>
            </template>

          </el-menu-item>
        </el-submenu>
      </el-menu>
```

（6）完成渲染后，菜单的动态展示及功能设置便开发完成，全部完成后的菜单效果如图 4-66 所示。

图 4-66　完成后的菜单的效果图

（7）到此为止菜单部分的重构代码全部完成，src/views/layout/PLeft.vue 文件改造后的完整内容，代码如下：

```
<!-- 第 4 章 src/views/layout/PLeft.vue 文件改造后的完整内容的代码案例 -->
<template>
```

```html
    <div class="p-left">
      <!-- 初始化菜单结构
      default-active 代表默认激活的菜单选项,设置想要被激活的菜单项的 index 属性的值
      background-color 代表菜单整体的背景颜色
      router 代表开启菜单路由模式,设置后<el-menu-item>才可以使用 route 属性配置导航信息
      text-color 代表菜单中字体的颜色
        -->
      <el-menu
        :default-active="menuList[0].children[0].id"
        background-color="#545c64"
        router
        text-color="#fff">
        <!-- 遍历 menuList 的第一层数据,展示折叠菜单 -->
        <el-submenu v-for="menuItem in menuList" :key="menuItem.id"
          :index="menuItem.id">
          <!-- 绑定相关数据 -->
          <template slot="title">
            <i :class="[menuItem.icon]"></i>
            <span>{{menuItem.name}}</span>
          </template>
          <!-- 深度遍历每个折叠菜单选项的二级菜单并绑定访问路径和图标等信息 -->
          <el-menu-item v-for="menuItemChild in menuItem.children"
            :key="menuItemChild.id"
            :index="menuItemChild.id"
            :route="menuItemChild.url"
            :icon="menuItemChild.icon">
            <template slot="title">
              <i :class="[menuItemChild.icon]"></i>
              <span>{{menuItemChild.name}}</span>
            </template>
          </el-menu-item>
        </el-submenu>
      </el-menu>
    </div>
</template>
<script>
export default {
  name:'PLeft',
  data(){
    return {
      //菜单树的数据
      menuList:[
        {
          //菜单主键
          id:'1',
          //菜单名称
          name:'系统设置',
          //菜单图标
          icon:'el-icon-setting',
```

```
        //二级菜单对象
        children:[
          {
            //菜单主键
            id:'1-1',
            //菜单名称
            name:'用户管理',
            //菜单图标
            icon:'el-icon-user',
            //菜单访问路径
            url:'/user/list'
          },
          {
            id:'1-2',
            name:'日志管理',
            icon:'el-icon-pie-chart',
            url:'/log/list'
          }
        ]
      },
      {
        id:'2',name:'字典管理',icon:'el-icon-reading',
        children:[
          {
            id:'2-1',
            name:'用户类型管理',
            icon:'el-icon-user',
            url:'/user/list'
          },
          {
            id:'2-2',
            name:'日志类型管理',
            icon:'el-icon-pie-chart',
            url:'/log/list'
          }
        ]
      },
    ]
  }
}
}
</script>
<style lang="scss" scoped>
  .p-left{
    width: 100%;
    height: 100%;
    background-color: #545c64;
    //通过 v-deep 样式穿透重构组件样式
    ::v-deep .el-menu{
```

```
        //将菜单默认的右侧边框清除
        border:none;
        //重写展开后的菜单项的背景颜色
        .el-menu--inline{
          background-color: #606163 !important;
        }
        .el-menu-item{
          background-color: #606163 !important ;
        }
        //重写鼠标移入菜单项的交互样式
        .el-menu-item:hover{
          background-color: rgb(64,74,80) !important ;
        }
      }

  }
</style>
```

4.8.4　退出登录功能的实现

完成头部和菜单部分后,首页的基本结构已经趋近于真正的后台管理系统结构,目前已经完成的功能有用户登录、用户信息展示和菜单展示,接下来需要实现退出登录功能。当用户进入系统并完成自己所需的操作后,需要对当前的账号执行登出操作,为了让登出功能使用方便,该功能需要设置在首页明显的位置。通常登出功能被设置在首页用户信息展开的下拉菜单中,单击退出登录选项会弹出对话框询问用户是否确认退出登录,当用户单击"确定"按钮时,页面会自动跳转到登录页,下次登录前无法访问系统的任何其他页面。实现退出登录的步骤如下。

(1) 在 src/views/layout/PHead.vue 文件中追加下拉菜单组件,ElementUI 中提供了完整的下拉菜单组件< el-dropdown >,下拉菜单组件的实现方式,代码如下:

```
<!-- 第 4 章 下拉菜单实现的代码案例 -->
<!-- 在用户信息组件上嵌套下拉菜单组件 -->
  <!-- trigger="click"代表采用单击事件触发下拉菜单 -->
  <el-dropdown trigger="click">
    <div class="user-info">
      <i class="el-icon-user"></i>
      <!-- 渲染用户账号 -->
      <span>当前用户: {{userInfo.username}}</span>
      <i class="el-icon-caret-bottom"></i>
    </div>
    <!-- 下拉菜单内容通过 slot 插槽的方式注入 -->
    <el-dropdown-menu slot="dropdown">
      <el-dropdown-item>个人中心</el-dropdown-item>
      <el-dropdown-item divided>退出登录</el-dropdown-item>
```

```
        </el-dropdown-menu>
    </el-dropdown>
```

（2）改造< template >部分代码后，访问首页后单击右上角用户信息部分会弹出下拉菜单，如图 4-67 所示。

图 4-67　完成后的菜单的效果图

（3）接下来为下拉菜单的退出登录选项绑定事件，下拉菜单中的< el-dropdown-item >组件中并没有提供单击事件功能，为其绑定单击事件需要在< el-dropdown >组件上绑定 command 事件，并为每个< el-dropdown-item >绑定 command 属性，用来做事件触发的指令，代码如下：

```
<!-- 第 4 章 下拉菜单绑定事件的代码案例 -->
<!-- command 事件会在单击任何下拉菜单选项时触发,并获取< el-dropdown-item >上绑定的
command 的值 -->
    < el-dropdown trigger="click" @command="handleClick">
        < div class="user-info">
            < i class="el-icon-user"></i>
            <!-- 渲染用户账号 -->
            < span>当前用户: {{userInfo.username}}</span>
            < i class="el-icon-caret-bottom"></i>
        </div>
        <!-- 下拉菜单内容通过 slot 插槽的方式注入 -->
        < el-dropdown-menu slot="dropdown">
            < el-dropdown-item command="userInfo">个人中心</el-dropdown-item>
            < el-dropdown-item command="logout" divided>退出登录</el-dropdown-item>
        </el-dropdown-menu>
    </el-dropdown>
```

（4）在<script>中定义的对象中增加 methods 选项，创建 handleClick 事件，并追加判断逻辑，当参数的值为 logout 时触发弹出对话框逻辑。对话框组件是 ElementUI 提供的一套 JavaScript 组件，安装 ElementUI 后所有的组件实例中都可以通过 this.$confirm()函数调用弹出对话框功能，在<script>中通过单击事件弹出对话框的具体实现，代码如下：

```
//第 4 章 退出登录事件功能实现的代码案例
//在 methods 中追加事件代码
methods:{
  //单击下拉菜单时触发的事件
  //command 参数为当前单击的<el-dropdown-item>上 command 绑定的值
  async handleClick(command){
    //判断当前是否单击了退出登录
    if(command== 'logout'){
      //弹出提示框
      let res=await this.$confirm('正在退出登录,是否继续?','提示',{
        type:'warning'                //设置提示框类型
      }).catch(err=> err)
      //单击"确定"按钮时 res 的值是否为 confirm
      if(res== 'confirm'){
        //清空 session 数据
        sessionStorage.clear()
        //返回登录页面
        this.$router.push('/login')
      }
    }
  }
}
```

（5）代码实现完成后，在首页弹出的下拉菜单中单击"退出登录"，网页中就会弹出对应的对话框，如图 4-68 所示。

图 4-68　弹出对话框的效果图

（6）单击"确定"按钮后，网页会自动跳转到/login 页面。单击浏览器的"后退"按钮时，页面不会返回首页并弹出提示，如图 4-69 所示。

图 4-69　单击"后退"按钮时的效果图

（7）由于项目中已经加载了 ElementUI 框架，所有的系统提示都应该具备统一的 UI 风格，所以接下来将导航守卫中使用的 alert()函数改造成 ElementUI 的通知组件。通知组件在非 Vue 视图文件中需要通过 ESModule 引入的方式使用，接下来打开 src/router/index.js 文件，追加通知组件的引入逻辑，代码如下：

```
//引入通知组件
import { Notification } from 'element-ui'
```

（8）在导航的前置守卫钩子函数中将原有的 alert()提示改造成通知提示，代码如下：

```
router.beforeEach((to, from, next) => {
  if(to.path!= '/login'&&sessionStorage.userInfo==undefined){
    //弹出警告类型的通知
    Notification.warning({
      title:'提示',
      message:'您还没有登录,请先登录.'
    })
    next('/login')
  }else{
    next()
  }
})
```

（9）改造完成后，在已经退出登录的前提下，在/login 页面上继续单击浏览器的后退按钮，页面上会弹出通知组件的提示信息，如图 4-70 所示。

（10）到此，退出登录的完整逻辑便编写完成，改造后的 src/views/layout/PHead.vue 文件的完整内容，代码如下：

图 4-70　通知组件的效果图

```
<!-- 第 4 章 改造后的 src/views/layout/PHead.vue 文件完整内容的代码案例 -->
<template>
  <div class="p-head">
    <div class="title">
      <a href="/#/">某某后台管理系统</a>
    </div>
    <!-- 在用户信息组件上嵌套下拉菜单组件 -->
    <!-- trigger="click"代表采用单击事件触发下拉菜单 -->
    <!-- command 事件会在单击任何下拉菜单选项时触发,并获取<el-dropdown-item>上绑定的
command 的值 -->
    <el-dropdown trigger="click" @command="handleClick">
      <div class="user-info">
        <i class="el-icon-user"></i>
        <!-- 渲染用户账号 -->
        <span>当前用户:{{userInfo.username}}</span>
        <i class="el-icon-caret-bottom"></i>
      </div>
      <!-- 下拉菜单内容通过 slot 插槽的方式注入 -->
      <el-dropdown-menu slot="dropdown">
        <el-dropdown-item command="userInfo">个人中心</el-dropdown-item>
        <el-dropdown-item command="logout" divided>退出登录</el-dropdown-item>
      </el-dropdown-menu>
    </el-dropdown>
  </div>
</template>
<script>
export default {
  name:'PHead',
  data(){
    return {
      //声明用户数据对象
      userInfo:{}
    }
  },
  created(){
```

```
        //在初始化 data 数据完成时,将 session 中的用户数据保存到本模块的 userInfo 属性中
        this.userInfo=JSON.parse(sessionStorage.userInfo)
    },
    //在 methods 中追加事件代码
    methods:{
        //单击下拉菜单时触发的事件
        //command 参数为当前单击的<el-dropdown-item>上 command 绑定的值
        async handleClick(command){
            //判断当前是否单击了退出登录
            if(command=='logout'){
                //弹出提示框
                let res=await this.$confirm('正在退出登录,是否继续?','提示',{
                    type:'warning'//设置提示框类型
                }).catch(err=>err)
                //单击"确定"按钮时 res 的值是否为 confirm
                if(res=='confirm'){
                    //清空 session 数据
                    sessionStorage.clear()
                    //返回登录页面
                    this.$router.push('/login')
                }
            }
        }
    }
}
</script>
<style lang="scss" scoped>
//中和 el-header 的内边距并设置背景颜色
    .p-head{
        width: 100%;
        height: 100%;
        margin: 0px - 20px;
        padding: 0px 20px;
        background-color: rgb(84, 92, 100);
        //将标题分为左右结构
        display: flex;
        justify-content: space-between;
        align-items: center;
        //设置标题样式和交互效果
        .title{
            a{
                text-decoration: none;
                color: #ddd;
                font-size: 20px;
            }
            a:hover{
                color: #fff;
            }
        }
```

```
//设置用户信息的样式和交互效果
.user-info{
  color:#ddd;
  cursor: pointer;
  &:hover{
    color: #fff;
  }
}
}
</style>
```

4.9 Axios 网络通信框架

4.9.1 前后分离架构介绍

前后分离架构是近些年流行起来的新型 Web 架构,在前后分离架构体系中,服务器端作为统一服务输出方,只需部署一套服务便可以对接不同的客户端。在前后分离架构流行前,最主流的架构体系是 MVC 的架构体系。早期的 Web 项目流行时,大多数 Web 应用是基于动态网页技术实现的,MVC 架构在这段时间非常盛行。MVC 架构主要分为以下几层。

1) Model

Model 是项目的模型层,它的作用是通过实体对象与 DB 层进行映射,代码编写时可以直接通过 Model 层了解实体对应数据库的关系,以及不同实体间的数据关系。通过操作 Model 层可以实现快速地对数据库进行读取和写入操作。

2) View

View 是项目的视图层,通常通过动态网页技术实现。在 Java 中对应的是 JSP 等模板层,在 C♯ 中对应的是 ASP 等模板层,在 Node.js 文件中对应的是 EJS 等模板层。View 层负责描绘项目的视图部分,视图层解析是在服务器上完成的,动态网页模板引擎可以在解析视图代码的过程中将服务器端的数据混合到动态网页的视图内。动态网页的视图层通常构建为 HTML 代码。

3) Controller

Controller 是项目的控制层,控制层通常会将服务器端代码的业务函数和可访问的 URI 地址进行绑定,这样便可以通过 HTTP 访问指定路径来触发服务器端代码的事件运行。控制层的作用是将函数通过 HTTP 协议暴露到网络环境中,通过访问触发对应的函数执行,函数执行过程中控制层负责调度服务器端对应业务的代码,并将代码运行的结果反馈给视图层,这样便完成一次完整的 MVC 请求和视图渲染。

MVC 架构让项目有更严谨的文件结构、更清晰的业务线,提高了项目的可维护性。随着互联网领域的不断进步,以及网民数量激增等原因,MVC 架构在用户服务上逐渐显得力不从心。主要体现在 MVC 架构完全以服务器为核心,每个用户的业务以同步的方式处理,这样导致在高并发环境下,服务器不得不为每个访问提供 View 层的渲染服务,这种模式使在业务代码执行完成前,View 部分的视图无法返回给用户,用户端的界面就会长时间白屏。鉴于 MVC 架构慢慢无法满足大规模项目的需求,前后分离架构应运而生。

前后分离架构是在 MVC 基础上变化而来的,MVC 架构的运行流程如图 4-71 所示。

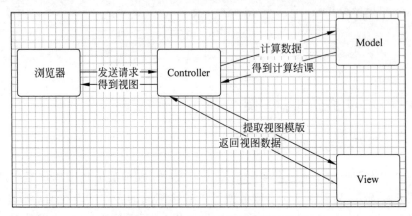

图 4-71　MVC 架构运行流程的效果图

前后分离架构在 MVC 的基础上,把 View 层所做的工作转移到了客户端处理,这样可以在 M 和 C 不变的基础上,将服务器中处理视图和数据整合的工作分离到客户端处理。前后分离的改进使服务器在处理一个请求时,不再需要将数据和视图进行合并处理,从而大大减小工作量。在前后分离架构中,一次交互也不再需要传输页面代码,所以单次响应数据的体积也大幅度减小。将视图渲染下放到客户端处理还能将客户端性能过剩的问题解决,使前后端在工作量上得以均衡。前后分离的最大好处是,前端开发者和后端开发者可以完全独立工作,除数据交互外的操作互相独立,这样可以在原有先做网页再做业务的顺序变成并行开发,显著地提升了开发效率。前后分离架构的运行流程如图 4-72 所示。

图 4-72　前后分离架构运行流程的效果图

前后分离架构出现后,用户访问服务器端时不直接访问 Controller,而是通过 URL 网址获取服务器上项目视图的静态资源文件,浏览器优先加载服务器中保存的静态网页,这种结构使在密集访问服务器端时,用户也可以快速地打开应用的视图文件。浏览器成功加载网页源代码后,需要从服务器端拉取的动态数据会通过 Ajax 请求的方式发送到服务器上,通过 Ajax 访问 Controller 可以驱动服务器工作并得到返回的数据,网页获得返回的数据后会通过 JavaScript 的 DOM 操作,将数据按照想要的方式展示在网页中。这个流程就是前后分离架构出现后的工作流程。前后分离架构之所以能实现,归功于 Ajax 技术的成熟,开发者不需要依赖服务器语言,便可以直接通过 JavaScript 代码向服务器发送一条 HTTP 请求,并且得到服务器返回的数据。现今的 Web 项目开发中会使用大量的 Ajax 请求,开发者通常会选择一款适合的 Ajax 框架作为项目的 HTTP 请求发送工具,目前最常用的框架包括 JQuery 的 Ajax 部分、Axios 和 node-fetch 等。这些框架有在浏览器中工作的,也有在 Node.js 环境中工作的。除常用框架外,原生的 JavaScript 也可以使用 XMLHttpRequest 及 fetch 对象进行 Ajax 请求的发送。

4.9.2　Axios 简介及项目中的使用

在前后分离架构中,数据交互的核心在于 Ajax,Axios 框架就是在前后分离架构中使用最为广泛的请求框架之一。Axios 之所以流行有以下几个原因。

(1) Axios 采用 Promise 对象进行封装,可以在项目开发中通过 async 和 await 关键字进行异步代码同步化管理,提升项目的可维护性。

(2) Axios 使用了简洁的语法和快捷的配置方式,同时内置了完善的属性和方法来应对不同类型和场景的项目开发。

(3) Axios 采用了模块化思想进行封装,可以完美兼容大前端时代的 EJS 开发规范。

(4) Axios 既支持浏览器端,又支持服务器端,无论在哪个环境开发都可以采用相同的 API 规范进行编写,兼容性好。

(5) Axios 有开源团队持续维护,还有海量的贡献者为开源平台提供支持,随着技术的迭代,框架本身也在不断升级,在实际开发中风险系数低且安全性高。

Axios 是一款独立的 HTTP 请求框架,它的主要作用就是用来管理和发送 Web 项目中的 HTTP 请求,所以该框架本身并不是为 Vue 框架服务的,它既可以单独存在,也可以灵活地搭配任何前端框架进行数据交互的处理。接下来通过实际操作来学习 Axios 框架的快速上手,具体步骤如下。

(1) 在开发工具中创建名为 http-test 的文件夹,并使用命令行工具打开该文件夹。

(2) 在终端内输入初始化 package.json 文件的指令,代码如下:

```
npm init - y
```

(3) 在终端中继续输入 Axios 的安装命令,代码如下:

```
npm i axios -s
```

(4) 在确保 Axios 框架成功安装后,在项目目录下创建 index.js 文件。

(5) 初始化 index.js 文件中的内容,编写 Axios 框架的 HelloWorld,代码如下:

```
//第 4 章 Axios 框架的 HelloWorld 的代码案例
//在 Node.js 环境下引入 Axios
const axios=require('axios')
```

```
//使用 Axios 对象将 HTTP 请求发送到百度
axios.request({
  url:'https://www.baidu.com',
  method:'get'
}).then(res=>{
  console.error('请求发送成功')
  console.log(res)
})
```

（6）稍等片刻后，终端的控制台会出现"请求发送成功"字样并伴随返回数据的输出，得到返回结果，如图 4-73 所示。

图 4-73　返回数据的效果图

（7）由于代码中的 Axios 对象是使用 Promise 对象进行封装的，当请求发送成功时便会触发 then()函数中的回调函数执行，回调函数中包含服务器返回的数据，由于本案例访问的是百度首页的 URL 网址，所以返回数据中实际会包含百度首页的所有 HTML 代码。到此为止 Axios 单独使用的流程便介绍完毕。

Axios 对象内置了大量的 API 来方便开发者使用，最原始的请求方式为 axios(config)，代码如下：

```
//第 4 章 Axios 最原始请求方式的代码案例
//发送 POST 请求
axios({
  method: 'post',
  url: '/user/12345',
  data: {
    firstName: 'Fred',
    lastName: 'Flintstone'
  }
});
```

axios(config)配置完成后,该框架便会按照配置信息进行请求的发送,并通过 then()和 catch()两个 Promise 函数来监听请求的结果。config 是一个 JSON 对象,用来描绘该对象的请求行为、请求目标、请求结果及其他内容。config 具体的配置方式,代码如下:

```
//第 4 章 config 具体配置方式的代码案例
{
    //url 是用于请求的服务器 URL
    url: '/user',

    //method 是创建请求时使用的方法
    method: 'get',                          //default

    //baseURL 将自动加在 url 前面,除非 url 是一个绝对 URL
    //它可以通过设置一个 baseURL 便于为 Axios 实例的方法传递相对 URL
    baseURL: 'https://some-domain.com/api/',

    //transformRequest 允许在向服务器发送前,修改请求数据
    //只能用在 'PUT' 'POST' 和 'PATCH' 这几个请求方法
    //后面,数组中的函数必须返回一个字符串、ArrayBuffer 或 Stream
    transformRequest: [function (data, headers) {
        //对 data 进行任意转换处理
        return data;
    }],

    //transformResponse 在传递给 then/catch 前,允许修改响应数据
    transformResponse: [function (data) {
        //对 data 进行任意转换处理
        return data;
    }],

    //headers 是即将被发送的自定义请求头
    headers: {'X-Requested-With': 'XMLHttpRequest'},

    //params 是即将与请求一起发送的 URL 参数
    //必须是一个无格式对象(plain object)或 URLSearchParams 对象
    params: {
        ID: 12345
    },

    //paramsSerializer 是一个负责 params 序列化的函数
    //(e.g. https://www.npmjs.com/package/qs, http://api.jquery.com/jquery.param/)
    paramsSerializer: function(params) {
        return Qs.stringify(params, {arrayFormat: 'brackets'})
    },

    //data 是作为请求主体被发送的数据
    //只适用于这些请求方法 'PUT''POST'和 'PATCH'
    //在没有设置 transformRequest 时,必须是以下类型之一
```

```
// - string、plain object、ArrayBuffer、ArrayBufferView、URLSearchParams
// - 浏览器专属：FormData、File、Blob
// - Node 专属：Stream
data: {
  firstName: 'Fred'
},

//timeout 指定请求超时的毫秒数(0 表示无超时时间)
//如果请求花费了超过 timeout 的时间,请求将被中断
timeout: 1000,

//withCredentials 表示跨域请求时是否需要使用凭证
withCredentials: false,                         //default

//adapter 允许自定义处理请求,以使测试更轻松
//返回一个 promise 并应用一个有效的响应 (查阅 [response docs](＃response-api))
adapter: function (config) {
  / * ... * /
},

//auth 表示应该使用 HTTP 基础验证,并提供凭据
//这将设置一个 Authorization 头,覆写现有的任意使用 headers 设置的自定义 Authorization 头
auth: {
  username: 'janedoe',
  password: 's00pers3cret'
},

//responseType 表示服务器响应的数据类型,可以是 'arraybuffer''blob''document''json''text'
//'stream'
responseType: 'json',                           //default

//responseEncoding indicates encoding to use for decoding responses
//Note: Ignored for responseType of 'stream' or client-side requests
responseEncoding: 'utf8',                        //default

//xsrfCookieName 是用作 xsrf token 的值的 Cookie 的名称
xsrfCookieName: 'XSRF-TOKEN',                    //default

//xsrfHeaderName is the name of the http header that carries the xsrf token value
xsrfHeaderName: 'X-XSRF-TOKEN',                  //default

//onUploadProgress 允许为上传处理进度事件
onUploadProgress: function (progressEvent) {
  //Do whatever you want with the native progress event
},

//onDownloadProgress 允许为下载处理进度事件
onDownloadProgress: function (progressEvent) {
  //对原生进度事件的处理
```

```
  },

    //maxContentLength 定义允许的响应内容的最大尺寸
  maxContentLength: 2000,

  //validateStatus 定义对于给定的 HTTP 响应状态码是 resolve 或 reject promise . 如果
  //validateStatus 返回 true(或者设置为 null 或 undefined),promise 将被 resolve; 否则,promise
  //将被 reject
  validateStatus: function (status) {
    return status > =200 && status < 300;                  //default
  },

  //maxRedirects 定义在 Node.js 中 follow 的最大重定向数目
  //如果设置为 0,则将不会 follow 任何重定向
  maxRedirects: 5,                                         //default

  //socketPath defines a UNIX Socket to be used in node.js.
  //e.g. '/var/run/docker.sock' to send requests to the docker daemon.
  //Only either socketPath or proxy can be specified.
  //If both are specified, socketPath is used.
  socketPath: null,                                        //default

  //httpAgent 和 httpsAgent 分别在 Node.js 中用于定义在执行 http 和 https 时使用的自定义代
  //理。允许像这样配置选项
  //keepAlive 默认没有启用
  httpAgent: new http.Agent({ keepAlive: true }),
  httpsAgent: new https.Agent({ keepAlive: true }),

  //proxy 定义代理服务器的主机名称和端口
  //auth 表示 HTTP 基础验证应当用于连接代理,并提供凭据
  //这将会设置一个 Proxy-Authorization 头,覆写已有的通过 header 设置的自定义 Proxy-
  //Authorization 头
  proxy: {
    host: '127.0.0.1',
    port: 9000,
    auth: {
      username: 'mikeymike',
      password: 'rapunz3l'
    }
  },

  //cancelToken 指定用于取消请求的 cancel token
  //查看后面的 Cancellation 节了解更多相关内容
  cancelToken: new CancelToken(function (cancel) {
  })
}
```

在实际项目开发中,并不会用到所有的配置信息,config 的每个属性都设置了默认行
为,在不需要改变默认行为时,不需要对属性进行重写,所以在实际开发中常用的 config 的

参数并不多。了解了请求参数配置后,还需要对 Axios 对象的返回数据进行学习,返回数据的结构,代码如下:

```
//第 4 章 Axios 返回数据结构的代码案例
{
  //data 由服务器提供的响应
  data: {},

  //status 来自服务器响应的 HTTP 状态码
  status: 200,

  //statusText 来自服务器响应的 HTTP 状态信息
  statusText: 'OK',

  //headers 服务器响应的头
  headers: {},

   //config 是为请求提供的配置信息
  config: {},
  //'request'
  //`request` is the request that generated this response
  //It is the last ClientRequest instance in node.js (in redirects)
  //and an XMLHttpRequest instance the browser
  request: {}
}
```

Axios 框架还提供了更加方便的 API 以便于应对 RESTful 风格接口的调用,具体的 API 规则如下:

(1) axios. request(config)。

(2) axios. get(url[, config])。

(3) axios. delete(url[, config])。

(4) axios. head(url[, config])。

(5) axios. options(url[, config])。

(6) axios. post(url[, data[, config]])。

(7) axios. put(url[, data[, config]])。

(8) axios. patch(url[, data[, config]])。

Axios 在实际应用中并不需要将文档中列出的所有内容全部应用,所以在项目开发中上手非常容易,除本章介绍的 API 和使用方式外,完整的 Axios 使用可参考其中文文档,文档网址为 http://www.axios-js.com/zh-cn/。

4.9.3　什么是接口及服务接口的部署方式

在前后分离架构中,Browser(浏览器端)和 Server(服务器端)通信通常采用 Ajax 请求的方式进行数据交互,Ajax 是浏览器端收发请求的技术,服务器端采用 Controller 部分进行请求的接收和处理。通常情况下,服务器端定义的 Controller 对象和函数被称为接口。

在 Web 开发中常说的接口指的并不是服务器端代码中常用的 Interface 结构,而是暴露在网络环境下,可通过 HTTP 协议调用的服务器端函数。接口的概念由来已久,由于浏览器端的代码执行能力有限,不能直接操作本地 IO 处理,不能直接连接数据库和消息队列等服务,所以涉及数据处理等操作都要交给服务器端来处理。服务器端代码和浏览器端代码通常以不同语言进行开发,即使是相同语言,在运行中也分别在两个不同的环境中运行,所以浏览器端的 JavaScript 代码无法直接通过函数调用的方式访问服务器端代码。为了解决数据通信问题,服务器端采用 HTTP 协议的方式,将服务器端代码的函数和可访问的 URL 路径进行关联,如有服务器端函数关联了/user/login 这个 URL 路径,当有 HTTP 请求与此路径相同时,就会触发该路径关联的服务器端函数执行,服务器端可以通过 HTTP 的返回对象将想要返回浏览器端的数据写入并返回浏览器端,这样便可以实现跨语言间的函数调用,这个过程就是 Web 项目接口的本质。

本书提供了一套完整的服务器端接口项目,该项目采用 NestJS 框架研发,内部数据采用纯文件存储实现,无须数据库便可以实现常用的商城业务数据管理。该服务需要本地安装 Node.js 运行环境和 npm 包管理器,无须安装其他服务便可运行。服务接口项目的 Gitee 网址为 https://gitee.com/LeoZhang1989/shop-service。在本地部署服务接口项目的步骤如下。

(1) 打开开发者工具,在项目的根目录打开命令行工具运行终端。

(2) 在终端输入克隆指令,以便从 Gitee 上克隆该项目,代码如下:

```
git clone https://gitee.com/LeoZhang1989/shop-service
```

(3) 克隆完成后命令行工具会提示相应的日志,如图 4-74 所示。

图 4-74 克隆日志的效果图

(4) 克隆完成后开发工具的左侧会出现项目的目录,如图 4-75 所示。

图 4-75 项目目录的效果图

（5）该项目在满足环境的要求下，可以直接通过运行指令启动，在启动项目前需要安装项目依赖包，继续在命令行工具中输入安装依赖指令，代码如下：

```
npm install
```

（6）项目依赖包安装完成后，在项目的 package.json 文件中查看项目的可执行命令，package.json 文件中的内容，代码如下：

```
//第 4 章 package.json 文件中的内容的代码案例
{
  "name": "shop-service",
  "version": "0.0.1",
  "description": "",
  "author": "",
  "private": true,
  "license": "UNLICENSED",
//项目的可执行命令
  "scripts": {
    "prebuild": "rimraf dist",
    "build": "nest build",
    "format": "prettier --write \"src/**/*.ts\" \"test/**/*.ts\"",
    "start": "nest start",
    "start:dev": "nest start --watch",
    "start:deBug": "nest start -- deBug --watch",
    "start:prod": "node dist/main",
    "lint": "eslint \"{src,apps,libs,test}/**/*.ts\" --fix",
    "test": "jest",
    "test:watch": "jest --watch",
    "test:cov": "jest -- coverage",
    "test:deBug": "node -- inspect-brk - r tsconfig-paths/register - r ts-node/register
node_modules/.bin/jest -- runInBand",
    "test:e2e": "jest -- config ./test/jest-e2e.json"
  },
  "dependencies": {
    "@nestjs/common": "^7.0.0",
    "@nestjs/core": "^7.0.0",
    "@nestjs/passport": "^7.1.0",
    "@nestjs/platform-express": "^7.0.0",
    "@nestjs/swagger": "^4.6.1",
    "class-validator": "^0.12.2",
    "express-session": "^1.17.1",
    "jsonwebtoken": "^8.5.1",
    "passport": "^0.4.1",
    "passport-http-bearer": "^1.0.1",
    "passport-jwt": "^4.0.0",
    "reflect-metadata": "^0.1.13",
    "rimraf": "^3.0.2",
```

```
    "rxjs": "^6.5.4",
    "swagger-ui-express": "^4.1.4"
  },
  "devDependencies": {
    "@nestjs/cli": "^7.0.0",
    "@nestjs/schematics": "^7.0.0",
    "@nestjs/testing": "^7.0.0",
    "@types/express": "^4.17.3",
    "@types/jest": "26.0.10",
    "@types/node": "^13.9.1",
    "@types/supertest": "^2.0.8",
    "@typescript-eslint/eslint-plugin": "3.9.1",
    "@typescript-eslint/parser": "3.9.1",
    "eslint": "7.7.0",
    "eslint-config-prettier": "^6.10.0",
    "eslint-plugin-import": "^2.20.1",
    "jest": "26.4.2",
    "prettier": "^1.19.1",
    "supertest": "^4.0.2",
    "ts-jest": "26.2.0",
    "ts-loader": "^6.2.1",
    "ts-node": "9.0.0",
    "tsconfig-paths": "^3.9.0",
    "typescript": "^3.7.4"
  },
  "jest": {
    "moduleFileExtensions": [
      "js",
      "json",
      "ts"
    ],
    "rootDir": "src",
    "testRegex": ".spec.ts$",
    "transform": {
      "^.+\\.(t|j)s$": "ts-jest"
    },
    "coverageDirectory": "../coverage",
    "testEnvironment": "node"
  }
}
```

（7）该项目的启动命令很多，这里使用开发环境的启动命令运行项目，在命令行工具中输入启动命令，代码如下：

```
npm run start:dev
```

（8）输入启动命令后，命令行工具中会陆续输出日志，直到出现 Nest application

successfully started 字样代表启动成功,如图 4-76 所示。

图 4-76　项目启动成功的效果图

（9）项目启动成功后,打开本地浏览器,在网址栏中输入 http://localhost:3000/api。如果弹出服务器端接口文档界面,则代表启动成功,如图 4-77 所示。

图 4-77　接口文档界面的效果图

（10）到此服务器端接口项目的本地部署完成。

该项目采用 SwaggerUI 可视化工具自动生成系统代码的接口文档,文档包含所有的接口信息和在线测试功能,绝大多数的接口类型和参数可以直接通过网页版的接口文档查看,

如果出现问题,则可进入项目内部查看项目的代码逻辑。接下来介绍项目的文件结构及各个文件的作用,代码如下:

```
# 第 4 章 项目文件结构的代码案例
.
├── README.md # 项目的说明文件
├── nest-cli.json # NestJS 脚手架的配置文件
├── package-lock.json # 依赖包描述文件
├── package.json # 项目的描述文件
├── public # 静态资源文件夹
├── src # 源代码文件夹
│   ├── app.controller.spec.ts # 断言示例文件
│   ├── app.module.ts # 全局模块管理注册文件
│   ├── controllers # 控制层代码文件夹
│   │   ├── address.controller.ts
│   │   ├── apitest.controller.ts
│   │   ├── app.controller.ts
│   │   ├── card-type.controller.ts
│   │   ├── card.controller.ts
│   │   ├── check-out.controller.ts
│   │   ├── coupon-type.controller.ts
│   │   ├── coupon.controller.ts
│   │   ├── dept.controller.ts
│   │   ├── file.controller.ts
│   │   ├── goods-type.controller.ts
│   │   ├── goods.controller.ts
│   │   ├── menu.controller.ts
│   │   ├── news-type.controller.ts
│   │   ├── news.controller.ts
│   │   ├── order.controller.ts
│   │   ├── role.controller.ts
│   │   ├── shop-user.controller.ts
│   │   ├── user-status.controller.ts
│   │   ├── user-type.controller.ts
│   │   └── user.controller.ts
│   ├── entity # 数据库实体类文件夹
│   │   ├── address.entity.ts
│   │   ├── assets.entity.ts
│   │   ├── card-multiple.entity.ts
│   │   ├── card-type.entity.ts
│   │   ├── card.entity.ts
│   │   ├── check-out-position.entity.ts
│   │   ├── coupon-multiple.entity.ts
│   │   ├── coupon-type.entity.ts
│   │   ├── coupon.entity.ts
│   │   ├── dept.entity.ts
│   │   ├── file.entity.ts
│   │   ├── goods-type.entity.ts
```

```
|    |        ├── goods.entity.ts
|    |        ├── ids.entity.ts
|    |        ├── menu-role.entity.ts
|    |        ├── menu-top.entity.ts
|    |        ├── news-type.entity.ts
|    |        ├── news.entity.ts
|    |        ├── order.entity.ts
|    |        ├── role.entity.ts
|    |        ├── shop-user.entity.ts
|    |        ├── user-param.entity.ts
|    |        ├── user-status.entity.ts
|    |        ├── user-type.entity.ts
|    |        └── user.entity.ts
|    ├── exception #全局的异常处理文件夹
|    |        └── http-exception.filter.ts
|    ├── interceptor #全局的请求拦截器
|    |        └── request.interceptor.ts
|    ├── main.ts #项目的入口文件,启动项目就会执行 main.ts 文件
|    ├── modules #全局的业务模块定义文件夹,用于将 Controller 和 Service 关联
|    |        ├── address.module.ts
|    |        ├── apitest.module.ts
|    |        ├── auth.module.ts
|    |        ├── card-type.module.ts
|    |        ├── card.module.ts
|    |        ├── check-out.module.ts
|    |        ├── coupon-type.module.ts
|    |        ├── coupon.module.ts
|    |        ├── dept.module.ts
|    |        ├── file.module.ts
|    |        ├── goods-type.module.ts
|    |        ├── goods.module.ts
|    |        ├── menu.module.ts
|    |        ├── news-type.module.ts
|    |        ├── news.module.ts
|    |        ├── order.module.ts
|    |        ├── role.module.ts
|    |        ├── shop-user.module.ts
|    |        ├── user-status.module.ts
|    |        ├── user-type.module.ts
|    |        └── user.module.ts
|    ├── services #全局的 Service 层业务代码文件夹
|    |        ├── address.service.ts
|    |        ├── apitest.service.ts
|    |        ├── app.service.ts
|    |        ├── auth.service.ts
|    |        ├── base.service.ts
|    |        ├── card-type.service.ts
|    |        ├── card.service.ts
|    |        ├── check-out.service.ts
```

```
│   │       ├── coupon-type.service.ts
│   │       ├── coupon.service.ts
│   │       ├── dept.service.ts
│   │       ├── file.service.ts
│   │       ├── goods-type.service.ts
│   │       ├── goods.service.ts
│   │       ├── menu.service.ts
│   │       ├── news-type.service.ts
│   │       ├── news.service.ts
│   │       ├── order.service.ts
│   │       ├── role.service.ts
│   │       ├── shop-user.service.ts
│   │       ├── user-status.service.ts
│   │       ├── user-type.service.ts
│   │       └── user.service.ts
│   ├── strategy #JWT 鉴权业务处理文件夹
│   │       └── jwt.strategy.ts
│   ├── tables #所有数据表文件夹,每个 JSON 文件都是一个数据表
│   │       ├── address.table.json
│   │       ├── assets.table.json
│   │       ├── card-type.table.json
│   │       ├── card.table.json
│   │       ├── check-out-position.table.json
│   │       ├── check-out-record.table.json
│   │       ├── coupon-type.table.json
│   │       ├── coupon.table.json
│   │       ├── dept.table.json
│   │       ├── goods-type.table.json
│   │       ├── goods.table.json
│   │       ├── menu-test.table.json
│   │       ├── menu.table.json
│   │       ├── menu.table1.json
│   │       ├── news-type.table.json
│   │       ├── news.table.json
│   │       ├── order.table.json
│   │       ├── role-menu.table.json
│   │       ├── role.table.json
│   │       ├── shop-user-like.table.json
│   │       ├── shop-user.table.json
│   │       ├── user-status.table.json
│   │       ├── user-type.table.json
│   │       └── user.table.json
│   └── utils #全局的工具类文件夹
│       ├── ResultData.ts #HTTP 返回对象的文件
│       └── data.json #行政区文件
├── test #全局的测试文件夹
│   ├── app.e2e-spec.ts
│   └── jest-e2e.json
├── tsconfig.build.json #TypeScript 构建规则配置文件
└── tsconfig.json #TypeScript 运行规则配置文件
```

该项目在启动时,会优先执行 src/main.ts 文件中编写的代码,用以初始化服务接口及接口文档等内容,main.ts 文件的注释说明,代码如下:

```
//第4章 main.ts 文件注释说明的代码案例
import { NestFactory } from '@nestjs/core';
import * as path from 'path'
import * as serveStatic from 'serve-static'
import { AppModule } from './app.module';
import * as session from 'express-session';
import {RequestInterceptor} from './interceptor/request.interceptor'
//API 文档插件
import { SwaggerModule, DocumentBuilder } from '@nestjs/swagger';
async function bootstrap() {
  const app=await NestFactory.create(AppModule);
    app.setGlobalPrefix('shop-service/v1');
    //DocumentBuilder 是一个辅助类,有助于结构的基本文件 SwaggerModule.它包含几种方法,可
    //用于设置诸如标题、描述、版本等属性
    const options=new DocumentBuilder()
            .setTitle('商城业务服务器端接口')
            .setDescription('接口包含移动端以及 PC 端所有可用接口')   //文档介绍
            .setVersion('1.0.0')                                    //文档版本
            .addBearerAuth()
            //.addTag('商城')
            //每个 tag 标签都可以对应着几个@ApiUseTags('用户,安全') 然后被 ApiUseTags
            //注释,字符串一致的都会变成同一个标签下的
            .setBasePath('http://localhost:3001')
            .build();
    //为了创建完整的文档(具有定义的 HTTP 路由),我们使用类的 createDocument()方法
    //SwaggerModule.此方法带有两个参数,分别是应用程序实例和基本 Swagger 选项
    const document=SwaggerModule.createDocument(app, options);
    //最后一步是 setup().它依次接收(1)装入 Swagger 的路径,(2)应用程序实例,(3)描述 Nest
    //应用程序的文档
    SwaggerModule.setup('/api', app, document);
    //设置 session
    app.use(session({ secret: 'shop-service', Cookie: { maxAge: 60000 }}))
    //设置静态资源路径
    app.use('/public', serveStatic(path.join(__dirname, '../public'), {
            maxAge: '99d',
            extensions: ['jpg', 'jpeg', 'pnq', 'gif'],
    }));
    app.useGlobalInterceptors(new RequestInterceptor())
    //设置端口号
  await app.listen(3000);

}
bootstrap();
```

项目启动后默认会运行在本机的 3000 端口下,为了保证服务接口项目可以正常运行,

需要在启动项目前检测本地的 3000 端口是否被占用，如 3000 端口已经被占用，则可以在 src/main.ts 文件中修改 app.listen()中的数据，以便改变服务器端口号。该项目的在线文档支持网页内调试功能，除内置的练习接口和登录接口外，调试其他接口需要进行用户授权，调试接口的教程如下：

（1）按照步骤启动服务接口项目，并在浏览器中访问 http://localhost:3000/api 进入文档页面。

（2）在文档页面中找到"用户接口"模块下的"获取用户菜单的练习接口"，展开该模块，如图 4-78 所示。

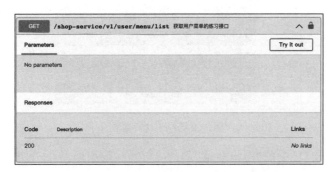

图 4-78　获取用户菜单的练习接口的效果图

（3）单击图 4-78 中的 Try it out 按钮，会弹出在线测试选项，如图 4-79 所示。

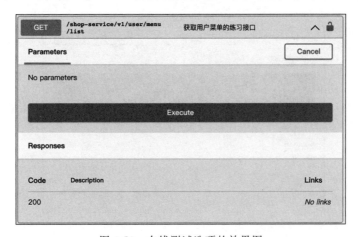

图 4-79　在线测试选项的效果图

（4）单击 Execute 按钮便会触发请求结构的行为，下方会展示调用过程及调用结果，如图 4-80 所示。

（5）在 Response body 模块中的信息就是该结果的服务器返回数据，此时数据中包含的状态码为 401，代表当前无访问该接口的权限。为了获取完整的接口调用权限需要在本页面中配置调用者的身份信息。

图 4-80　调用过程及调用结果的效果图

（6）找到"用户接口"中的"用户登录"接口。打开在线调用界面，如图 4-81 所示。

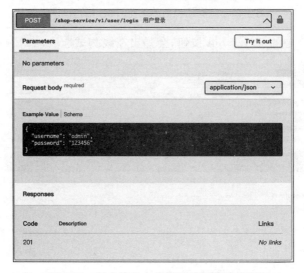

图 4-81　用户接口在线调用界面的效果图

（7）在该界面中单击 Try it out 按钮。由于该接口为用户登录接口，接口需要填写用户的账号和密码作为参数，默认的超级管理员账号为 admin，密码为 123456。在接下来的界面中输入对应的账号和密码并单击 Execute 按钮进行在线调用，调用完成后会得到该用户的完整信息及该用户的授权码，如图 4-82 所示。

（8）在返回数据的 data 属性中的 token 属性内保存的便是 admin 账号的访问凭证，使用该凭证才能成功地调用项目中的所有接口。该凭证是登录时根据用户信息动态生成的，具备自动的过期时间,采用 JWT 的方式生成。下一步将 token 的结果(不包含双引号)复制,并找到接口调用页面顶部的 Authorize 按钮,如图 4-83 所示。

图 4-82　调用完成的效果图

图 4-83　顶部 Authorize 按钮的效果图

　　(9)单击 Authorize 按钮,在弹出的对话框中将刚才复制的 token 的结果粘贴到 Value 的对话框中,如图 4-84 所示。

图 4-84　弹出对话框的效果图

（10）继续单击对话框中的 Authorize 按钮，在新界面中单击 Close 按钮关闭对话框。完成此步骤代表本文档内的用户凭证已经添加完毕。

（11）再次回到"用户接口"模块下的"获取用户菜单的练习接口"，重新单击 Execute 按钮并查看返回数据，会发现 Code 的值为 200，对象中包含正确的返回数据，如图 4-85 所示。

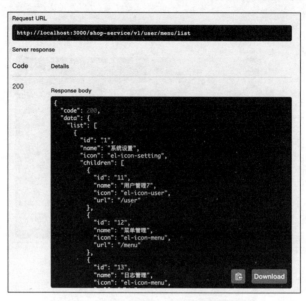

图 4-85　重新测试接口返回数据的效果图

（12）到此步骤，接口文档的在线测试功能便介绍完毕。

4.9.4　在 Vue 项目中引入 Axios 框架

本节继续使用之前章节创建的 router-test 项目，在此项目集成网络请求功能。在 Vue 中引入 Axios 框架需要提前编写部分核心代码，由于 Vue CLI 项目为工程化项目，在项目中其他插件均以组件化或模块化的方式集成，所以 Axios 在 Vue 项目中需要通过封装全局调用对象并暴露 HTTP 访问模块，具体操作步骤如下。

（1）在命令行工具中打开 router-test 目录，并输入 Axios 框架的安装指令，代码如下：

```
npm install axios -s
```

（2）打开 router-test 项目，在项目的 src 目录下创建 http 文件夹。

（3）在 src/http 文件夹下创建 index.js 文件。

（4）在 src/http/index.js 文件中初始化 Axios 的封装内容，代码如下：

```
//第 4 章 初始化 Axios 封装内容的代码案例
//引入请求对象
import axios from 'axios'
```

```
//引入 element-ui 的通知组件
import { Notification } from 'element-ui'
//对 Axios 包增加 JSONP 的调用封装
axios.jsonp=(url)=>{
    if(!url){
        console.error('Axios.JSONP 至少需要一个 URL 参数!')
        return;
    }
    return new Promise((resolve,reject)=>{
        window.jsonCallBack=(result)=>{
            resolve(result)
        }
        var JSONP=document.createElement("script");
        JSONP.type="text/JavaScript";
        JSONP.src=`${url}&callback=jsonCallBack`;
        document.body.appendChild(JSONP);
    })
}

//使用 Vue.use 时 Vue 会默认执行这个对象暴露出来的 install()方法并将 Vue 作为参数传入
export default {
    //install()方法用于将 Axios 安装到 Vue 上
    install(Vue){
        //将后台服务统一前缀作为基本配置,设置之后调用 this.$http()
        axios.defaults.baseURL='/shop-service/v1'

        //添加请求拦截器,所有在项目其他部分使用 Axios 的地方都会触发拦截器的执行
        axios.interceptors.request.use(function (config) {
                //当用户登录之后会在 sessionStorage 中存 token 的值,token 就会有值
                let token=sessionStorage.token;
                if(token){
                        //通过 jwt 方式验证 token 的参数携带规则如下
                        config.headers['Authorization']='Bearer ' + token
                }
            //在发送请求之前做些什么
            return config;
        }, function (error) {
            //对请求错误做些什么
            return Promise.reject(error);
        });

        //添加响应拦截器,所有在项目其他部分使用 Axios 的地方都会触发拦截器的执行
        axios.interceptors.response.use(function (response) {
                //当请求失败时统一拦截并进行提示
                if(response.data.code!=200){
                        Notification({
                                title:'提示',
                                message:response.data.msg,
                                type:'error'
```

```
                                }))
                            }
            //对响应数据做点什么
            return response;
        }, function (error) {
                            //对服务器系统级别的异常进行提示
                            Notification({
                                    title:'提示',
                                    message:error.message,
                                    type:'error'
                            })
            //对响应错误做点什么
            return Promise.reject(error);
        });
                    //将 Axios 对象挂载到 Vue 的原型对象上
        Vue.prototype.$http=axios;
    },
    http:axios
}
```

（5）在 src/main.js 文件中追加内容，将 HTTP 模块绑定到 Vue 框架中，代码如下：

```
//第 4 章 将 HTTP 模块绑定到 Vue 框架中的代码案例
import Vue from 'vue'
import App from './App.vue'
//加载 element-ui 包内的全局样式代码
import 'element-ui/lib/theme-chalk/index.css'
//导入 element-ui 包内的全局对象
import ElementUI from 'element-ui'
//将 element-ui 的组件注册到 Vue 中
Vue.use(ElementUI)
//导入配置好的路由对象
import router from './router'

/* ---------- 追加的代码 ---------- */
//从 src/http 文件夹中引入 index.js 文件中导出的对象
import http from '@/http'
//将自定义的 http 对象安装到 Vue 框架中
Vue.use(http)
/* ---------- 追加的代码 ---------- */

Vue.config.productionTip=false

new Vue({
  router,                          //将路由对象注入 Vue 实例中
  render: h=> h(App),
}).$mount('#app')
```

（6）在 src/App.vue 文件中追加代码，以便测试网络请求模块是否可用，代码如下：

```
<!-- 第 4 章 测试网络请求模块的代码案例 -->
<template>
  <div id="app">
    <router-view></router-view>
  </div>
</template>

<script>
export default {
  name: 'App',
  /* ---------- 追加的代码 ---------- */
  async created(){
    //采用 Vue 实例上挂载的 $http 对象发送请求
    let { data }=await this. $http({
    //调用接口文档中的"接口调用练习"中的第 1 个接口
      url:'http://localhost:3000/shop-service/v1/api-test/get/demo1',
      method:'get'
    })
    //输出返回结果
    console.log(data)
  }
  /* ---------- 追加的代码 ---------- */
}
</script>

<style lang="scss">
  html,body, #app{
    margin: 0;
    width: 100 % ;
    height: 100 % ;
  }
</style>
```

（7）完成编码，在保持服务接口项目启动的前提下，启动 router-test 项目并访问进入 http://localhost:8080/#/login 登录页面。会发现网页中弹出错误通知，如图 4-86 所示。

（8）该错误提示弹出，代码调用接口的函数运行没有问题，在 src/http/index.js 文件中已经对全局的接口调用异常情况做了通知弹出的处理。接下来打开 Web 控制台查看错误的具体原因，如图 4-87 所示。

（9）该错误为跨域错误，代表发送请求的网页所在服务器与服务接口所在的服务器为非同源服务器，非同源服务器间的网络请求会被认为是跨域请求，跨域请求在网页中会被直接拦截。解决跨域问题的方案有很多种，在 Vue CLI 中有一种快速的解决方案来规避同源策略。介绍解决方案前，简单介绍一下同源策略，若发送请求的网页与请求的目标服务接口所在的服务器 IP 和端口一致，则代表该网页和服务为同源，没有跨域限制。若发送请求的网页与请求的目标服务接口所在的服务器 IP 不一致或端口不一致,则认为该网页与所访问的服务接口为非同源,存在跨域限制。解决跨域的思路就是让前后本来非同源的请求在表面上看来是同源的,这样就涉及反向代理的配置。

图 4-86　错误通知的效果图　　　　　　　图 4-87　错误具体原因的效果图

　　(10) Vue CLI 的本地开发环境服务器内置了反向代理功能,配置反向代理后,服务器便具备了服务转发功能,该功能可以将运行在本服务器上的网页对其他服务的请求转换为同源请求,具体方式是将本服务器上的网页请求发送到本服务器,这样请求本身就是同源请求,不会被跨域限制。本服务器识别到该请求后,将请求从服务器层面转发到运行在其他服务器的服务接口并接收其返回结果,最后将结果通过本服务器运行在本服务器的网页上。这个流程就网页端而言,从请求发送到数据返回都由同源服务器处理,数据是请求过程中由本服务器到其他服务器搬运而来的,这样便可以巧妙地将非同源转换为同源。反向代理的工作流程如图 4-88 所示。

　　(11) 利用反向代理可以快速地解决项目开发中的跨域问题,所以接下来找到项目根目录中的 vue.config.js 文件,在其中追加反向代理配置,代码如下:

```javascript
//第 4 章 追加反向代理配置的代码案例
module.exports={
  publicPath:'',
  lintOnSave:false,
  /* ---------- 追加的代码 ---------- */
  devServer:{
    //配置反向代理
    proxy:{
      //检测到访问本服务器的 URL 路径中包含/shop-service/v1 字样就执行转发
      "/shop-service/v1": {
        /*
```

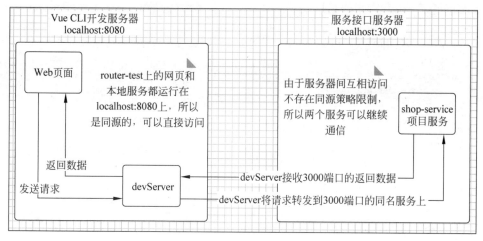

图 4-88　反向代理工作流程的效果图

```
         将符合规则的服务 URL 路径转发到 http://localhost:3000 服务器上
         如访问的 URL 路径为 http://localhost:8080/shop-service/v1/hello
         请求会被转发到 http://localhost:3000/shop-service/v1/hello
      */
      target: 'http://localhost:3000',
      /*
         该反向代理允许跨网络生效
         当 changeOrigin 为 false 时,转发指对同 IP 不同端口的跨域情况有效
         当 changeOrigin 为 true 时,转发指对不同 IP 地址的服务依然有效
      */
      changeOrigin: true
    },
  }
}
/* ---------- 追加的代码 ---------- */
}
```

（12）反向代理配置追加完毕后，回到 src/App.vue 文件中改造代码，将调用接口的请求地址修改，去掉目标服务器地址，代码如下：

```
<template>
  <div id="app">
    <router-view></router-view>
  </div>
</template>

<script>
export default {
  name: 'App',
  async created(){
```

```
    let { data }=await this. $http({
      /* ---------- 修改的代码 ---------- */
      //Axios 初始化时已通过 baseURL 提取了公共路径/shop-service/v1,所以 URL 不需要配置完整
      //地址
      //该请求会被自动重写为 http://localhost:8080/shop-service/v1/api-test/get/demo1
      url:'/api-test/get/demo1',
      /* ---------- 追加的代码 ---------- */
      method:'get'
    })
    console. log(data)
  }
}
</script>

< style lang="scss">
  html,body, #app{
    margin: 0;
    width: 100%;
    height: 100%;
  }
</style>
```

（13）重新启动 router-test 项目,并访问 http://localhost:8080/#/login 页面。页面将不再弹出网络错误的提示,控制台上会输出该接口返回的完整数据内容,如图 4-89 所示。

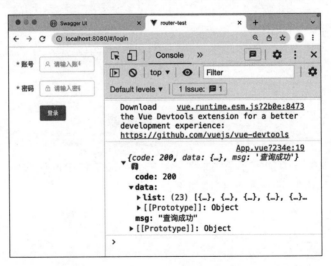

图 4-89　重新访问 http://localhost:8080/#/login 页面的效果图

（14）到此步骤,在 Vue CLI 中整合 Axios 框架的流程便介绍完毕。

4.9.5　通过真正的网络接口实现登录功能

目前已经对 router-test 项目集成了 Axios 请求框架,接下来按照在实际工作中的开发

场景,通过调用登录接口实现真正的登录功能。实现登录功能的具体步骤如下。

(1)在 src 目录下创建名为 apis 的文件夹。

(2)在 src/apis 文件夹下创建 user-api.js 文件。

(3)在浏览器中打开 shop-service 项目的服务接口文档网址为 http://localhost:3000/api。

(4)找到"用户接口"下的"用户登录"模块,展开模块查看完整的接口信息,如图 4-90 所示。

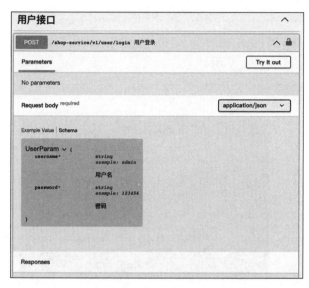

图 4-90 用户登录的完整接口信息的效果图

(5)在模块中得到接口的请求地址、参数信息及参数提交途径等完整请求所需的数据。根据该接口文档的已知信息,找到 src/apis/user-api.js 文件,其中定义登录接口的调用函数,代码如下:

```
//第 4 章 登录接口调用函数的代码案例
//导入请求对象
import api from '@/http'
//定义登录函数,并将函数对象按需导出
/**
 * @param { * } username 用户账号
 * @param { * } password 用户密码
 * @returns 请求对象
 */
export const login=(username,password) = >{
  return api.http({
    //请求的 URL 路径,从接口文档中得知,由于/shop-service/v1 部分已经在 baseURL 属性中定
    //义,所以不需要编写重复部分
```

```
    url:'/user/login',
    //根据接口文档中描述的 method 为 POST
    method:'post',
    //根据接口文档分析参数通过 RequestBody 提交,所以使用 data 属性传递 username 和 password
    data:{
      username,
      password
    }
  })
}
```

（6）在接口文档中在线测试"用户登录"接口,使用默认的测试数据调用登录接口,查看接口返回结果的结构,如图 4-91 所示。

图 4-91　接口返回结果的效果图

（7）登录接口返回的对象的 data 属性中包含 token 和 userInfo 两个属性。token 是服务接口动态生成的用户访问凭证,需要保存在 sessionStorage 中,用来在后续的接口调用中实现权限的处理,userInfo 属性中包含当前用户的所有属性,也需要保存在 sessionStorage 中,用以在后续的业务开发中快速获取用户数据。在定义好调用函数及掌握接口返回数据结构的基础上,找到 src/views/Login.vue 文件,在其中追加代码,实现登录逻辑,代码如下:

```html
<!-- 第 4 章 实现登录逻辑的代码案例 -->
<template>
  <div style="padding:20px">
    <el-form ref="form"
      :model="formData"
      size="small"
      label-width="auto"
      :rules="rules"
    >
```

```
    < el-form-item label="账号" prop="username">
      < el-input v-model="formData. username"
        prefix-icon="el-icon-user"
        clearable
        placeholder="请输入账号" ></el-input >
    </el-form-item >
    < el-form-item label="密码" prop="password">
      < el-input v-model="formData. password"
        prefix-icon="el-icon-lock"
        clearable
        placeholder="请输入密码"></el-input >
    </el-form-item >
    < el-form-item >
      < el-button type="primary" @click="handleSubmit">登录</el-button >
    </el-form-item >
  </el-form >
  </div >
</template >
< script >
/* ---------- 追加的代码 ---------- */
//引入调用登录接口的函数
import { login } from '@/apis/user-api'
/* ---------- 追加的代码 ---------- */
export default {
  name:'Login',
  data(){
    //账号和密码的表单数据
    return {
      formData:{
        username:'',
        password:''
      },
      rules:{
        //关联< form-item prop="username">中的输入框数据
        username:[
          {
            required:true,              //required 代表属性,必填
            message:'账号不可以为空',      //不符合验证规则时提示的内容
            trigger:'blur'              //触发验证的事件,这里采用失去焦点事件
          }
        ],
        password:[
          {
            required:true,              //required 代表属性,必填
            message:'密码不可以为空',      //不符合验证规则时提示的内容
            trigger:'blur'              //触发验证的事件,这里采用失去焦点事件
          }
        ]
      }
    }
```

```
        }
    },
    methods:{
        //登录跳转事件
        async handleSubmit(){
            //通过 ref 属性获取 el-form 组件实例,通过调用其内部的 validate 函数主动触发一次表单验证
            let res=await this.$refs.form.validate().catch(err=>err)
            //当 res 的值为 true 时代码表单验证通过,反之为不通过
            if(res){
                /* ---------- 追加的代码 ---------- */
                //由于 data 属性中包含同名的 data 属性,所以给外层的 data 命名为 resData
                let { data:resData }=await login(this.formData.username,this.formData.password)
                //从请求对象中提取 code、data 和 msg,用来进行后续操作
                let { code, data, msg }=resData
                if(code==200){
                    //保存调用接口的凭证信息
                    sessionStorage.token=data.token
                    //将用户信息保存到本地会话
                    sessionStorage.userInfo=JSON.stringify(data.userInfo)
                    //弹出登录成功的通知
                    this.$notify.success({
                        title:'提示',
                        message:msg
                    })
                    //只有登录成功才能跳转页面
                    this.$router.push('/')
                }
                /* ---------- 追加的代码 ---------- */
            }
        }
    }
}
</script>
<style lang="scss" scoped>

</style>
```

（8）代码实现完成后,打开 http://localhost:8080/#/login 页面,在其中输入错误的账号和密码并单击"登录"按钮。由于已经输入了账号和密码,所以本地的表单验证可以通过,不过服务器端校验失败时仍然会通过通知组件提示登录失败的错误,如图 4-92 所示。

（9）接下来输入正确的账号和密码并单击"登录"按钮。按照正确的登录流程,网页会自动跳转到首页并提示"登录成功"字样,如图 4-93 所示。

（10）到此调用真正的网络接口实现登录功能的开发步骤介绍完毕。

图 4-92　登录失败的效果图

图 4-93　登录成功的效果图

4.10　什么是状态管理

状态管理是单页面应用开发中非常重要的管理方式,由于单页面应用的特性,通常在同一个网页中维护多个组件的源代码。多个组件间是相互独立的关系,每个组件维护自身内部的结构和功能,所以对于项目本身来讲,任何组件都具备自身的独立状态,并且组件和组件间是相互隔离的。在实际开发场景中有时开发者并不希望组件和组件间的关系是完全隔离的,所以在这种情况下,开发者通常会在相互有关联的组件外定义一个可以共享的状态对象,用于同步不同组件间相互联系的部分。

4.10.1　Vue 实现状态管理的方式

举个简单的例子,在开发后台管理系统的场景中,开发者通常会把页面结构设计成上、左、右的页面结构,如图 4-94 所示。

在上、左、右结构的页面中,开发者通常会把上、左、右三部分分成多个组件单独维护,这里的菜单部分一定会对应一个菜单组件来维护菜单内部的数据和状态。不仅如此,为了给用户多窗口的概念,开发者通常会在主体部分采用标签页的模式,为每个菜单对应的页面生成一个独立的标签展示,标签页也会被提取为单独的组件。分好结构的页面如图 4-95 所示。

在图 4-95 中左侧的菜单有多个选项,右侧的主体部分被分成了标签页和网页内容两个结构,此时菜单组件和标签页组件具备一个有关联的状态:被激活的选项。在应用运行时,开发者一定希望在左侧菜单的激活项变更为其他项时,除对应的界面可完成跳转动作外,右侧的标签页部分也要自动地将激活的选项与菜单同步。默认情况下两个组件间无法实现实时同步的功能,这时就需要状态管理来解决此问题了。

针对菜单和标签页的状态同步需求,此时的两个组件需要存在一个通道,以便共享被激活选项的状态,当这种状态变更时两个组件同时更新。想要将状态共享到两个不同的组件中其实不难,在单页面应用中无论组件层级多复杂,所有的组件都运行在同一个 HTML 文件中,所以不同组件间完全可以使用全局变量,或本地缓存等方式来共享同一种状态属性。难点在于当有组件发生状态改变时,如何通知相关的组件自动更新以保证状态同步。这个需求的解决方案就离不开订阅发布模式了。

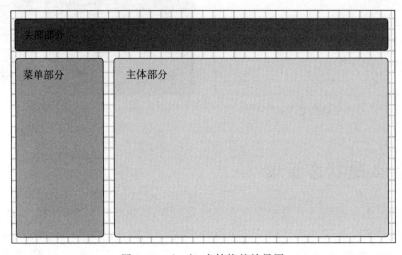

图 4-94　上、左、右结构的效果图

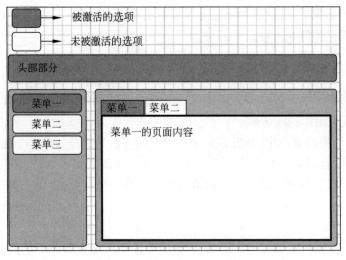

图 4-95　分好结构的效果图

订阅发布模式是在 MVVM 模式的单页面应用框架中使用最为广泛的设计模式之一,不仅可以实现 MVVM 的响应式视图更新功能,还可以实现状态管理功能。下面参考状态管理的简易流程,如图 4-96 所示。

参考图 4-96 的内部流程,状态管理框架在组件外部定义了一系列可被组件订阅的状态,任何使用相同状态的组件都可以获得相同的结果。在组件外部定义的状态一旦发生变化,状态管理框架就会通知所有订阅该状态的组件,组件识别到状态有新的变化便会自动执行更新,以便渲染最新的状态,这样便可以实现跨组件间的状态实时同步。

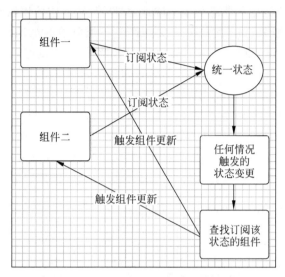

图 4-96 状态管理简易流程的效果图

状态管理除可以解决跨组件状态共享外,还可以管理复杂项目中各自业务模块小范围内的状态同步及业务分离。小范围的状态同步指的是将全局的状态管理细分成不同的业务模块,根据业务的需求相同业务的组件连接业务内部的状态,如图 4-97 所示。

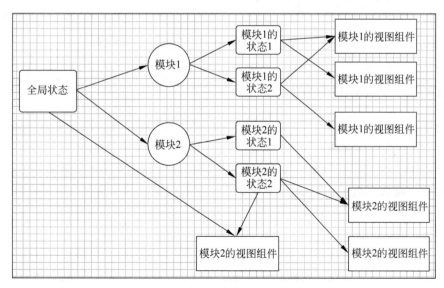

图 4-97 小范围状态同步的效果图

区分模块的状态管理可以实现在规模庞大并且状态复杂的项目中有条理地管理不同模块及组件间的状态。将全局状态通过模块划分后,不同业务之间的状态相互独立,业务内部又可以跨组件共享状态,这样既可以在开发层面更加方便地规划业务代码,也可以在维护方面更直观地查看不同业务中的状态关系。除此之外,在 Vue 中使用状态管理还可以将 Vue 框架中的代码进一步细分。一个 *.vue 文件代表一个单独的组件,一个组件内部被分为 <template>部分、<style>部分及<script>部分。如果将所有的组件代码全部写在组件的 .vue 文件内部,当组件内部复杂度高时,会导致组件内部代码的可读性降低。为了进一步提升 Vue 框架单文件开发的可维护性,可以使用状态管理框架将 *.vue 文件中的非直接视图逻辑提取到状态管理的文件中处理。这个操作让 *.vue 文件化身为纯视图文件,在其内部只编写视图结构、样式及交互事件等简单功能,将涉及网络通信和具体的业务代码完全提取到状态管理中处理,这样操作不仅可以使视图代码变得更加简洁,还可以共享不同视图组件间的业务代码。这也是状态管理框架在 Vue 中的另一种使用方式,如图 4-98 所示。

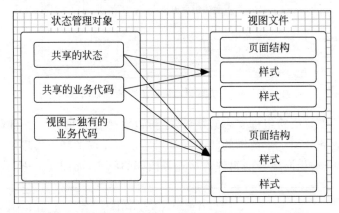

图 4-98 状态管理框架在 Vue 中的另一种使用方式的效果图

4.10.2 Vuex 的介绍

状态管理本身是一种辅助开发的思想,在 Vue 生态中存在很多状态管理的解决方案,其中最经典的状态管理实现为 Vuex 框架。Vuex 框架是一款完全服务于 Vue 框架的状态管理框架,它内部使用了完整的响应式数据系统进行封装,Vuex 的状态更新都可以自动驱动 Vue 中相应的视图组件。Vuex 自身定义了完整的状态管理结构和数据驱动流程,其结构包括以下几种。

1)state

state 是 Vuex 内部用来定义状态的选项,在 state 中定义的任何属性都具备响应式数据的完整特性,在 state 中定义的数据可以通过 Vue 的上下文对象直接访问,也可以结合视图组件中的 computed 选项将其展示到视图部分,state 会被 computed 记录为依赖实现变更的追踪。state 不同于 Vue 组件内部的 data 选项,任何模式下不推荐在视图中引用 state 中的属性直接赋值,在开启 Vuex 的严格模式后,将完全禁止直接对 state 中的属性进行赋值操作。state 的编写格式,代码如下:

```
{
  state:{
    key:value
  }
}
```

2) mutations

mutations 选项中可以定义函数,该函数的作用是对 state 中的属性进行写入数据的操作,在严格模式下,必须通过 mutations 中的函数来更新 state 中的值。函数中包含两个参数:第 1 个参数为 state 对象的引用,第 2 个参数为调用函数时传入的数据,mutations 中定义的函数不可以编写异步逻辑,只能执行同步逻辑。mutations 编写格式的代码如下:

```
//第 4 章 mutations 编写格式的代码案例
{
  state:{
    key:''
  },
  mutations:{
    //更新 state 中的 key 值
    setKey(state,valueForKey){
      state.key=valueForKey
    }
  }
}
```

3) actions

actions 选项用来在 Vuex 中定义异步函数的对象,actions 的目的是定义一个处理复杂业务的函数,在函数中可以通过操作 mutations 中的函数,来改变 state 中定义状态的值。这个模式下便可以通过在 actions 中定义函数来编写业务代码,将本应在视图层编写的业务代码全部提取到 actions 中处理,以便简化视图层的代码复杂度。actions 编写格式的代码如下:

```
//第 4 章 actions 编写格式的代码案例
{
  state:{
    key:''
  },
  mutations:{
    //更新 state 中的 key 值
    setKey(state,valueForKey){
```

```
      state.key=valueForKey
    }
  },
  actions:{
    //异步执行的业务函数
    //commit 为调用 mutations 中函数的工具对象
    //data 为视图层调用 fetchXXX 时传入的参数
    async fetchXXX({commit},data){
      //异步获取数据的函数
      let { data:resData } =await getXXX(data)
      //通过 commit 可以触发 mutations 中的 setKey 被执行并传入返回结果
      commit('setKey',resData)
    }
  }
}
```

4）getters

getters 相当于 Vue 视图中的 computed 计算属性,它的作用是扩展 state 中属性的值,当某些情况下不适合直接对视图层暴露 state 中属性的结果时,可以通过 getters 定义函数的形式在视图层中引用 state 中的属性,它的执行逻辑与计算属性完全一致,具备缓存和响应式更新的效果。getters 编写格式的代码如下:

```
//第 4 章 getters 编写格式的代码案例
{
  state:{
    key:'xxx'
  },
  getters:{
    //getKey 可以直接作为属性在视图层中引用,与 computed 的使用方式相同
    getKey(state){
      return 'key 的值为' + state.key
    }
  }
}
```

5）modules

modules 用来将复杂的状态分成各个模块进行管理,需要在模块代码中将 namespaced 设置为 true 才可以作为命名模块使用。每个模块下包含完整的 state、mutations、actions、getters 等部分,模块与模块间的数据系统完全隔离。同一个模块可以被多个视图引用,多个模块还可以被同一个视图引用,所以模块和视图间的关系是多对多的关系,与图 4-97 描述一致。

Vuex 在项目中的具体使用方式和代码编写方式会在第 5 章的项目开发环节详细介绍,接下来介绍一下 Vuex 在项目中的执行流程。Vuex 的结构并不复杂,但使用规则严格,需要按照约定的数据流向操作业务,否则 Vuex 便失去了状态管理的意义,Vuex 结合 Vue 视

图组件的运行流程,如图 4-99 所示。

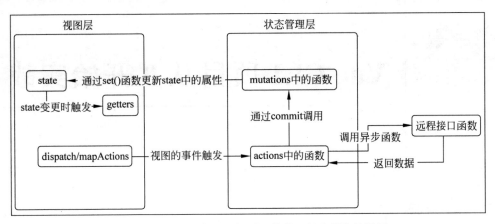

图 4-99 Vuex 结合 Vue 视图组件的运行流程的效果图

Vue CLI 项目从 0 开始实战

5.1 项目搭建

本章以项目实战的角度,从 0 开始进行项目的框架搭建、模块划分和代码编写等内容,全方位地学习如何通过脚手架开发实战项目的步骤和注意事项。本章开发的项目需要运行第 4 章提供的 shop-service 服务器端项目,项目的所有业务服务接口都由 shop-service 项目提供,该项目完全采用实际项目开发的步骤和要点进行编写,接下来从项目搭建开始进行学习。

1. 项目背景介绍

本项目为电商类业务项目,PC 端部分主要实现电商平台后台的商品信息管理、活动信息管理、优惠券管理、会员管理及订单管理等核心业务模块,还包含了通用后台管理系统中必备的管理员模块、角色模块和菜单模块等通用业务模块。本项目前端部分采用 Vue、Vue Router、Vuex、ElementUI 和 Axios 等框架整合,后台服务部分采用 NestJS、TypeScript、JWT 和本地存储等框架整合,以前后端分离的架构体系进行项目的业务开发。本项目需要依赖 Node.js(14 及以上版本)环境及 NPM(7 及以上版本)包管理器。

在项目开发前先确保 shop-service 项目在本地可以正常运行。shop-service 项目已由笔者开发完毕,导入网址为 https://gitee.com/LeoZhang1989/shop-service。在开发前再次回顾一下后台服务的导入和安装步骤。

(1) 在开发工具中新创建一个文件夹,命名为 projects。

(2) 在 projects 文件夹中打开命令行工具,在命令行工具中输入拉取项目命令,代码如下:

```
git clone https://gitee.com/LeoZhang1989/shop-service
```

(3) 执行完项目拉取命令后,控制台会输出拉取日志,如图 5-1 所示。

(4) 在项目拉取成功后,左侧文件导航器部分会出现项目的基本结构,如图 5-2 所示。

(5) 继续在命令行工具中输入安装依赖包命令,代码如下:

图 5-1 控制台日志的效果图

图 5-2 项目结构的效果图

```
npm install
```

（6）依赖包安装完毕后，继续在命令行工具中输入项目启动命令，代码如下：

```
npm run start:dev
```

（7）项目启动成功后访问 http://localhost:3000/api 页面，会展示项目服务接口文档的展示界面，如图 5-3 所示。

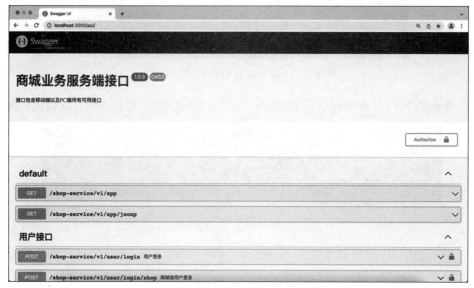

图 5-3 服务接口文档的效果图

到此,后台服务的导入和安装步骤介绍完毕。

2．创建项目

后台服务准备完毕后,继续在 projects 文件夹内部创建前端部分的脚手架项目,其步骤如下。

(1)在 projects 目录下打开命令行工具,输入创建项目的指令,创建名为 shop-admin 的项目,代码如下:

```
vue create shop-admin
```

(2)创建项目采用自定义选择步骤,在弹出选项中选择 Manually select features,如图 5-4 所示。

(3)在继续弹出的选项中勾选脚手架内置功能,如图 5-5 所示。

图 5-4　选择 Manually select features 的效果图　　　　图 5-5　勾选功能的效果图

(4)勾选内置功能后,需要选择 Vue 框架所依赖的版本,本次继续勾选 2.x 版本,如图 5-6 所示。

图 5-6　选择 Vue 框架版本的效果图

(5)在配置 CSS 预处理器界面,选择 Sass/SCSS(with dart-sass)选项,如图 5-7 所示。

图 5-7　选择预处理器的效果图

(6)在配置 ESLint 的选项中选择 ESLint with error prevention only 选项,如图 5-8 所示。

(7)在配置 ESLint 的触发条件的选项中选择 Lint on save,如图 5-9 所示。

图 5-8　配置 ESLint 的效果图

图 5-9　配置 ESLint 触发条件选项的效果图

（8）后续操作全部按默认配置执行即可，全部配置完毕后脚手架会自动初始化项目目录并下载依赖包，需要等待一段时间。全部初始化操作完成后 projects 文件夹内部会出现名为 shop-admin 的项目，如图 5-10 所示。

图 5-10　shop-admin 项目的效果图

（9）接下来打开项目 shop-admin/src/App.vue 文件，将内部的代码重构，代码如下：

```
<template>
  <div id="app">
    Hello Vue
  </div>
</template>

<script>

export default {
  name: 'App'
}
</script>

<style lang="scss">
#app {
  font-family: Avenir, Helvetica, Arial, sans-serif;
```

```
    -webkit-font-smoothing: antialiased;
    -moz-osx-font-smoothing: grayscale;
    color: #2c3e50;
}
</style>
```

（10）重构代码后，在命令行工具中打开 shop-admin 项目，输入运行项目命令，代码如下：

```
npm run serve
```

（11）启动后访问 http://localhost:8080/，访问项目首页，如果看到 Hello Vue，则代表创建项目成功，如图 5-11 所示。

图 5-11　创建项目成功的效果图

3. 整合路由框架

项目成功创建并运行后，需要对项目集成 Vue Router 路由框架，集成路由框架的步骤如下。

（1）在命令行工具中打开 shop-admin 项目，输入安装路由依赖的命令，代码如下：

```
npm install vue-router -s
```

（2）在 shop-admin/src 文件夹下创建 router 文件夹，并在 router 文件夹内部创建 index.js 文件。创建的目录结构如图 5-12 所示。

（3）在 shop-admin/src 下创建 views 文件夹，在文件夹内部创建 Index.vue 和 Login.vue 两个文件。创建的目录结构如图 5-13 所示。

（4）在创建的 shop-admin/src/views/Index.vue 文件中初始化页面结构，代码如下：

图 5-12　创建目录结构的效果图(1)

图 5-13　创建目录结构的效果图(2)

```
<!-- 第 5 章 Index.vue 页面结构的代码案例 -->
<template>
  <div>
    Index 页面
  </div>
</template>
<script>
export default {
  name:'Index'
}
</script>
<style scoped lang="scss">

</style>
```

（5）在创建的 shop-admin/src/views/Login.vue 文件中初始化页面结构，代码如下：

```
<!-- 第 5 章 Login.vue 页面结构的代码案例 -->
<template>
  <div>
    Login 页面
  </div>
</template>
<script>
export default {
  name:'Login'
}
</script>
<style scoped lang="scss">

</style>
```

（6）在创建的 shop-admin/src/router/index.js 文件中编写初始化路由的配置文件，代码如下：

```
//第 5 章 初始化路由配置文件的代码案例
import Vue from 'vue'
import VueRouter from 'vue-router'
import Index from '@/views/Index'
Vue.use(VueRouter)
const routes=[
  {
    path:'/',
    name:'Index',
    component:Index
  },
  {
    path:'/login,
    name:'Login',
    component:()=> import('@/views/Login')
  }
]
const router=new VueRouter({
  mode:'hash',
  routes
})
export default router
```

（7）在 shop-admin/main.js 文件中追加整合路由的逻辑，代码如下：

```
//第 5 章 追加整合路由的逻辑
import Vue from 'vue'
import App from './App.vue'
/* ----- 追加的代码 ----- */
import router from '@/router'
/* ----- 追加的代码 ----- */
Vue.config.productionTip=false

new Vue({
  /* ----- 追加的代码 ----- */
  router,
  /* ----- 追加的代码 ----- */
  render: h=> h(App),
}).$mount('#app')
```

（8）在 shop-admin/App.vue 文件中追加测试路由的代码案例，代码如下：

```
<!-- 第 5 章 测试路由的代码案例 -->
<template>
  <div id="app">
```

```
    <!-- 追加的代码逻辑 -->
    <router-link to="/">首页</router-link> |
    <router-link to="/login">登录</router-link>
    <router-view></router-view>
    <!-- 追加的代码逻辑 -->
  </div>
</template>

<script>

export default {
  name: 'App'
}
</script>

<style lang="scss">
html,body, #app{
  width: 100%;
  height: 100%;
  margin: 0;
}
#app {
    font-family: Avenir, Helvetica, Arial, sans-serif;
    -webkit-font-smoothing: antialiased;
    -moz-osx-font-smoothing: grayscale;
    color: #2c3e50;
}
</style>
```

（9）在命令行工具中打开 shop-admin 项目，输入运行项目的命令。在浏览器中打开 http://localhost:8080/地址并单击"首页"和"登录"查看对应的页面显示效果，如图 5-14 所示。

(a)　"首页"的效果图　　　　　　　(b)　"登录"的效果图

图 5-14　访问"首页"和"登录"页面的效果图

（10）到此步骤，路由就被成功整合到 Vue 框架中了。

4．整合 UI 框架

接下来在项目中整合常用的 UI 框架 ElementUI，具体操作步骤如下。

（1）在命令行工具中打开 shop-admin 项目，输入 ElementUI 依赖的安装命令，代码如下：

```
npm install element-ui -s
```

（2）在 shop-admin/main.js 文件中加入整合 ElementUI 的代码逻辑，代码如下：

```
//第 5 章 整合 ElementUI 的代码案例
import Vue from 'vue'
import App from './App.vue'
import router from '@/router'
/* ----- 追加的代码 ----- */
import ElementUI from 'element-ui'
import 'element-ui/lib/theme-chalk/index.css'
Vue.use(ElementUI)
/* ----- 追加的代码 ----- */

Vue.config.productionTip=false

new Vue({
  router,
  render: h=> h(App),
}).$mount('#app')
```

（3）在 shop-admin/src/views/Index.vue 文件中追加 ElementUI 的组件测试代码，代码如下：

```
<!-- 第 5 章 ElementUI 的组件测试的代码案例 -->
<template>
  <div>
    Index 页面
    <!-- 追加的代码逻辑 -->
    <el-button type="primary" icon="el-icon-user">
      测试按钮
    </el-button>
    <!-- 追加的代码逻辑 -->
  </div>
</template>
<script>
export default {
  name:'Index'
}
</script>
```

```
<style scoped lang="scss">

</style>
```

（4）在命令行工具中打开 shop-admin 并输入启动命令，访问 http://localhost:8080/页面，在出现的页面中展示"测试按钮"代表框架加载成功，如图 5-15 所示。

图 5-15　框架加载成功的效果图

（5）到此步骤，ElementUI 与 Vue 框架的整合便完成。

5.登录和首页的完整搭建

接下来改造 Index.vue 和 Login.vue 文件的内部代码，以便实现登录和首页的样式搭建及本地功能，Login.vue 文件的改造步骤如下。

（1）在 shop-admin/src/views/Login.vue 文件中的<script>内部编写初始数据，代码如下：

```
<!-- 第 5 章 编写初始数据的代码案例 -->
<script>
export default {
  name:'Login',
  data(){
    return {
      //表单对象
      loginForm:{
        username:'',
        password:''
      },
      //验证规则
      rules:{}
    }
```

```
    }
  }
</script>
```

（2）在<template>部分初始化登录页面的标签结构，代码如下：

```
<!-- 第5章 初始化登录页面的标签结构的代码案例 -->
<template>
  <div class="login-page">
    <div class="login-form">
      <el-form size="small" :model="loginForm" :rules="rules" label-width="auto">
        <el-form-item label="账号" prop="username">
          <el-input placeholder="请输入账号" v-model="loginForm.username" clearable>
</el-input>
        </el-form-item>
        <el-form-item label="密码" prop="password">
          <el-input placeholder="请输入密码" v-model="loginForm.password" clearable>
</el-input>
        </el-form-item>
        <el-form-item class="login-btn">
          <el-button type="primary">登录</el-button>
        </el-form-item>
      </el-form>
    </div>
  </div>
</template>
```

（3）在<style>部分初始化登录部分的样式，代码如下：

```
<!-- 第5章 部分初始化登录部分的样式的代码案例 -->
<style scoped lang="scss">
  .login-page{
    width: 100%;
    height: 100%;
    background-image: url('https://gimg2.baidu.com/image_search/src=http%3A%2F%2Fpic.
jj20.com%2Fup%2Fallimg%2F911%2F050516120333%2F160505120333-3.jpg&refer=http%3A%
2F%2Fpic.jj20.com&app=2002&size=f9999,10000&q=a80&n=0&g=0n&fmt=jpeg?sec=1645337855&t
=8482ca7bd29c3c31f92a13142fd5f83b');
    background-size: cover;
    display: flex;
    justify-content: center;
    align-items: center;
    ::v-deep .login-form{
      width: 300px;
      background-color: rgba(100,100,100,0.4);
      padding: 30px 20px 5px 20px;
      border:2px solid rgba(70,70,10,0.3);
```

```
     border-radius:7px ;
     backdrop-filter: blur(1px);
     box-shadow: 0px 10px 20px 0px rgba(10,10,10,0.5);
     label{
       color: #fff !important;
     }
     input{
       background-color: rgba(100,100,100,0.2);
       color: #fff !important;
     }
     .login-btn{
       .el-form-item__content{
         margin-left: 0 !important;
         text-align: center;
       }
     }
   }
 }
</style>
```

（4）完成后运行项目并访问 http://localhost:8080/#/login 地址可查看构建后的登录界面效果，如图 5-16 所示。

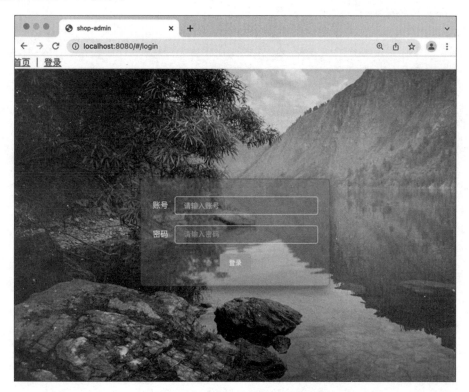

图 5-16　构建后的登录界面的效果图

（5）接下来在 src/views/Login. vue 文件中，完善登录界面的表单验证和登录跳转，以便完成登录页面的所有功能，代码如下：

```
<!-- 第 5 章 完善登录界面的表单验证和登录跳转的代码案例 -->
<template>
  <div class="login-page">
    <div class="login-form">
      <!-- 追加的代码 -->
      <el-form
        ref="form"
        size="small" :model="loginForm" :rules="rules" label-width="auto">
        <el-form-item label="账号" prop="username">
          <el-input placeholder="请输入账号" v-model="loginForm.username" clearable>
</el-input>
        </el-form-item>
        <el-form-item label="密码" prop="password">
          <el-input placeholder="请输入密码" v-model="loginForm.password" clearable>
</el-input>
        </el-form-item>
        <cl-form-item class="login-btn">
          <!-- 追加的代码 -->
          <el-button @click="handleSubmit" type="primary">登录</el-button>
          <!-- 追加的代码 -->
        </el-form-item>
      </el-form>
    </div>
  </div>
</template>
<script>
export default {
  name:'Login',
  data(){
    return {
      //表单对象
      loginForm:{
        username:'',
        password:''
      },
      //验证规则
      rules:{
        /* ------ 追加的代码 ------ */
        username:[
          {required:true,message:'请输入账号'}
        ],
        password:[
          {required:true,message:'请输入密码'}
        ]
        /* ------ 追加的代码 ------ */
```

```
      }
    }
  },
  /* —————— 追加的代码 —————— */
  methods:{
    async handleSubmit(){
      let canSubmit=await this.$refs.form.validate().catch(err=>err)
      if(canSubmit){
        this.$router.push('/')
      }
    }
  }
  /* —————— 追加的代码 —————— */
}
</script>
<style scoped lang="scss">
  .login-page{
    width: 100%;
    height: 100%;
    background-image: url('https://gimg2.baidu.com/image_search/src=http%3A%2F%2Fpic.
jj20.com%2Fup%2Ffalling%2F911%2F050516120333%2F160505120333-3.jpg&refer=http%3A%
2F%2Fpic.jj20.com&app=2002&size=f9999,10000&q=a80&n=0&g=0n&fmt=jpeg?sec=1645337855&t
=8482ca7bd29c3c31f92a13142fd5f83b');
    background-size: cover;
    display: flex;
    justify-content: center;
    align-items: center;
    ::v-deep .login-form{
      width: 300px;
      background-color: rgba(100,100,100,0.4);
      padding: 30px 20px 5px 20px;
      border:2px solid rgba(70,70,10,0.3);
      border-radius:7px;
      backdrop-filter: blur(1px);
      box-shadow: 0px 10px 20px 0px rgba(10,10,10,0.5);
      label{
        color: #fff !important;
      }
      input{
        background-color: rgba(100,100,100,0.2);
        color: #fff !important;
      }
      .login-btn{
        .el-form-item__content{
          margin-left: 0 !important;
          text-align: center;
        }
      }
    }
  }
</style>
```

（6）到此，Login. vue 文件的改造便完成了。

接下来改造 Index. vue 文件中的内容，将首页构建成上、左、右的代码结构，以便完善首页。完善首页的步骤如下。

（1）改造 shop-admin/src/views/Index. vue 文件的< template >部分代码，构造上、左、右结构的页面，代码如下：

```html
<!-- 第 5 章 构造上、左、右结构的页面的代码案例 -->
<template>
  <!-- 追加的代码逻辑 -->
  <el-container class="index-page">
    <el-header></el-header>
    <el-container>
      <el-aside>

      </el-aside>
      <el-main>

      </el-main>
    </el-container>
  </el-container>
  <!-- 追加的代码逻辑 -->
</template>
```

（2）在 shop-admin/src/views 中创建 layout 文件夹，在文件夹中创建 PHeader. vue 和 PMenu. vue 两个文件，如图 5-17 所示。

图 5-17　PHeader. vue 和 PMenu. vue 的效果图

（3）在 shop-admin/src/views/layout/PHeader. vue 文件中编写头部组件的初始结构，代码如下：

```html
<!-- 第 5 章 头部组件的初始结构的代码案例 -->
<template>
  <div class="p-header">
    <div class="p-title">
      商城后台管理系统
    </div>
    <div class="p-userInfo">
      <i class="el-icon-user-solid"></i>
      <span>超级管理员</span>
      <i class="el-icon-caret-bottom"></i>
    </div>
```

```
    </div>
</template>
<script>

</script>

<style lang="scss" scoped>

</style>
```

（4）在 shop-admin/src/views/Index.vue 文件中引入创建的头部组件，并将头部组件展示到网页中，代码如下：

```
<!-- 第 5 章 引入创建的头部组件的代码案例 -->
<template>
  <el-container class="index-page">
    <el-header>
      <!-- 追加的代码逻辑 -->
      <p-header></p-header>
      <!-- 追加的代码逻辑 -->
    </el-header>
    <el-container>
      <el-aside>

      </el-aside>
      <el-main>

      </el-main>
    </el-container>
  </el-container>
</template>
<script>
/* ------ 追加的代码 ------ */
import PHeader from '@/views/layout/PHeader'
/* ------ 追加的代码 ------ */
export default {
  name:'Index',
  /* ------ 追加的代码 ------ */
  components:{
    PHeader
  }
  /* ------ 追加的代码 ------ */
}
</script>
<style scoped lang="scss">

</style>
```

（5）回到 shop-admin/src/views/layout/PHeader.vue 文件中，完善头部组件的完整样式和功能，代码如下：

```html
<!-- 第 5 章 完善头部组件的完整样式和功能的代码案例 -->
<template>
  <div class="p-header">
    <div class="p-title">
      <i class="el-icon-platform-eleme"></i>
      商城后台管理系统
    </div>
    <div class="p-user-info">
      <el-dropdown trigger="click" @command="handleSelect">
        <div>
          <i class="el-icon-user-solid"></i>
          <span>超级管理员</span>
          <i class="el-icon-caret-bottom"></i>
        </div>
        <el-dropdown-menu slot="dropdown">
          <el-dropdown-item icon="el-icon-plus" command="user">个人信息</el-dropdown-item>
          <el-dropdown-item icon="el-icon-upload" command="exit" divided>退出登录</el-dropdown-item>
        </el-dropdown-menu>
      </el-dropdown>
    </div>
  </div>
</template>
<script>
  export default{
    name:'PHeader',
    methods:{
      async handleSelect(){
        let canLogout=await this.$confirm('正在退出登录,单击确认继续?','提示',{
          type:'warning'
        }).catch(err=>err)
        if(canLogout=='confirm'){
          sessionStorage.clear()
          this.$router.push('/login')
        }
      }
    }
  }
</script>

<style lang="scss" scoped>
  .p-header{
    margin-left:-20px ;
    margin-right: -20px;
```

```
    padding: 0px 20px;
    height: 100%;
    background-color: #373d41;
    color: #ddd;
    display: flex;
    justify-content: space-between;
    align-items: center;
    .p-title{
      cursor: pointer;
      font-size: 20px;
      &:hover{
        color:#fff;
      }
    }
    ::v-deep .p-user-info{
      .el-dropdown{
        color: #ddd;
      }
      cursor: pointer;
    }
  }
</style>
```

（6）访问 http://localhost:8080/查看头部组件的完整样式，如图 5-18 所示。

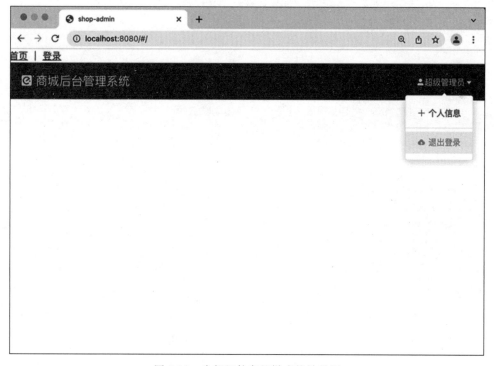

图 5-18　头部组件完整样式的效果图

（7）接下来构建菜单样式，在 shop-admin/src/views/layout/PMenu.vue 文件中构建菜单结构，代码如下：

```
<!-- 第 5 章 构建菜单结构的代码案例 -->
<template>
  <div class="p-menu">
    <el-menu
        default-active="1-1"
        background-color="#373d41"
        text-color="#fff">
      <el-submenu index="1">
        <template slot="title">
          <i class="el-icon-location"></i>
          <span>系统管理</span>
        </template>
        <el-menu-item index="1-1">菜单一</el-menu-item>
        <el-menu-item index="1-2">菜单二</el-menu-item>
      </el-submenu>
      <el-submenu index="2">
        <template slot="title">
          <i class="el-icon-location"></i>
          <span>业务管理</span>
        </template>
        <el-menu-item index="2-1">菜单一</el-menu-item>
        <el-menu-item index="2-2">菜单二</el-menu-item>
      </el-submenu>
    </el-menu>
  </div>
</template>
<script>
export default{
  name:'PMenu'
}
</script>

<style scoped lang="scss">
  .p-menu{
    height: 100%;
    background-color: #373d41;
    .el-menu{
      border-right: none;
    }
  }
</style>
```

（8）在 shop-admin/src/views/Index.vue 文件中追加引入 PMenu.vue 组件的部分，代码如下：

```
<!-- 第 5 章 追加引入 PMenu.vue 组件的代码案例 -->
<template>
  <el-container class="index-page">
    <el-header>
      <!-- 追加的代码逻辑 -->
      <p-header></p-header>

    </el-header>
    <el-container>
      <el-aside>
        <!-- 追加的代码逻辑 -->
        <p-menu></p-menu>
        <!-- 追加的代码逻辑 -->
      </el-aside>
      <el-main>

      </el-main>
    </el-container>
  </el-container>
</template>
<script>
import PHeader from '@/views/layout/PHeader'
/* ------ 追加的代码 ------ */
import PMenu from '@/views/layout/PMenu'
/* ------ 追加的代码 ------ */
export default {
  name:'Index',
  components:{
    PHeader,
    /* ------ 追加的代码 ------ */
    PMenu
    /* ------ 追加的代码 ------ */
  }
}
</script>
<style scoped lang="scss">
  /* ------ 追加的代码 ------ */
  .index-page{
    height: 100%;
  }
  /* ------ 追加的代码 ------ */
</style>
```

（9）在 App.vue 文件中将<template>中的其他代码删除,只保留<router-view>组件,
代码如下:

```
<!-- 第 5 章 改造 App.vue 文件的代码案例 -->
<template>
```

```
<div id="app">
  <router-view></router-view>
</div>
</template>
```

（10）运行项目并访问 http://localhost:8080/查看引入菜单后的首页效果，如图 5-19 所示。

图 5-19　引入菜单后的首页的效果图

（11）到此步骤，首页的基本结构代码构建完毕了。

6. 整合网络通信框架实现登录

项目基本结构搭建已完成，接下来在项目中整合网络通信框架，用于前后分离项目的数据通信，具体步骤如下。

（1）在命令行工具中打开 shop-admin 项目，输入并执行 Axios 框架的安装指令，代码如下：

```
npm i axios -s
```

（2）在 shop-admin/src 创建名为 http 的文件夹，并在文件夹下创建 index.js 文件，如图 5-20 所示。

（3）在 shop-admin/src/http/index.js 文件内初始化 Axios 框架的配置信息，代码如下：

图 5-20 创建文件架构的效果图(1)

```
//第 5 章 Axios 框架的配置信息的代码案例
//引入请求对象
import axios from 'axios'
import { Notification } from 'element-ui'
//由于 Axios 本版本不支持 JSONP,所以自己拓展一个
axios.jsonp=(url)=>{
    if(!url){
        console.error('Axios.JSONP 至少需要一个 URL 参数!')
        return;
    }
    return new Promise((resolve,reject)=>{
        window.jsonCallBack = (result)=>{
            resolve(result)
        }
        var JSONP=document.createElement("script");
        JSONP.type="text/JavaScript";
        JSONP.src=`${url}&callback=jsonCallBack`;
        document.body.appendChild(JSONP);
    })
}

//使用 Vue.use 时 Vue 会默认执行这个对象暴露出来的 install()方法并将 Vue 作为参数传入
export default {
    //install()方法用于将 Axios 安装到 Vue 上
    install(Vue){
        //将后台服务统一前缀作为基本配置,设置之后调用 this.$http()
        axios.defaults.baseURL='/shop-service/v1'

        //添加请求拦截器,所有在项目其他部分使用 Axios 的地方都会触发拦截器的执行
        axios.interceptors.request.use(function (config) {
            //console.log('拦截器执行')
            //console.log('请求的路径是',config.url)
                        //当用户登录之后会在 sessionStorage 中存储 token 的值,token 就会有值
                        let token=sessionStorage.token;
```

```
                        if(token){
                            //通过 jwt 方式验证 token 的参数携带规则如下
                            config.headers['Authorization']='Bearer ' + token
                        }
        //在发送请求之前做些什么
        return config;
    }, function (error) {
        //对请求错误做些什么
        return Promise.reject(error);
    });

    //添加响应拦截器,所有在项目其他部分使用 Axios 的地方都会触发拦截器的执行
    axios.interceptors.response.use(function (response) {
                        //当请求失败时统一拦截进行提示
                        if(response.data.code!=200){
                            Notification({
                                    title:'提示',
                                    message:response.data.msg,
                                    type:'error'
                            })
                        }
        //对响应数据做点什么
        return response;
    }, function (error) {
                        //对服务器系统级别的异常进行提示
                        Notification({
                                title:'提示',
                                message:error.message,
                                type:'error'
                        })
        //对响应错误做点什么
        return Promise.reject(error);
    });
                //将 Axios 对象挂载到 Vue 的原型对象上
    Vue.prototype.$http=axios;
    },
    http:axios
}
```

（4）在 shop-admin/src/main.js 文件中追加代码,将请求对象安装到 Vue 框架中,代码如下:

```
//第 5 章 将请求对象安装到 Vue 框架中的代码案例
import Vue from 'vue'
import App from './App.vue'
import router from '@/router'
import ElementUI from 'element-ui'
import 'element-ui/lib/theme-chalk/index.css'
```

```
/* ----- 追加的代码 ----- */
import http from '@/http'
Vue.use(http)
/* ----- 追加的代码 ----- */
Vue.use(ElementUI)
Vue.config.productionTip=false

new Vue({
  router,
  render: h=> h(App),
}).$mount('#app')
```

（5）在 shop-admin/src 下创建名为 apis 的文件夹，在 apis 文件夹内创建 user-api.js 文件，如图 5-21 所示。

（6）在命令行工具中打开 shop-service 服务接口项目，在命令行中输入启动后台服务的命令，代码如下：

```
npm run start:dev
```

图 5-21 创建文件架构的效果图（2）

（7）访问 http://localhost:3000/api 打开文档页面，参考 shop-service 中的接口文档中"用户接口"下的"用户登录"中的数据描述，在 shop-admin/src/apis/user-api.js 文件中定义调用登录接口的函数，代码如下：

```
//第5章 定义调用登录接口的函数的代码案例
import api from '@/http'
//登录接口的函数
export const login=(username,password) => {
  return api.http({
    url:'/user/login',              //接口地址
    method:'post',                  //请求的 method
    data:{                          //请求时 RequestBody 上携带的参数
      username,
      password
    }
  })
}
```

（8）在 shop-admin/src/views/Login.vue 文件中的<script>内部追加调用登录函数的流程，代码如下：

```
<!-- 第5章 追加调用登录函数的代码案例 -->
<script>
/* ------ 追加的代码 ------ */
import { login } from '@/apis/user-api'
```

```
/* ------ 追加的代码 ------ */
export default {
  name:'Login',
  data(){
    return {
      //表单对象
      loginForm:{
        username:'',
        password:''
      },
      //验证规则
      rules:{
        username:[
          {required:true,message:'请输入账号'}
        ],
        password:[
          {required:true,message:'请输入密码'}
        ]
      }
    }
  },

  methods:{
    async handleSubmit(){
      let canSubmit=await this.$refs.form.validate().catch(err=>err)
      if(canSubmit){
        /* ------ 追加的代码 ------ */
        let { data:resData }=await login(this.loginForm.username,this.loginForm.password)
        let { code, data, msg }=resData
        let { token, userInfo }=data
        if(code==200){
          sessionStorage.userInfo=JSON.stringify(userInfo)
          sessionStorage.token=token
          this.$router.push('/')
          this.$notify.success({
            title:'提示',
            message:msg
          })
        }

        /* ------ 追加的代码 ------ */
      }
    }
  }
}
</script>
```

（9）在 shop-admin 根目录下创建 vue.config.js 文件，在文件内部增加反向代理的配置文件使请求的转发生效，代码如下：

```
//第5章 增加反向代理的配置文件的代码案例
module.exports={
  lintOnSave:false,
  devServer:{
    proxy:{
      '/shop-service/v1':{
        target:'http://localhost:3000',
        changeOrigin: true
      }
    }
  }
}
```

（10）启动项目并访问 http://localhost:8080/login，测试登录接口是否工作。在账号输入框中输入 admin，在密码输入框中输入 123456，执行登录流程，如图 5-22 所示。

(a)输入账号和密码时　　　　　　　　　　(b)单击登录按钮后

图 5-22　执行登录流程的效果图

（11）在 shop-admin/src/router/index.js 文件中追加导航守卫的钩子函数，用于限制页面的访问权限，代码如下：

```
//第5章 追加导航守卫的钩子函数的代码案例
import Vue from 'vue'
import VueRouter from 'vue-router'
import Index from '@/views/Index'
/* ----- 追加的代码 ----- */
import { Notification } from 'element-ui'
/* ----- 追加的代码 ----- */
Vue.use(VueRouter)
const routes=[
  {
    path:'/',
    name:'Index',
```

```
    component:Index
  },
  {
    path:'/login',
    name:'Login',
    component:() => import('@/views/Login')
  }
]
const router=new VueRouter({
  mode:'hash',
  routes
})
/* ----- 追加的代码 ----- */
router.beforeEach((to,from,next) => {
  if(to.path != '/login' && sessionStorage.userInfo ==undefined){
    Notification.error({
      title:'提示',
      message:'您还没有登录,无权访问当前页面,已为您跳转到登录页面'
    })
    next('/login')
  }else{
    next()
  }
})
/* ----- 追加的代码 ----- */


export default router
```

（12）重新打开浏览器并访问 http://localhost:8080/页面,增加导航钩子函数后,在未登录情况下访问首页会直接自动跳转到 http://localhost:8080/#/login 页面并提示错误信息,如图 5-23 所示。

图 5-23　未登录访问首页的效果图

至此,项目搭建的完整流程介绍完毕。

5.2　全局状态配置

在后续的项目开发中,为了保证各组件间的公共状态管理,需要在当前项目中进一步集成状态管理框架,在前面的章节中已经介绍了状态管理框架的概念和基本结构,本节主要介绍如何在 Vue 项目中集成并使用 Vuex,以便实现状态管理。

5.2.1　整合 Vuex 框架

在脚手架项目中集成 Vuex 状态管理框架的具体步骤如下。

(1)在命令行工具中打开 shop-admin 项目,输入并运行 Vuex 框架的依赖安装指令,代码如下:

```
npm i vuex -s
```

(2)在 shop-admin/src 文件夹内创建名为 store 的文件夹,在 store 文件夹内部创建 index.js 文件,如图 5-24 所示。

图 5-24　创建文件结构的效果图

(3)在 shop-admin/src/store/index.js 文件中初始化全局状态管理的配置内容,代码如下:

```
//第 5 章 初始化全局状态管理的配置的代码案例
import Vue from 'vue'
import Vuex from 'vuex'
Vue.use(Vuex)
```

```
//全局的状态中心
const store=new Vuex.Store({
  state: {
    hello: '测试数据'
  },
  mutations: {

  },
  modules: {

  }
})
export default store
```

（4）在 shop-admin/src/main.js 文件中，将 Vuex 与 Vue 的全局实例对象合并，代码如下：

```
//第 5 章 将 Vuex 与 Vue 的全局实例对象合并的代码案例
import Vue from 'vue'
import App from './App.vue'
import router from '@/router'
import ElementUI from 'element-ui'
import 'element-ui/lib/theme-chalk/index.css'
import http from '@/http'
/* ----- 追加的代码 ----- */
import store from '@/store'
/* ----- 追加的代码 ----- */
Vue.use(http)
Vue.use(ElementUI)
Vue.config.productionTip=false

new Vue({
  /* ----- 追加的代码 ----- */
  store,
  /* ----- 追加的代码 ----- */
  router,
  render: h=> h(App),
}).$mount('#app')
```

（5）在 App.vue 文件的 <script> 内部增加生命周期钩子函数，在函数中使用 $store 对象获取全局的 state 数据，测试状态管理是否加载成功，代码如下：

```
<!-- 第 5 章 追加调用登录函数的代码案例 -->
<script>
export default {
  name: 'App',
  /* ------ 追加的代码 ------ */
```

```
created(){
  //输出全局状态中定义的 state 数据
  console.log(this.$store.state)
}
/* ------ 追加的代码 ------ */
}
</script>
```

（6）运行项目并访问 http://localhost:8080/#/login 来检测状态管理是否生效，打开浏览器的开发者控制台，查看是否可以输出在 store.js 文件中定义的 state 的值，如图 5-25 所示。

图 5-25　检测状态管理是否生效的效果图

（7）到此步骤将 Vuex 整合到 Vue 项目中的流程便执行完毕了。

5.2.2　动态加载菜单

在实现状态管理的实际应用前，先将菜单数据动态化地实现。在实际应用开发场景中，管理系统类的功能菜单绝大多数为动态菜单，菜单展示的内容和登录的账号关联，不同账号可管理的菜单根据权限进行划分，所以用户登录后首页的菜单数据也需要依赖服务接口进行获取，实现动态加载菜单的步骤如下。

（1）在确保 shop-service 服务接口项目已启动的前提下，访问 http://localhost:3000/API 文档页面，查看"菜单接口"下的"根据用户的角色 id 获取菜单列表"接口文档，如图 5-26 所示。

图 5-26　接口文档的效果图

（2）根据文档分析接口的访问路径、参数信息和返回数据格式等信息，在 shop-admin/src/apis 文件夹中创建 menu-api.js 文件，创建的文件结构如图 5-27 所示。

图 5-27　创建文件结构的效果图

（3）在创建的 shop-admin/src/apis/menu-api.js 文件中编写调用接口的内容，代码如下：

```
//第5章 调用接口的代码案例
import api from '@/http'
//根据角色 id 获取菜单列表的接口调用函数
export const getMenuListByRoleId=(roleId)=>{
  return api.http({
    //该请求通过 path 传递参数，将请求的参数直接拼接到 URL 路径中即可
    url:`/menu/list/all/role/${roleId}`,
    method:'post'
  })
}
```

（4）在 shop-admin/src/views/layout/PMenu.vue 文件中改造代码，实现调用接口并渲染接口返回的数据，在< script >部分增加引入和调用接口的内容，代码如下：

```
<!-- 第5章 增加引入和调用接口的代码案例 -->
< script >
/* ------ 追加的代码 ------ */
import { getMenuListByRoleId } from '@/apis/menu-api.js'
export default{
  name:'PMenu',
  data(){
    return {
      list:[] //用于保存菜单数据的属性
    }
  },
  //数据初始化完成时
  created(){
    //获取本地会话中保存的用户信息
    let { roleId }=JSON.parse(sessionStorage.userInfo)
```

```
        //根据用户的 roleId 查询对应的菜单
        this.fetchMenuList(roleId)
    },
    methods:{
        //调用接口函数并将结果保存到 list 属性中
        async fetchMenuList(roleId){
            let { data:resData }=await getMenuListByRoleId(roleId)
            let { code,data }=resData
            if( code==200 ){
                this.list=data
            }
        }
    }
}
/* ------ 追加的代码 ------ */
</script>
```

（5）在 hop-admin/src/views/layout/PMenu.vue 文件中改造<template>部分的代码，根据返回的数据层级通过 v-for 指令实现菜单的展示，代码如下：

```
<!-- 第 5 章 渲染菜单的代码案例 -->
<template>
  <div class="p-menu">
    <!-- 追加的代码 -->
    <el-menu
        default-active="1-1"
        background-color="#373d41"
        router
        text-color="#fff">
        <el-submenu v-for="item in list" :key="item.id" :index="item.id">
            <template slot="title">
                <i :class="item.icon"></i>
                <span>{{item.name}}</span>
            </template>
            <el-menu-item v-for="itemChild in item.children"
                :index="itemChild.id" :key="itemChild.id"
                :route="itemChild.url">
                <i :class="itemChild.icon"></i>
                <span>{{itemChild.name}}</span>
            </el-menu-item>
        </el-submenu>
    </el-menu>
    <!-- 追加的代码 -->
  </div>
</template>
```

（6）完成接口调用和数据渲染后的菜单如图 5-28 所示。

（7）到此步骤，动态加载菜单的内容便介绍完毕了。

图 5-28　完成接口调用和数据渲染后的菜单

5.2.3　实现 Tabs 标签页和二级路由页面

通常，在上、左、右结构的管理系统页面中，右侧部分的局部页面切换会采用仿浏览器的模式进行页面管理。在切换菜单项实现页面变更时，右侧部分会有一个标签页组件，用来管理所有打开过的页面，这些页面通常也会被<keep-alive>组件缓存起来。标签页组件最大的特点是可以自动与菜单的状态同步，当切换菜单展示时，右侧的标签页组件会随着当前访问的页面变化自动切换激活的页面，标签页的具体实现步骤如下。

（1）在 shop-admin/src/views/layout 文件夹中新建 PTabs. vue 文件，并在其内部定义 ElementUI 的最基本标签页结构，代码如下：

```
<!-- 第 5 章 最基本标签页结构的代码案例 -->
<template>
  <el-tabs v-model="activeMenu"
    class="p-tabs"
    type="card"
    closable>
    <el-tab-pane label="用户管理" name="first"></el-tab-pane>
    <el-tab-pane label="配置管理" name="second"></el-tab-pane>
    <el-tab-pane label="角色管理" name="third"></el-tab-pane>
    <el-tab-pane label="定时任务补偿" name="fourth"></el-tab-pane>
  </el-tabs>
</template>
<script>
```

```
export default {
  data(){
    return {
      activeMenu:'first'
    }
  }
}
</script>

<style scoped lang="scss">

</style>
```

（2）将 shop-admin/src/views/layout/PTabs. vue 文件引入 shop-admin/src/views/
Index. vue 文件中并将其展示到网页中,代码如下：

```
<!-- 第 5 章 在 Index.vue 文件中加载标签页组件的代码案例 -->
<template>

  <el-container class="index-page">
    <el-header>
      <!-- 追加的代码逻辑 -->
      <p-header></p-header>

    </el-header>
    <el-container>
      <el-aside>
        <p-menu></p-menu>
      </el-aside>
      <el-main>
        <!-- 追加的代码逻辑 -->
        <p-tabs></p-tabs>
        <router-view></router-view>
        <!-- 追加的代码逻辑 -->
      </el-main>
    </el-container>
  </el-container>
</template>
<script>
import PHeader from '@/views/layout/PHeader'
import PMenu from '@/views/layout/PMenu'
/* ------ 追加的代码 ------ */
import PTabs from '@/views/layout/PTabs'
/* ------ 追加的代码 ------ */
export default {
  name:'Index',
  components:{
    PHeader,
```

```
    PMenu,
    /* ------ 追加的代码 ------ */
    PTabs
    /* ------ 追加的代码 ------ */
  }
}
</script>
<style scoped lang="scss">
  .index-page{
    height: 100%;
  }
</style>
```

（3）追加标签页组件后，访问执行登录并访问项目首页 http://localhost:8080，查看标签页的具体效果，如图 5-29 所示。

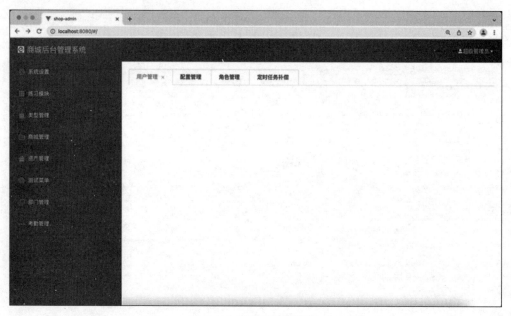

图 5-29　标签页的效果图

（4）标签页数据应对应已经打开过的页面信息，标签页的切换应与左侧的菜单联动，左侧菜单切换也应影响标签页的激活状态。实现联动前，应先定义好系统设置菜单下的所有子菜单页面。

（5）在 shop-admin/src/views 文件夹下创建 system 文件夹，在文件夹中创建 user、role 和 menu 三个文件夹。创建的文件结构如图 5-30 所示。

（6）在创建的 user、role 和 menu 文件夹下分别创建 User.vue、Role.vue 和 Menu.vue 文件，如图 5-31 所示。

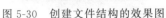

图 5-30　创建文件结构的效果图　　　图 5-31　创建 User.vue、Role.vue 和 Menu.vue 文件结构的效果图

（7）分别在创建的 User.vue、Role.vue 和 Menu.vue 文件中编写初始代码，代码如下：

```
<!-- 第 5 章 在 User.vue、Role.vue 和 Menu.vue 文件中编写初始代码的代码案例 -->
<!-- User.vue 代码 -->
<template>
  <div>
    用户管理页面
  </div>
</template>
<script>
  export default{
    name:'User'
  }
</script>
<style scoped lang="scss">

</style>

<!-- Role.vue 代码 -->
<template>
  <div>
    角色管理页面
  </div>
</template>
<script>
  export default{
    name:'Role'
  }
</script>
<style scoped lang="scss">

</style>

<!-- Menu.vue 代码 -->
<template>
  <div>
    菜单管理页面
  </div>
```

```
</template>
<script>
  export default{
    name:'Menu'
  }
</script>
<style scoped lang="scss">

</style>
```

（8）在 shop-admin/src/router/index.js 文件中追加二级路由注册内容，代码如下：

```
//第5章 追加二级路由注册内容的代码案例
import Vue from 'vue'
import VueRouter from 'vue-router'
import Index from '@/views/Index'
/* ----- 追加的代码 ----- */
import { Notification } from 'element-ui'

Vue.use(VueRouter)
const routes=[
  {
    path:'/',
    name:'Index',
    component:Index,
    /* ----- 追加的代码 ----- */
    children:[
      {
        path:'/user',
        name:'User',
        component:()=> import('@/views/system/user/User')
      },
      {
        path:'/role',
        name:'Role',
        component:()=> import('@/views/system/role/Role')
      },
      {
        path:'/menu',
        name:'Menu',
        component:()=> import('@/views/system/menu/Menu')
      }
    ]
    /* ----- 追加的代码 ----- */
  },
  {
    path:'/login',
    name:'Login',
```

```
    component:()=> import('@/views/Login')
  }
]
const router=new VueRouter({
  mode:'hash',
  routes
})
router.beforeEach((to,from,next)=>{
  if(to.path != '/login' && sessionStorage.userInfo==undefined){
    Notification.error({
      title:'提示',
      message:'您还没有登录,无权访问当前页面,已为您跳转到登录页面'
    })
    next('/login')
  }else{
    next()
  }
})


export default router
```

（9）到此步骤，标签页和二级路由页面的步骤便介绍完毕了。

5.2.4 通过 Vuex 实现 Tab 标签页和菜单的状态联动

在构建菜单和标签页组件的过程中，会发现菜单和标签页存在共同的状态。在操作菜单时，凡是单击过的菜单都应该在标签页中展示出来，所以在操作菜单时需要同时影响标签页组件的数量。在操作菜单切换时，除路由跳转外，标签页组件对应激活的选项应与当前激活的菜单选项一致，所以该状态是两个组件共享的状态。基于以上内容，菜单组件和标签页组件都需要结合 Vuex 框架进行重构。

1. 菜单组件的重构

通过 Vuex 框架重构菜单组件代码的具体步骤如下。

（1）在 shop-admin/src/store/index.js 文件中进行公共状态的定义，在 state 和 mutations 中追加公共状态，代码如下：

```
//第5章 在 state 和 mutations 中追加公共状态的代码案例
import Vue from 'vue'
import Vuex from 'vuex'
Vue.use(Vuex)
//全局的状态中心
const store=new Vuex.Store({
  /* ------ 追加的代码 ------ */
  state: {
```

```
      activeMenuId:'',                          //当前激活的菜单项的 id
      tabsList:[],                              //当前的标签页数据列表
      menuList:[],                              //当前菜单数据的列表
    },
    mutations: {
      //用于更新 activeMenuId 的函数
      setActiveMenuId(state,activeMenuId){
        state.activeMenuId=activeMenuId
      },
      //用于更新 tabsList 的函数
      setTabsList(state,tabsList){
        state.tabsList=tabsList
      },
      //用于更新 menuList 的函数
      setMenuList(state,menuList){
        state.menuList=menuList
      }
    },
    /* ------ 追加的代码 ------ */
    modules: {

    }
  })
export default store
```

(2) 在 shop-admin/src/store/index.js 文件中追加 actions 选项,将根据角色 id 查询菜单列表的业务代码转移到 actions 中,代码如下:

```
//第 5 章 将根据角色 id 查询菜单列表的业务代码转移到 actions 中的代码案例
import Vue from 'vue'
import Vuex from 'vuex'
/* ------ 追加的代码 ------ */
import { getMenuListByRoleId } from '@/apis/menu-api'
/* ------ 追加的代码 ------ */
Vue.use(Vuex)
//全局的状态中心
const store=new Vuex.Store({
  state: {
    activeMenuId:'',                          //当前激活的菜单项的 id
    tabsList:[],                              //当前的标签页数据列表
    menuList:[],                              //当前菜单数据的列表
  },
  mutations: {
    //用于更新 activeMenuId 的函数
    setActiveMenuId(state,activeMenuId){
      state.activeMenuId=activeMenuId
    },
    //用于更新 tabsList 的函数
```

```
    setTabsList(state,tabsList){
      state.tabsList=tabsList
    },
    //用于更新 menuList 的函数
    setMenuList(state,menuList){
      state.menuList=menuList
    }
  },
  /* ------ 追加的代码 ------ */
  actions:{
    //根据角色 id 获取用户菜单
    async getMenuListByRoleId({commit},roleId){
      let { data:resData }=await getMenuListByRoleId(roleId)
      let { code, data }=resData
      if(code==200){
        //通过 commit 触发 mutations 中的 setMenuList 执行并传入数据
        commit('setMenuList',data)
      }
    }
  },
  /* ------ 追加的代码 ------ */
  modules: {

  }
})
export default store
```

（3）在 shop-admin/src/views/layout/PMenu.vue 文件中改造代码,将原始的业务操作流程改造成通过 Vuex 框架中的状态进行管理,代码如下:

```
<!-- 第 5 章 将原始的业务操作流程改造成通过 Vuex 框架中的状态进行管理的代码案例-->
<template>
  <div class="p-menu">
    <el-menu
      :default-active="activeMenuId"
      background-color="#373d41"
      router
      text-color="#fff">
      <el-submenu v-for="item in menuList" :key="item.id" :index="item.id + ''">
        <template slot="title">
          <i :class="item.icon"></i>
          <span>{{item.name}}</span>
        </template>
        <el-menu-item v-for="itemChild in item.children"
          :index="itemChild.id + ''" :key="itemChild.id"
          :route="itemChild.url">
          <i :class="itemChild.icon"></i>
          <span>{{itemChild.name}}</span>
```

```
        </el-menu-item>
      </el-submenu>
    </el-menu>
  </div>
</template>
<script>
//从 Vuex 框架中引入映射模块对象的工具函数
import { mapState,mapActions,mapMutations } from 'vuex'
export default{
  name:'PMenu',
  computed:{
    //将 Vuex 全局定义的状态与本页面视图模块关联
    ...mapState(['menuList','activeMenuId'])
  },
  //数据初始化完成时
  async created(){
    //获取本地会话中保存的用户信息
    let { roleId }=JSON.parse(sessionStorage.userInfo)
    //根据用户的 roleId 查询对应的菜单
    await this.getMenuListByRoleId(roleId)
    //初始化默认选中的菜单
    this.initDefaultActiveMenuId()
  },
  methods:{
    //映射 Vuex 中定义的 setActiveMenuId 函数
    ...mapMutations(['setActiveMenuId']),
    //映射 Vuex 中定义的全局函数 getMenuListByRoleId
    ...mapActions(['getMenuListByRoleId']),
    //初始化当前激活的菜单 id
    initDefaultActiveMenuId(){
      //当访问首页根目录时将当前第 1 个菜单初始化为打开
      if(this.$route.path=='/'){
        this.setActiveMenuId(this.menuList[0].children[0].id+'')
        this.$router.push(this.menuList[0].children[0].url)
      }else{
        //当访问的路径为非首页根目录时,根据当前的路由地址设置当前激活的菜单项
        for(let i=0;i<this.menuList.length;i++){
          let children=this.menuList[i].children
          for(let j=0;j<children.length;j++){
            if(this.$route.path==children[j].url){
              this.setActiveMenuId(children[j].id+'')
            }
          }
        }
      }
    }
  }
}
</script>
```

```scss
<style scoped lang="scss">
 .p-menu{
   height: 100%;
   background-color: #373d41;
   .el-menu{
     border-right: none;
   }
 }
</style>
```

2. 标签页组件的重构

接下来继续使用 Vuex 对标签页组件进行重构,具体步骤如下。

（1）在 shop-admin/src/views/layout/PTabs.vue 文件中重构代码,将源代码使用 Vuex 进行统一状态管理,代码如下:

```html
<!-- 第5章 将源代码使用 Vuex 进行统一状态管理的代码案例 -->
<template>
  <el-tabs v-model="activeMenuId"
    class="p-tabs"
    type="card"
    closable>
    <el-tab-pane v-for="item in tabsList"
      :key="item.id"
      :label="item.name" :name="item.id + ''"></el-tab-pane>
  </el-tabs>
</template>
<script>
import { mapState,mapActions,mapMutations } from 'vuex'
export default {
  computed:{
    ...mapState(['tabsList']),
    activeMenuId:{
      set(activeMenuId){
        this.setActiveMenuId(activeMenuId)
      },
      get(){
        return this.$store.state.activeMenuId
      }
    }
  },
  methods:{
    ...mapMutations(['setActiveMenuId'])
  }
}
</script>
```

```
< style scoped lang="scss">

</style>
```

（2）在 shop-admin/src/store/index.js 文件中，对 state 选项中的 tabList 属性设置临时数据，代码如下：

```
//第 5 章 对 state 选项中的 tabList 属性设置临时数据的代码案例
import Vue from 'vue'
import Vuex from 'vuex'
import { getMenuListByRoleId } from '@/apis/menu-api'

Vue.use(Vuex)
//全局的状态中心
const store=new Vuex.Store({
  state: {
    activeMenuId:'',                        //当前激活的菜单项的 id
    tabsList:[
      /* ------ 追加的代码 ------ */
      {
        id:'1601878186416',
        name:'用户管理',
        icon:'el-icon-user-solid',
        url:'/user'
      }
      /* ------ 追加的代码 ------ */
    ],//当前的标签页数据列表
    menuList:[],                            //当前菜单数据的列表
  },
  mutations: {
    //用于更新 activeMenuId 的函数
    setActiveMenuId(state,activeMenuId){
      state.activeMenuId=activeMenuId
    },
    //用于更新 tabsList 的函数
    setTabsList(state,tabsList){
      state.tabsList=tabsList
    },
    //用于更新 menuList 的函数
    setMenuList(state,menuList){
      state.menuList=menuList
    }
  },
  actions:{
    //根据角色 id 获取用户菜单
    async getMenuListByRoleId({commit},roleId){
      let { data:resData }=await getMenuListByRoleId(roleId)
      let { code, data }=resData
```

```
     if(code==200){
         //通过 commit 触发 mutations 中的 setMenuList 执行并传入数据
         commit('setMenuList',data)
     }
   }
  },
  modules: {

  }
})
export default store
```

（3）运行项目，访问 http://localhost:8080/，查看首页的菜单和标签页组件是否正常，如图 5-32 所示。

图 5-32　查看首页的效果图

（4）到此步骤，标签页和菜单的初始结构及与 Vuex 框架结合便介绍完毕了。

3. 菜单与标签页组件的状态共享

接下来，通过继续改造代码实现菜单和标签页的状态共享，步骤如下。

（1）改造 shop-admin/src/view/layout/PMenu.vue 与 shop-admin/src/store/index.js 文件内的代码，实现单击菜单时右侧的标签页自动同步单击菜单的数据。

（2）打开 shop-admin/src/store/index.js 文件，在内部增加函数，以便对 tabsList 追加新的页面数据，代码如下：

```
//第 5 章 增加函数实现对 tabsList 追加新的页面数据的代码案例
import Vue from 'vue'
import Vuex from 'vuex'
import { getMenuListByRoleId } from '@/apis/menu-api'

Vue.use(Vuex)
//全局的状态中心
const store=new Vuex.Store({
  state: {
    activeMenuId:'',                              //当前激活的菜单项的 id
    tabsList:[],                                  //当前的标签页数据列表
    menuList:[],                                  //当前菜单数据的列表
  },
  mutations: {
    //用于更新 activeMenuId 的函数
    setActiveMenuId(state,activeMenuId){
      state.activeMenuId=activeMenuId
    },
    //用于更新 tabsList 的函数
    setTabsList(state,tabsList){
      state.tabsList=tabsList
    },
    //用于更新 menuList 的函数
    setMenuList(state,menuList){
      state.menuList=menuList
    }
  },
  actions:{
    //根据角色 id 获取用户菜单
    async getMenuListByRoleId({commit},roleId){
      let { data:resData }=await getMenuListByRoleId(roleId)
      let { code, data }=resData
      if(code==200){
        //通过 commit 触发 mutations 中的 setMenuList 执行并传入数据
        commit('setMenuList',data)
      }
    },
    /* ------ 追加的代码 ------ */
    pushMenuIntoTabsList({commit,state},menuItem){
      //获取原始 tabsList
      let tabsList=state.tabsList
      //将新的菜单项添加到 tabsList 中
      tabsList.push(menuItem)
      //去重复
      tabsList=Array.from(new Set(tabsList))
      //更新 tabsList
      commit('setTabsList',tabsList)
    }
    /* ------ 追加的代码 ------ */
```

```
    },
    modules: {

    }
})
export default store
```

（3）在 shop-admin/src/views/layout/PMenu.vue 文件中改造代码，实现单击菜单时动态地为标签页组件追加新的数据并同步激活状态，代码如下：

```
<!-- 第 5 章 实现单击菜单时动态地为标签页组件追加新的数据并同步激活状态的代码案例 -->
<template>
  <div class="p-menu">
    <el-menu
      :default-active="activeMenuId"
      background-color="#373d41"
      router
      text-color="#fff">
      <el-submenu v-for="item in menuList" :key="item.id" :index="item.id + ''">
        <template slot="title">
          <i :class="item.icon"></i>
          <span>{{item.name}}</span>
        </template>
        <el-menu-item v-for="itemChild in item.children"
          :index="itemChild.id + ''" :key="itemChild.id"
          :route="itemChild.url"
          @click="handleClickMenu(itemChild)">
          <i :class="itemChild.icon"></i>
          <span>{{itemChild.name}}</span>
        </el-menu-item>
      </el-submenu>
    </el-menu>
  </div>
</template>
<script>
//从 Vuex 框架中引入映射模块对象的工具函数
import { mapState,mapActions,mapMutations } from 'vuex'
export default{
  name:'PMenu',
  computed:{
    //将 Vuex 全局定义的状态与本页面视图模块关联
    ...mapState(['menuList','activeMenuId'])
  },
  //数据初始化完成时
  async created(){
    //获取本地会话中保存的用户信息
    let { roleId }=JSON.parse(sessionStorage.userInfo)
    //根据用户的 roleId 查询对应的菜单
```

```
        await this.getMenuListByRoleId(roleId)
        //初始化默认选中的菜单
        this.initDefaultActiveMenuId()
    },
    methods:{
        //映射 Vuex 中定义的 setActiveMenuId 函数
        ...mapMutations(['setActiveMenuId']),
        //映射 Vuex 中定义的全局函数 getMenuListByRoleId
        /* ------ 追加的代码 ------ */
        ...mapActions(['getMenuListByRoleId','pushMenuIntoTabsList']),
        handleClickMenu(menuItem){
            //更新激活的菜单项的 id
            this.setActiveMenuId(menuItem.id + '')
            //更新标签页组件共享的数据
            this.pushMenuIntoTabsList(menuItem)
        },
        /* ------ 追加的代码 ------ */
        //初始化当前激活的菜单 id
        initDefaultActiveMenuId(){
            //当访问首页根目录时将当前第 1 个菜单初始化为打开
            if(this.$route.path == '/'){
                /* ------ 追加的代码 ------ */
                let firstMenu=this.menuList[0].children[0]
                //设置初始菜单
                this.pushMenuIntoTabsList(firstMenu)
                this.setActiveMenuId(firstMenu.id + '')
                this.$router.push(firstMenu.url)
                /* ------ 追加的代码 ------ */
            }else{
                //当访问的路径为非首页根目录时,根据当前的路由地址设置当前激活的菜单项
                for(let i=0;i < this.menuList.length;i++){
                    let children=this.menuList[i].children
                    for(let j=0;j < children.length;j++){
                        if(this.$route.path==children[j].url){
                            /* ------ 追加的代码 ------ */
                            this.setActiveMenuId(children[j].id + '')
                            //设置初始菜单
                            this.pushMenuIntoTabsList(children[j])
                            break
                            /* ------ 追加的代码 ------ */
                        }
                    }
                }
            }
        }
    }
}
</script>
```

```scss
<style scoped lang="scss">
  .p-menu{
    height: 100%;
    background-color: #373d41;
    .el-menu{
      border-right: none;
    }
  }
</style>
```

（4）在 shop-admin/src/store/index.js 文件中的 actions 选项中追加函数，实现根据菜单 id 删除 TabsList 中指定位置的选项，代码如下：

```javascript
//第5章 实现根据菜单 id 删除 TabsList 中指定位置的选项的代码案例
import Vue from 'vue'
import Vuex from 'vuex'
import { getMenuListByRoleId } from '@/apis/menu-api'
import router from '@/router'
import { Notification } from 'element-ui'
Vue.use(Vuex)
//全局的状态中心
const store=new Vuex.Store({
  state: {
    activeMenuId:'',               //当前激活的菜单项的 id
    tabsList:[],                   //当前的标签页数据列表
    menuList:[],                   //当前菜单数据的列表
  },
  mutations: {
    //用于更新 activeMenuId 的函数
    setActiveMenuId(state,activeMenuId){
      state.activeMenuId=activeMenuId
    },
    //用于更新 tabsList 的函数
    setTabsList(state,tabsList){
      state.tabsList=tabsList
    },
    //用于更新 menuList 的函数
    setMenuList(state,menuList){
      state.menuList=menuList
    }
  },
  actions:{
    //根据角色 id 获取用户菜单
    async getMenuListByRoleId({commit},roleId){
      let { data:resData }=await getMenuListByRoleId(roleId)
      let { code, data }=resData
      if(code==200){
        //通过 commit 触发 mutations 中的 setMenuList 执行并传入数据
```

```
      commit('setMenuList',data)
    }
  },
  pushMenuIntoTabsList({commit,state},menuItem){
    //获取原始 tabsList
    let tabsList=state.tabsList
    //将新的菜单项添加到 tabsList 中
    tabsList.push(menuItem)
    //去重复
    tabsList=Array.from(new Set(tabsList))
    //更新 tabsList
    commit('setTabsList',tabsList)
  },
  /* ------ 追加的代码 ------ */
  removeItemByMenuId({commit,state},menuId){
    let tabsList=state.tabsList
    let targetIndex
    if(tabsList.length==1){
      Notification.error({
        title:'提示',
        message:'最后一个页面不允许关闭'
      })
      return
    }
    for(let i=0;i<tabsList.length;i++){
      if(menuId==tabsList[i].id){
        targetIndex=i
      }
    }
    if(targetIndex!== undefined){
      if(state.activeMenuId==menuId){
        if(targetIndex<tabsList.length-1){
          console.log(tabsList[targetIndex+1])
          router.push(tabsList[targetIndex+1].url)
          commit('setActiveMenuId',tabsList[targetIndex+1].id+'')
        }else{
          console.log(tabsList[targetIndex-1])
          router.push(tabsList[targetIndex-1].url)
          commit('setActiveMenuId',tabsList[targetIndex-1].id+'')
        }
        tabsList.splice(targetIndex,1)
      }else{
        tabsList.splice(targetIndex,1)
      }
    }
    commit('setTabsList',tabsList)
  }
},
modules: {
```

```
  }
})
export default store
```

（5）在 shop-admin/src/views/layout/PTabs.vue 文件中改造代码，实现单击"关闭"按钮时可以动态地减少一个标签页并自动跳转页面，代码如下：

```
<!-- 第 5 章 实现单击"关闭"按钮时可以动态地减少一个标签页并自动跳转页面的代码案例 -->
<template>
  <el-tabs v-model="activeMenuId"
    class="p-tabs"
    type="card"
    @tab-click="handleClick"
    @tab-remove="handleClose"
    closable>
    <el-tab-pane v-for="item in tabsList"
      :key="item.id"
      :label="item.name" :name="item.id + ''"
      ></el-tab-pane>
  </el-tabs>
</template>
<script>
import { mapState,mapActions,mapMutations } from 'vuex'
export default {
  computed:{
    ...mapState(['tabsList']),
    activeMenuId:{
      set(activeMenuId){
        this.setActiveMenuId(activeMenuId)
      },
      get(){
        return this.$store.state.activeMenuId
      }
    }
  },
  methods:{
    ...mapMutations(['setActiveMenuId']),
    /* ------ 追加的代码 ------ */
    ...mapActions(['removeItemByMenuId']),
    handleClose(menuId){
      this.removeItemByMenuId(menuId)
    },
    //单击标签页组件时切换页面的逻辑
    handleClick(menuItem){
      let [clickItem]=this.tabsList.filter(item=> item.id==menuItem.name)
      if(this.$route.path!=clickItem.url){
        this.$router.push(clickItem.url)
```

```
      }
    }
    /* ------ 追加的代码 ------ */
  }
}
</script>

< style scoped lang="scss">

</style>
```

（6）启动 shop-admin 项目后访问 http://localhost:8080/，在首页中通过切换选中的菜单和标签页，测试页面跳转和组件联动功能，如图 5-33 所示。

图 5-33　测试页面跳转和组件联动功能的效果图

至此，全局状态管理的案例便介绍完毕了。

5.3　完成用户管理模块的开发

用户管理模块是后台管理系统的核心数据模块，该模块记录了平台所有可用的管理员及其他权限用户数据，有此权限的管理员可通过该模块掌控系统所有的用户数据，可为任何用户执行编辑信息、修改密码及配置权限等功能。用户管理模块包括用户列表展示、模糊查询、新增用户信息、编辑用户信息、删除用户信息等常规模块。服务接口对应 shop-service 项目中的"用户接口"中的部分模块，"用户接口"的地址为 http://localhost：3000/api/＃/％E7％94％A8％E6％88％B7％E6％8E％A5％E5％8F％A3。在启动 shop-service 的前提下可访问该文档界面查看。

5.3.1　用户列表和模糊查询

实现用户的列表和模糊查询功能所依赖的接口为"用户接口"中的"分页查询用户列表"
接口，地址为 http://localhost:3000/api/#/%E7%94%A8%
E6%88%B7%E6%8E%A5%E5%8F%A3/UserController_
getUserListForPageByUserName。实现用户列表和模糊查询的
步骤如下。

（1）在 shop-admin/src 目录下创建名为 models 的文件夹，
在 models 文件夹内部创建 system 文件夹，在 system 文件夹下
创建 user 文件夹，在 user 文件夹内部创建 user-model.js 文件，
如图 5-34 所示。

图 5-34　创建文件结构
的效果图

（2）在 shop-admin/src/models/system/user/user-model.js
文件中初始化用户模块的状态管理结构，代码如下：

```
//第5章 初始化用户模块的状态管理结构的代码案例
export default {
  namespaced:true,
  state:{
    list:[],
    page:{}
  },
  mutations:{
    setList(state,list){
      state.list=list
    },
    setPage(state,page){
      state.page=page
    }
  },
  actions:{

  }
}
```

（3）在 shop-admin/src/store/index.js 文件中追加注册用户模块的内容，代码如下：

```
import Vue from 'vue'
import Vuex from 'vuex'
import { getMenuListByRoleId } from '@/apis/menu-api'
import router from '@/router'
import { Notification } from 'element-ui'
/* ------ 追加的代码 ------ */
```

```
//导入用户管理模块的状态文件
import userModel from '@/models/system/user/user-model'
/* ------ 追加的代码 ------ */
Vue.use(Vuex)
//全局的状态中心
const store=new Vuex.Store({
  state: {
    activeMenuId:'',                        //当前激活的菜单项的 id
    tabsList:[],                            //当前的标签页数据列表
    menuList:[],                            //当前菜单数据的列表
  },
  mutations: {
    //用于更新 activeMenuId 的函数
    setActiveMenuId(state,activeMenuId){
      state.activeMenuId=activeMenuId
    },
    //用于更新 tabsList 的函数
    setTabsList(state,tabsList){
      state.tabsList=tabsList
    },
    //用于更新 menuList 的函数
    setMenuList(state,menuList){
      state.menuList=menuList
    }
  },
  actions:{
    //根据角色 id 获取用户菜单
    async getMenuListByRoleId({commit},roleId){
      let { data:resData }=await getMenuListByRoleId(roleId)
      let { code, data }=resData
      if(code==200){
        //通过 commit 触发 mutations 中的 setMenuList 执行并传入数据
        commit('setMenuList',data)
      }
    },
    pushMenuIntoTabsList({commit,state},menuItem){
      //获取原始 tabsList
      let tabsList=state.tabsList
      //将新的菜单项添加到 tabsList 中
      tabsList.push(menuItem)
      //去重复
      tabsList=Array.from(new Set(tabsList))
      //更新 tabsList
      commit('setTabsList',tabsList)
    },
    removeItemByMenuId({commit,state},menuId){
      let tabsList=state.tabsList
      let targetIndex
      if(tabsList.length==1){
```

```
        Notification.error({
          title:'提示',
          message:'最后一个页面不允许关闭'
        })
        return
      }
      for(let i=0;i < tabsList.length;i++){
        if(menuId==tabsList[i].id){
          targetIndex=i
        }
      }
      if(targetIndex!== undefined){
        if(state.activeMenuId==menuId){
          if(targetIndex < tabsList.length-1){
            console.log(tabsList[targetIndex + 1])
            router.push(tabsList[targetIndex + 1].url)
            commit('setActiveMenuId',tabsList[targetIndex + 1].id + '')
          }else{
            console.log(tabsList[targetIndex-1])
            router.push(tabsList[targetIndex-1].url)
            commit('setActiveMenuId',tabsList[targetIndex-1].id + '')
          }
          tabsList.splice(targetIndex,1)
        }else{
          tabsList.splice(targetIndex,1)
        }
      }
      commit('setTabsList',tabsList)
    }
  },
  modules: {
    /* ------ 追加的代码 ------ */
    //注册用户管理模块的状态文件为命名模块,名称为 userModel
    userModel
    /* ------ 追加的代码 ------ */
  }
})
export default store
```

（4）在 shop-admin/src/views/system/user/User.vue 文件中加入连接模块 state 并测试,代码如下：

```html
<!-- 第 5 章 加入连接模块 state 并测试的代码案例 -->
<!-- User.vue 代码 -->
<template>
  <div>
    用户管理页面
    <!-- 追加的代码 -->
```

```html
      < br/>
      {{list}},{{page}}
      <!-- 追加的代码 -->
  </div>
</template>
<script>
  /* ------ 追加的代码 ------ */
  import { mapState } from 'vuex'
  /* ------ 追加的代码 ------ */
  export default{
    name:'User',
    /* ------ 追加的代码 ------ */
    computed:{
      //指定命名模块映射其中的state属性
      ...mapState('userModel',['list','page'])
    }
    /* ------ 追加的代码 ------ */
  }
</script>
< style scoped lang="scss">

</style>
```

（5）启动项目，登录并访问 http://localhost:8080/#/user 页面，如果页面中出现空数组和空对象，则代表模块连接成功，如图 5-35 所示。

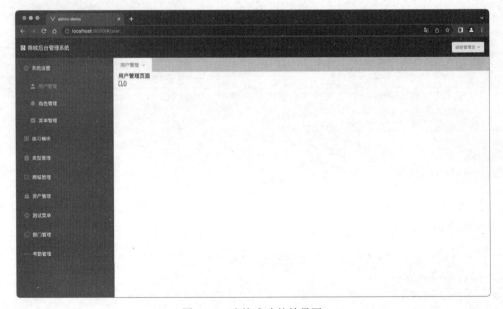

图 5-35　连接成功的效果图

（6）参考查询用户列表数据的接口文档分析查询参数，会发现接口需要传递 3 个参数，如图 5-36 所示。

图 5-36　查询参数的效果图

（7）根据查询参数在 shop-admin/src/views/system/user/User.vue 文件中追加条件查询的结构，代码如下：

```
<!-- 第 5 章 条件查询的结构的代码案例 -->
<!-- User.vue 代码 -->
<template>
  <div>
    <!-- 追加的代码 -->
    <el-form inline :model="queryForm">
      <el-form-item size="mini" label="用户账号">
        <el-input placeholder="请输入" clearable v-model="queryForm.username"></el-input>
      </el form item>
      <el-form-item size="mini">
        <el-button type="primary" :loading="queryLoading" @click="handleClick" icon="el-icon-search">查询</el-button>
      </el-form-item>
    </el-form>
    <!-- 追加的代码 -->
  </div>
</template>
<script>
  import { mapState } from 'vuex'
  export default{
    name:'User',
    /* ------ 追加的代码 ------ */
    data(){
```

```
      return {
        //条件查询对象
        queryForm:{
          pno:1,                                    //页号
          psize:10,                                 //每页多少条
          name:''                                   //用户账号
        }
      }
    },
    methods:{
      //单击"查询"按钮时触发
      handleClick(){

      }
    },
    /* ------ 追加的代码 ------ */
    computed:{
      ...mapState('userModel',['list','page'])
    },

  }
</script>
< style scoped lang="scss">

</style>
```

（8）在接口文档在线测试功能中测试返回的数据结构。根据返回的数据结构，在该文件中继续追加列表展示的内容，代码如下：

```
<!-- 第 5 章 列表展示的内容的代码案例 -->
<!-- User.vue 代码 -->
< template >
  < div >
    < el-form inline :model="queryForm">
      < el-form-item size="mini" label="用户账号">
        < el-input placeholder="请输入" clearable v-model="queryForm. username"></el-input >
      </el-form-item >
      < el-form-item size="mini">
        < el-button type="primary" :loading="queryLoading" @click="handleClick" icon="el-icon-search">查询</el-button >
      </el-form-item >
    </el-form >
    <!-- 追加的代码 -->
    <!--
      使用 table 组件
      border 为展示边框
      size 与表单控件的 size 用法相同
```

```
    data 为表格的数据属性传入表格的数据格式为[{key:value,key:value}],必须是 JSON 数组
--->
<el-table
  border
  size="mini"
  :data="list">
  <!-- 表格的列对象
    每个 el-table-column 代表一列
    label 表示 table 的 thead 中的 th 内的内容
    prop 代表当前这一列引用的数据是传入的[{key:value,key:value}]哪个 key 的数据
    -->
  <el-table-column label="账号" prop="username"></el-table-column>
  <el-table-column label="昵称" prop="nickname"></el-table-column>
  <el-table-column label="头像" >
    <template v-slot="{row}">
      <el-image style="width: 100px;height: 100px;border-radius: 9px;"
        fit="cover"
        :src="row.face"
        :preview-src-list="[row.face]"
        >
      </el-image>
    </template>
  </el-table-column>
  <el-table-column label="部门" prop="deptName"></el-table-column>
  <el-table-column label="角色" prop="roleName">
    <!--
      这个是 el-table-column
      中通过 slot 插槽实现自定义插入数据的写法,
      通过 template 嵌套之后可以在 v-slot="{row}"中获得每行的数据
      row 存储的就是 list 中每行的 JSON 对象
      -->
    <template v-slot="{row}">
      <el-tag size="small">
        {{row.roleName}}
      </el-tag>
    </template>
  </el-table-column>
  <el-table-column label="创建时间" prop="insertTime">
    <template v-slot="{row}">
      {{formatTime(row.insertTime)}}
    </template>
  </el-table-column>
  <el-table-column label="操作" >
    <!--
      这个是 el-table-column
      中通过 slot 插槽实现自定义插入数据的写法,
      通过 template 嵌套之后可以在 v-slot="{row}"中获得每行的数据
      row 存储的就是 list 中每行的 JSON 对象
      -->
```

```
            <template v-slot="{row}">
                <el-button size="mini" icon="el-icon-edit" @click="handleEdit(row.id)" type=
"warning">修改</el-button>
                <el-button size="mini" @click="handleRemove(row.id)" icon="el-icon-remove"
type="danger">删除</el-button>
            </template>
        </el-table-column>
    </el-table>
    <!-- 追加的代码 -->
  </div>
</template>
<script>
  import { mapState } from 'vuex'
  export default{
    name:'User',

    data(){
      return {
        //条件查询对象
        queryForm:{
          pno:1,                              //页号
          psize:10,                           //每页多少条
          name:''                             //用户账号
        }
      }
    },
    methods:{
      //单击"查询"按钮时触发
      handleClick(){

      },
      /* ------ 追加的代码 ------ */
      //单击"修改"按钮时触发
      handleEdit(id){

      },
      //单击"删除"按钮时触发
      handleRemove(id){

      }
      /* ------ 追加的代码 ------ */
    },
    computed:{
      ...mapState('userModel',['list','page']),
      //格式化日期的计算属性
      formatTime(){
        return function(time){
          let d=new Date(time);
```

```
        return `${d.getFullYear()} - ${d.getMonth() + 1} - ${d.getDate()} ${d.getHours()}:
    ${d.getMinutes()}: ${d.getSeconds()}`
      }
    }
  },

  }
</script>
<style scoped lang="scss">

</style>
```

（9）启动项目，登录并访问 http://localhost:8080/#/user 页面，如果出现条件查询和列表的结构，则代表成功，如图 5-37 所示。

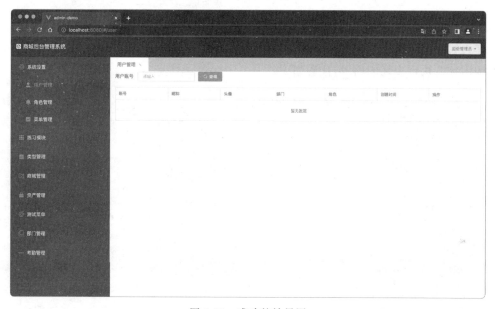

图 5-37 成功的效果图

（10）接下来在 shop-admin/src/apis/user-api.js 文件中追加调用查询接口的内容，代码如下：

```
//第5章 调用查询接口的内容的代码案例
import api from '@/http'
//登录接口的函数
export const login = (username, password) => {
  return api.http({
    url: '/user/login',                    //接口地址
    method: 'post',                        //请求的 method
    data: {                                //请求时 RequestBody 上携带的参数
```

```
        username,
        password
      }
    })
}
/* ------ 追加的代码 ------ */
//分页查询用户列表的接口调用函数
export const getUserListForPage=(queryForm)=>{
  return api.http({
    url:'/user/list/page',
    method:'get',
    params:queryForm
  })
}
/* ------ 追加的代码 ------ */
```

（11）由于 Vuex 框架可以将视图中调用接口的逻辑分离到模块代码中，所以将接口调用的逻辑写在模块代码中。在 shop-admin/src/models/system/user/user-model.js 文件中追加调用接口执行查询的内容，代码如下：

```
//第5章 调用接口执行查询的内容的代码案例
/* ------ 追加的代码 ------ */
import { getUserListForPage } from '@/apis/user-api'
/* ------ 追加的代码 ------ */
export default {
  namespaced:true,
  state:{
    list:[],
    page:{}
  },
  mutations:{
    setList(state,list){
      state.list=list
    },
    setPage(state,page){
      state.page=page
    }
  },
  actions:{
    /* ------ 追加的代码 ------ */
    //调用分页查询接口的代码
    async getUserListForPage({commit},queryForm){
      let { daLa:resData }=await gctUserListForPage(queryForm)
      let { code,data }=resData
      if( code==200 ){
        let { list,page }=data
        commit('setList',list)
```

```
      commit('setPage',page)
    }
  }
  /* ------ 追加的代码 ------ */
  }
}
```

（12）在 shop-admin/src/views/system/user/User. vue 文件的< script >部分追加连接模块并调用查询的内容,代码如下:

```
<!-- 第5章 连接模块并调用查询的内容的代码案例-->
< script >
  /* ------ 追加的代码 ------ */
  import { mapState, mapActions } from 'vuex'
  /* ------ 追加的代码 ------ */
  export default{
    name:'User',
    data(){
      return {
        //条件查询对象
        queryForm:{
          pno:1,                              //页号
          psize:10,                           //每页多少条
          name:''                             //用户账号
        }
      }
    },
    /* ------ 追加的代码 ------ */
    //在 created 生命周期中调用条件查询函数,保证进入页面即触发查询
    created(){
      this.getUserListForPage(this.queryForm)
    },
    /* ------ 追加的代码 ------ */
    methods:{
    /* ------ 追加的代码 ------ */
    ...mapActions('userModel',['getUserListForPage']),
    //单击"查询"按钮时触发
    handleClick(){
      this.getUserListForPage(this.queryForm)
    },
    /* ------ 追加的代码 ------ */
    //单击"修改"按钮时触发
    handleEdit(id){

    },
    //单击"删除"按钮时触发
    handleRemove(id){
```

```
      }
    },
    computed:{
      ...mapState('userModel',['list','page']),
      //格式化日期的计算属性
      formatTime(){
        return function(time){
          let d=new Date(time);
          return `${d.getFullYear()} - ${d.getMonth() + 1} - ${d.getDate()} ${d.getHours()}:
${d.getMinutes()}:${d.getSeconds()}`
        }
      }
    },

  }
</script>
```

（13）启动项目，登录并访问 http://localhost:8080/♯/user 页面，测试条件查询功能，如图 5-38 所示。

图 5-38　测试条件查询的效果图

（14）查询生效后会发现所有数据的头像均无法访问，这是由于本项目的图片引用地址默认访问的是项目运行的服务器地址 http://localhost:8080，而不是接口服务器的地址 http://localhost:3000，所以接下来停止服务器运行，找到 shop-admin/vue.config.js 文件，在文件中加入静态资源的反向代理配置内容，代码如下：

```
//第 5 章 静态资源的反向代理配置内容的代码案例
module.exports={
  lintOnSave:false,
  devServer:{
    proxy:{
      '/shop-service/v1':{
        target:'http://localhost:3000',
        changeOrigin: true
      },
      /* ------ 追加的代码 ------ */
      //静态资源的反向代理配置
      '/public':{
        target:'http://localhost:3000',
        changeOrigin: true
      }
      /* ------ 追加的代码 ------ */
    }
  }
}
```

（15）重启项目，访问 http://localhost:8080/#/user 页面，如果部分头像出现，则代表代理配置成功，如图 5-39 所示。其他图片不存在是由于测试数据并没有上传所有数据的头像导致的。

图 5-39　代理配置成功的效果图

（16）到此步骤，列表和模糊查询的功能便实现完毕了。

5.3.2　列表的分页查询

列表查询完成后会发现整个用户模块只有十条数据在列表中展示,这是由于接口应用了分页查询功能。分页查询是在项目开发中特别实用的一种查询方式,由于前后端数据交互采用 HTTP 协议进行通信,每次数据交互都需要服务器向客户端回传数据。不采用分页查询时,如果访问的模块有千条或万条数据返回,假设一条数据只有 1KB,则实际返回的数据包为 1MB~10MB。这种数量级的数据交互会使一次 HTTP 连接的时间过长,也会使 DOM 渲染效率降低,而用户想要找到其需要的那部分数据也会变得更加困难。

为避免直接查询所有数据带来的各种问题,分页查询的思想应运而生。分页查询的思路主要由后端实现,根据 Web 应用的使用经验得知,用户在访问任意页面时,其可视范围只有一屏,所以就算有 10 万条数据要展示,用户也无法直观地看见所有数据。鉴于以上特点,服务器端在查询数据时则不直接返回该模块的所有数据,而是将数据进行分页处理,由客户端提供想要访问的页号和每页展示多少条数据,服务器端根据已知条件动态地计算当前数据共有的页数并返回客户端要查询的页号对应的数据,这样返回的数据只有用户想要查看的部分,其他数据会被隐藏起来。如果想要查看其他数据,则可直接通过客户端的分页器进行切换,服务器端会根据新的页号来返回数据。这样,无论访问的模块有多少条数据,每次的访问交互只有几十条数据,提升了访问速度,也提高了用户的搜索效率。

用户管理模块便应用了分页查询,所以在默认首次查询时,客户端只请求了第 1 页的 10 条数据,服务器端不会将更多的数据返回客户端。如果要实现完整的分页查询,则需要在页面中加入分页器组件,步骤如下。

(1)在 shop-admin/src/views/system/user/User. vue 文件中加入分页器组件,代码如下:

```
<!-- 第 5 章 加入分页器组件的代码案例 -->
<!-- User.vue 代码 -->
<template>
  <div>
    <el-form inline :model="queryForm">
      <el-form-item size="mini" label="用户账号">
        <el-input placeholder="请输入" clearable v-model="queryForm.username">
</el-input>
      </el-form-item>
      <el-form-item size="mini">
        <el-button type="primary" @click="handleClick" icon="el-icon-search">查询
</el-button>
      </el-form-item>
    </el-form>
    <!--
      使用 table 组件
      border 为展示边框
      size 与表单控件的 size 用法相同
```

```
    data 为表格的数据属性传入表格的数据格式为[{key:value,key:value}],必须是 JSON 数组
    -->
<el-table
  border
  size="mini"
  :data="list">
  <!-- 表格的列对象
    每个 el-table-column 代表一列
    label 表示 table 的 thead 中的 th 内的内容
    prop 代表当前这一列引用的数据是传入的[{key:value,key:value}]哪个 key 的数据
    -->
  <el-table-column label="账号" prop="username"></el-table-column>
  <el-table-column label="昵称" prop="nickname"></el-table-column>
  <el-table-column label="头像" >
    <template v-slot="{row}">
      <el-image style="width: 100px;height: 100px;border-radius: 9px;"
        fit="cover"
        :src="row.face"
        :preview-src-list="[row.face]"
        >
      </el-image>
    </template>
  </el-table-column>
  <el-table-column label="部门" prop="deptName"></el-table-column>
  <el-table-column label="角色" prop="roleName">
    <!--
      这个是 el-table-column
      中通过 slot 插槽实现自定义插入数据的写法,
      通过 template 嵌套之后可以在 v-slot="{row}"中获得每行的数据
      row 存储的就是 list 中每行的 JSON 对象
      -->
    <template v-slot="{row}">
      <el-tag size="small">
        {{row.roleName}}
      </el-tag>
    </template>
  </el-table-column>
  <el-table-column label="创建时间" prop="insertTime">
    <template v-slot="{row}">
      {{formatTime(row.insertTime)}}
    </template>
  </el-table-column>
  <el-table-column label="操作" >
    <!--
      这个是 el-table-column
      中通过 slot 插槽实现自定义插入数据的写法,
      通过 template 嵌套之后可以在 v-slot="{row}"中获得每行的数据
      row 存储的就是 list 中每行的 JSON 对象
      -->
```

```html
        <template v-slot="{row}">
            <el-button size="mini" icon="el-icon-edit" @click="handleEdit(row.id)" type=
"warning">修改</el-button>
            <el-button size="mini" @click="handleRemove(row.id)" icon="el-icon-remove"
type="danger">删除</el-button>
        </template>
      </el-table-column>
    </el-table>
    <!-- 追加的代码 -->
    <!-- 分页器组件 -->
    <el-pagination
      @size-change="handleSizeChange"
      @current-change="handleCurrentChange"
      :current-page="queryForm.pno"
      :page-size="queryForm.psize"
      layout="total, sizes, prev, pager, next, jumper"
      :total="page.totalElements">
    </el-pagination>
    <!-- 追加的代码 -->
  </div>
</template>
<script>
  import { mapState,mapActions } from 'vuex'
  export default{
    name:'User',
    data(){
      return {
        //条件查询对象
        queryForm:{
          pno:1,                                    //页号
          psize:10,                                 //每页多少条
          name:''                                   //用户账号
        }
      }
    },
    //在created生命周期中调用条件查询函数,保证进入页面即触发查询
    created(){
      this.getUserListForPage(this.queryForm)
    },
    methods:{
      ...mapActions('userModel',['getUserListForPage']),
      //单击"查询"按钮时触发
      handleClick(){
        this.getUserListForPage(this.queryForm)
      },
      /* ------ 追加的代码 ------ */
      //单击分页组件的每页多少条切换时会触发这个回调,参数就是切换的条数
      handleSizeChange(psize){
        this.queryForm.psize=psize
```

```
        this.queryForm.pno=1;
        //数据发生变化之后重新调用查询方法
        this.getUserListForPage(this.queryForm)
      },
      //单击分页组件"上一页""下一页"切换页面时触发的回调,参数就是跳到哪一页
      handleCurrentChange(pno){
        this.queryForm.pno=pno
        //改变请求的参数重新查询当前页的数据
        this.getUserListForPage(this.queryForm)
      },
      /* ------ 追加的代码 ------ */
      //单击"修改"按钮时触发
      handleEdit(id){

      },
      //单击"删除"按钮时触发
      handleRemove(id){

      }
    },
    computed:{
      ...mapState('userModel',['list','page']),
      //格式化日期的计算属性
      formatTime(){
        return function(time){
          let d=new Date(time);
          return `${d.getFullYear()} - ${d.getMonth() + 1} - ${d.getDate()} ${d.getHours
()}:${d.getMinutes()}:${d.getSeconds()}`
        }
      }
    },

  }
</script>
< style scoped lang="scss">

</style>
```

（2）加入分页器后会发现分页功能已经生效,如图 5-40 所示。

（3）当查询第 3 页后重新执行条件查询搜索账号包含 ad 的数据时,会出现数据无法展示的问题,如图 5-41 所示。

（4）根据分页器只展示两页数据分析,该查询并没有问题,结合 Web 控制台的 Network 功能排查网络请求参数会发现,此时单击"模糊查询"按钮时后台接收的页号参数是 3,每页展示的条数为 10,但本次请求后台只返回两页数据,所以导致数据与页号不匹配的问题,如图 5-42 所示。

图 5-40　分页功能已经生效的效果图

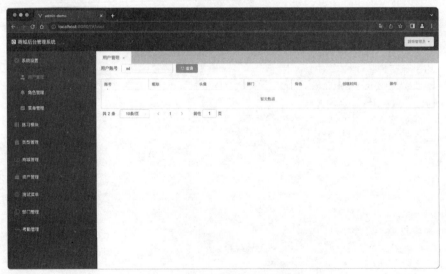

图 5-41　数据无法展示的效果图

图 5-42　结合 Web 控制台的 Network 功能排查网络请求参数的效果图

（5）解决该问题只需要在模糊查询时每次将页号参数重置为 1，在 shop-admin/src/views/system/user/User. vue 文件的< script >部分追加重置页号的内容，代码如下：

```
<!-- 第 5 章 追加重置页号的内容的代码案例 -->
< script >
  import { mapState,mapActions } from 'vuex'
  export default{
    name:'User',
    data(){
      return {
        //条件查询对象
        queryForm:{
          pno:1,                              //页号
          psize:10,                           //每页多少条
          name:''                             //用户账号
        }
      }
    },
    //在 created 生命周期中调用条件查询函数,保证进入页面即触发查询
    created(){
      this.getUserListForPage(this.queryForm)
    },
    methods:{
      ...mapActions('userModel',['getUserListForPage']),
      //单击"查询"按钮时触发
      handleClick(){
        /* ------ 追加的代码 ------ */
        this.queryForm.pno=1
        /* ------ 追加的代码 ------ */
        this.getUserListForPage(this.queryForm)
      },
      //单击分页组件的每页多少条切换时会触发这个回调,参数就是切换的条数
      handleSizeChange(psize){
        this.queryForm.psize=psize
        this.queryForm.pno=1;
        //数据发生变化之后重新调用查询方法
        this.getUserListForPage(this.queryForm)
      },
      //单击分页组件"上一页""下一页"切换页面时触发的回调,参数就是跳到哪一页
      handleCurrentChange(pno){
        this.queryForm.pno=pno
        //改变请求的参数重新查询当前页的数据
        this.getUserListForPage(this.queryForm)
      },
      //单击"修改"按钮时触发
      handleEdit(id){

      },
```

```
    //单击"删除"按钮时触发
    handleRemove(id){

    }
  },
  computed:{
    ...mapState('userModel',['list','page']),
    //格式化日期的计算属性
    formatTime(){
      return function(time){
        let d=new Date(time);
        return `${d.getFullYear()} - ${d.getMonth() + 1} - ${d.getDate()} ${d.getHours
()}:${d.getMinutes()}:${d.getSeconds()}`
      }
    }
  },

}
</script>
```

（6）修改完毕后可重新测试模糊查询功能，先访问第 3 页，再搜索带有 ad 的账号，单击"查询"按钮，如果出现数据，则代表成功，如图 5-43 所示。

图 5-43　重新测试模糊查询功能的效果图

（7）到此步骤，分页查询的功能便实现完毕了。

5.3.3　新增用户信息

新增用户信息需要跳转到新增用户的页面，在页面中填写信息并将信息提交到后台并保存到服务器中。新增用户对应的接口为"用户接口"下的"增加用户"接口,地址为 http://localhost:3000/api/#/%E7%94%A8%E6%88%B7%E6%8E%A5%E5%8F%A3/UserController_insert。接口提交的信息如图 5-44 所示。

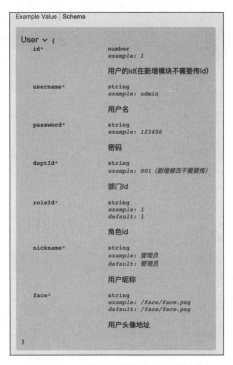

图 5-44　接口提交信息的效果图

实现新增用户功能的步骤如下。

(1) 在 shop-admin/src/views/system/user 文件夹下创建 UserAdd.vue 文件,并初始化新增页面的内容,代码如下:

```
<!-- 第5章 初始化新增页面的内容的代码案例 -->
<template>
  <div>
    <el-page-header @back="handleBack" content="增加用户信息"></el-page-header>
    <el-form
      :model="addForm"
      label-width="auto"
      ref="addForm"
      :rules="rules">
      <el-form-item size="mini" prop="username" label="账号">
        <el-input placeholder="请输入" clearable v-model.trim="addForm.username"></el-input>
      </el-form-item>
      <el-form-item size="mini" prop="password" label="密码">
        <el-input placeholder="请输入" clearable v-model.trim="addForm.password"></el-input>
```

```
        </el-form-item>
        <el-form-item size="mini" prop="nickname" label="昵称">
          <el-input placeholder="请输入" clearable v-model.trim="addForm.nickname"></el-input>
        </el-form-item>
        <el-form-item size="mini" prop="roleId" label="角色">

        </el-form-item>
        <el-form-item size="mini" label="头像" prop="face">

        </el-form-item>
        <el-form-item size="mini">
          <el-button :loading="subLoading" @click="handleAdd" type="primary">提交</el-button>
        </el-form-item>
      </el-form>
    </div>
  </template>

  <script>
    import { mapActions,mapState } from 'vuex';
    export default{
    name:'user-add',
    data(){
      return {
        rules:{
          username:[{
            required:true,
            message:'账号不可以为空'
          }],
          password:[{
            required:true,
            message:'密码不可以为空'
          }],
          nickname:[{
            required:true,
            message:'昵称不可以为空'
          }],
          roleId:[{
            required:true,
            message:'角色不可以为空'
          }],
          face:[{
            required:true,
            message:'头像不可以为空'
          }],
        },
          addForm:{
            username:'',
```

```
                password:'',
                nickname:'',
                roleId:'',
                face:''
            }
        }
    },
    created(){
    },
    computed:{
    },
    methods:{
        //返回
        handleBack(){
            this. $router. history. go( -1)
        },
    }
}
</script>

<style scoped="scoped" lang="scss">
</style>
```

（2）在 shop-admin/src/router/index.js 文件中增加新增用户页面的路由注册内容，代码如下：

```
//第 5 章 新增用户页面的路由注册内容的代码案例
import Vue from 'vue'
import VueRouter from 'vue-router'
import Index from '@/views/Index'
import { Notification } from 'element-ui'

Vue. use(VueRouter)
const routes =[
    {
        path:'/',
        name:'Index',
        component:Index,

        children:[
            {
                path:'/user',
                name:'User',
                component:() = > import('@/views/system/user/User')
            },
            /* ----- 追加的代码 ----- */
            {
                path:'/user-add',
```

```
      name:'UserAdd',
      component:()=> import('@/views/system/user/UserAdd')
    },
    /* ----- 追加的代码 ----- */
    {
      path:'/role',
      name:'Role',
      component:()=> import('@/views/system/role/Role')
    },
    {
      path:'/menu',
      name:'Menu',
      component:()=> import('@/views/system/menu/Menu')
    }
  ]

},
{
  path:'/login',
  name:'Login',
  component:()=> import('@/views/Login')
}
]
const router=new VueRouter({
  mode:'hash',
  routes
})
router.beforeEach((to,from,next)=>{
  if(to.path != '/login' && sessionStorage.userInfo==undefined){
    Notification.error({
      title:'提示',
      message:'您还没有登录,无权访问当前页面,已为您跳转到登录页面'
    })
    next('/login')
  }else{
    next()
  }
})


export default router
```

（3）在 shop-admin/src/views/system/user/User.vue 文件的<template>部分加入跳转新增页面的按钮和跳转方法,代码如下:

```
<!-- 第 5 章 跳转新增页面的按钮和跳转方法的代码案例 -->
<template>
  <div>
```

```html
<el-form inline :model="queryForm">
  <el-form-item size="mini" label="用户账号">
    <el-input placeholder="请输入" clearable v-model="queryForm.username"></el-input>
  </el-form-item>
  <el-form-item size="mini">
    <el-button type="primary" @click="handleClick" icon="el-icon-search">查询</el-button>
  </el-form-item>
  <!-- 追加的代码 -->
  <el-form-item size="mini">
    <router-link to="/user-add">
      <el-button type="success" icon="el-icon-plus">新增</el-button>
    </router-link>
  </el-form-item>
  <!-- 追加的代码 -->
</el-form>
<!--
  使用 table 组件
  border 为展示边框
  size 与表单控件的 size 用法相同
  data 为表格的数据属性,传入表格的数据格式为[{key:value,key:value}],必须是 JSON 数组
-->
<el-table
  border
  size="mini"
  :data="list">
  <!-- 表格的列对象
    每个 el-table-column 代表一列
    label 表示 table 的 thead 中的 th 内的内容
    prop 代表当前这一列引用的数据是传入的[{key:value,key:value}]哪个 key 的数据
  -->
  <el-table-column label="账号" prop="username"></el-table-column>
  <el-table-column label="昵称" prop="nickname"></el-table-column>
  <el-table-column label="头像">
    <template v-slot="{row}">
      <el-image style="width: 100px;height: 100px;border-radius: 9px;"
        fit="cover"
        :src="row.face"
        :preview-src-list="[row.face]"
      >
      </el-image>
    </template>
  </el-table-column>
  <el-table-column label="部门" prop="deptName"></el-table-column>
  <el-table-column label="角色" prop="roleName">
    <!--
      这个是 el-table-column
      中通过 slot 插槽实现自定义插入数据的写法,
```

```
    通过 template 嵌套之后可以在 v-slot="{row}"中获得每一行的数据
    row 存的就是 list 中每一行的 JSON 对象
    -->
    <template v-slot="{row}">
      <el-tag size="small">
        {{row.roleName}}
      </el-tag>
    </template>
  </el-table-column>
  <el-table-column label="创建时间" prop="insertTime">
    <template v-slot="{row}">
      {{formatTime(row.insertTime)}}
    </template>
  </el-table-column>
  <el-table-column label="操作">
    <!--
      这个是 el-table-column
      中通过 slot 插槽实现自定义插入数据的写法,
      通过 template 嵌套之后可以在 v-slot="{row}"中获得每一行的数据
      row 存储的就是 list 中每一行的 JSON 对象
      -->
    <template v-slot="{row}">
      <el-button size="mini" icon="el-icon-edit" @click="handleEdit(row.id)" type=
"warning">修改</el-button>
      <el-button size="mini" @click="handleRemove(row.id)" icon="el-icon-remove"
type="danger">删除</el-button>
    </template>
  </el-table-column>
</el-table>
<!-- 追加的代码 -->
<!-- 分页器组件 -->
<el-pagination
  @size-change="handleSizeChange"
  @current-change="handleCurrentChange"
  :current-page="queryForm.pno"
  :page-size="queryForm.psize"
  layout="total, sizes, prev, pager, next, jumper"
  :total="page.totalElements">
</el-pagination>
<!-- 追加的代码 -->
</div>
</template>
```

（4）完成后在查询页中会出现新增按钮，单击"新增"按钮后会跳转到新创建的新增页面，如图 5-45 所示。

（5）新增页面中提交到后台的数据中有一部分需要用户在输入框中手动填写，另一部分数据无法由用户创建，如角色选项。角色选项对应的是平台角色管理中创建的角色数据，该数据应在已录入的角色信息中选取，所以本模块在进入时需要查询所有的角色数据，对应接口文档的地址为 http：//localhost：3000/api/♯/％E8％A7％92％E8％89％B2％E6％8E％A5％E5％8F％A3/RoleController_findAll。

(a) 展示新增按钮

(b) 跳转至新增页面

图 5-45 完成后的效果图

（6）在 shop-admin/src/apis 目录中创建文件 role-api.js，在其中编写获取角色列表的内容，代码如下：

```
//第5章 获取角色列表的内容的代码案例
import api from '@/http'
//获取平台所有角色
export const getRoleListAll=()=>{
  return api.http({
    url:'/role/list/all',
    method:'get'
  })
}
```

（7）在 shop-admin/src/models/user-model.js 文件中追加获取角色列表的业务代码，代码如下：

```
//第5章 追加获取角色列表的业务代码的代码案例
import { getUserListForPage } from '@/apis/user-api'
/* ------ 追加的代码 ------ */
import { getRoleListAll } from '@/apis/role-api'
/* ------ 追加的代码 ------ */
export default {
  namespaced:true,
  state:{
    list:[],
    page:{},
    /* ------ 追加的代码 ------ */
    roleList:[]
    /* ------ 追加的代码 ------ */
```

```
    },
    mutations:{
      setList(state,list){
        state.list=list
      },
      setPage(state,page){
        state.page=page
      },
      /* ------ 追加的代码 ------ */
      setRoleList(state,roleList){
        state.roleList=roleList
      }
      /* ------ 追加的代码 ------ */
    },
    actions:{
      //调用分页查询接口的代码
      async getUserListForPage({commit},queryForm){
        let { data:resData }=await getUserListForPage(queryForm)
        let { code,data }=resData
        if( code==200 ){
          let { list,page }=data
          commit('setList',list)
          commit('setPage',page)
        }
      },
      /* ------ 追加的代码 ------ */
      async getRoleListAll({commit}){
        let { data:resData }=await getRoleListAll()
        let { code,data }=resData
        if(code==200){
          commit('setRoleList',data.list)
        }
      }
      /* ------ 追加的代码 ------ */
    }
}
```

（8）在 shop-admin/src/views/system/user/UserAdd.vue 文件中追加连接业务模块获取角色数据及展示角色数据的内容，代码如下：

```
<!-- 第5章 连接业务模块获取角色数据及展示角色数据的内容的代码案例 -->
<template>
  <div>
    <el-page-header @back="handleBack" content="增加用户信息"></el-page-header>
    <el-form
      :model="addForm"
      label-width="auto"
      ref="addForm"
```

```
        :rules="rules">
      <el-form-item size="mini" prop="username" label="账号">
        <el-input placeholder="请输入" clearable v-model.trim="addForm.username"></el-input>
      </el-form-item>
      <el-form-item size="mini" prop="password" label="密码">
        <el-input placeholder="请输入" clearable v-model.trim="addForm.password"></el-input>
      </el-form-item>
      <el-form-item size="mini" prop="nickname" label="昵称">
        <el-input placeholder="请输入" clearable v-model.trim="addForm.nickname"></el-input>
      </el-form-item>
      <el-form-item size="mini" prop="roleId" label="角色">
        <!-- 追加的代码 -->
        <el-select v-model="addForm.roleId" clearable placeholder="请选择">
          <el-option v-for="item in roleList" :key="item.id"
            :value="item.id"
            :label="item.name"></el-option>
        </el-select>
        <!-- 追加的代码 -->
      </el-form-item>
      <el-form-item size="mini" label="头像" prop="face">

      </el-form-item>
      <el-form-item size="mini">
        <el-button :loading="subLoading" @click="handleAdd" type="primary">提交</el-button>
      </el-form-item>
    </el-form>
  </div>
</template>

<script>
  import { mapActions,mapState } from 'vuex';
  export default{
    name:'user-add',
    data(){
      return {
        rules:{
          username:[{
            required:true,
            message:'账号不可以为空'
          }],
          password:[{
            required:true,
            message:'密码不可以为空'
          }],
          nickname:[{
```

```
              required:true,
                message:'昵称不可以为空'
          }],
          roleId:[{
              required:true,
                message:'角色不可以为空'
          }],
          face:[{
              required:true,
                message:'头像不可以为空'
          }],
        },
        addForm:{
          username:'',
          password:'',
          nickname:'',
          roleId:'',
          face:''
        }
      }
    },
    /* ------ 追加的代码 ------ */
    created(){
      this.getRoleListAll()
    },
    computed:{
      ...mapState('userModel',['roleList'])
    },
    /* ------ 追加的代码 ------ */
    methods:{
      /* ------ 追加的代码 ------ */
      ...mapActions('userModel',['getRoleListAll']),
      /* ------ 追加的代码 ------ */
      //返回
      handleBack(){
        this.$router.history.go(-1)
      },
    }
  }
</script>

<style scoped="scoped" lang="scss">
</style>
```

（9）完成后访问 http://localhost:8080/#/user-add 页面,如果出现带有角色数据的下拉列表,则代表成功,如图 5-46 所示。

（10）接下来要完成头像上传的功能,头像上传需要使用 ElementUI 的< el-upload >组件,还需要借助 shop-service 项目中的文件接口才能完整实现。文件接口的文档地址为

http://localhost：3000/api/＃/％E6％96％87％E4％BB％B6％E6％8E％A5％E5％8F％A3。

图 5-46　角色数据的下拉列表的效果图

（11）由于＜el-upload＞组件使用复杂，接下来根据项目需求对＜el-upload＞组件进行二次封装。在 shop-admin/src/components 文件夹中创建文件 PUpload.vue，并输入上传组件封装内容，代码如下：

```
<!-- 第5章 上传组件封装内容的代码案例 -->
<template>
  <div class="p-upload">
    <el-upload
      :action="action"
      :file-list="fileList"
      :limit="limit"
      :data="data"
      :http-request="handleRequest"
      :on-exceed="handleExceed"
      :before-upload="handleBeforeUpload"
      :on-success="handleSuccess"
      :before-remove="handleBeforeRemove"
      :on-remove="handleRemove"
      :on-error="handleError"
      :list-type="listType"
      ref="p-upload"
    >
      <template v-if="listType== 'picture-card'" v-slot:file="{file}">
```

```
            <img
            class="el-upload-list__item-thumbnail"
            :src="file.url" alt="" style="object-fit: cover;"
            >
            <span class="el-upload-list__item-actions">
              <span
                class="el-upload-list__item-preview"
                style="position: relative;"
              >
                <el-image
                  class="preview-img"
                  style="position: absolute;left: 0;top: 0;width: 20px;height: 36px;"
                  :src="file.url" :preview-src-list="[file.url]"></el-image>
                <!-- @click="handlePictureCardPreview(file)" -->
                <i class="el-icon-zoom-in">
                </i>
              </span>
              <span
                class="el-upload-list__item-delete"
                @click="handleRemoveCustom(file)"
              >
                <i class="el-icon-delete"></i>
              </span>
            </span>
          </template>

          <slot>
            <el-button v-if="listType!= 'picture-card'" size="small" type="primary">单击上传
</el-button>
            <el-button v-else type="text">+</el-button>
          </slot>
          <!-- upload 提供的自定义插槽 -->
          <div slot="tip" class="el-upload__tip">
            <slot name="tip">
              <!-- 只能上传 jpg、png、jpeg、gif 格式的图片 -->
            </slot>
          </div>
        </el-upload>
      </div>
</template>

<script>
  export default{
    name:'p-upload',
    props:{
      action:{
        required:true,
        type:String
      },
```

```
'list-type':{
  required:false,
  type:String,
  default(){
    return 'text'
  }
},
'file-list':{
  required:true,
  type:Array,
  default(){
    return []
  }
},
limit:{
  required:false,
  type:Number,
  default(){
    return 10
  }
},
data:{
  required:false,
  type:Object,
  default(){
    return {}
  }
},
'before-upload':{
  required:false,
  type:Function,
  default(){
    return function(){}
  }
},
'on-success':{
  required:false,
  type:Function,
  default(){
    return function(){}
  }
},
'on-error':{
  required:false,
  type:Function,
  default(){
    return function(){}
  }
}
```

```
    },
    model:{
     event:'change-file-list',
     prop:'file-list'
    },
    methods:{
     //在请求错误时触发
     handleError(err){
       this.onError(err)
     },
     async handleRequest(upload){
       let f =new FormData();
       f.append('file',upload.file)
       for(let key in upload.data){
         f.append(key,upload.data[key])
       }
       let res = await this.$http({
         url:this.action,
         method:'post',
         data:f,
         headers:{
           'Content-Type':'multipart/form-data'
         }
       })
       if(res.data.code==200){
         return Promise.resolve(res.data)
       }else{
         return Promise.reject(res.data)
       }
     },
     //在选择完文件之后,执行上传文件之前触发
     handleBeforeUpload(file){
       return this.beforeUpload(file)
     },
     handleSuccess(res,file,fileList){
       fileList[fileList.length-1].name=res.data.fileName;
       fileList[fileList.length-1].url=res.data.url;
       this.$emit('change-file-list',fileList)
       this.onSuccess(res,file,fileList)
     },
     //在上传的文件数量超过limit时触发
     handleExceed(){
       this.$notify({
         title:'提示',
         message:'文件最多只能上传'+this.limit + '个',
         type:'error'
       })
     },
     async handleBeforeRemove(file,fileList){
```

```
        if(file.url.indexOf('blob')==-1){
            //这里先询问用户是否确定要删除
            let confirm=await this.$confirm('正在删除该文件,单击"确认"按钮继续','提示',{type:
'warning'}).catch(err=>err)
            if(confirm=='confirm'){
                //确定之后调用服务器上的删除接口
                let res=await this.$http({
                    url:'/file/delete',
                    params:{
                        path:file.url
                    },
                    method:'get'
                })
                //调用完接口就返回,防止服务器上图片丢失导致本地无法删除
                return true

            }else{
                return Promise.reject()
            }
        }else{
            return true
        }
    },
    //在 beforeRemove 不被中断后执行
    handleRemove(file,fileList){
        this.$emit('change-file-list',fileList)
    },
    async handleRemoveCustom(file){
        console.log(this.$refs['p-upload'])
        this.$refs['p-upload'].handleRemove(file)
        //console.log(this.$refs['p-upload'])
        //let res=await
        this.handleBeforeRemove(file,this.$refs['p-upload'].fileList).catch(err=>err)
        //if(res){

        //this.handleRemove(file,this.$refs['p-upload'].fileList)
        //}
    }
  }
}
</script>

<style scoped="scoped" lang="scss">
    .p-upload{
        .preview-img{
            ::v-deep{
                .el-image__preview{
                    opacity: 0;
                }
```

```
        }
      }
    }
</style>
```

（12）在 shop-admin/src/components 文件夹中创建 index.js 文件，在其中将上传组件注册为全局组件，代码如下：

```
import Vue from 'vue'
import PUpload from './PUpload.vue'
Vue.component(PUpload.name, PUpload)
```

（13）在 shop-admin/src/main.js 文件中追加全局组件的启用代码，代码如下：

```
//第 5 章 全局组件的启用代码的代码案例
import Vue from 'vue'
import App from './App.vue'
import router from '@/router'
import ElementUI from 'element-ui'
import 'element-ui/lib/theme-chalk/index.css'
import http from '@/http'
import store from '@/store'
/* ----- 追加的代码 ----- */
import '@/components'
/* ----- 追加的代码 ----- */
Vue.use(http)
Vue.use(ElementUI)
Vue.config.productionTip=false

new Vue({
  store,
  router,
  render: h=> h(App),
}). $mount('#app')
```

（14）在 shop-admin/src/views/system/user/UserAdd.vue 文件中追加< p-upload >上传组件的应用，代码如下：

```
<!-- 第 5 章 追加< p-upload >上传组件的应用的代码案例 -->
< template >
  < div >
    < el-page-header @back="handleBack" content="增加用户信息"></el-page-header >
    < el-form
      :model="addForm"
      label-width="auto"
```

```
        ref="addForm"
        :rules="rules">
      <el-form-item size="mini" prop="username" label="账号">
        <el-input placeholder="请输入" clearable v-model.trim="addForm.username"></el-input>
      </el-form-item>
      <el-form-item size="mini" prop="password" label="密码">
        <el-input placeholder="请输入" clearable v-model.trim="addForm.password"></el-input>
      </el-form-item>
      <el-form-item size="mini" prop="nickname" label="昵称">
        <el-input placeholder="请输入" clearable v-model.trim="addForm.nickname"></el-input>
      </el-form-item>
      <el-form-item size="mini" prop="roleId" label="角色">
        <el-select v-model="addForm.roleId" clearable placeholder="请选择">
          <el-option v-for="item in roleList" :key="item.id"
            :value="item.id"
            :label="item.name"></el-option>
        </el-select>
      </el-form-item>
      <el-form-item size="mini" label="头像" prop="face">
        <!-- 追加的代码 -->
        <p-upload list-type="picture-card" :limit="1"
          v-model="fileList"
          action="/file/upload"
          :before-upload="handleBeforeUpload">
        </p-upload>
        <!-- 追加的代码 -->
      </el-form-item>
      <el-form-item size="mini">
        <el-button @click="handleAdd" type="primary">提交</el-button>
      </el-form-item>
    </el-form>
  </div>
</template>

<script>
  import { mapActions, mapState } from 'vuex';
  export default{
    name:'user-add',
    /* ------ 追加的代码 ------ */
    watch:{
      //监听文件上传的结果并将结果同步至 addForm 对象中
      fileList(newFileList){
        if(newFileList.length>0){
          this.addForm.face=newFileList[0].url
        }else{
          this.addForm.face=''
```

```
          }
        }
      },
      /* ------ 追加的代码 ------ */
      data(){
        return {
          rules:{
            username:[{
              required:true,
              message:'账号不可以为空'
            }],
            password:[{
              required:true,
              message:'密码不可以为空'
            }],
            nickname:[{
              required:true,
              message:'昵称不可以为空'
            }],
            roleId:[{
              required:true,
              message:'角色不可以为空'
            }],
            face:[{
              required:true,
              message:'头像不可以为空'
            }],
          },
          addForm:{
            username:'',
            password:'',
            nickname:'',
            roleId:'',
            face:''
          },
          /* ------ 追加的代码 ------ */
          fileList:[],//保存上传成功的文件路径
          /* ------ 追加的代码 ------ */
        }
      },
      created(){
        this.getRoleListAll()
      },
      computed:{
        ...mapState('userModel',['roleList'])
      },
      methods:{
        ...mapActions('userModel',['getRoleListAll']),
        //返回
```

```
handleBack(){
  this.$router.history.go(-1)
},
/* ------ 追加的代码 ------ */
handleBeforeUpload(file){
  //判断当前的文件类型,如果文件不是这些类型就弹出错误提示并中断上传操作
  if(!(file.name.indexOf('png') != -1
     ||file.name.indexOf('jpg') != -1
     ||file.name.indexOf('jpeg') != -1
     ||file.name.indexOf('gif') != -1)){
    this.$notify({
      title:'提示',
      message:'只能上传图片格式的文件',
      type:'error'
    })
    /*
     通过 return Promise.reject()可以实现中断上传操作,不再触发上传的函数
    */
    return Promise.reject()
  }
}
/* ------ 追加的代码 ------ */
  }
}
</script>

<style scoped="scoped" lang="scss">
</style>
```

（15）集成上传组件后,当上传的文件为图片类型文件时,会自动触发文件上传流程并成功上传图片,当上传的文件类型为非图片类型时,会触发验证器工作并弹出相应的提示,如图 5-47 所示。

(a) 上传图片类型时　　　　　　　　　　　　　(b) 上传非图片类型时

图 5-47　上传图片的效果图

（16）接下来将在本地填写好的数据提交到新增用户接口中,实现对数据的保存。在

shop-admin/src/apis/user-api.js 文件中加入调用新增用户的接口函数,代码如下:

```
//第5章 调用新增用户的接口函数的代码案例
import api from '@/http'
//登录接口的函数
export const login=(username,password)=>{
  return api.http({
    url:'/user/login',               //接口地址
    method:'post',                   //请求的 method
    data:{                           //请求时 RequestBody 上携带的参数
      username,
      password
    }
  })
}
//分页查询用户列表的接口调用函数
export const getUserListForPage=(queryForm)=>{
  return api.http({
    url:'/user/list/page',
    method:'get',
    params:queryForm
  })
}
/* ------ 追加的代码 ------ */
export const insertUser=(addForm)=>{
  return api.http({
    url:'/user/insert',
    method:'put',
    data:addForm                     //由于参数通过 requestBody 携带,所以使用 data 属性
  })
}
/* ------ 追加的代码 ------ */
```

(17) 在 shop-admin/src/models/user-model.js 文件中追加执行用户新增的业务代码,代码如下:

```
//第5章 执行用户新增的业务代码的代码案例

/* ------ 追加的代码 ------ */
import { getUserListForPage,insertUser } from '@/apis/user-api'
import router from '@/router'
import { Notification } from 'element-ui'
/* ------ 追加的代码 ------ */
import { getRoleListAll } from '@/apis/role-api'
export default {
  namespaced:true,
  state:{
    list:[],
```

```
        page:{},
        roleList:[]
      },
      mutations:{
        setList(state,list){
          state.list=list
        },
        setPage(state,page){
          state.page=page
        },
        setRoleList(state,roleList){
          state.roleList=roleList
        }
      },
      actions:{
        //调用分页查询接口的代码
        async getUserListForPage({commit},queryForm){
          let { data:resData }=await getUserListForPage(queryForm)
          let { code,data }=resData
          if( code==200 ){
            let { list,page }=data
            commit('setList',list)
            commit('setPage',page)
          }
        },
        async getRoleListAll({commit}){
          let { data:resData }=await getRoleListAll()
          let { code,data }=resData
          if(code==200){
            commit('setRoleList',data.list)
          }
        },
        /* ------ 追加的代码 ------ */
        async insertUser({},addForm){
          //调用新增接口
          let { data }=await insertUser(addForm)
          //调用成功时弹出提示
          if(data.code==200){
            Notification.success({
              title:'提示',
              message:data.msg
            })
          }
          //返回查询页面
          router.push('/user')
        }
        /* ------ 追加的代码 ------ */
      }
    }
```

（18）在 shop-admin/src/views/system/user/UserAdd. vue 文件中追加的< script >部分触发数据提交的函数,代码如下:

```
<!-- 第 5 章 触发数据提交的函数的代码案例 -->
< script >
  import { mapActions,mapState } from 'vuex';
  export default{
    name:'user-add',
    watch:{
      //监听文件上传的结果并将结果同步至 addForm 对象中
      fileList(newFileList){
        if(newFileList. length > 0){
          this. addForm. face=newFileList[0]. url
        }else{
          this. addForm. face=''
        }
      }
    },
    data(){
      return {
        rules:{
          username:[{
            required:true,
            message:'账号不可以为空'
          }],
          password:[{
            required:true,
            message:'密码不可以为空'
          }],
          nickname:[{
            required:true,
            message:'昵称不可以为空'
          }],
          roleId:[{
            required:true,
            message:'角色不可以为空'
          }],
          face:[{
            required:true,
            message:'头像不可以为空'
          }],
        },
        addForm:{
          username:'',
          password:'',
          nickname:'',
          roleId:'',
          face:''
```

```
    },
    /* ------ 追加的代码 ------ */
    fileList:[],//保存上传成功的文件路径
    /* ------ 追加的代码 ------ */
    }
  },
  created(){
    this.getRoleListAll()
  },
  computed:{
    ...mapState('userModel',['roleList'])
  },
  methods:{
    /* ------ 追加的代码 ------ */
    ...mapActions('userModel',['getRoleListAll','insertUser']),
    /* ------ 追加的代码 ------ */
    //返回
    handleBack(){
      this.$router.history.go(-1)
    },
    handleBeforeUpload(file){
      //判断当前的文件类型,如果文件不是这些类型就弹出错误提示并中断上传操作
      if(!(file.name.indexOf('png') != -1
          ||file.name.indexOf('jpg') != -1
          ||file.name.indexOf('jpeg') != -1
          ||file.name.indexOf('gif') != -1)){
        this.$notify({
          title:'提示',
          message:'只能上传图片格式的文件',
          type:'error'
        })
        /*
          通过return Promise.reject()可以实现中断上传操作,不再触发上传的函数
        */
        return Promise.reject()
      }
    },
    /* ------ 追加的代码 ------ */
    async handleAdd(){
      let canSubmit=await this.$refs.addForm.validate().catch(err=>err)
      if(canSubmit){
        this.insertUser(this.addForm)
      }
    }
    /* ------ 追加的代码 ------ */
  }
}
</script>
```

（19）在新增页面中测试功能,新增成功后用户列表的最后一页会出现刚刚新增的数据并弹出成功的提示,如图 5-48 所示。

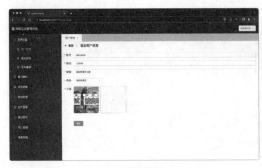

(a) 填写表单时   (b) 新增成功后

图 5-48　新增成功的效果图

（20）到此步骤,新增用户的完整流程便实现完毕了。

5.3.4　编辑用户信息

在完成新增用户功能的开发后,编辑用户信息的功能便可以在此基础上进一步实现。由于新增和修改数据的视图部分几乎一样,所以编辑用户信息的代码可从新增用户的代码中改造完成,具体步骤如下。

（1）在 shop-admin/src/views/system/user 文件夹下创建 UserEdit. vue 文件,将 UserAdd. vue 文件中的代码原样粘贴到 UserEdit. vue 文件中并稍做改造,代码如下:

```
<!-- 第 5 章 粘贴并改造的代码案例 -->
<template>
  <div>
    <!-- 改动的部分 -->
    <el-page-header @back="handleBack" content="编辑用户信息"></el-page-header>
    <!-- 改动的部分 -->
    <el-form
      :model="addForm"
      label-width="auto"
      ref="addForm"
      :rules="rules">
      <el-form-item size="mini" prop="username" label="账号">
        <el-input placeholder="请输入" clearable v-model.trim="addForm.username"></el-input>
      </el-form-item>
      <el-form-item size="mini" prop="password" label="密码">
        <el-input placeholder="请输入" clearable v-model.trim="addForm.password"></el-input>
      </el-form-item>
```

```html
      <el-form-item size="mini" prop="nickname" label="昵称">
        <el-input placeholder="请输入" clearable v-model.trim="addForm.nickname"></el-input>
      </el-form-item>
      <el-form-item size="mini" prop="roleId" label="角色">
        <el-select v-model="addForm.roleId" clearable placeholder="请选择">
          <el-option v-for="item in roleList" :key="item.id"
            :value="item.id"
            :label="item.name"></el-option>
        </el-select>
      </el-form-item>
      <el-form-item size="mini" label="头像" prop="face">
        <p-upload list-type="picture-card" :limit="1"
          v-model="fileList"
          action="/file/upload"
          :before-upload="handleBeforeUpload">
        </p-upload>
      </el-form-item>
      <el-form-item size="mini">
        <el-button @click="handleAdd" type="primary">提交</el-button>
      </el-form-item>
    </el-form>
  </div>
</template>

<script>
  import { mapActions,mapState } from 'vuex';
  export default{
    name:'user-add',
    watch:{
      //监听文件上传的结果并将结果同步至 addForm 对象中
      fileList(newFileList){
        if(newFileList.length>0){
          this.addForm.face=newFileList[0].url
        }else{
          this.addForm.face=''
        }
      }
    },
    data(){
      return {
        rules:{
          username:[{
            required:true,
            message:'账号不可以为空'
          }],
          password:[{
            required:true,
            message:'密码不可以为空'
```

```
          }],
        nickname:[{
          required:true,
          message:'昵称不可以为空'
        }],
        roleId:[{
          required:true,
          message:'角色不可以为空'
        }],
        face:[{
          required:true,
          message:'头像不可以为空'
        }],
      },
      addForm:{
        username:'',
        password:'',
        nickname:'',
        roleId:'',
        face:''
      },
      fileList:[],//保存上传成功的文件路径
    }
  },
  created(){
    this.getRoleListAll()
  },
  computed:{
    ...mapState('userModel',['roleList'])
  },
  methods:{
    ...mapActions('userModel',['getRoleListAll','insertUser']),
    //返回
    handleBack(){
      this.$router.history.go(-1)
    },
    handleBeforeUpload(file){
      //判断当前的文件类型,如果文件不是这些类型就弹出错误提示并中断上传操作
      if(!(file.name.indexOf('png') != -1
          ||file.name.indexOf('jpg') != -1
          ||file.name.indexOf('jpeg') != -1
          ||file.name.indexOf('gif') != -1)){
        this.$notify({
          title:'提示',
          message:'只能上传图片格式的文件',
          type:'error'
        })
        /*
          通过 return Promise.reject()可以实现中断上传操作,不再触发上传的函数
```

```
          */
          return Promise.reject()
        }
      },
      async handleAdd(){
        let canSubmit=await this.$refs.addForm.validate().catch(err=>err)
        if(canSubmit){
          this.insertUser(this.addForm)
        }
      }
    }
  }
</script>

<style scoped="scoped" lang="scss">
</style>
```

（2）在 shop-admin/src/router/index.js 文件中将新创建的页面注册到路由配置中，代码如下：

```
//第5章 将新创建的页面注册到路由配置中的代码案例
import Vue from 'vue'
import VueRouter from 'vue-router'
import Index from '@/views/Index'
import { Notification } from 'element-ui'

Vue.use(VueRouter)
const routes=[
  {
    path:'/',
    name:'Index',
    component:Index,

    children:[
      {
        path:'/user',
        name:'User',
        component:()=>import('@/views/system/user/User')
      },
      {
        path:'/user-add',
        name:'UserAdd',
        component:()=>import('@/views/system/user/UserAdd')
      },
      /* ----- 追加的代码 ----- */
      {
        path:'/user-edit',
        name:'UserEdit',
```

```
        component:()=>import('@/views/system/user/UserEdit')
      },
      /* ----- 追加的代码 ----- */
      {
        path:'/role',
        name:'Role',
        component:()=>import('@/views/system/role/Role')
      },
      {
        path:'/menu',
        name:'Menu',
        component:()=>import('@/views/system/menu/Menu')
      }
    ]

  },
  {
    path:'/login',
    name:'Login',
    component:()=>import('@/views/Login')
  }
]
const router=new VueRouter({
  mode:'hash',
  routes
})
router.beforeEach((to,from,next)=>{
  if(to.path != '/login' && sessionStorage.userInfo==undefined){
    Notification.error({
      title:'提示',
      message:'您还没有登录,无权访问当前页面,已为您跳转到登录页面'
    })
    next('/login')
  }else{
    next()
  }
})


export default router
```

（3）在 shop-admin/src/views/system/user/User. vue 文件的 < script >内部的 handleEdit()事件中加入跳转页面的内容,代码如下:

```
<!-- 第 5 章 加入跳转页面的内容的代码案例 -->
<script>
  import { mapState,mapActions } from 'vuex'
  export default{
```

```
name:'User',
data(){
  return {
    //条件查询对象
    queryForm:{
      pno:1,                                    //页号
      psize:10,                                 //每页多少条
      name:''                                   //用户账号
    }
  }
},
//在 created 生命周期中调用条件查询函数,保证进入页面即触发查询
created(){
  this.getUserListForPage(this.queryForm)
},
methods:{
  ...mapActions('userModel',['getUserListForPage']),
  //单击"查询"按钮时触发
  handleClick(){
    this.queryForm.pno=1
    this.getUserListForPage(this.queryForm)
  },
  //单击分页组件的每页多少条切换时会触发这个回调,参数就是切换的条数
  handleSizeChange(psize){
    this.queryForm.psize=psize
    this.queryForm.pno=1;
    //数据发生变化之后重新调用查询方法
    this.getUserListForPage(this.queryForm)
  },
  //单击分页组件"上一页""下一页"切换页面时触发的回调,参数就是跳到哪一页
  handleCurrentChange(pno){
    this.queryForm.pno=pno
    //改变请求的参数重新查询当页的数据
    this.getUserListForPage(this.queryForm)
  },
  //单击"修改"按钮时触发
  handleEdit(id){
    /* ------ 追加的代码 ------ */
    //跳转至修改页面并传入数据的 id
    this.router.push({
      path:'/user-edit',
      query:{
        id
      }
    })
    /* ------ 追加的代码 ------ */
  },
  //单击"删除"按钮时触发
  handleRemove(id){
```

```
    }
  },
  computed:{
    ...mapState('userModel',['list','page']),
    //格式化日期的计算属性
    formatTime(){
      return function(time){
        let d=new Date(time);
        return `${d.getFullYear()}-${d.getMonth()+1}-${d.getDate()} ${d.getHours()}:
${d.getMinutes()}:${d.getSeconds()}`
      }
    }
  },

  }
</script>
```

（4）跳转页面时需要将被单击的那一行的数据的 id 携带到编辑用户信息页面中，这样才能根据不同的 id 来区分具体需要修改哪一条数据，单击某行数据的"修改"按钮后页面会跳转至编辑用户信息页面，URL 路径上会携带要修改的数据的 id，如图 5-49 所示。

图 5-49　URL 路径上携带 id 的效果图

（5）新增页面与编辑页面的本质区别是，编辑页面需展示要编辑的数据的原始内容，所有数据包括图片都需要显示，所以跳转到/user-edit 页面后应根据传入的 id 查询用户的完整信息，使用的接口文档地址为 http://localhost:3000/api/#/%E7%94%A8%E6%88%B7%E6%8E%A5%E5%8F%A3/UserController_getUser。

（6）在 shop-admin/src/apis/user-api.js 文件中加入根据 id 获取用户信息的接口函数，代码如下：

```
//第 5 章 根据 id 获取用户信息的接口函数的代码案例
import api from '@/http'
//登录接口的函数
export const login=(username,password)=>{
  return api.http({
    url:'/user/login',            //接口地址
    method:'post',                //请求的 method
    data:{                        //请求时 RequestBody 上携带的参数
      username,
      password
    }
```

```
  })
}
//分页查询用户列表的接口调用函数
export const getUserListForPage=(queryForm)=>{
  return api.http({
    url:'/user/list/page',
    method:'get',
    params:queryForm
  })
}

export const insertUser=(addForm)=>{
  return api.http({
    url:'/user/insert',
    method:'put',
    data:addForm                        //由于参数通过requestBody携带,所以使用data属性
  })
}
/* ------ 追加的代码 ------ */
export const findUserById=(id)=>{
  return api.http({
    //该接口采用path传递数据,所以将参数直接拼接到请求的URL路径即可
    url:`/user/find/id/${id}`,
    method:'get'
  })
}
/* ------ 追加的代码 ------ */
```

（7）在 shop-admin/src/models/system/user/user-model.js 文件中加入调用查询的业务代码,代码如下：

```
//第5章 调用查询的业务代码的代码案例
/* ------ 追加的代码 ------ */
import {
  getUserListForPage,
  insertUser,
  findUserById } from '@/apis/user-api'
/* ------ 追加的代码 ------ */
import router from '@/router'
import { Notification } from 'element-ui'
import { getRoleListAll } from '@/apis/role-api'
export default {
  namespaced:true,
  state:{
    list:[],
    page:{},
    roleList:[]
  },
```

```
mutations:{
  setList(state,list){
    state.list=list
  },
  setPage(state,page){
    state.page=page
  },
  setRoleList(state,roleList){
    state.roleList=roleList
  }
},
actions:{
  //调用分页查询接口的代码
  async getUserListForPage({commit},queryForm){
    let { data:resData }=await getUserListForPage(queryForm)
    let { code,data }=resData
    if( code==200 ){
      let { list,page }=data
      commit('setList',list)
      commit('setPage',page)
    }
  },
  async getRoleListAll({commit}){
    let { data:resData }=await getRoleListAll()
    let { code,data }=resData
    if(code==200){
      commit('setRoleList',data.list)
    }
  },
  async insertUser({},addForm){
    //调用新增接口
    let { data }=await insertUser(addForm)
    //调用成功时弹出提示
    if(data.code==200){
      Notification.success({
        title:'提示',
        message:data.msg
      })
    }
    //返回查询页面
    router.push('/user')
  },
  /* ------ 追加的代码 ------ */
  async findUserById({},id){
    let { data:resData }=await findUserById(id)
    let { code,data }=resData
    if(code==200){
      return data
    }else{
```

```
      return {}
    }
  }
  /* ------ 追加的代码 ------ */
  }
}
```

（8）在 shop-admin/src/views/system/user/UserEdit.vue 文件中的< script >内部，追加获取要编辑的初始数据的内容，代码如下：

```
<!-- 第 5 章 获取要编辑的初始数据的内容的代码案例 -->
< script >
  import { mapActions, mapState } from 'vuex';
  export default{
    name:'user-add',
    watch:{
      //监听文件上传的结果并将结果同步至 addForm 对象中
      fileList(newFileList){
        if(newFileList.length > 0){
          this.addForm.face=newFileList[0].url
        }else{
          this.addForm.face=''
        }
      }
    },
    data(){
      return {
        rules:{
          username:[{
            required:true,
            message:'账号不可以为空'
          }],
          password:[{
            required:true,
            message:'密码不可以为空'
          }],
          nickname:[{
            required:true,
            message:'昵称不可以为空'
          }],
          roleId:[{
            required:true,
            message:'角色不可以为空'
          }],
          face:[{
            required:true,
            message:'头像不可以为空'
          }],
```

```
    },
    addForm:{
      username:'',
      password:'',
      nickname:'',
      roleId:'',
      face:''
    },
    fileList:[],//保存上传成功的文件路径
  }
},
/* ------ 修改的代码 ------ */
async created(){
  //获取路由传入的 id
  let id=this.$route.query.id
  //根据 id 获取原始数据
  let addForm=await this.findUserById(id)
  //将数据同步到表单数据中
  this.addForm=addForm
  //若原始数据中包含头像就将头像初始化到上传组件中
  if(addForm.face){
    this.fileList=[
      {
        url:addForm.face,
        name:addForm.face
      }
    ]
  }
  //获取角色列表
  this.getRoleListAll()
},
/* ------ 修改的代码 ------ */
computed:{
  ...mapState('userModel',['roleList'])
},
methods:{
  /* ------ 修改的代码 ------ */
  ...mapActions('userModel',['findUserById','getRoleListAll','insertUser']),
  /* ------ 修改的代码 ------ */
  //返回
  handleBack(){
    this.$router.history.go(-1)
  },
  handleBeforeUpload(file){
    //判断当前的文件类型,如果文件不是这些类型就弹出错误提示并中断上传操作
    if(!(file.name.indexOf('png') !=-1
        ||file.name.indexOf('jpg') !=-1
        ||file.name.indexOf('jpeg') !=-1
        ||file.name.indexOf('gif') !=-1)){
```

```
        this. $notify({
          title:'提示',
          message:'只能上传图片格式的文件',
          type:'error'
        })
          /*
        通过 return Promise.reject()可以实现中断上传操作,不再触发上传的函数
        */
        return Promise.reject()
      }
    },
    async handleAdd(){
      let canSubmit=await this. $refs.addForm.validate(). catch(err=>err)
      if(canSubmit){
        this. insertUser(this. addForm)
      }
    }
  }
}
</script>
```

（9）再次测试单击任意数据的修改按钮跳转到编辑用户信息页面,查看展示默认数据功能是否可用,如图 5-50 所示。

(a) 要编辑的数据   (b) 跳转到编辑页面时

图 5-50　展示默认数据的效果图

（10）接下来只需实现将修改后的数据提交便可完成编辑用户信息的完整功能,编辑用户信息提交所需要的接口文档地址为 http://localhost:3000/api/#/%E7%94%A8%E6%88%B7%E6%8E%A5%E5%8F%A3/UserController_update。

（11）在 shop-admin/src/apis/user-api.js 文件中追加调用提交接口的函数,代码如下:

```
//第 5 章 调用提交接口的函数的代码案例
import api from '@/http'
//登录接口的函数
export const login=(username,password)=>{
```

```
    return api.http({
      url:'/user/login',                      //接口地址
      method:'post',                          //请求的 method
      data:{                                  //请求时 RequestBody 上携带的参数
        username,
        password
      }
    })
}
//分页查询用户列表的接口调用函数
export const getUserListForPage=(queryForm)=>{
  return api.http({
    url:'/user/list/page',
    method:'get',
    params:queryForm
  })
}

export const insertUser=(addForm)=>{
  return api.http({
    url:'/user/insert',
    method:'put',
    data:addForm                              //由于参数通过 requestBody 携带,所以使用 data 属性
  })
}

export const findUserById=(id)=>{
  return api.http({
    //该接口采用 path 传递数据,所以将参数直接拼接到请求的 URL 路径即可
    url:`/user/find/id/${id}`,
    method:'get'
  })
}
/* ------ 追加的代码 ------ */
export const updateUser=(addForm)=>{
  return api.http({
    url:'/vuer/update',
    method:'put',
    data:addForm //由于参数通过 requestBody 携带所以使用 data 属性
  })
}
/* ------ 追加的代码 ------ */
```

(12) 在 shop-admin/src/models/user-model.js 文件中,追加实现保存提交的业务代码,代码如下:

```
//第 5 章 实现保存提交的业务代码的代码案例
/* ------ 追加的代码 ------ */
import {
```

```
  getUserListForPage,
  insertUser,
  findUserById,
  updateUser
} from '@/apis/user-api'
/* ------ 追加的代码 ------ */
import router from '@/router'
import { Notification } from 'element-ui'
import { getRoleListAll } from '@/apis/role-api'
export default {
  namespaced:true,
  state:{
    list:[],
    page:{},
    roleList:[]
  },
  mutations:{
    setList(state,list){
      state.list=list
    },
    setPage(state,page){
      state.page=page
    },
    setRoleList(state,roleList){
      state.roleList=roleList
    }
  },
  actions:{
    //调用分页查询接口的代码
    async getUserListForPage({commit},queryForm){
      let { data:resData }=await getUserListForPage(queryForm)
      let { code,data }=resData
      if( code==200 ){
        let { list,page }=data
        commit('setList',list)
        commit('setPage',page)
      }
    },
    async getRoleListAll({commit}){
      let { data:resData }=await getRoleListAll()
      let { code,data }=resData
      if(code==200){
        commit('setRoleList',data.list)
      }
    },
    async insertUser({},addForm){
      //调用新增接口
      let { data }=await insertUser(addForm)
      //调用成功时弹出提示
```

```
    if(data.code==200){
      Notification.success({
        title:'提示',
        message:data.msg
      })
    }
    //返回查询页面
    router.push('/user')
  },
  async findUserById({},id){
    let { data:resData }=await findUserById(id)
    let { code,data }=resData
    if(code==200){
      return data
    }else{
      return {}
    }
  },
  /* ------ 追加的代码 ------ */
  async updateUser({},addForm){
    //调用新增接口
    let { data }=await updateUser(addForm)
    //调用成功时弹出提示
    if(data.code==200){
      Notification.success({
        title:'提示',
        message:data.msg
      })
    }
    //返回查询页面
    router.push('/user')
  }
  /* ------ 追加的代码 ------ */
  }
}
```

（13）在 shop-admin/src/views/system/user/UserEdit.vue 文件中的< script >内部改造提交函数的内容，代码如下：

```
<!-- 第5章 改造提交函数的内容的代码案例 -->
< script >
  import { mapActions,mapState } from 'vuex';
  export default{
    name:'user-add',
    watch:{
      //监听文件上传的结果并将结果同步至 addForm 对象中
      fileList(newFileList){
        if(newFileList.length>0){
```

```
        this.addForm.face=newFileList[0].url
      }else{
        this.addForm.face=''
      }
    }
  }
},
data(){
  return {
    rules:{
      username:[{
        required:true,
        message:'账号不可以为空'
      }],
      password:[{
        required:true,
        message:'密码不可以为空'
      }],
      nickname:[{
        required:true,
        message:'昵称不可以为空'
      }],
      roleId:[{
        required:true,
        message:'角色不可以为空'
      }],
      face:[{
        required:true,
        message:'头像不可以为空'
      }],
    },
    addForm:{
      username:'',
      password:'',
      nickname:'',
      roleId:'',
      face:''
    },
    fileList:[],//保存上传成功的文件路径
  }
},
async created(){
  //获取路由传入的 id
  let id=this.$route.query.id
  //根据 id 获取原始数据
  let addForm=await this.findUserById(id)
  //将数据同步到表单数据中
  this.addForm=addForm
  //若原始数据中包含头像就将头像初始化到上传组件中
  if(addForm.face){
```

```javascript
    this.fileList=[
      {
        url:addForm.face,
        name:addForm.face
      }
    ]
  }
  //获取角色列表
  this.getRoleListAll()
},

computed:{
  ...mapState('userModel',['roleList'])
},
methods:{
  /* —————— 修改的代码 —————— */
  ...mapActions('userModel',[
    'findUserById',
    'getRoleListAll',
    'updateUser']),
  /* —————— 修改的代码 —————— */
  //返回
  handleBack(){
    this.$router.history.go(-1)
  },
  handleBeforeUpload(file){
    //判断当前的文件类型,如果文件不是这些类型就弹出错误提示并中断上传操作
    if(!(file.name.indexOf('png') !=-1
      ||file.name.indexOf('jpg') !=-1
      ||file.name.indexOf('jpeg') !=-1
      ||file.name.indexOf('gif') !=-1)){
      this.$notify({
        title:'提示',
        message:'只能上传图片格式的文件',
        type:'error'
      })
      /*
        通过 return Promise.reject()可以实现中断上传操作,不再触发上传的函数
      */
      return Promise.reject()
    }
  },
  async handleAdd(){
    let canSubmit=await this.$refs.addForm.validate().catch(err=>err)
    if(canSubmit){
      /* —————— 修改的代码 —————— */
      //将原有的 insertUser 替换成 updateUser
      this.updateUser(this.addForm)
      /* —————— 修改的代码 —————— */
```

```
        }
      }
    }
  }
}
</script>
```

（14）将刚刚新增的数据进行一次编辑，对每行数据进行简单更改后提交，查看更改后的数据，如图5-51所示。

图5-51　更改数据后的效果图

（15）到此步骤，编辑用户信息的完整功能便实现完毕了。

5.3.5　删除用户信息

删除用户信息所对应的接口文档地址为 http://localhost:3000/api/#/％E7％94％A8％E6％88％B7％E6％8E％A5％E5％8F％A3/UserController_deleteById。删除数据的逻辑相对简单，不需要新建任何文件，只需要在用户列表页面中继续改造，具体步骤如下。

（1）在 shop-admin/src/apis/user-api.js 文件中加入删除用户信息的接口调用函数，代码如下：

```
import api from '@/http'
//登录接口的函数
export const login=(username,password) => {
  return api.http({
```

```
    url:'/user/login',                //接口地址
    method:'post',                    //请求的 method
    data:{                            //请求时 RequestBody 上携带的参数
      username,
      password
    }
  })
}
//分页查询用户列表的接口调用函数
export const getUserListForPage=(queryForm)=>{
  return api.http({
    url:'/user/list/page',
    method:'get',
    params:queryForm
  })
}

export const insertUser=(addForm)=>{
  return api.http({
    url:'/user/insert',
    method:'put',
    data:addForm                      //由于参数通过 requestBody 携带,所以使用 data 属性
  })
}

export const findUserById=(id)=>{
  return api.http({
    //该接口采用 path 传递数据,所以将参数直接拼接到请求的 URL 路径即可
    url:`/user/find/id/${id}`,
    method:'get'
  })
}

export const updateUser=(addForm)=>{
  return api.http({
    url:'/user/update',
    method:'put',
    data:addForm                      //由于参数通过 requestBody 携带,所以使用 data 属性
  })
}
/* ------ 追加的代码 ------ */
export const deleteUserById=(id)=>{
  return api.http({
    url:`/user/id/${id}`,
    method:'delete'
  })
}
/* ------ 追加的代码 ------ */
```

（2）在 shop-admin/src/models/user-model.js 文件中追加删除业务的代码，代码如下：

```
//第5章 删除业务的实现的代码案例
import {
  getUserListForPage,
  insertUser,
  findUserById,
  updateUser,
  /* ------ 追加的代码 ------ */
  deleteUserById
  /* ------ 追加的代码 ------ */
} from '@/apis/user-api'

import router from '@/router'
import { Notification } from 'element-ui'
import { getRoleListAll } from '@/apis/role-api'
export default {
  namespaced:true,
  state:{
    list:[],
    page:{},
    roleList:[]
  },
  mutations:{
    setList(state,list){
      state.list=list
    },
    setPage(state,page){
      state.page=page
    },
    setRoleList(state,roleList){
      state.roleList=roleList
    }
  },
  actions:{
    //调用分页查询接口的代码
    async getUserListForPage({commit},queryForm){
      let { data:resData }=await getUserListForPage(queryForm)
      let { code,data }=resData
      if( code==200 ){
        let { list,page }=data
        commit('setList',list)
        commit('setPage',page)
      }
    },
    async getRoleListAll({commit}){
      let { data:resData }=await getRoleListAll()
      let { code,data }=resData
      if(code==200){
```

```
          commit('setRoleList',data.list)
      }
  },
  async insertUser({},addForm){
    //调用新增接口
    let { data }=await insertUser(addForm)
    //调用成功时弹出提示
    if(data.code==200){
        Notification.success({
          title:'提示',
          message:data.msg
        })
    }
    //返回查询页面
    router.push('/user')
  },
  async findUserById({},id){
    let { data:resData }=await findUserById(id)
    let { code,data }=resData
    if(code==200){
      return data
    }else{
      return {}
    }
  },
  async updateUser({},addForm){
    //调用新增接口
    let { data }=await updateUser(addForm)
    //调用成功时弹出提示
    if(data.code==200){
      Notification.success({
        title:'提示',
        message:data.msg
      })
    }
    //返回查询页面
    router.push('/user')
  },
  /* ------ 追加的代码 ------ */
  deleteUserById({},id){
    deleteUserById(id)
  }
  /* ------ 追加的代码 ------ */
  },
}
```

（3）在 shop-admin/src/views/system/user/User.vue 文件的< script >部分实现删除的功能调用,代码如下:

```
<!-- 第 5 章 实现删除的功能调用的代码案例 -->
< script >
  import { mapState,mapActions } from 'vuex'
  export default{
    name:'User',
    data(){
      return {
        //条件查询对象
        queryForm:{
          pno:1,                            //页号
          psize:10,                         //每页多少条
          name:''                           //用户账号
        }
      }
    },
    //在 created 生命周期中调用条件查询函数,保证进入页面即触发查询
    created(){
      this.getUserListForPage(this.queryForm)
    },
    methods:{
      ...mapActions('userModel',['getUserListForPage','deleteUserById']),
      //单击"查询"按钮时触发
      handleClick(){
        this.queryForm.pno=1
        this.getUserListForPage(this.queryForm)
      },
      //单击分页组件的每页多少条切换时会触发这个回调,参数就是切换的条数
      handleSizeChange(psize){
        this.queryForm.psize=psize
        this.queryForm.pno=1;
        //数据发生变化之后重新调用查询方法
        this.getUserListForPage(this.queryForm)
      },
      //单击分页组件"上一页""下一页"切换页面时触发的回调,参数就是跳到哪一页
      handleCurrentChange(pno){
        this.queryForm.pno=pno
        //改变请求的参数重新查询当页的数据
        this.getUserListForPage(this.queryForm)
      },
      //单击"修改"按钮时触发
      handleEdit(id){
        //跳转至修改页面并传入数据的 id
        this.$router.push({
          path:'/user-edit',
          query:{
```

```
        id
      }
    })
  },
  //单击"删除"按钮时触发
  async handleRemove(id){
    /* ------ 追加的代码 ------ */
    //弹出询问框确认是否删除
    let canRemove=await this.$confirm('正在删除当前数据是否继续','提示',{
      type:'warning'
    }).catch(err=>err)
    if(canRemove=='confirm'){
      //调用删除逻辑
      await this.deleteUserById(id)
      //删除后重新调用查询逻辑实现页面更新
      await this.getUserListForPage(this.queryForm)
      //当删除当前页的最后一行数据时让页面自动滚动到上一页
      if(this.page.pno>this.page.pCount){
        this.queryForm.pno=this.queryForm.pno-1
        await this.getUserListForPage(this.queryForm)
      }
    }
    /* ------ 追加的代码 ------ */
  }
},
computed:{
  ...mapState('userModel',['list','page']),
  //格式化日期的计算属性
  formatTime(){
    return function(time){
      let d=new Date(time);
      return `${d.getFullYear()}-${d.getMonth()+1}-${d.getDate()} ${d.getHours()}:
${d.getMinutes()}:${d.getSeconds()}`
    }
  }
},

  }
</script>
```

（4）完成该代码后单击"删除"按钮时会弹出询问框,当单击"确认"按钮后数据才会删除,单击"取消"按钮时不会执行任何操作,当删除的数据为本页最后一条数据时会自动滚动到上一页。

（5）到此步骤,用户删除的完整功能便实现完毕了。删除操作需要注意的是实际删除的数据并不是网页中的本地数据而是远程服务器中的数据,所以一旦执行删除操作后需要重新执行查询操作以保证数据的实时性。

5.4　完成角色管理模块的开发

角色管理是后台管理系统中非常重要的业务模块,它的作用是区分不同账号可操作的功能。在开发用户管理的新增用户和编辑用户模块时,都需要关联平台的角色数据,实现不同账号的功能划分。角色、用户及菜单间的关系如图 5-52 所示。

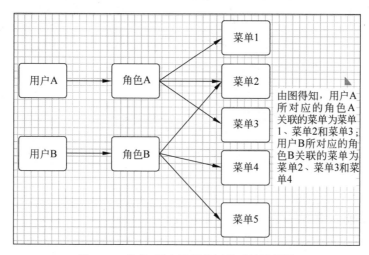

图 5-52　角色、用户及菜单间关系的效果图

角色和菜单产生关联后,将不同的用户绑定不同的角色即可完成对用户权限的区分,这是后台管理系统中最简单的权限部分。角色管理模块的大体功能与用户管理模块相同,操作步骤类似,本节着重介绍角色模块的特色开发部分,与用户模块的业务相似或相同的步骤会简化描述。

1. 接口分析

角色模块所对应的后台接口为"角色接口",总文档地址为 http://localhost:3000/api/#/%E8%A7%92%E8%89%B2%E6%8E%A5%E5%8F%A3。除用户管理中使用的获取所有的角色接口外,还剩余 5 个接口,如图 5-53 所示。

图 5-53　角色接口的效果图

本模块所需接口的详细信息如下。

（1）分页获取所有的角色，文档网址为 http://localhost:3000/api/#/%E8%A7%92%E8%89%B2%E6%8E%A5%E5%8F%A3/RoleController_findForPage，如图 5-54 所示。

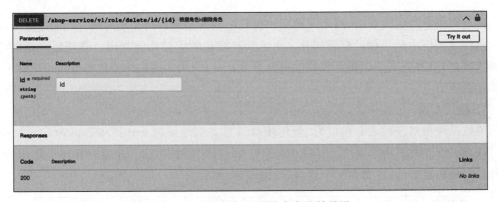

图 5-54　分页获取所有角色的效果图

（2）根据角色 id 删除角色，文档网址为 http://localhost:3000/api/#/%E8%A7%92%E8%89%B2%E6%8E%A5%E5%8F%A3/RoleController_deleteById，如图 5-55 所示。

图 5-55　根据角色 id 删除角色的效果图

（3）新增角色，文档网址为 http://localhost:3000/api/#/%E8%A7%92%E8%89%B2%E6%8E%A5%E5%8F%A3/RoleController_insert，如图 5-56 所示。

（4）修改角色，文档网址为 http://localhost:3000/api/#/%E8%A7%92%E8%89%B2%E6%8E%A5%E5%8F%A3/RoleController_update，如图 5-57 所示。

（5）根据角色 id 查询角色，文档网址为 http://localhost:3000/api/#/%E8%A7%92%E8%89%B2%E6%8E%A5%E5%8F%A3/RoleController_findById，如图 5-58 所示。

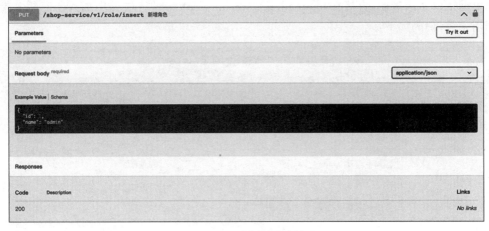

图 5-56　新增角色的效果图

图 5-57　修改角色的效果图

图 5-58　根据角色 id 查询角色的效果图

根据接口文档描述，直接在 shop-admin/src/apis/role-api.js 文件中加入所有相关接口的调用函数，代码如下：

```javascript
//第 5 章 加入所有相关接口的调用函数的代码案例
import api from '@/http'

export const getRoleListAll=()=>{
  return api.http({
    url:'/role/list/all',
    method:'get'
  })
}

export const findRoleListForPage=(params)=>{
    return api.http({
        url:`/role/list/page`,
        method:'get',
        params
    })
}

export const deleteRoleById=(id)=>{
    return api.http({
        url:`/role/delete/id/${id}`,
        method:'delete',
    })
}

export const insertRole=(role)=>{
    return api.http({
        url:`/role/insert`,
        method:'put',
        data:role
    })
}

export const updateRole=(role)=>{
    return api.http({
        url:`/role/update`,
        method:'put',
        data:role
    })
}

export const findRoleById=(id)=>{
    return api.http({
        url:`/role/find/id/${id}`,
        method:'get',
    })
}
```

2. 业务代码实现

角色的普通业务代码与用户的业务代码模块从结构到流程上几乎一样，所以可以将通用部分的业务代码直接完成，步骤如下。

（1）在 shop-admin/src/models/system 文件夹中创建名为 role 的文件夹，在 role 文件夹内部创建名为 role-model.js 的文件。创建的文件结构如图 5-59 所示。

（2）在 shop-admin/src/models/system/role/role-model.js 文件中实现通用的业务代码，代码如下：

图 5-59　创建文件结构的效果图

```
//第5章 实现通用业务代码的代码案例
import {
  findRoleListForPage,
  deleteRoleById,
  insertRole,
  updateRole,
  findRoleById
} from '@/apis/role-api'
export default {
  namespaced:true,
  state:{
    list:[],
    page:{
      pno:1,
      psize:10,
      pCount:0,
      totalElements:0
    }
  },
  mutations:{
    setList(state,list){
      state.list=list;
    },
    setPage(state,page){
      state.page=page
    }
  },
  actions:{
    async getListForPage({commit},params){
      let res=await findRoleListForPage(params);
      if(res.data.code==200){
        commit('setList',res.data.data.list)
        commit('setPage',res.data.data.page)
      }
```

```
  },
  async deleteById({},id){
    await deleteRoleById(id)
  },
  async insert({},role){
    await insertRole(role)
  },
  async update({},role){
    await updateRole(role)
  },
  async findById({},id){
    let res=await findRoleById(id);
      if(res.data.code==200){
      return res.data.data
    }else{
      return {}
    }
  }
 }
}
```

（3）在 shop-admin/src/store/index.js 文件中注册角色模块，代码如下：

```
//第5章 注册角色模块的代码案例
import Vue from 'vue'
import Vuex from 'vuex'
import { getMenuListByRoleId } from '@/apis/menu-api'
import router from '@/router'
import { Notification } from 'element-ui'
import userModel from '@/models/system/user/user-model'
/* ------ 追加的代码 ------ */
import roleModel from '@/models/system/role/role-model'
/* ------ 追加的代码 ------ */
Vue.use(Vuex)
//全局的状态中心
const store=new Vuex.Store({
  state: {
    activeMenuId:'',                      //当前激活的菜单项的 id
    tabsList:[],                          //当前的标签页数据列表
    menuList:[],                          //当前菜单数据的列表
  },
  mutations: {
    //用于更新 activeMenuId 的函数
    setActiveMenuId(state,activeMenuId){
      state.activeMenuId=activeMenuId
    },
    //用于更新 tabsList 的函数
    setTabsList(state,tabsList){
```

```
        state.tabsList=tabsList
    },
    //用于更新menuList的函数
    setMenuList(state,menuList){
      state.menuList=menuList
    }
  },
  actions:{
    //根据角色id获取用户菜单
    async getMenuListByRoleId({commit},roleId){
      let { data:resData }=await getMenuListByRoleId(roleId)
      let { code, data }=resData
      if(code==200){
        //通过commit触发mutations中的setMenuList执行并传入数据
        commit('setMenuList',data)
      }
    },
    pushMenuIntoTabsList({commit,state},menuItem){
      //获取原始tabsList
      let tabsList=state.tabsList
      //将新的菜单项添加到tabsList中
      tabsList.push(menuItem)
      //去重复
      tabsList=Array.from(new Set(tabsList))
      //更新tabsList
      commit('setTabsList',tabsList)
    },
    removeItemByMenuId({commit,state},menuId){
      let tabsList=state.tabsList
      let targetIndex
      if(tabsList.length==1){
        Notification.error({
          title:'提示',
          message:'最后一个页面不允许关闭'
        })
        return
      }
      for(let i=0;i<tabsList.length;i++){
        if(menuId==tabsList[i].id){
          targetIndex=i
        }
      }
      if(targetIndex!== undefined){
        if(state.activeMenuId==menuId){
          if(targetIndex<tabsList.length-1){
            console.log(tabsList[targetIndex+1])
            router.push(tabsList[targetIndex+1].url)
            commit('setActiveMenuId',tabsList[targetIndex+1].id+'')
          }else{
```

```
            console.log(tabsList[targetIndex-1])
            router.push(tabsList[targetIndex-1].url)
            commit('setActiveMenuId',tabsList[targetIndex-1].id + '')
          }
          tabsList.splice(targetIndex,1)
        }else{
          tabsList.splice(targetIndex,1)
        }
      }
      commit('setTabsList',tabsList)
    }
  },
  modules: {
    userModel,
    /* ------ 追加的代码 ------ */
    roleModel
    /* ------ 追加的代码 ------ */
  }
}))
export default store
```

（4）到此步骤，通用的业务代码处理便完成了。

3. 实现角色的增、删、改、查功能

增、删、改、查等通用业务与用户管理的步骤几乎一致，所以本节在细节上会省略部分内容，具体步骤如下。

（1）在 shop-admin/src/views/system/role 文件夹内部创建名为 RoleAdd. vue 和 RoleEdit. vue 两个文件，如图 5-60 所示。

（2）将创建的两个页面注册到路由的配置文件中，代码如下：

图 5-60　创建文件结构的效果图

```
//第 5 章 将创建的两个页面注册到路由的配置文件中的代码案例
import Vue from 'vue'
import VueRouter from 'vue-router'
import Index from '@/views/Index'
import { Notification } from 'element-ui'

Vue.use(VueRouter)
const routes =[
  {
    path:'/',
    name:'Index',
    component:Index,

    children:[
```

```
     {
       path:'/user',
       name:'User',
       component:()=>import('@/views/system/user/User')
     },
     {
       path:'/user-add',
       name:'UserAdd',
       component:()=>import('@/views/system/user/UserAdd')
     },

     {
       path:'/user-edit',
       name:'UserEdit',
       component:()=>import('@/views/system/user/UserEdit')
     },
     {
       path:'/role',
       name:'Role',
       component:()=>import('@/views/system/role/Role')
     },
     /* ----- 追加的代码 ----- */
     {
       path:'/role-add',
       name:'RoleAdd',
       component:()=>import('@/views/system/role/RoleAdd')
     },
     {
       path:'/role-edit',
       name:'RoleEdit',
       component:()=>import('@/views/system/role/RoleEdit')
     },
     /* ----- 追加的代码 ----- */
     {
       path:'/menu',
       name:'Menu',
       component:()=>import('@/views/system/menu/Menu')
     }
   ]

 },
 {
   path:'/login',
   name:'Login',
   component:()=>import('@/views/Login')
 }
]
const router=new VueRouter({
  mode:'hash',
```

```
  routes
})
router.beforeEach((to,from,next)=>{
  if(to.path != '/login' && sessionStorage.userInfo==undefined){
    Notification.error({
      title:'提示',
      message:'您还没有登录,无权访问当前页面,已为您跳转到登录页面'
    })
    next('/login')
  }else{
    next()
  }
})


export default router
```

（3）在 shop-admin/src/views/system/role/Role.vue 文件中实现角色模块的查询和删除功能，代码如下：

```
<!-- 第5章 实现角色模块的查询和删除功能的代码案例 -->
<template>
  <div class="page">
    <el-form inline :model="queryForm">
      <el-form-item size="mini">
        <el-button type="primary" :loading="queryLoading" @click="handleClick" icon="el-icon
-search">查询</el-button>
      </el-form-item>
      <el-form-item size="mini">
        <el-button type="success" :loading="queryLoading" @click="handleAdd" icon=
"el-icon-plus">新增</el-button>
      </el-form-item>
    </el-form>
    <el-table
      border
      size="mini"
      :data="list">
      <el-table-column label="角色名称" prop="name"></el-table-column>
      <el-table-column label="创建时间" prop="insertTime">
        <template v-slot="{row}">
          {{formatTime(row.insertTime)}}
        </template>
      </el-table-column>
      <el-table-column label="操作"
        width="300">
        <template v-slot="{row}">
          <el-button size="mini" icon="el-icon-menu" @click="handleMenu(row.id)">绑定
菜单</el-button>
```

```html
            <el-button size="mini" icon="el-icon-edit" @click="handleEdit(row.id)" type=
"warning">修改</el-button>
            <el-button size="mini" @click="handleRemove(row.id)" icon="el-icon-remove"
type="danger">删除</el-button>
          </template>
        </el-table-column>
    </el-table>
    <el-pagination
      @size-change="handleSizeChange"
      @current-change="handleCurrentChange"
      :current-page="page.pno"
      :page-size="page.psize"
      layout="total, sizes, prev, pager, next, jumper"
      :total="page.totalElements">
    </el-pagination>
  </div>
</template>

<script>
  import { mapState,mapActions } from 'vuex'
  export default{
    name:'Role',
    data(){
      return {
        queryForm:{
          pno:1,
          psize:10
        },
        queryLoading:false
      }
    },
    computed:{
      ...mapState('roleModel',['list','page']),
      formatTime(){
        return function(time){
          let d=new Date(time);
          return `${d.getFullYear()}-${d.getMonth()+1}-${d.getDate()} ${d.getHours()}:
${d.getMinutes()}:${d.getSeconds()}`
        }
      }
    },
    async created(){
      await this.getListForPage(this.queryForm)
    },
    async activated(){
      await this.getListForPage(this.queryForm)
    },
    methods:{
      ...mapActions('roleModel',['getListForPage','deleteById']),
```

```
      async handleClick(){
        this.queryLoading=true;
        this.queryForm.pno=1;
        await this.getListForPage(this.queryForm)
        this.queryLoading=false;
      },
      async handleSizeChange(psize){
        this.queryForm.psize=psize
        this.queryForm.pno=1;
        await this.getListForPage(this.queryForm)
      },
      async handleCurrentChange(pno){
        this.queryForm.pno=pno
        await this.getListForPage(this.queryForm)
      },
      handleAdd(){
        this.$router.push('/role-add')
      },
      async handleRemove(id){
        let confirm=await this.$confirm('正在删除','提示',{
          type:'warning'
        }).catch(err=>err)
        if(confirm=='confirm'){
          await this.deleteById(id)
          await this.getListForPage(this.queryForm)
        }
      },
      handleEdit(id){
        this.$router.push({path:'/role-edit',query:{id}})
      },
      handleMenu(id){
        this.$router.push({path:'/role-menu',query:{id}})
      }
    }
  }
</script>

<style>
</style>
```

（4）在 shop-admin/src/views/system/role/RoleAdd.vue 文件中实现新增角色功能，
代码如下：

```
<!-- 第5章 实现新增角色功能的代码案例 -->
<template>
  <div>
    <el-page-header @back="handleBack" content="增加角色信息"></el-page-header>
    <el-form
```

```
        :model="addForm"
        label-width="auto"
        ref="addForm"
        :rules="rules">
        <el-form-item size="mini" prop="name" label="角色名称">
          <el-input placeholder="请输入" clearable v-model.trim="addForm.name"></el-input>
        </el-form-item>

        <el-form-item size="mini">
          <el-button :loading="subLoading" @click="handleAdd" type="primary">提交</el-button>
        </el-form-item>
      </el-form>
    </div>
</template>

<script>
  import { mapActions,mapState } from 'vuex';
  export default{
    name:'role-add',
    data(){
      return {
        addForm:{
          name:'',
        },
        rules:{
          name:[{
            required:true,
            message:'名称不可以为空'
          }],
        },
        subLoading:false
      }
    },
    async created(){
    },
    methods:{
      ...mapActions('roleModel',[,'insert']),
      handleBack(){
        this.$router.history.go(-1)
      },
      async handleAdd(){
        let valid=await this.$refs.addForm.validate().catch(err=>err);
        if(valid){
          this.subLoading=true
          await this.insert(this.addForm)
          this.subLoading=false
          this.handleBack()
```

```
        }
      }
    }
  }
</script>

<style scoped="scoped" lang="scss">
</style>
```

（5）在 shop-admin/src/system/role/RoleEdit.vue 文件中实现编辑角色功能，代码如下：

```
<!-- 第5章 实现编辑角色功能的代码案例 -->
<template>
  <div>
    <el-page-header @back="handleBack" content="编辑角色信息"></el-page-header>

    <el-form
      :model="addForm"
      label-width="auto"
      ref="addForm"
      :rules="rules">
      <el-form-item size="mini" prop="name" label="角色名称">
        <el-input placeholder="请输入" clearable v-model.trim="addForm.name"></el-input>
      </el-form-item>

      <el-form-item size="mini">
        <el-button :loading="subLoading" @click="handleAdd" type="primary">提交</el-button>
      </el-form-item>
    </el-form>
  </div>
</template>

<script>
  import { mapActions,mapState } from 'vuex';
  export default{
    name:'role-add',
    data(){
      return {
        addForm:{
          name:'',
        },
        rules:{
          name:[{
            required:true,
            message:'名称不可以为空'
```

```
        }],
      },
      subLoading:false
    }
  },
  async created(){
    let id=this. $route. query. id
    this. addForm= await this. findById(id)
  },
  methods:{
    ...mapActions('roleModel',[,'update','findById']),
    handleBack(){
      this. $router. history. go( - 1)
    },
    async handleAdd(){
      let valid=await this. $refs. addForm. validate(). catch(err= > err);
      if(valid){
        this. subLoading =true
        await this. update(this. addForm)
        this. subLoading =false
        this. handleBack()
      }
    }
  }
}
</script>

< style scoped ="scoped" lang="scss">
</style>
```

（6）角色列表展示和删除的效果图如图 5-61 所示。

(a) 角色新增

(b) 角色删除

图 5-61　角色列表展示和删除的效果图

（7）角色新增和角色修改界面的效果图如图 5-62 所示。

（8）到此步骤,角色的通用增、删、改、查业务便实现完毕了。

(a) 角色新增 (b) 角色修改

图 5-62　角色新增和角色修改界面的效果图

4. 实现角色和菜单关联

角色管理模块最核心的业务就是角色和菜单关联的业务模块,该业务将指定的角色绑定多个菜单,实现角色和菜单的物理关联。实现该业务的具体步骤如下。

(1) 在 shop-admin/src/views/system/role 文件夹内新建文件 RoleMenu. vue,将 RoleEdit. vue 文件中的代码粘贴到 RoleMenu. vue 文件中并稍做改造,代码如下:

```
<!-- 第 5 章 粘贴并改造的代码案例 -->
<template>
  <div>
    <!-- 改造的部分 -->
    <el-page-header @back="handleBack" content="关联角色菜单"></el-page-header>
    <!-- 改造的部分 -->
    <el-form
      :model="addForm"
      label-width="auto"
      ref="addForm"
      :rules="rules">
      <el-form-item size="mini" prop="name" label="角色名称">
        <!-- 改造的部分 -->
        <el-input placeholder="请输入" readonly clearable v-model.trim="addForm.name"></el-input>
        <!-- 改造的部分 -->
      </el-form-item>

      <el-form-item size="mini">
        <el-button :loading="subLoading" @click="handleAdd" type="primary">提交</el-button>
      </el-form-item>
    </el-form>
  </div>
</template>

<script>
```

```
import { mapActions,mapState } from 'vuex';
export default{
  /* ------ 改造的部分 ------ */
  name:'RoleMenu',
  /* ------ 改造的部分 ------ */
  data(){
    return {
      addForm:{
        name:'',
      },
      rules:{
        name:[{
          required:true,
          message:'名称不可以为空'
        }],
      },
      subLoading:false
    }
  },
  async created(){
    let id=this.$route.query.id
    this.addForm= await this.findById(id)
  },
  methods:{
    ...mapActions('roleModel',[,'update','findById']),
    handleBack(){
      this.$router.history.go(-1)
    },
    async handleAdd(){
      let valid=await this.$refs.addForm.validate().catch(err=> err);
      if(valid){
        this.subLoading=true
        await this.update(this.addForm)
        this.subLoading=false
        this.handleBack()
      }
    }
  }
}
</script>

< style scoped="scoped" lang="scss">
</style>
```

（2）将新页面注册到路由中，代码如下：

```
//第5章 将新页面注册到路由中的代码案例
import Vue from 'vue'
```

```
import VueRouter from 'vue-router'
import Index from '@/views/Index'
import { Notification } from 'element-ui'

Vue.use(VueRouter)
const routes=[
  {
    path:'/',
    name:'Index',
    component:Index,

    children:[
      {
        path:'/user',
        name:'User',
        component:()=> import('@/views/system/user/User')
      },
      {
        path:'/user-add',
        name:'UserAdd',
        component:()=> import('@/views/system/user/UserAdd')
      },

      {
        path:'/user-edit',
        name:'UserEdit',
        component:()=> import('@/views/system/user/UserEdit')
      },
      {
        path:'/role',
        name:'Role',
        component:()=> import('@/views/system/role/Role')
      },

      {
        path:'/role-add',
        name:'RoleAdd',
        component:()=> import('@/views/system/role/RoleAdd')
      },
      {
        path:'/role-edit',
        name:'RoleEdit',
        component:()=> import('@/views/system/role/RoleEdit')
      },
      /* ----- 追加的代码 ----- */
      {
        path:'/role-menu',
        name:'RoleMenu',
        component:()=> import('@/views/system/role/RoleMenu')
```

```
    },
    /* ----- 追加的代码 ----- */
    {
      path:'/menu',
      name:'Menu',
      component:()=>import('@/views/system/menu/Menu')
    }
  ]

  },
  {
    path:'/login',
    name:'Login',
    component:()=>import('@/views/Login')
  }
]
const router=new VueRouter({
  mode:'hash',
  routes
})
router.beforeEach((to,from,next)=>{
  if(to.path != '/login' && sessionStorage.userInfo==undefined){
    Notification.error({
      title:'提示',
      message:'您还没有登录,无权访问当前页面,已为您跳转到登录页面'
    })
    next('/login')
  }else{
    next()
  }
})


export default router
```

（3）在列表页面单击"绑定菜单"按钮,查看关联角色菜单的页面如图 5-63 所示。

（4）本页面需要获取平台所有菜单的数据及当前角色所有菜单的数据,在实现登录业务时已经创建了根据角色 id 获取菜单列表的接口函数,接下来在 shop-admin/src/apis/menu-api.js 文件中创建获取平台所有菜单的接口函数,代码如下：

```
//第 5 章 创建获取平台所有菜单的接口函数的代码案例
import api from '@/http'
//根据角色 id 获取菜单列表的接口调用函数
export const getMenuListByRoleId=(roleId)=>{
  return api.http({
    //该请求通过 path 传递参数,将请求的参数直接拼接到 URL 路径中即可
    url:`/menu/list/all/role/${roleId}`,
```

```
    method:'post'
  })
}
/* ------ 追加的代码 ------ */
export const getMenuList=()=>{
  return api.http({
    url:`/menu/list/all`,
    method:'get'
  })
}
/* ------ 追加的代码 ------ */
```

图 5-63　关联角色菜单的页面的效果图

（5）在 shop-admin/src/models/role-model.js 文件中改造代码，追加查询菜单的业务内容，代码如下：

```
//第 5 章 追加查询菜单的业务内容的代码案例
import {
  findRoleListForPage,
  deleteRoleById,
  insertRole,
  updateRole,
  findRoleById
} from '@/apis/role-api'
/* ------ 追加的代码 ------ */
```

```
import {
  getMenuList,
  getMenuListByRoleId
} from '@/apis/menu-api'

/* ------ 追加的代码 ------ */
export default {
  namespaced:true,
  state:{
    list:[],
    page:{
      pno:1,
      psize:10,
      pCount:0,
      totalElements:0
    },
    /* ------ 追加的代码 ------ */
    menuList:[],
    checkMenuList:[]
    /* ------ 追加的代码 ------ */
  },
  mutations:{
    setList(state,list){
      state.list=list;
    },
    setPage(state,page){
      state.page=page
    },
    /* ------ 追加的代码 ------ */
    setMenuList(state,menuList){
      state.menuList=menuList
    },
    setChekMenuList(state,checkMenuList){
      state.checkMenuList=checkMenuList
    }
    /* ------ 追加的代码 ------ */
  },
  actions:{
    async getListForPage({commit},params){
      let res=await findRoleListForPage(params);
      if(res.data.code==200){
        commit('setList',res.data.data.list)
        commit('setPage',res.data.data.page)
      }
    },
    async deleteById({},id){
      await deleteRoleById(id)
    },
    async insert({},role){
```

```
    await insertRole(role)
  },
  async update({},role){
    await updateRole(role)
  },
  async findById({},id){
    let res=await findRoleById(id);
    if(res.data.code==200){
      return res.data.data
    }else{
      return {}
    }
  },
  /* ------ 追加的代码 ------ */
  async findAllMenu({commit}){
    let res=await getMenuList()
    if(res.data.code==200){
      commit('setMenuList',res.data.data.list)
    }
  },
  async findMenuByRoleId({commit},roleId){
    let res=await getMenuListByRoleId(roleId)
    if(res.data.code==200){
      commit('setChekMenuList',res.data.data)
    }
  }
  /* ------ 追加的代码 ------ */
  }
}
```

（6）在 shop-admin/src/views/system/role/RoleMenu.vue 文件中追加菜单展示的内容，代码如下：

```html
<!-- 第5章 追加菜单展示的内容的代码案例 -->
<template>
  <div>
    <el-page-header @back="handleBack" content="关联角色菜单"></el-page-header>
    <el-form
        :model="addForm"
        label-width="auto"
        ref="addForm"
        :rules="rules">
      <el-form-item size="mini" prop="name" label="角色名称">
        <el-input placeholder="请输入" readonly clearable v-model.trim="addForm.name"></el-input>
      </el-form-item>
      <el-form-item label="菜单列表">
        <el-tree
```

```
          :data="menuList"
          ref="tree"
          show-checkbox
          node-key="id"
          check-on-click-node
          default-expand-all
          :expand-on-click-node="false"
          @check-change="handleCheckChange"
          >
          <template v-slot="{data}">
            {{data.name}}
          </template>
        </el-tree>
      </el-form-item>
      <el-form-item size="mini">
        <el-button :loading="subLoading" @click="handleAdd" type="primary">提交</el-button>
      </el-form-item>
    </el-form>
  </div>
</template>

<script>
  /* ------ 改造的内容 ------ */
  import { mapActions,mapState } from 'vuex';
  export default{
    name:'RoleMenu,
    data(){
      return {
        addForm:{
          name:'',
        },
        rules:{
          name:[{
            required:true,
            message:'名称不可以为空'
          }],
        },
        subLoading:false,
        allCheckedKeys:[]
      }
    },
    computed:{
      ...mapState('roleModel',['menuList','checkMenuList'])
    },
    async created(){
      let id=this.$route.query.id
      this.addForm= await this.findById(id)
      await this.findAllMenu()
```

```
        await this.findMenuByRoleId(id)
        this.setCheckMenu()
      },
      methods:{
        ...mapActions('roleModel',['update','findById','findAllMenu','findMenuByRoleId']),
        handleBack(){
          this.$router.history.go(-1)
        },
        async handleAdd(){
          let valid=await this.$refs.addForm.validate().catch(err=>err);
          if(valid){

          }
        },
        handleCheckChange(){
          let halfKeys=this.$refs.tree.getHalfCheckedKeys();
          let keys=this.$refs.tree.getCheckedKeys()
          this.allCheckedKeys=[...keys,...halfKeys]

        },
        setCheckMenu(){
          let halfKeys=this.checkMenuList.map(item=>item.id);
          let keys=[]
          this.checkMenuList.forEach(item=>{
            if(item.children){
              item.children.forEach((itemChild)=>{
                keys.push(itemChild.id)
              })
            }
          })
          this.$refs.tree.setCheckedKeys([...keys],true)
        }
      }
    }
  /*------ 改造的内容 ------*/
</script>

<style scoped="scoped" lang="scss">
</style>
```

（7）完成后进入关联角色菜单页面可以看到平台所有的菜单树及该角色已关联的菜单项，如图 5-64 所示。

（8）接下来要实现将选中的菜单和当前角色关联后更新角色和菜单的关系。在 shop-admin/src/apis/menu-api.js 文件中追加保存角色和菜单关系的接口的调用函数，代码如下：

图 5-64 平台所有的菜单树及该角色已关联的菜单项的效果图

```
//第5章 保存角色和菜单关系的接口的调用函数的代码案例
import api from '@/http'
//根据角色id获取菜单列表的接口调用函数
export const getMenuListByRoleId=(roleId)=>{
  return api.http({
    //该请求通过path传递参数,将请求的参数直接拼接到URL路径中即可
    url:`/menu/list/all/role/${roleId}`,
    method:'post'
  })
}


export const getMenuList=()=>{
  return api.http({
    url:`/menu/list/all`,
    method:'get'
  })
}
/* ------ 追加的代码 ------ */
export const insertMenuRole=(data)=>{
  return api.http({
    url:`/menu/insert/menu-role`,
    method:'post',
    data
  })
}
/* ------ 追加的代码 ------ */
```

（9）在 shop-admin/src/models/system/role/role-model.js 文件中追加调用保存角色和菜单关系的业务代码，代码如下：

```
//第5章 调用保存角色和菜单关系的业务代码的代码案例
import {
  findRoleListForPage,
  deleteRoleById,
  insertRole,
  updateRole,
  findRoleById
} from '@/apis/role-api'

import {
  getMenuList,
  getMenuListByRoleId,
  /* ------ 追加的代码 ------ */
  insertMenuRole
  /* ------ 追加的代码 ------ */
} from '@/apis/menu-api'


export default {
  namespaced:true,
  state:{
    list:[],
    page:{
      pno:1,
      psize:10,
      pCount:0,
      totalElements:0
    },
    menuList:[],
    checkMenuList:[]
  },
  mutations:{
    setList(state,list){
      state.list=list;
    },
    setPage(state,page){
      state.page=page
    },
    setMenuList(state,menuList){
      state.menuList=menuList
    },
    setChekMenuList(state,checkMenuList){
      state.checkMenuList=checkMenuList
    }
  },
```

```
actions:{
  async getListForPage({commit},params){
    let res=await findRoleListForPage(params);
    if(res.data.code==200){
      commit('setList',res.data.data.list)
      commit('setPage',res.data.data.page)
    }
  },
  async deleteById({},id){
    await deleteRoleById(id)
  },
  async insert({},role){
    await insertRole(role)
  },
  async update({},role){
    await updateRole(role)
  },
  async findById({},id){
    let res=await findRoleById(id);
    if(res.data.code==200){
      return res.data.data
    }else{
      return {}
    }
  },
  async findAllMenu({commit}){
    let res=await getMenuList()
    if(res.data.code==200){
      commit('setMenuList',res.data.data.list)
    }
  },
  async findMenuByRoleId({commit},roleId){
    let res=await getMenuListByRoleId(roleId)
    if(res.data.code==200){
      commit('setChekMenuList',res.data.data)
    }
  },
  /* ------ 追加的代码 ------ */
  async saveMenuRole({},data){
    await insertMenuRole(data)
  }
  /* ------ 追加的代码 ------ */
  }
}
```

（10）在 shop-admin/src/views/system/role/RoleMenu.vue 文件中追加保存菜单和角色关系的实现,代码如下:

```html
<!-- 第5章 追加保存菜单和角色关系的实现的代码案例 -->
<template>
  <div>
    <el-page-header @back="handleBack" content="关联角色菜单"></el-page-header>
    <el-form
      :model="addForm"
      label-width="auto"
      ref="addForm"
      :rules="rules">
      <el-form-item size="mini" prop="name" label="角色名称">
        <el-input placeholder="请输入" readonly clearable v-model.trim="addForm.name">
</el-input>
      </el-form-item>
      <el-form-item label="菜单列表">
        <el-tree
          :data="menuList"
          ref="tree"
          show-checkbox
          node-key="id"
          check-on-click-node
          default-expand-all
          :expand-on-click-node="false"
          @check-change="handleCheckChange"
          >
          <template v-slot="{data}">
            {{data.name}}
          </template>
        </el-tree>
      </el-form-item>
      <el-form-item size="mini">
        <el-button :loading="subLoading" @click="handleAdd" type="primary">提交</el-button>
      </el-form-item>
    </el-form>
  </div>
</template>

<script>

  import { mapActions,mapState } from 'vuex';
  export default{
    name:'role-add',
    data(){
      return {
        addForm:{
          name:'',
        },
        rules:{
          name:[{
```

```
                          required:true,
                          message:'名称不可以为空'
                      }],
                  },
                  subLoading:false,
                  allCheckedKeys:[]
              }
          },
          computed:{
              ...mapState('roleModel',['menuList','checkMenuList'])
          },
          async created(){
              let id=this.$route.query.id
              this.addForm = await this.findById(id)
              await this.findAllMenu()
              await this.findMenuByRoleId(id)
              this.setCheckMenu()
          },
          methods:{
              /* ------ 改造的内容 ------ */
              ...mapActions('roleModel',['update','findById','findAllMenu','findMenuByRoleId',
      'saveMenuRole']),
              /* ------ 改造的内容 ------ */
              handleBack(){
                  this.$router.history.go(-1)
              },
              async handleAdd(){
                  let valid=await this.$refs.addForm.validate().catch(err=> err);
                  if(valid){
                      /* ------ 改造的内容 ------ */
                      if(this.allCheckedKeys.length==0){
                          this.$notify.error({
                              title:'提示',
                              message:'请至少选择一个菜单'
                          })
                          return;
                      }
                      this.subLoading=true
                      await this.saveMenuRole({
                          roleId:this.addForm.id,
                          ids:this.allCheckedKeys
                      })
                      this.subLoading=false
                      //await this.update(this.addForm)
                      this.handleBack()
                      /* ------ 改造的内容 ------ */
                  }
              },
              handleCheckChange(){
```

```
        let halfKeys=this.$refs.tree.getHalfCheckedKeys();
        let keys=this.$refs.tree.getCheckedKeys()
        this.allCheckedKeys=[...keys,...halfKeys]

    },
    setCheckMenu(){
        let halfKeys=this.checkMenuList.map(item=>item.id);
        let keys=[]
        this.checkMenuList.forEach(item=>{
            if(item.children){
                item.children.forEach((itemChild)=>{
                    keys.push(itemChild.id)
                })
            }
        })
        this.$refs.tree.setCheckedKeys([...keys],true)
    }
  }
 }
</script>

<style scoped="scoped" lang="scss">
</style>
```

（11）在角色列表中单击第二条数据的关联菜单按钮，进入角色菜单关联页面，如图 5-65 所示。

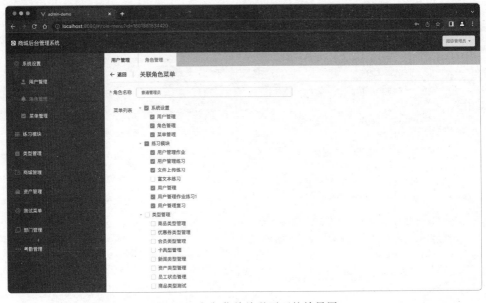

图 5-65　角色菜单关联页面的效果图

（12）将类型管理的整个模块选中，单击该页面中的"提交"按钮，成功后再次回到第二条数据的角色菜单关联页面，若成功地保存了菜单选中状态，则代表关联菜单成功，如图 5-66 所示。

图 5-66　关联菜单成功的效果图

（13）到此步骤，角色模块的所有业务功能便开发完毕了。

5.5　完成菜单管理模块的开发

菜单模块与角色模块的关系在 5.4 节中已经完整介绍，菜单模块本身的核心功能是维护平台所具备的所有菜单项及每个菜单所对应的页面地址。菜单与普通模块不同之处在于，菜单并不需要做分页查询，菜单有 2 级需要做树形菜单处理。

1. 接口分析

菜单模块所对应的后台接口为"菜单接口"，总文档地址为 http://localhost:3000/api/#/%E8%8F%9C%E5%8D%95%E6%8E%A5%E5%8F%A3，除与角色模块相关的 3 个函数以外还剩余 6 个接口，如图 5-67 所示。

本模块所需接口的详细信息如下。

（1）增加主菜单，文档网址为 http://localhost:3000/api/#/%E8%8F%9C%E5%8D%95%E6%8E%A5%E5%8F%A3/MenuController_insert，如图 5-68 所示。

（2）增加子菜单的主菜单，文档网址为 http://localhost:3000/api/#/%E8%8F%9C%E5%8D%95%E6%8E%A5%E5%8F%A3/MenuController_insertChild，如图 5-69 所示。

图 5-67　菜单接口的效果图

图 5-68　增加主菜单的效果图

图 5-69　增加子菜单的主菜单的效果图

（3）修改主菜单，文档网址为 http://localhost：3000/api/#/％E8％8F％9C％E5％8D％95％E6％8E％A5％E5％8F％A3/MenuController_update，如图 5-70 所示。

图 5-70 修改主菜单的效果图

（4）修改子菜单，文档网址为 http://localhost：3000/api/#/％E8％8F％9C％E5％8D％95％E6％8E％A5％E5％8F％A3/MenuController_updateChild，如图 5-71 所示。

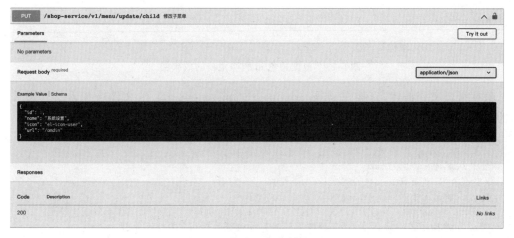

图 5-71 修改子菜单的效果图

（5）根据角色 id 查询菜单，文档网址为 http://localhost：3000/api/#/％E8％8F％9C％E5％8D％95％E6％8E％A5％E5％8F％A3/MenuController_findById，如图 5-72 所示。

（6）根据角色 id 删除菜单，文档网址为 http://localhost：3000/api/#/％E8％8F％9C％E5％8D％95％E6％8E％A5％E5％8F％A3/MenuController_deleteById，如图 5-73 所示。

图 5-72 根据角色 id 查询菜单的效果图

图 5-73 根据角色 id 删除菜单的效果图

根据接口文档描述,直接在 shop-admin/src/apis/menu-api.js 文件中加入所有相关接口的调用函数,代码如下:

```
//第 5 章 加入所有相关接口的调用函数的代码案例
import api from '@/http'
//根据角色 id 获取菜单列表的接口调用函数
export const getMenuListByRoleId = (roleId) => {
  return api.http({
    //该请求通过 path 传递参数,将请求的参数直接拼接到 URL 路径中即可
    url:`/menu/list/all/role/ ${roleId}`,
    method:'post'
  })
}

export const getMenuList = () => {
  return api.http({
    url:`/menu/list/all`,
    method:'get'
```

```
    })
  }

  export const insertMenuRole = (data) => {
    return api.http({
      url:`/menu/insert/menu-role`,
      method:'post',
      data
    })
  }
  /* ------ 追加的代码 ------ */
  export const insertMenu = (data) => {
    return api.http({
      url:`/menu/insert`,
      method:'put',
      data
    })
  }

  export const insertChildMenu = (data) => {
    return api.http({
      url:`/menu/insert/pid/${data.pid}`,
      method:'put',
      data
    })
  }
  export const updateMenu = (data) => {
    return api.http({
      url:`/menu/update`,
      method:'put',
      data
    })
  }

  export const updateChildMenu = (data) => {
    return api.http({
      url:`/menu/update/child`,
      method:'put',
      data
    })
  }

  export const getMenuById = (id) => {
    return api.http({
      url:`/menu/find/id/${id}`,
      method:'get',
    })
  }
```

```
export const deleteMenuById=(id)=>{
  return api.http({
    url:`/menu/delete/id/${id}`,
    method:'delete',
  })
}
/* ------ 追加的代码 ------ */
```

2. 业务代码实现

菜单模块的业务代码虽然与通用业务有差别,但整体流程没有变化,步骤如下。

（1）在 shop-admin/src/models/system 文件夹中创建名为 menu 的文件夹,在 menu 文件夹内部创建名为 menu-model.js 的文件。创建的文件结构如图 5-74 所示。

（2）在 shop-admin/src/models/system/menu/menu-model.js 文件中实现通用的业务代码,代码如下:

图 5-74　创建文件结构的效果图

```
//第 5 章 实现通用业务代码的代码案例
import {getMenuList,insertMenu,getMenuById,
  updateMenu,insertChildMenu,updateChildMenu,deleteMenuById} from '@/api/menu-api'
import { iconList } from './icon-data.js'
export default {
  namespaced:true,
  state:{
    list:[],
    page:{
      pno:1,
      psize:10,
      pCount:0,
      totalElements:0
    },
    iconList:iconList
  },
  mutations:{
    setList(state,list){
      state.list=list;
    },
    setPage(state,page){
      state.page=page
    },

  },
```

```
actions:{
  async getListForPage({commit},params){
    let res=await getMenuList(params)
    if(res.data.code==200 ){
      commit('setList',res.data.data.list)
    }
  },
  async deleteById({},id){
    await deleteMenuById(id)
  },
  async insert({},data){
    await insertMenu(data)
  },
  async insertChild({},data){
    await insertChildMenu(data)
  },
  async update({},data){
    await updateMenu(data)
  },
  async updateChild({},data){
    await updateChildMenu(data)
  },

  async findById({},id){
    let res=await getMenuById(id)
    if(res.data.code==200){
      return res.data.data;
    }else{
      return {}
    }
  },

  }
}
```

（3）在 shop-admin/src/models/system/menu 文件夹内创建名为 icon-data.js 的文件，在文件内部初始化图标列表，代码如下：

```
//第5章 初始化图标列表的代码案例
export const iconList=[
  'el-icon-platform-eleme',
  'el-icon-eleme',
  'el-icon-delete-solid',
  'el-icon-delete',
  'el-icon-s-tools',
  'el-icon-setting',
  'el-icon-user-solid',
  'el-icon-user',
```

```
'el-icon-phone',
'el-icon-phone-outline',
'el-icon-more',
'el-icon-more-outline',
'el-icon-star-on',
'el-icon-star-off',
'el-icon-s-goods',
'el-icon-goods',
'el-icon-warning',
'el-icon-warning-outline',
'el-icon-question',
'el-icon-info',
'el-icon-remove',
'el-icon-circle-plus',
'el-icon-success',
'el-icon-error',
'el-icon-zoom-in',
'el-icon-zoom-out',
'el-icon-remove-outline',
'el-icon-circle-plus-outline',
'el-icon-circle-check',
'el-icon-circle-close',
'el-icon-s-help',
'el-icon-help',
'el-icon-minus',
'el-icon-plus',
'el-icon-check',
'el-icon-close',
'el-icon-picture',
'el-icon-picture-outline',
'el-icon-picture-outline-round',
'el-icon-upload',
'el-icon-upload2',
'el-icon-download',
'el-icon-camera-solid',
'el-icon-camera',
'el-icon-video-camera-solid',
'el-icon-video-camera',
'el-icon-message-solid',
'el-icon-bell',
'el-icon-s-cooperation',
'el-icon-s-order',
'el-icon-s-platform',
'el-icon-s-fold',
'el-icon-s-unfold',
'el-icon-s-operation',
'el-icon-s-promotion',
'el-icon-s-home',
'el-icon-s-release',
```

```
'el-icon-s-ticket',
'el-icon-s-management',
'el-icon-s-open',
'el-icon-s-shop',
'el-icon-s-marketing',
'el-icon-s-flag',
'el-icon-s-comment',
'el-icon-s-finance',
'el-icon-s-claim',
'el-icon-s-custom',
'el-icon-s-opportunity',
'el-icon-s-data',
'el-icon-s-check',
'el-icon-s-grid',
'el-icon-menu',
'el-icon-share',
'el-icon-d-caret',
'el-icon-caret-left',
'el-icon-caret-right',
'el-icon-caret-bottom',
'el-icon-caret-top',
'el-icon-bottom-left',
'el-icon-bottom-right',
'el-icon-back',
'el-icon-right',
'el-icon-bottom',
'el-icon-top',
'el-icon-top-left',
'el-icon-top-right',
'el-icon-arrow-left',
'el-icon-arrow-right',
'el-icon-arrow-down',
'el-icon-arrow-up',
'el-icon-d-arrow-left',
'el-icon-d-arrow-right',
'el-icon-video-pause',
'el-icon-video-play',
'el-icon-refresh',
'el-icon-refresh-right',
'el-icon-refresh-left',
'el-icon-finished',
'el-icon-sort',
'el-icon-sort-up',
'el-icon-sort-down',
'el-icon-rank',
'el-icon-loading',
'el-icon-view',
'el-icon-c-scale-to-original',
'el-icon-date',
```

```
'el-icon-edit',
'el-icon-edit-outline',
'el-icon-folder',
'el-icon-folder-opened',
'el-icon-folder-add',
'el-icon-folder-remove',
'el-icon-folder-delete',
'el-icon-folder-checked',
'el-icon-tickets',
'el-icon-document-remove',
'el-icon-document-delete',
'el-icon-document-copy',
'el-icon-document-checked',
'el-icon-document',
'el-icon-document-add',
'el-icon-printer',
'el-icon-paperclip',
'el-icon-takeaway-box',
'el-icon-search',
'el-icon-monitor',
'el-icon-attract',
'el-icon-mobile',
'el-icon-scissors',
'el-icon-umbrella',
'el-icon-headset',
'el-icon-brush',
'el-icon-mouse',
'el-icon-coordinate',
'el-icon-magic-stick',
'el-icon-reading',
'el-icon-data-line',
'el-icon-data-board',
'el-icon-pie-chart',
'el-icon-data-analysis',
'el-icon-collection-tag',
'el-icon-film',
'el-icon-suitcase',
'el-icon-suitcase-1',
'el-icon-receiving',
'el-icon-collection',
'el-icon-files',
'el-icon-Notebook-1',
'el-icon-Notebook-2',
'el-icon-toilet-paper',
'el-icon-office-building',
'el-icon-school',
'el-icon-table-lamp',
'el-icon-house',
'el-icon-no-smoking',
```

```
'el-icon-smoking',
'el-icon-shopping-cart-full',
'el-icon-shopping-cart-1',
'el-icon-shopping-cart-2',
'el-icon-shopping-bag-1',
'el-icon-shopping-bag-2',
'el-icon-sold-out',
'el-icon-sell',
'el-icon-present',
'el-icon-box',
'el-icon-bank-card',
'el-icon-money',
'el-icon-coin',
'el-icon-wallet',
'el-icon-discount',
'el-icon-price-tag',
'el-icon-news',
'el-icon-guide',
'el-icon-male',
'el-icon-female',
'el-icon-thumb',
'el-icon-cpu',
'el-icon-link',
'el-icon-connection',
'el-icon-open',
'el-icon-turn-off',
'el-icon-set-up',
'el-icon-chat-round',
'el-icon-chat-line-round',
'el-icon-chat-square',
'el-icon-chat-dot-round',
'el-icon-chat-dot-square',
'el-icon-chat-line-square',
'el-icon-message',
'el-icon-postcard',
'el-icon-position',
'el-icon-turn-off-microphone',
'el-icon-microphone',
'el-icon-close-notification',
'el-icon-bangzhu',
'el-icon-time',
'el-icon-odometer',
'el-icon-crop',
'el-icon-aim',
'el-icon-switch-button',
'el-icon-full-screen',
'el-icon-copy-document',
'el-icon-mic',
'el-icon-stopwatch',
```

```
'el-icon-medal-1',
'el-icon-medal',
'el-icon-trophy',
'el-icon-trophy-1',
'el-icon-first-aid-kit',
'el-icon-discover',
'el-icon-place',
'el-icon-location',
'el-icon-location-outline',
'el-icon-location-information',
'el-icon-add-location',
'el-icon-delete-location',
'el-icon-map-location',
'el-icon-alarm-clock',
'el-icon-timer',
'el-icon-watch-1',
'el-icon-watch',
'el-icon-lock',
'el-icon-unlock',
'el-icon-key',
'el-icon-service',
'el-icon-mobile-phone',
'el-icon-bicycle',
'el-icon-truck',
'el-icon-ship',
'el-icon-basketball',
'el-icon-football',
'el-icon-soccer',
'el-icon-baseball',
'el-icon-wind-power',
'el-icon-light-rain',
'el-icon-lightning',
'el-icon-heavy-rain',
'el-icon-sunrise',
'el-icon-sunrise-1',
'el-icon-sunset',
'el-icon-sunny',
'el-icon-cloudy',
'el-icon-partly-cloudy',
'el-icon-cloudy-and-sunny',
'el-icon-moon',
'el-icon-moon-night',
'el-icon-dish',
'el-icon-dish-1',
'el-icon-food',
'el-icon-chicken',
'el-icon-fork-spoon',
'el-icon-knife-fork',
'el-icon-burger',
```

```
'el-icon-tableware',
'el-icon-sugar',
'el-icon-dessert',
'el-icon-ice-cream',
'el-icon-hot-water',
'el-icon-water-cup',
'el-icon-coffee-cup',
'el-icon-cold-drink',
'el-icon-goblet',
'el-icon-goblet-full',
'el-icon-goblet-square',
'el-icon-goblet-square-full',
'el-icon-refrigerator',
'el-icon-grape',
'el-icon-watermelon',
'el-icon-cherry',
'el-icon-apple',
'el-icon-pear',
'el-icon-orange',
'el-icon-coffee',
'el-icon-ice-tea',
'el-icon-ice-drink',
'el-icon-milk-tea',
'el-icon-potato-strips',
'el-icon-lollipop',
'el-icon-ice-cream-square',
'el-icon-ice-cream-round'
]
```

（4）在 shop-admin/src/store/index.js 文件中注册菜单模块，代码如下：

```
//第5章 注册菜单模块的代码案例
import Vue from 'vue'
import Vuex from 'vuex'
import { getMenuListByRoleId } from '@/apis/menu-api'
import router from '@/router'
import { Notification } from 'element-ui'
import userModel from '@/models/system/user/user-model'
import roleModel from '@/models/system/role/role-model'
/* ------ 追加的代码 ------ */
import menuModel from '@/models/system/menu/menu-model'
/* ------ 追加的代码 ------ */
Vue.use(Vuex)
//全局的状态中心
const store=new Vuex.Store({
  state: {
    activeMenuId:'',                    //当前激活的菜单项的 id
    tabsList:[],                        //当前的标签页数据列表
```

```
    menuList:[],                        //当前菜单数据的列表
},
mutations: {
  //用于更新 activeMenuId 的函数
  setActiveMenuId(state,activeMenuId){
    state.activeMenuId=activeMenuId
  },
  //用于更新 tabsList 的函数
  setTabsList(state,tabsList){
    state.tabsList=tabsList
  },
  //用于更新 menuList 的函数
  setMenuList(state,menuList){
    state.menuList=menuList
  }
},
actions:{
  //根据角色 id 获取用户菜单
  async getMenuListByRoleId({commit},roleId){
    let { data:resData }=await getMenuListByRoleId(roleId)
    let { code, data }=resData
    if(code==200){
      //通过 commit 触发 mutations 中的 setMenuList 执行并传入数据
      commit('setMenuList',data)
    }
  },
  pushMenuIntoTabsList({commit,state},menuItem){
    //获取原始 tabsList
    let tabsList=state.tabsList
    //将新的菜单项添加到 tabsList 中
    tabsList.push(menuItem)
    //去重复
    tabsList=Array.from(new Set(tabsList))
    //更新 tabsList
    commit('setTabsList',tabsList)
  },
  removeItemByMenuId({commit,state},menuId){
    let tabsList=state.tabsList
    let targetIndex
    if(tabsList.length==1){
      Notification.error({
        title:'提示',
        message:'最后一个页面不允许关闭'
      })
      return
    }
    for(let i=0;i<tabsList.length;i++){
      if(menuId==tabsList[i].id){
        targetIndex=i
```

```
        }
      }
      if(targetIndex!== undefined){
        if(state.activeMenuId==menuId){
          if(targetIndex < tabsList.length-1){
            console.log(tabsList[targetIndex + 1])
            router.push(tabsList[targetIndex + 1].url)
            commit('setActiveMenuId',tabsList[targetIndex + 1].id + '')
          }else{
            console.log(tabsList[targetIndex-1])
            router.push(tabsList[targetIndex-1].url)
            commit('setActiveMenuId',tabsList[targetIndex-1].id + '')
          }
          tabsList.splice(targetIndex,1)
        }else{
          tabsList.splice(targetIndex,1)
        }
      }
      commit('setTabsList',tabsList)
    }
  },
  modules: {
    userModel,
    roleModel,
    /* ------ 追加的代码 ------ */
    menuModel
    /* ------ 追加的代码 ------ */
  }
})
export default store
```

（5）到此步骤,通用的业务代码处理便完成了。

3. 实现菜单的增、删、改、查功能

增、删、改、查等通用业务与用户管理的步骤几乎一致,所以本节在细节上会省略部分内容,具体步骤如下。

（1）在 shop-admin/src/views/system/menu 文件夹内部创建名为 MenuAdd.vue、MenuAddChild.vue、MenuEdit.vue 和 RoleEditChild.vue 4 个文件,如图 5-75 所示。

（2）将创建的 4 个页面注册到路由的配置文件中,代码如下:

图 5-75　创建文件结构的效果图

```
//第 5 章 将创建的 4 个页面注册到路由的配置文件中的代码案例
import Vue from 'vue'
import VueRouter from 'vue-router'
import Index from '@/views/Index'
```

```javascript
import { Notification } from 'element-ui'

Vue.use(VueRouter)
const routes =[
  {
    path:'/',
    name:'Index',
    component:Index,

    children:[
      {
        path:'/user',
        name:'User',
        component:()=> import('@/views/system/user/User')
      },
      {
        path:'/user-add',
        name:'UserAdd',
        component:()=> import('@/views/system/user/UserAdd')
      },

      {
        path:'/user-edit',
        name:'UserEdit',
        component:()=> import('@/views/system/user/UserEdit')
      },
      {
        path:'/role',
        name:'Role',
        component:()=> import('@/views/system/role/Role')
      },

      {
        path:'/role-add',
        name:'RoleAdd',
        component:()=> import('@/views/system/role/RoleAdd')
      },
      {
        path:'/role-edit',
        name:'RoleEdit',
        component:()=> import('@/views/system/role/RoleEdit')
      },
      {
        path:'/role-menu',
        name:'RoleMenu',
        component:()=> import('@/views/system/role/RoleMenu')
      },
      {
        path:'/menu',
```

```
      name:'Menu',
      component:()=> import('@/views/system/menu/Menu')
    },
    /* ----- 追加的代码 ----- */
    {
      path:'/menu-add',
      name:'MenuAdd',
      component:()=> import('@/views/system/menu/MenuAdd')
    },
    {
      path:'/menu-add-child',
      name:'MenuAddChild',
      component:()=> import('@/views/system/menu/MenuAddChild')
    },
    {
      path:'/menu-edit',
      name:'MenuEdit',
      component:()=> import('@/views/system/menu/MenuEdit')
    },
    {
      path:'/menu-edit-child',
      name:'MenuEditChild',
      component:()=> import('@/views/system/menu/MenuEditChild')
    }
    /* ----- 追加的代码 ----- */
  ]

},
{
  path:'/login',
  name:'Login',
  component:()=> import('@/views/Login')
}
]
const router=new VueRouter({
  mode:'hash',
  routes
})
router.beforeEach((to,from,next)=>{
  if(to.path != '/login' && sessionStorage.userInfo==undefined){
    Notification.error({
      title:'提示',
      message:'您还没有登录,无权访问当前页面,已为您跳转到登录页面'
    })
    next('/login')
  }else{
    next()
  }
```

```
})


export default router
```

（3）在 shop-admin/src/views/system/menu/Menu.vue 文件中实现菜单模块的查询和删除功能，代码如下：

```html
<!-- 第 5 章 实现菜单模块的查询和删除功能的代码案例 -->
<template>
  <div class="page">
    <el-form inline :model="queryForm">
      <el-form-item size="mini">
        <el-button type="primary" :loading="queryLoading" @click="handleClick" icon="el-icon-search">查询</el-button>
      </el-form-item>
      <el-form-item size="mini">
        <el-button type="success" :loading="queryLoading" @click="handleAdd" icon="el-icon-plus">新增</el-button>
      </el-form-item>
    </el-form>
    <el-table
      border
      size="mini"
      :data="list"
      row-key="id"
      default-expand-all
      :tree-props="{children:'children', hasChildren: 'hasChildren'}">

      <el-table-column label="菜单名称" prop="name"></el-table-column>
      <el-table-column label="菜单路由" prop="url"></el-table-column>
      <el-table-column label="菜单图标" prop="icon">
        <template v-slot="{row}">
          <i :class="row.icon"></i>
        </template>
      </el-table-column>

      <el-table-column width="300" label="操作">
        <template v-slot="{row}">
          <el-button v-if="!row.url" type="success" icon="el-icon-plus" @click="handleAddChildren(row)" size="mini">增加子菜单</el-button>
          <el-button size="mini" icon="el-icon-edit" @click="handleEdit(row)" type="warning">修改</el-button>
          <el-button size="mini" @click="handleRemove(row.id)" icon="el-icon-remove" type="danger">删除</el-button>
        </template>
      </el-table-column>
    </el-table>
```

```
    </div>
</template>

<script>
  import { mapState, mapActions } from 'vuex'
  export default{
    name:'role',
    data(){
      return {
        queryForm:{
          pno:1,
          psize:10
        },
        queryLoading:false
      }
    },
    computed:{
      ...mapState('menuModel',['list','page']),
      formatTime(){
        return function(time){
          let d=new Date(time);
          return ` ${d.getFullYear()} - ${d.getMonth() + 1} - ${d.getDate()}  ${d.getHours()}:
${d.getMinutes()}:${d.getSeconds()}`
        }
      }
    },
    async created(){
      await this.getListForPage(this.queryForm)
    },
    async activated(){
      await this.getListForPage(this.queryForm)
    },
    methods:{
      ...mapActions('menuModel',['getListForPage','deleteById']),
      async handleClick(){
        this.queryLoading=true;
        this.queryForm.pno=1;
        await this.getListForPage(this.queryForm)
        this.queryLoading=false;
      },
      async handleSizeChange(psize){
        this.queryForm.psize=psize
        this.queryForm.pno=1;
        await this.getListForPage(this.queryForm)
      },
      async handleCurrentChange(pno){
        this.queryForm.pno=pno
        await this.getListForPage(this.queryForm)
      },
```

```
      handleAdd(){
        this.$router.push('/menu-add')
      },
      async handleRemove(id){
        let confirm=await this.$confirm('正在删除','提示',{
          type:'warning'
        }).catch(err=>err)
        if(confirm=='confirm'){
          await this.deleteById(id)
          await this.getListForPage(this.queryForm)
        }
      },
      handleEdit(row){
        if(row.url){
          this.$router.push({path:'/menu-edit-child',query:{id:row.id}})
        }else{
          this.$router.push({path:'/menu-edit',query:{id:row.id}})
        }
      },
      handleAddChildren(row){
        this.$router.push({path:'/menu-add-child',query:{id:row.id,name:row.name}})
      }
    }
  }
</script>

<style>
</style>
```

（4）在 shop-admin/src/views/system/menu/MenuAdd.vue 文件中实现新增主菜单功能，代码如下：

```
<!-- 第5章 实现新增主菜单功能的代码案例 -->
<template>
  <div>
    <el-page-header @back="handleBack" content="增加主菜单信息"></el-page-header>
    <el-row>
      <el-col :span="6">
        <el-form
          :model="addForm"
          label-width="auto"
          ref="addForm"
          :rules="rules">
          <el-form-item size="mini" prop="name" label="菜单名称">
            <el-input placeholder="请输入" clearable v-model.trim="addForm.name">
</el-input>
```

```
          </el-form-item>
          < el-form-item size="mini" prop="icon" label="菜单图标">
            < el-select clearable v-model.trim="addForm.icon">
              < el-option v-for="item in iconList"
                :key="item"
                :label="item"
                :value="item">
                < template v-slot>
                  < i :class="item"></i>
                  {{item}}
                </template>
              </el-option>
            </el-select>
          </el-form-item>
          < el-form-item size="mini">
            < el-button :loading="subLoading" @click="handleAdd" type="primary">提交</el
-button>
          </el-form-item>
        </el-form>
      </el-col>
    </el-row>
  </div>
</template>

< script>
  import { mapActions,mapState } from 'vuex';
  export default{
    name:'role-add',
    data(){
      return {
        addForm:{
          name:'',
          icon:''
        },
        rules:{
          name:[{
            required:true,
            message:'名称不可以为空'
          }],
          icon:[
            {
              required:true,
              message:'图标不可以为空'
            }
          ]
        },
        subLoading:false
      }
    },
```

```
    computed:{
      ...mapState('menuModel',['iconList'])
    },
    async created(){
    },
    methods:{
      ...mapActions('menuModel',[,'insert']),
      handleBack(){
        this.$router.history.go(-1)
      },
      async handleAdd(){
        let valid=await this.$refs.addForm.validate().catch(err=>err);
        if(valid){
          this.subLoading=true
          await this.insert(this.addForm)
          this.subLoading=false
          this.handleBack()
        }
      }
    }
  }
</script>

<style scoped="scoped" lang="scss">
</style>
```

（5）在 shop-admin/src/system/menu/MenuEdit.vue 文件中实现编辑主菜单功能，代码如下：

```
<!-- 第5章 实现编辑主菜单功能的代码案例 -->
<template>
  <div>
    <el-page-header @back="handleBack" content="编辑主菜单信息"></el-page-header>
    <el-row>
      <el-col :span="6">
        <el-form
          :model="addForm"
          label-width="auto"
          ref="addForm"
          :rules="rules">
          <el-form-item size="mini" prop="name" label="菜单名称">
            <el-input placeholder="请输入" clearable v-model.trim="addForm.name">
</el-input>
          </el-form-item>
          <el-form-item size="mini" prop="icon" label="菜单图标">
            <el-select clearable v-model.trim="addForm.icon">
              <el-option v-for="item in iconList"
                :key="item"
```

```
                    :label="item"
                    :value="item">
                      <template v-slot>
                        <i :class="item"></i>
                        {{item}}
                      </template>
                  </el-option>
              </el-select>
          </el-form-item>
          <el-form-item size="mini">
            <el-button :loading="subLoading" @click="handleAdd" type="primary">提交</el
-button>
          </el-form-item>
        </el-form>
      </el-col>
    </el-row>
  </div>
</template>

<script>
  import { mapActions,mapState } from 'vuex';
  export default{
    name:'role-add',
    data(){
      return {
        addForm:{
          name:'',
          icon:''
        },
        rules:{
          name:[{
            required:true,
            message:'名称不可以为空'
          }],
          icon:[
            {
              required:true,
              message:'图标不可以为空'
            }
          ]
        },
        subLoading:false
      }
    },
    computed:{
      ...mapState('menuModel',['iconList'])
    },
    async created(){
      let id=this.$route.query.id;
```

```
            this.addForm=await this.findById(id);
        },
        methods:{
            ...mapActions('menuModel',[,'update','findById']),
            handleBack(){
                this.$router.history.go(-1)
            },
            async handleAdd(){
                let valid=await this.$refs.addForm.validate().catch(err=>err);
                if(valid){
                    this.subLoading=true
                    await this.update(this.addForm)
                    this.subLoading=false
                    this.handleBack()
                }
            }
        }
    }
</script>

<style scoped="scoped" lang="scss">
</style>
```

（6）在 shop-admin/src/views/system/menu/MenuAddChild.vue 文件中实现新增子菜单功能,代码如下：

```
<!-- 第5章 实现新增子菜单功能的代码案例 -->
<template>
  <div>
    <el-page-header @back="handleBack" :content="'增加'+parentName+'的子菜单信息'">
</el-page-header>
    <el-row>
      <el-col :span="6">
        <el-form
          :model="addForm"
          label-width="auto"
          ref="addForm"
          :rules="rules">
          <el-form-item size="mini" prop="name" label="菜单名称">
            <el-input placeholder="请输入" clearable v-model.trim="addForm.name">
</el-input>
          </el-form-item>
          <el-form-item size="mini" prop="icon" label="菜单图标">
            <el-select clearable v-model.trim="addForm.icon">
              <el-option v-for="item in iconList"
                :key="item"
                :label="item"
                :value="item">
```

```
            <template v-slot>
              <i :class="item"></i>
              {{item}}
            </template>
          </el-option>
        </el-select>
      </el-form-item>
      <el-form-item size="mini" prop="url" label="路由">
        <el-input placeholder="请输入" clearable v-model.trim="addForm.url" ></el-input>
      </el-form-item>
      <el-form-item size="mini">
        <el-button :loading="subLoading" @click="handleAdd" type="primary">提交</el-button>
      </el-form-item>
    </el-form>
  </el-col>
  </el-row>
  </div>
</template>

<script>
  import { mapActions,mapState } from 'vuex';
  export default{
    name:'role-add',
    data(){
      return {
        addForm:{
          name:'',
          icon:'',
          url:''
        },
        rules:{
          name:[{
            required:true,
            message:'名称不可以为空'
          }],
          icon:[
            {
              required:true,
              message:'图标不可以为空'
            }
          ],
          url:[
            {
              required:true,
              message:'路由不可以为空'
            }
          ],
```

```
      },
      subLoading:false,
      parentName:'',
      parentId:''
    }
  },
  computed:{
    ...mapState('menuModel',['iconList'])
  },
  async created(){
    this.parentName=this.$route.query.name;
    this.parentId=this.$route.query.id;
  },
  methods:{
    ...mapActions('menuModel',[,'insertChild']),
    handleBack(){
      this.$router.history.go(-1)
    },
    async handleAdd(){
      let valid=await this.$refs.addForm.validate().catch(err=>err);
      if(valid){
        this.subLoading=true
        await this.insertChild({
          ...this.addForm,
          pid:this.parentId
        })
        this.subLoading=false
        this.handleBack()
      }
    }
  }
}
</script>

<style scoped="scoped" lang="scss">
</style>
```

（7）在 shop-admin/src/system/menu/MenuEdit.vue 文件中实现编辑子菜单功能，代码如下：

```
<!-- 第5章 实现编辑子菜单功能的代码案例 -->
<template>
  <div>
    <el-page-header @back="handleBack" content="编辑子菜单信息"></el-page-header>
    <el-row>
      <el-col :span="6">
        <el-form
          :model="addForm"
```

```
                label-width="auto"
                ref="addForm"
                :rules="rules">
          <el-form-item size="mini" prop="name" label="菜单名称">
             <el-input placeholder="请输入" clearable v-model.trim="addForm.name">
</el-input>
          </el-form-item>
          <el-form-item size="mini" prop="icon" label="菜单图标">
            <el-select clearable v-model.trim="addForm.icon">
              <el-option v-for="item in iconList"
                :key="item"
                :label="item"
                :value="item">
                <template v-slot>
                  <i :class="item"></i>
                  {{item}}
                </template>
              </el-option>
            </el-select>
          </el-form-item>
          <el-form-item size="mini" prop="url" label="路由">
            <el-input placeholder="请输入" clearable v-model.trim="addForm.url">
</el-input>
          </el-form-item>
          <el-form-item size="mini">
            <el-button :loading="subLoading" @click="handleAdd" type="primary">提交
</el-button>
          </el-form-item>
        </el-form>
      </el-col>
    </el-row>
  </div>
</template>

<script>
  import { mapActions,mapState } from 'vuex';
  export default{
    name:'role-add',
    data(){
      return {
        addForm:{
          name:'',
          icon:'',
          url:''
        },
        rules:{
          name:[{
            required:true,
            message:'名称不可以为空'
```

```
          }],
          icon:[
            {
              required:true,
              message:'图标不可以为空'
            }
          ],
          url:[
            {
              required:true,
              message:'路由不可以为空'
            }
          ],
        },
        subLoading:false
      }
    },
    computed:{
      ...mapState('menuModel',['iconList'])
    },
    async created(){
      let id=this.$route.query.id;
      this.addForm=await this.findById(id);
    },
    methods:{
      ...mapActions('menuModel',[,'updateChild','findById']),
      handleBack(){
        this.$router.history.go(-1)
      },
      async handleAdd(){
        let valid=await this.$refs.addForm.validate().catch(err=>err);
        if(valid){
          this.subLoading=true
          await this.updateChild(this.addForm)
          this.subLoading=false
          this.handleBack()
        }
      }
    }
  }
</script>

<style scoped="scoped" lang="scss">
</style>
```

（8）菜单列表展示和删除的效果图如图 5-76 所示。

（9）主菜单新增和编辑的效果图如图 5-77 所示。

（10）子菜单新增和编辑的效果图如图 5-78 所示。

(a) 菜单列表展示　　　　　　　　　　　(b) 菜单删除

图 5-76　菜单列表展示和删除的效果图

(a) 主菜单新增　　　　　　　　　　　(b) 主菜单编辑

图 5-77　主菜单新增和编辑的效果图

(a) 子菜单新增　　　　　　　　　　　(b) 子菜单编辑

图 5-78　子菜单新增和编辑的效果图

（11）到此步骤，菜单模块的功能便开发完毕了。

5.6　完成商品模块的开发

商品模块是模拟商城后台管理系统的商品录入模块，它主要的功能是管理平台所经营的商品基本信息、商品库存及销量等数据。该模块的开发流程与用户管理模块几乎相同，通过该模块的开发可以体验真实商城业务的具体实现。

1．接口分析

商品模块所对应的后台接口为"商品接口"，总文档地址为 http：//localhost：3000/api/ #/%E5%95%86%E5%93%81%E6%8E%A5%E5%8F%A3。总共 5 个接口，如图 5-79 所示。

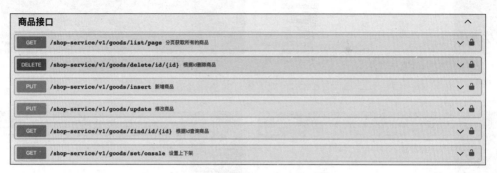

图 5-79　商品接口的效果图

本模块所需接口的详细信息如下：

（1）分页获取所有的商品，文档网址为 http：//localhost：3000/api/ #/%E5%95%86% E5%93%81%E6%8E%A5%E5%8F%A3/GoodsController_findForPage，如图 5-80 所示。

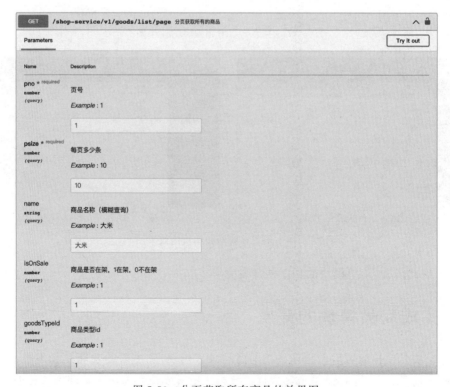

图 5-80　分页获取所有商品的效果图

（2）根据角色 id 删除商品，文档网址为 http://localhost:3000/api/#/%E5%95%86%E5%93%81%E6%8E%A5%E5%8F%A3/GoodsController_deleteById，如图 5-81 所示。

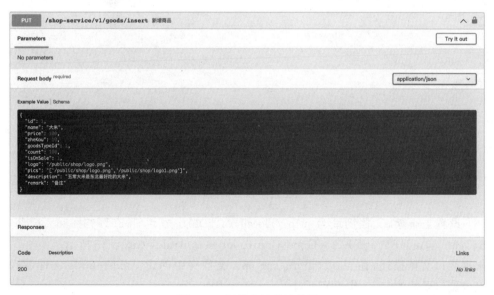

图 5-81　根据角色 id 删除商品的效果图

（3）新增商品，文档网址为 http://localhost:3000/api/#/%E5%95%86%E5%93%81%E6%8E%A5%E5%8F%A3/GoodsController_insert，如图 5-82 所示。

图 5-82　新增商品的效果图

（4）修改商品，文档网址为 http://localhost:3000/api/#/%E5%95%86%E5%93%81%E6%8E%A5%E5%8F%A3/GoodsController_update，如图 5-83 所示。

（5）根据角色 id 查询商品，文档网址为 http://localhost:3000/api/#/%E5%95%86%E5%93%81%E6%8E%A5%E5%8F%A3/GoodsController_findById，如图 5-84 所示。

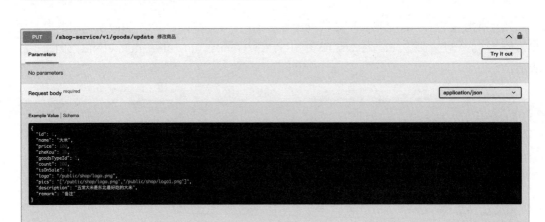

图 5-83　修改商品的效果图

图 5-84　根据角色 id 查询商品的效果图

（6）设置上下架，文档网址为 http://localhost:3000/api/♯/％E5％95％86％E5％93％81％E6％8E％A5％E5％8F％A3/GoodsController_setOnSale，如图 5-85 所示。

根据接口文档描述，在 shop-admin/src/apis 文件夹中创建 goods-api.js 文件，在文件内部完成接口函数的定义，代码如下：

```
//第 5 章 完成接口函数的定义的代码案例
import api from '../http'

export const getGoodsListForPage=(queryForm)=>{
  return api.http({
    url:'/goods/list/page',
```

图 5-85 设置上下架的效果图

```
    method:'get',
    params:queryForm
  })
}

export const insertGoods=(addForm)=>{
  return api.http({
    url:'/goods/insert',
    method:'put',
    data:addForm
  })
}

export const findGoodsById=(id)=>{
  return api.http({
    url:`/goods/find/id/${id}`,
    method:'get',
    data:id
  })
}

export const updateGoods=(addForm)=>{
  return api.http({
    url:`/goods/update`,
    method:'put',
    data:addForm
  })
}

export const deleteGoodsById=(id)=>{
```

```
    return api.http({
      url:`/goods/delete/id/ ${id}`,
      method:'delete',
    })
  }

export const setGoodsIsOnSale=(params)=>{
  return api.http({
    url:`/goods/set/onsale`,
    method:'get',
    params:params
  })
}
```

由于商品模块中涉及商品类型的接口函数,在 shop-admin/src/apis 文件夹中创建名为 goods-type-api.js 的文件,在其中初始化商品类型的接口函数,代码如下:

```
//第 5 章 初始化商品类型的接口函数的代码案例
import api from '../http'

export const getGoodsTypeList=()=>{
  return api.http({
    url:'/goods-type/list/all',
    method:'get'
  })
}
```

2.业务代码实现

商品模块的业务代码与用户的业务代码模块从结构到流程上几乎一样,所以可以将通用部分的业务代码直接完成,步骤如下。

(1)在 shop-admin/src/models 文件夹中创建 shop 文件夹,在 shop 文件夹内创建 goods 文件夹,在 goods 文件夹中创建 goods-model.js 文件。创建的文件结构如图 5-86 所示。

(2)在 shop-admin/src/models/shop/goods/goods-model.js 文件中实现通用的业务代码,代码如下:

图 5-86 创建文件结构的效果图

```
//第 5 章 实现通用业务代码的代码案例
import { getGoodsListForPage,insertGoods
  ,updateGoods,findGoodsById,deleteGoodsById,setGoodsIsOnSale} from '@/apis/goods-api'
import { getGoodsTypeList } from '@/apis/goods-type-api'
//导出当前模块的对象
```

```
export default{
  //开启命名空间模式,开启之后 mapState 等方法才能通过模块名称自动映射数据
  namespaced:true,
  state:{
    list:[],                                //接口返回的 table 的数据
    page:{                                  //接口返回的分页信息
      pno:1,
      psize:10,
      pCount:0,
      totalElements:0
    },
    goodsTypeList:[]
  },
  mutations:{
    //设置 state 中的 list 数据
    setList(state,list){
      state.list=list;
    },
    //设置 state 中的 page 数据
    setPage(state,page){
      state.page=page
    },
    //设置 state
    setGoodsTypeList(state,goodsTypeList){
      state.goodsTypeList=goodsTypeList
    }
  },
  //getters 相当于 Vuex 中的 computed,它可以直接访问 state 中的对象也可以通过 getter
  getters:{
    getList(state,getter){
      return state.list
    }
  },

  actions:{
    //分页查询
    async getListForPage({commit},queryForm){
      //调用用户的分页查询接口
      let res=await getGoodsListForPage(queryForm);
      if(res.data.code==200){
        //当接口返回的 code 为 200 时,将查询的结果 list(列表数据)和 page(分页信息)
        //通过调用对应的 mutations 中的函数设置到 list 和 page 中
        commit('setList',res.data.data.list)
        commit('setPage',res.data.data.page)
      }
    },
    //根据 id 删除数据的业务函数
    async deleteById({},id){
      await deleteGoodsById(id)
```

```
    },
    async getGoodsTypeListAll({commit}){
      let res=await getGoodsTypeList()
      if(res.data.code==200){
        commit('setGoodsTypeList',res.data.data.list)
      }
    },
    async insert({},addForm){
      await insertGoods(addForm)
    },
    async findById({},id){
      let res=await findGoodsById(id)
      if(res.data.code==200){
        return res.data.data
      }else{
        return {}
      }
    },
    async update({},addForm){
      await updateGoods(addForm)
    },
    async setIsOnSale({},params){
      await setGoodsIsOnSale(params)
    }

  }
}
```

（3）在 shop-admin/src/store/index.js 文件中注册商品模块，代码如下：

```
//第 5 章 注册商品模块的代码案例
import Vue from 'vue'
import Vuex from 'vuex'
import { getMenuListByRoleId } from '@/apis/menu-api'
import router from '@/router'
import { Notification } from 'element-ui'
import userModel from '@/models/system/user/user-model'
import roleModel from '@/models/system/role/role-model'
import menuModel from '@/models/system/menu/menu-model'
/* ------ 追加的代码 ------ */
import goodsModel from '@/models/shop/goods/goods-model'
/* ------ 追加的代码 ------ */
Vue.use(Vuex)
//全局的状态中心
const store=new Vuex.Store({
  state: {
    activeMenuId:'',                    //当前激活的菜单项的 id
    tabsList:[],                        //当前的标签页数据列表
```

```
      menuList:[],                              //当前菜单数据的列表
    },
    mutations: {
      //用于更新 activeMenuId 的函数
      setActiveMenuId(state,activeMenuId){
        state.activeMenuId=activeMenuId
      },
      //用于更新 tabsList 的函数
      setTabsList(state,tabsList){
        state.tabsList=tabsList
      },
      //用于更新 menuList 的函数
      setMenuList(state,menuList){
        state.menuList=menuList
      }
    },
    actions:{
      //根据角色 id 获取用户菜单
      async getMenuListByRoleId({commit},roleId){
        let { data:resData }=await getMenuListByRoleId(roleId)
        let { code, data }=resData
        if(code==200){
          //通过 commit 触发 mutations 中的 setMenuList 执行并传入数据
          commit('setMenuList',data)
        }
      },
      pushMenuIntoTabsList({commit,state},menuItem){
        //获取原始 tabsList
        let tabsList=state.tabsList
        //将新的菜单项添加到 tabsList 中
        tabsList.push(menuItem)
        //去重复
        tabsList=Array.from(new Set(tabsList))
        //更新 tabsList
        commit('setTabsList',tabsList)
      },
      removeItemByMenuId({commit,state},menuId){
        let tabsList=state.tabsList
        let targetIndex
        if(tabsList.length==1){
          Notification.error({
            title:'提示',
            message:'最后一个页面不允许关闭'
          })
          return
        }
        for(let i=0;i<tabsList.length;i++){
          if(menuId==tabsList[i].id){
            targetIndex=i
```

```
        }
      }
      if(targetIndex!== undefined){
        if(state. activeMenuId==menuId){
          if(targetIndex < tabsList. length-1){
            console. log(tabsList[targetIndex + 1])
            router. push(tabsList[targetIndex + 1]. url)
            commit('setActiveMenuId',tabsList[targetIndex + 1]. id + '')
          }else{
            console. log(tabsList[targetIndex-1])
            router. push(tabsList[targetIndex-1]. url)
            commit('setActiveMenuId',tabsList[targetIndex-1]. id + '')
          }
          tabsList. splice(targetIndex,1)
        }else{
          tabsList. splice(targetIndex,1)
        }
      }
      commit('setTabsList',tabsList)
    }
  },
  modules: {
    userModel,
    roleModel,
    menuModel,
    / * ------ 追加的代码 ------ * /
    goodsModel
    / * ------ 追加的代码 ------ * /
  }
})
export default store
```

（4）到此步骤，通用的业务代码处理便完成了。

3．实现商品的增、删、改、查功能

增、删、改、查等通用业务与用户管理的步骤几乎一致，所以本节在细节上会省略部分内容，具体步骤如下。

（1）在 shop-admin/src/views 文件夹下创建 shop 文件夹，在 shop 文件夹中创建 goods 文件夹，在 goods 文件夹内部创建 Goods. vue、GoodsAdd. vue 和 GoodsEdit 共 3 个文件。创建的文件架构如图 5-87 所示。

（2）将创建的 3 个页面注册到路由的配置文件中，代码如下：

图 5-87　创建文件结构的效果图

```
//第 5 章 将创建的 3 个页面注册到路由的配置文件中的代码案例
import Vue from 'vue'
import VueRouter from 'vue-router'
import Index from '@/views/Index'
import { Notification } from 'element-ui'

Vue.use(VueRouter)
const routes=[
  {
    path:'/',
    name:'Index',
    component:Index,

    children:[
      {
        path:'/user',
        name:'User',
        component:()=> import('@/views/system/user/User')
      },
      {
        path:'/user-add',
        name:'UserAdd',
        component:()=> import('@/views/system/user/UserAdd')
      },

      {
        path:'/user-edit',
        name:'UserEdit',
        component:()=> import('@/views/system/user/UserEdit')
      },
      {
        path:'/role',
        name:'Role',
        component:()=> import('@/views/system/role/Role')
      },

      {
        path:'/role-add',
        name:'RoleAdd',
        component:()=> import('@/views/system/role/RoleAdd')
      },
      {
        path:'/role-edit',
        name:'RoleEdit',
        component:()=> import('@/views/system/role/RoleEdit')
      },
      {
        path:'/role-menu',
        name:'RoleMenu',
```

```
        component:()=> import('@/views/system/role/RoleMenu')
    },
    {
      path:'/menu',
      name:'Menu',
      component:()=> import('@/views/system/menu/Menu')
    },
    {
      path:'/menu-add',
      name:'MenuAdd',
      component:()=> import('@/views/system/menu/MenuAdd')
    },
    {
      path:'/menu-add-child',
      name:'MenuAddChild',
      component:()=> import('@/views/system/menu/MenuAddChild')
    },
    {
      path:'/menu-edit',
      name:'MenuEdit',
      component:()=> import('@/views/system/menu/MenuEdit')
    },
    {
      path:'/menu-edit-child',
      name:'MenuEditChild',
      component:()=> import('@/views/system/menu/MenuEditChild')
    },
    /* ----- 追加的代码 ----- */
    {
      path:'/goods',
      name:'Goods',
      component:()=> import('@/views/shop/goods/Goods')
    },
    {
      path:'/goods-add',
      name:'GoodsAdd',
      component:()=> import('@/views/shop/goods/GoodsAdd')
    },
    {
      path:'/goods-edit',
      name:'GoodsEdit',
      component:()=> import('@/views/shop/goods/GoodsEdit')
    }
    /* ----- 追加的代码 ----- */
  ]

},
{
  path:'/login',
```

```
      name:'Login',
      component:() => import('@/views/Login')
    }
]
const router=new VueRouter({
  mode:'hash',
  routes
})
router.beforeEach((to,from,next) => {
  if(to.path != '/login' && sessionStorage.userInfo==undefined){
    Notification.error({
      title:'提示',
      message:'你还没有登录,无权访问当前页面,已为你跳转到登录页面'
    })
    next('/login')
  }else{
    next()
  }
})


export default router
```

（3）在 shop-admin/src/views/shop/goods/Goods.vue 文件中实现商品模块的查询和删除功能,代码如下：

```
<!-- 第5章 实现商品模块的查询和删除功能的代码案例 -->
<template>
  <div class="page">
    <el-form inline :model="queryForm">
      <el-form-item size="mini" label="商品名称">
        <el-input placeholder="请输入" clearable v-model="queryForm.name"></el-input>
      </el-form-item>
      <el-form-item size="mini" label="商品类型">
        <el-select placeholder="请选择" clearable v-model.trim="queryForm.goodsTypeId">
          <el-option v-for="item in goodsTypeList"
            :key="'' + item.id"
            :label="item.name"
            :value="item.id"></el-option>
        </el-select>
      </el-form-item>
      <el-form-item size="mini" label="商品状态">
        <el-select placeholder="请选择" clearable v-model.trim="queryForm.isOnSale">
          <el-option value="1" label="在架"></el-option>
          <el-option value="0" label="下架"></el-option>
        </el-select>
```

```html
      </el-form-item>
      <el-form-item size="mini">
        <el-button type="primary" :loading="queryLoading" @click="handleClick" icon="el-icon-search">查询</el-button>
      </el-form-item>
      <el-form-item size="mini">
        <el-button type="success" @click="handleAdd" icon="el-icon-plus">新增</el-button>
      </el-form-item>
    </el-form>
    <el-table
      border
      size="mini"
      :data="list">
      <el-table-column label="商品名称" prop="name"></el-table-column>
      <el-table-column label="商品价格" prop="price"></el-table-column>
      <el-table-column label="商品logo">
        <template v-slot="{row}">
          <el-image style="width: 100px;height: 100px;border-radius: 9px;"
            fit="cover"
            :src="row.logo"
            :preview-src-list="[row.logo]"
            >
          </el-image>
        </template>
      </el-table-column>
      <el-table-column label="商品状态">
        <template v-slot="{row}">
          <el-tag v-if="row.isOnSale==1" size="small">
            在架
          </el-tag>
          <el-tag v-else type="danger" size="small">
            下架
          </el-tag>
        </template>
      </el-table-column>
      <el-table-column label="商品类型">
        <template v-slot="{row}">
          <el-tag size="small">
            {{row.goodsTypeName}}
          </el-tag>
        </template>
      </el-table-column>
      <el-table-column label="商品库存" prop="count">
      </el-table-column>
      <el-table-column label="商品备注" show-overflow-tooltip prop="remark">
      </el-table-column>
      <el-table-column width="300px" label="操作">
        <template v-slot="{row}">
```

```
          <el-button size="mini" v-if="row.isOnSale==0" plain type="success" @click=
"handleSetIsOnSale(row)">上架</el-button>
          <el-button size="mini" v-if="row.isOnSale==1" plain type="danger" @click=
"handleSetIsOnSale(row)">下架</el-button>
          <el-button size="mini" icon="el-icon-edit" @click="handleEdit(row.id)" type=
"warning">修改</el-button>
          <el-button size="mini" v-if="row.isOnSale==0" @click="handleRemove(row.id)"
icon="el-icon-remove" type="danger">删除</el-button>
        </template>
      </el-table-column>
    </el-table>

    <el-pagination
      @size-change="handleSizeChange"
      @current-change="handleCurrentChange"
      :current-page="page.pno"
      :page-size="page.psize"
      layout="total, sizes, prev, pager, next, jumper"
      :total="page.totalElements">
    </el-pagination>
  </div>
</template>

<script>
  //引入Vuex的state和actions的映射对象,用来映射store中定义的state和actions
  import { mapState,mapActions } from 'vuex'
  export default{
    //定义了组件的名称,用来结合keep-alive缓存页面
    name:'goods',
    data(){
      return {
        //调用查询接口需要的参数
        queryForm:{
          name:'',
          goodsTypeId:'',
          isOnSale:'',
          pno:1,
          psize:10
        },
        //查询按钮的加载动画开关
        queryLoading:false
      }
    },
    computed:{
      ...mapState('goodsModel',['list','page','goodsTypeList']),
      //格式化日期的计算属性
      formatTime(){
        return function(time){
          let d=new Date(time);
```

```
        return `${d.getFullYear()} - ${d.getMonth() + 1} - ${d.getDate()} ${d.getHours()}:
${d.getMinutes()}:${d.getSeconds()}`
      }
    }
  },
  //当第一次打开页面时会执行 created 生命周期
  async created(){
    await this.getGoodsTypeListAll()
    await this.getListForPage(this.queryForm)
  },
  //由于本页通过 keep-alive 进行了缓存,缓存后原有的生命周期不执行,所以通过 activated
  //来识别何时进入本页
  async activated(){
    await this.getGoodsTypeListAll()
    await this.getListForPage(this.queryForm)
  },
  methods:{
    ...mapActions('goodsModel',['getListForPage','deleteById','getGoodsTypeListAll',
'setIsOnSale']),
    //单击"查询"按钮触发的事件
    async handleClick(){
      this.queryLoading=true;
      this.queryForm.pno=1;
      await this.getListForPage(this.queryForm)
      this.queryLoading=false;
    },
    //单击分页组件的每页多少条切换时会触发这个回调,参数就是切换的条数
    async handleSizeChange(psize){
      this.queryForm.psize=psize
      this.queryForm.pno=1;
      await this.getListForPage(this.queryForm)
    },
    //单击分页组件"上一页""下一页"切换页面时触发的回调,参数就是跳到哪一页
    async handleCurrentChange(pno){
      this.queryForm.pno=pno
      await this.getListForPage(this.queryForm)
    },
    //跳转到添加数据的页面
    handleAdd(){
      this.$router.push('/goods-add')
    },
    async handleRemove(id){
      //通过同步化写法调用 $confirm()方法
      let confirm= await this.$confirm('正在删除','提示',{
        type:'warning'
      }).catch(err=> err)
      if(confirm== 'confirm'){
        //如果单击确定
        //首先调用删除业务
```

```
        await this.deleteById(id)
        //删除业务调用完毕之后重新调用一次查询业务,实现数据的更新
        await this.getListForPage(this.queryForm)
      }
    },
    //跳转到编辑用户的页面
    handleEdit(id){
      this.$router.push({path:'/goods-edit',query:{id}})
    },
    async handleSetIsOnSale(row){
      let message
      let isOnSale

      if(row.isOnSale==1){
        message='正在下架当前商品,单击"确认"按钮继续'
        isOnSale=0
      }else{
        message='正在上架当前商品,单击"确认"按钮继续'
        isOnSale=1
      }
      let confirm=await this.$confirm(message,"提示",{type:'warning'}).catch(err=>err)
      if(confirm=='confirm'){
        await this.setIsOnSale({
          id:row.id,
          isOnSale:isOnSale
        })
        await this.getListForPage(this.queryForm)
      }
    }
  }
}
</script>

<style>
</style>
```

（4）在 shop-admin/src/views/shop/goods/GoodsAdd.vue 文件中实现新增商品功能，
代码如下：

```
<!-- 第5章 实现新增商品功能的代码案例 -->
<template>
  <div>
    <el-page-header @back="handleBack" content="增加商品信息"></el-page-header>
    <el-row>
      <el-col :span="24">
        <el-form
          :model="addForm"
          label-width="auto"
```

```
        ref="addForm"
        :rules="rules">
        <el-form-item size="mini" prop="name" label="商品名称">
          <el-input placeholder="请输入" clearable v-model.trim="addForm.name">
</el-input>
        </el-form-item>
        <el-form-item size="mini" prop="price" label="商品价格">
          <el-input placeholder="请输入" clearable v-model.number="addForm.price">
</el-input>
        </el-form-item>
        <el-form-item size="mini" prop="count" label="商品库存">
          <el-input placeholder="请输入" clearable v-model.number="addForm.count">
</el-input>
        </el-form-item>
        <el-form-item size="mini" prop="zheKou" label="商品折扣">
          <el-input placeholder="请输入" clearable v-model.number="addForm.zheKou">
</el-input>
        </el-form-item>
        <el-form-item size="mini" prop="goodsTypeId" label="商品类型">
          <el-select placeholder="请选择" clearable v-model.trim="addForm.
goodsTypeId">
            <el-option v-for="item in goodsTypeList"
              :key="'' + item.id"
              :label="item.name"
              :value="item.id"></el-option>
          </el-select>
        </el-form-item>
        <el-form-item size="mini" label="商品logo" prop="logo">
          <p-upload list-type="picture-card" :limit="1"
            v-model="fileList"
            action="/file/upload"
            :before-upload="handleBeforeUpload"
            :on-error="handleError">
          </p-upload>
        </el-form-item>
        <el-form-item size="mini" label="商品图片" prop="pics">
          <p-upload list-type="picture-card" :limit="3"
            v-model="fileList1"
            action="/file/upload"
            :before-upload="handleBeforeUpload"
            :on-error="handleError1">
          </p-upload>
        </el-form-item>
        <el-form-item size="mini" prop="description" label="商品描述">
          <el-input show-word-limit maxlength="300" type="textarea" placeholder=
"请输入" clearable v-model.number="addForm.description"></el-input>
        </el-form-item>
        <el-form-item size="mini" prop="remark" label="商品备注">
```

```
            < el-input show-word-limit maxlength="300" type="textarea" placeholder=
"请输入" clearable v-model.number="addForm.remark"></el-input>
          </el-form-item>
          < el-form-item size="mini">
            < el-button :loading="subLoading" @click="handleAdd" type="primary">提交</el
-button>
          </el-form-item>
        </el-form>
      </el-col>
    </el-row>
  </div>
</template>

< script>
  import { mapActions,mapState } from 'vuex';
  export default{
    name:'goods-add',
    data(){
      let _this=this;
      return {
        rules:{
          name:[{
            required:true,
            message:'请输入商品名称'
          }],
          price:[{
            required:true,
            validator(rules,value,callback){
              if(value<0){
                callback('商品价格不能为负数')
              }else{
                callback()
              }
            }
          }],
          count:[{
            required:true,
            validator(rules,value,callback){
              if(value<0){
                callback('库存不能为负数')
              }else{
                callback()
              }
            }
          }],
          zheKou:[{
            required:true,
            validator(rules,value,callback){
              if(value<1||value>10){
```

```
                    callback('商品折扣只能在 1~10')
                }else{
                    callback()
                }
            }
        }],
        goodsTypeId:[{
            required:true,
            message:'请选择商品类型'
        }],
        logo:[{
            required:true,
            validator(rules,value,callback){

                if(_this.fileList.length > 0&&_this.fileList[0].url!= undefined){
                    callback()
                }else{
                    callback(new Error('请上传一个 logo'))
                }


            }
        }],
        pics:[{
            required:true,
            validator(rules,value,callback){
                //由于 validator 中的 this 对象不是本页面 vue 对象的实例
                //但是 data 数据是一个函数,所以可以在 data 中把本页的 this 赋值给_this
                //这样就可以在验证器中获得本页的 fileList
                if(_this.fileList1.length > 0){
                    callback()
                }else{
                    callback(new Error('请上至少上传一个商品图片'))
                }
            }
        }],
        description:[
            {
                required:true,
                message:'请输入商品描述'
            }
        ]
    },
    fileList:[],
    fileList1:[],
    addForm:{
        name:"",
        price:0,
        zheKou:10,
        goodsTypeId:"",
```

```
        description: "",
        logo:"",
        pics:[],
        remark:"",
        count:0
      },
      subLoading:false
  }
},
async created(){
  await this.getGoodsTypeListAll()
},
computed:{
  ...mapState('goodsModel',['goodsTypeList'])
},
methods:{
  ...mapActions('goodsModel',['getGoodsTypeListAll','insert']),
  handleBack(){
    this.$router.history.go(-1)
  },
  async handleAdd(){
    let valid=await this.$refs.addForm.validate().catch(err=>err);
    if(valid){
      //添加头像
      this.addForm.logo=this.fileList[0].url
      this.addForm.pics=this.fileList1.map(item=>{
        return item.url
      })
      this.subLoading=true
      await this.insert(this.addForm)
      this.subLoading=false
      this.handleBack()
    }
  },
  handleBeforeUpload(file){
    //判断当前的文件类型,如果文件不是这些类型就弹出错误提示并中断上传操作
    if(!(file.name.indexOf('png') != -1
        ||file.name.indexOf('jpg') != -1
        ||file.name.indexOf('jpeg') != -1
        ||file.name.indexOf('gif') != -1)){
      this.$notify({
        title:'提示',
        message:'只能上传图片格式的文件',
        type:'error'
      })
      //通过 return Promise.reject()可以实现中断上传操作,不再触发上传的函数
      //但是这里需要注意的是,组件内部会自动处理已经传入的 fileList,在选择文件的时候
      //就会对 fileList 增加一个本地数据,当中断上传时,组件内部会自动删除 fileList,这样
      //就会触发下面的 beforeRemove 和 remove
```

```
      return Promise.reject()
    }
  },
  handleError(err){
    this.$notify({
      title:'提示',
      message:'上传 logo 失败',
      type:'error'
    })
  },
  handleError1(err){
    this.$notify({
      title:'提示',
      message:'上传商品图片失败',
      type:'error'
    })
  }
}
}
</script>

<style scoped="scoped" lang="scss">
</style>
```

（5）在 shop-admin/src/shop/goods/GoodsEdit.vue 文件中实现编辑商品功能，代码如下：

```html
<!-- 第 5 章 实现编辑商品功能的代码案例 -->
<template>
  <div>
    <el-page-header @back="handleBack" content="编辑商品信息"></el-page-header>
    <el-row>
      <el-col :span="24">
        <el-form
          :model="addForm"
          label-width="auto"
          ref="addForm"
          :rules="rules">
          <el-form-item size="mini" prop="name" label="商品名称">
            <el-input placeholder="请输入" clearable v-model.trim="addForm.name"></el-input>
          </el-form-item>
          <el-form-item size="mini" prop="price" label="商品价格">
            <el-input placeholder="请输入" clearable v-model.number="addForm.price"></el-input>
          </el-form-item>
          <el-form-item size="mini" prop="zheKou" label="商品折扣">
```

```html
            < el-input placeholder ="请输入" clearable v-model.number ="addForm.zheKou" >
</el-input >
          </el-form-item >
          < el-form-item size="mini" prop="count" label="商品库存">
            < el-input placeholder ="请输入" clearable v-model.number ="addForm.count" >
</el-input >
          </el-form-item >
          < el-form-item size="mini" prop="goodsTypeId" label="商品类型">
              < el - select placeholder =" 请 选 择 " clearable v - model. trim =" addForm.
goodsTypeId">
                < el-option v-for="item in goodsTypeList"
                  :key="'' + item. id"
                  :label="item. name"
                  :value="item. id"></el-option >
            </el-select >
          </el-form-item >
          < el-form-item size="mini" label="商品logo" prop="logo">
            < p-upload list-type="picture-card" :limit="1"
              v-model ="fileList"
              action ="/file/upload"
              :before-upload ="handleBeforeUpload"
              :on-error ="handleError">
            </p-upload >
          </el-form-item >
          < el-form-item size="mini" label="商品图片" prop="pics">
            < p-upload list-type="picture-card" :limit="3"
              v-model ="fileList1"
              action ="/file/upload"
              :before-upload ="handleBeforeUpload"
              :on-error ="handleError1">
            </p-upload >
          </el-form-item >
          < el-form-item size="mini" prop="description" label="商品描述">
            < el-input show-word-limit maxlength="300" type="textarea" placeholder ="请输
入" clearable v-model.number ="addForm.description" ></el-input >
          </el-form-item >
          < el-form-item size="mini" prop="remark" label="商品备注">
            < el-input show-word-limit maxlength="300" type="textarea" placeholder ="请输
入" clearable v-model.number ="addForm.remark" ></el-input >
          </el-form-item >
          < el-form-item size="mini">
            < el-button :loading="subLoading" @click="handleAdd" type="primary">提交
</el-button >
          </el-form-item >
        </el-form >
      </el-col >
    </el-row >
  </div >
</template >
```

```
<script>
  import { mapActions,mapState } from 'vuex';
  export default{
    name:'goods-add',
    data(){
      let _this=this;
      return {
        rules:{
          name:[{
            required:true,
            message:'请输入商品名称'
          }],
          price:[{
            required:true,
            validator(rules,value,callback){
              if(value<0){
                callback('商品价格不能为负数')
              }else{
                callback()
              }
            }
          }],
          count:[{
            required:true,
            validator(rules,value,callback){
              if(value<0){
                callback('库存不能为负数')
              }else{
                callback()
              }
            }
          }],
          zheKou:[{
            required:true,
            validator(rules,value,callback){
              if(value<1||value>10){
                callback('商品折扣只能在1~10')
              }else{
                callback()
              }
            }
          }],
          goodsTypeId:[{
            required:true,
            message:'请选择商品类型'
          }],
          logo:[{
            required:true,
```

```
            validator(rules,value,callback){

                if(_this.fileList.length>0&&_this.fileList[0].url!=undefined){
                    callback()
                }else{
                    callback(new Error('请上传一个 logo'))
                }

            }
        }],
        pics:[{
            required:true,
            validator(rules,value,callback){
                //由于 validator 中的 this 对象不是本页面 vue 对象的实例
                //但是 data 数据是一个函数,所以可以在 data 中把本页的 this 赋值给_this
                //这样就可以在验证器中获得本页的 fileList
                if(_this.fileList1.length>0){
                    callback()
                }else{
                    callback(new Error('请上至少上传一个商品图片'))
                }
            }
        }],
        description:[
            {
                required:true,
                message:'请输入商品描述'
            }
        ]
    },
    fileList:[],
    fileList1:[],
    addForm:{
        name:"",
        price:0,
        zheKou:10,
        goodsTypeId:"",
        description: "",
        logo:"",
        pics:[],
        remark:"",
        count:0
    },
    subLoading:false
  }
},
async created(){
  let id=this.$route.query.id
  await this.getGoodsTypeListAll()
```

```
      this.addForm=await this.findById(id)
      this.fileList=[
        {
          name:this.addForm.logo.substring(this.addForm.logo.lastIndexOf('/')+1),
          url:this.addForm.logo
        }
      ]
      this.fileList1=this.addForm.pics.map(item=>{
        return {
          name:item.substring(item.lastIndexOf('/')+1),
          url:item
        }
      })
    },
    computed:{
      ...mapState('goodsModel',['goodsTypeList'])
    },
    methods:{
      ...mapActions('goodsModel',['getGoodsTypeListAll','update','findById']),
      handleBack(){
        this.$router.history.go(-1)
      },
      async handleAdd(){
        let valid=await this.$refs.addForm.validate().catch(err=>err);
        if(valid){
          //添加头像
          this.addForm.logo=this.fileList[0].url
          this.addForm.pics=this.fileList1.map(item=>{
            return item.url
          })
          this.subLoading=true
          await this.update(this.addForm)
          this.subLoading=false
          this.handleBack()
        }
      },
      handleBeforeUpload(file){
        //判断当前的文件类型,如果文件不是这些类型就弹出错误提示并中断上传操作
        if(!(file.name.indexOf('png') != -1
            ||file.name.indexOf('jpg') != -1
            ||file.name.indexOf('jpeg') != -1
            ||file.name.indexOf('gif') != -1)){
          this.$notify({
            title:'提示',
            message:'只能上传图片格式的文件',
            type:'error'
          })
          //通过 return Promise.reject()可以实现中断上传操作,不再触发上传的函数
```

```
            //但是这里需要注意的是,组件内部会自动处理已经传入的 fileList,在选择文件的时候
            //就会对 fileList 增加一个本地数据,当中断上传时,组件内部会自动自行删除 fileList,
            //这样就会触发下面的 beforeRemove 和 remove
            return Promise.reject()
        }
    },
    handleError(err){
        this. $notify({
            title:'提示',
            message:'上传 logo 失败',
            type:'error'
        })
    },
    handleError1(err){
        this. $notify({
            title:'提示',
            message:'上传商品图片失败',
            type:'error'
        })
        }
    }
  }
</script>

< style scoped="scoped" lang="scss">
</style>
```

（6）商品列表展示和删除的效果图，如图 5-88 所示。

(a) 商品列表展示   (b) 商品删除

图 5-88　商品列表展示和删除的效果图

（7）商品新增和商品修改界面的效果图，如图 5-89 所示。

（8）到此步骤，商品的通用增、删、改、查等业务便实现完毕了。

4．其他功能的实现说明

本项目所提供的 shop-service 后台服务项目实现了完整的商城业务模块的接口信息，

由于不同业务模块间除具体业务流程有区别外，基本业务模块的实现形式大同小异，所以本节不再介绍后续的业务开发步骤，笔者已经将完整实现的前端代码上传到了码云仓库，网址为 https://gitee.com/LeoZhang1989/shop-admin-done。另外，本章所完成的所有源代码也保存在码云仓库，网址为 https://gitee.com/LeoZhang1989/shop-admin。完成剩余的业务模块开发任务可以参考 shop-service 中提供的接口文档，还可以运行已开发完成的项目进行页面参考，也可以自行编写相关代码。

(a) 商品新增　　　　　　　　　　　　　　(b) 商品修改

图 5-89　商品新增和商品修改界面的效果图

Vite＋Vue 3.x 完全开发指南

6.1 Vue 3.x 入门

1. 什么是 Vue 3.x

Vue 3.x 是 Vue 框架的第 3 个大版本。作者收集了 Vue 2.x 使用过程中的问题和缺陷,在 Vue 3.x 版本开发的过程中解决了问题并优化了缺陷。虽然 Vue 3.x 只是 Vue 框架整体的一个新版本,但 Vue 3.x 带来了很多新的开发方式。

在 Vue 2.x 介绍中提到了 Vue 是一款渐进式开发框架,渐进式是 Vue 框架的灵魂。尤雨溪在涉及初代 Vue 版本时,就从当时的 Angular 框架中参考了很多优点,规避了很多缺点,渐进式的 Vue 概念就从这时开始被提出。作者希望开发框架对开发者带来更多的便利而不是负担,在使用框架为项目输出能力的同时,防止框架中大量与项目无关的代码最终参与项目构建,从而减小应用构建的体积。严格地讲,Vue 2.x 并不是完美的渐进式框架,虽然 Vue 2.x 的核心库体积并不大,但是 Vue 2.x 仍然是通过全局对象导入来初始化项目的,这样就算开发者只使用模板渲染的部分功能或只使用响应式数据的部分,仍然需要将整个 Vue 核心库构建到开发者开发的应用中。Vue 3.x 在底层封装上直接采用大量的非耦合模块进行按需导出,开发者可以仅仅使用 Vue 3.x 中的部分模块,借助 treeshaking 的能力让 Vue 3.x 框架实现除引用的模块和模块必要的依赖外,其他 Vue 框架源代码并不参与应用构建。

2. Vue 3.x 与 Vue 2.x 的区别

Vue 3.x 之所以大受关注,除了完美实现渐进式框架外,还带来了大量的更新。Vue 3.x 在向下兼容方面做到让开发者可以认为 Vue 3.x 与 Vue 2.x 在使用上几乎没有任何大的变化,在向上更新方面又做到了让 Vue 3.x 可以与 Vue 2.x 完全成为两个不同的框架,这就是 Vue 3.x 备受关注的原因。

Vue 3.x 与 Vue 2.x 在核心部分的具体区别如下。

(1) 响应式数据系统:Vue 是一款对开发者非常方便的框架,主要体现于其响应式的数据系统,开发者在开发应用时无须考虑视图更新的问题,只需将注意力集中在操作数据上，Vue 框架会自行实现异步的视图更新。Vue 2.x 在底层响应式数据系统的实现上采用了浏览器兼容性较好的 Object.defineProperty()函数，不过该方案带来了 Vue 2.x 不可逃避的一些问题，如创建的数据为对象类型，则对对象未初始化的属性设置新值时，Object.defineProperty()并不知道该属性正在设置新值而导致视图无法更新。虽然 Vue 2.x 采用了曲线救国的手段提供了一些内置 API 来方便开发者对此进行补救，但 Vue 2.x 在响应式数据系统上并没有做到完美。Vue 3.x 重构了底层响应式数据系统，舍弃了 Object.defineProperty()而采用 Proxy 代理对象，将响应式数据系统画上了完美的句号。采用了 Proxy 支撑的数据响应式系统不再依赖显式声明属性来监听数据变化，从而实现了对象的任何 property 或 index 再变更时，无论是否初始化，Proxy 对象都可以得知变更消息并通知视图更新。

（2）组件< template >根节点：Vue 2.x 在使用单文件开发或字符模板组件开发时，要求< template >内有且只有一个根节点，否则 Vue 2.x 会拒绝渲染并抛出异常。Vue 3.x 在此场景进行了更灵活的设定，一个< template >节点内部可以同时存在并列的兄弟节点作为根节点，Vue 3.x 会以 React 中 Fragments 的方式进行处理并正确处理渲染结果。两代版本的区别，代码如下：

```
<!-- 第6章 两代版本的区别的代码案例 -->
< template >
  <!-- Vue 2.x 要求有且只有一个根节点，一切内容都需要包裹在一个物理节点中 -->
  < div >
    …其他节点
  </div>
</template>

< template >
  <!-- Vue 3.x 可以灵活处理< template >内部的所有结构 -->
  < div >
    根节点 1
  </div>
  < div >
    根节点 2
  </div>
</template>
```

（3）渐进式的友好支持：Vue 2.x 框架中的核心部分被统一到了一个 Vue 对象中，所以必须实例化 Vue 对象再进行后续操作，而 Vue 3.x 采用了完全松散低耦合的模块化方式进行核心部分的封装。这样便可以更加灵活地从 Vue 框架中获取想要应用的部分，防止过去使用框架时经常遇到的情况，一旦引用该框架，就算只使用其 10% 的部分，最终在构建时另外 90% 的框架代码也会加入开发完的应用中。

（4）开发模式：Vue 2.x 的开发方式更加类似于按照规则填写配置文件，开发者受限制较大，想要自由奔放地开发项目是完全不可以的。Vue 3.x 吸取了 React 框架的优点，推出了完全的纯函数式开发方案,将 Vue 2.x 中每次都需要填写的对象结构拆解成完全松散的模块代码,开发者只需一个 setup 函数,其他部分的代码根据不同开发者的基础与经验会变得完全不同,大大地提高了 Vue 框架开发的自由度。

(5) 其他方面:Vue 2.x 和 Vue 3.x 在除以上 4 点外,还存在大量的不同,所有的区别可参考官方文档中对 Vue 2.x 项目迁移到 Vue 3.x 的完整介绍,网址为 https://v3.cn. vuejs.org/guide/migration/introduction.html。

6.2　Vite 介绍

6.2.1　什么是 Vite

1. Vite 简介

Vite(法语意为"快速的",发音 /vit/,发音同 veet)是一种新型前端构建工具,能够显著地提升前端开发体验。它主要由两部分组成:

(1) 一个开发服务器,它基于原生 ES 模块提供了丰富的内建功能,如速度快到惊人的模块热更新(HMR)。

(2) 一套构建指令,它使用 Rollup 打包代码,并且它是预配置的,可输出用于生产环境的高度优化过的静态资源。

Vite 意在提供开箱即用的配置,同时它的插件 API 和 JavaScript API 带来了高度的可扩展性,并有完整的类型支持。

2. 为什么使用 Vite

在浏览器支持 ES 模块之前,JavaScript 并没有提供原生机制让开发者以模块化的方式进行开发。这也正是人们对"打包"这个概念熟悉的原因,即使用工具抓取、处理并将源码模块串联成可以在浏览器中运行的文件。时过境迁,人们见证了诸如 Webpack、Rollup 和 Parcel 等工具的变迁,它们极大地改善了前端开发者的开发体验,然而,当开始构建越来越大型的应用时,需要处理的 JavaScript 代码量也呈指数级增长,包含数千个模块的大型项目相当普遍。这时开始遇到性能瓶颈——使用 JavaScript 开发的工具通常需要很长时间(甚至是几分钟!)才能启动开发服务器,即使使用 HMR,文件修改后的效果也需要几秒才能在浏览器中反映出来。如此循环往复,迟钝的反馈会极大地影响开发者的开发效率和幸福感。

Vite 旨在利用生态系统中的新进展解决上述问题:浏览器开始原生支持 ES 模块,并且越来越的 JavaScript 工具使用编译型语言编写。

传统的打包构建工具主要解决浏览器不能直接解释并执行模块化的 JavaScript 代码的问题,所以传统打包构建工具在使用时执行的流程如图 6-1 所示。

当冷启动开发服务器时,基于打包器的方式启动必须优先抓取并构建整个应用,然后才能提供服务。Vite 通过在一开始将应用中的模块区分为依赖和源码两类,改进了开发服务器启动时间。

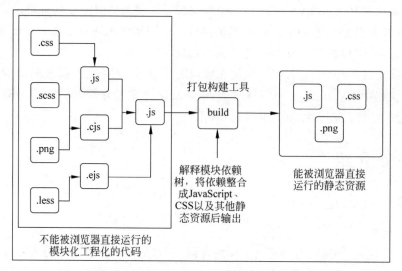

图 6-1　传统打包构建工具在使用时执行的流程的效果图

1）依赖

大多为在开发时不会变动的纯 JavaScript。一些较大的依赖（例如有上百个模块的组件库）处理的代价也很高。依赖通常会存在多种模块化格式（例如 ESM 或者 CommonJS）。Vite 将会使用 esbuild 预构建依赖。esbuild 使用 Go 语言编写，并且比以 JavaScript 编写的打包器预构建依赖快 10~100 倍。

2）源码

通常包含一些并非直接是 JavaScript 的文件，需要转换（例如 JSX、CSS 或者 Vue/Svelte 组件）时常会被编辑。并不是所有的源码都需要同时被加载（例如基于路由拆分的代码模块）。Vite 以原生 ESM 方式提供源码。这实际上是让浏览器接管了打包程序的部分工作：Vite 需要在浏览器请求源码时进行转换并按需提供源码。根据情景动态导入代码，即只在当前屏幕上实际使用时才会被处理。

基于打包器启动时，重建整个包的效率很低。原因显而易见：因为这样更新速度会随着应用体积的增长而直线下降。一些打包器的开发服务器将构建内容存入内存，这样它们只需要在文件更改时使模块图的一部分失活，但它仍需要整个重新构建并重载页面。这样代价很高，并且重新加载页面会消除应用的当前状态，所以打包器支持了动态模块热重载（HMR）：允许一个模块"热替换"它自己，而不会影响页面的其余部分，然而，在实践中发现，即使采用了 HMR 模式，其热更新速度也会随着应用规模的增长而显著下降。在 Vite 中，HMR 是在原生 ESM 上执行的。当编辑一个文件时，Vite 只需精确地使已编辑的模块与其最近的 HMR 边界之间的链失活（大多数时候只是模块本身），使无论应用大小如何，HMR 始终能保持快速更新。Vite 同时利用 HTTP 头来加速整个页面的重新加载（再次让浏览器为开发者做更多事情）：源码模块的请求会根据 304 Not Modified 进行协商缓存，而依赖模块请求则会通过 Cache-Control：max-age=31536000，immutable 进行强缓存，因此一旦被缓存它们将不需要再次请求。

3．为什么生产环境仍需要打包

尽管原生 ESM 现在得到了广泛支持，但由于嵌套导入会导致额外的网络往返，在生产环境中发布未打包的 ESM 仍然效率低下（即使使用 HTTP 2）。为了在生产环境中获得最佳的加载性能，最好还是将代码进行 tree-shaking、懒加载和 chunk 分割（以获得更好的缓存）。要确保开发服务器和生产环境构建之间的最优输出和行为一致并不容易，所以 Vite 附带了一套构建优化的构建命令，开箱即用。

为什么不使用 esbuild 进行打包？虽然 esbuild 快得惊人，并且已经是一个在构建库方面比较出色的工具，但一些针对构建应用的重要功能仍然还在持续开发中，特别是代码分割和 CSS 处理方面。就目前来讲，Rollup 在应用打包方面更加成熟和灵活。尽管如此，当未来这些功能稳定后，Vite 也不排除使用 esbuild 作为生产构建器的可能。

6.2.2 使用 Vite 初始化 Vue 3 项目

对 Vite 有了基本认知后得知，Vite 同样是一款打包构建工具，并且可以认为 Vite 是一款类似于 Vue CLI 的脚手架。不过 Vite 并不是针对 Vue 框架开发的脚手架工具，而是一款通用的脚手架构建工具，它可以原生支持目前主流的所有前端框架并且支持高度的定制化开发，以便实现对小众框架的兼容。就连 Vue 的作者尤雨溪也认为 Vite 是现今更适合 Vue 3 使用的打包构建工具。使用 Vite 初始化 Vue 3 项目的步骤如下。

（1）在合适的磁盘根目录创建名为 vite-projects 的文件夹，使用开发工具打开该文件夹。

（2）在命令行工具中打开创建的 vite-projects 项目路径，输入初始化项目指令，代码如下：

```
npm init vite
```

（3）此时命令行工具会显示询问语句，在询问语后面输入要创建的项目名称 hello-vite，如图 6-2 所示。

（4）确认项目名称后控制台会出现菜单，用来选择本次创建的项目要继承的框架名称，选择 vue 选项，如图 6-3 所示。

图 6-2 输入要创建的项目名称的效果图　　　　图 6-3 选择 vue 选项的效果图

（5）接下来会出现新的菜单，用来选择当前项目，采用语法为 JavaScript 或 TypeScript，这里选择仍然 vue，如图 6-4 所示。

（6）选择完成后控制台会提示创建日志，如图 6-5 所示。

图 6-4 选择当前项目采用语法的效果图　　　　　图 6-5 创建日志的效果图

（7）在项目的资源管理器中会出现创建好的项目结构，如图 6-6 所示。

（8）接下来在命令行工具中打开 hello-vite 项目，在控制台输入安装依赖指令，代码如下：

```
npm install
```

（9）安装依赖后在控制台输入项目启动命令，代码如下：

```
npm run dev
```

（10）执行启动命令后，控制台会输出启动成功日志，如图 6-7 所示。

图 6-6 项目结构的效果图　　　　　图 6-7 启动成功日志的效果图

（11）该项目默认占用本地的 3000 端口，访问 http://localhost:3000 会打开项目的欢迎页面，如图 6-8 所示。

（12）到此步骤，初始化 Vue 3 的项目步骤便介绍完毕了。

6.2.3 项目结构介绍

运行脚手架成功后，继续深入分析一下 Vite 的项目结构。Vite 项目的整体文件结构说明如图 6-9 所示。

图 6-8　项目的欢迎页面的效果图

```
├── README.md #项目的说明文件
├── index.html #项目的网页运行容器
├── node_modules #项目的依赖包目录
├── package-lock.json #依赖版本锁定文件
├── package.json #项目的依赖描述文件
├── public #项目的静态资源文件夹
│   └── favicon.ico
├── src #项目的源代码文件
│   ├── App.vue #Vue的全局根组件
│   ├── assets #源代码中的静态资源文件夹
│   │   └── logo.png
│   ├── components #自定义组件文件夹
│   │   └── HelloWorld.vue
│   └── main.js #项目的入口文件
└── vite.config.js #Vite脚手架的配置文件
```

图 6-9　Vite 项目的整体文件结构说明的效果图

　　深入项目结构分析会发现，Vite 脚手架创建的项目结构与 Vue CLI 的项目结构整体类似，但也存在不同之处，最明显的一处就是 index.html 的文件位置。在 Vue CLI 项目中 index.html 文件存放在 public 文件夹内部，而 Vite 项目的 index.html 文件存放在项目的根目录中。查看 index.html 文件内部的初始代码，代码如下：

```
<!-- 第 6 章 index.html 文件内部初始代码的代码案例 -->
<!DOCTYPE html>
<html lang="en">
  <head>
    <meta charset="UTF-8" />
    <link rel="icon" href="/favicon.ico" />
    <meta name="viewport" content="width=device-width, initial-scale=1.0" />
```

```
    <title>Vite App</title>
  </head>
  <body>
    <div id="app"></div>
    <script type="module" src="/src/main.js"></script>
  </body>
</html>
```

参考 index.html 文件的源代码会发现,Vite 项目中的 src/main.js 文件并不是通过脚手架进行加载运行的,而是直接通过<script type="module">的方式加载到网页中,这意味着当访问 http://localhost:3000 页面时,src/main.js 文件是通过浏览器直接运行的。继续深入打开 src/main.js 文件,查看 main.js 文件的内容,代码如下:

```
import { createApp } from 'vue'
import App from './App.vue'
createApp(App).mount('#app')
```

在 src/main.js 文件中直接使用了 ESM 模块化的方式运行代码,这就是 Vite 脚手架与 Vue CLI 本质上的不同。继续进入 src/App.vue 文件查看根组件的初始内容,代码如下:

```
<!-- 第 6 章 根组件的初始内容的代码案例 -->
<script setup>
//This starter template is using Vue 3 <script setup> SFCs
//Check out https://v3.vuejs.org/api/sfc-script-setup.html#sfc-script-setup
import HelloWorld from './components/HelloWorld.vue'
</script>

<template>
  <img alt="Vue logo" src="./assets/logo.png" />
  <HelloWorld msg="Hello Vue 3+Vite" />
</template>

<style>
#app {
  font-family: Avenir, Helvetica, Arial, sans-serif;
  -webkit-font-smoothing: antialiased;
  -moz-osx-font-smoothing: grayscale;
  text-align: center;
  color: #2c3e50;
  margin-top: 60px;
}
</style>
```

根组件中出现了 Vue 2.x 没有使用过的<script setup>脚本作用域,以及 Vue 3.x 改良的<template>根节点。接下来改造 src/App.vue 文件中的内容,将代码改造成 Vue 2.x

的写法,代码如下:

```
<!-- 第 6 章 将代码改造成 Vue 2.x 的写法的代码案例 -->
<template>
 < input type="text" v-model="title">
 {{ title }}
</template>
<script>
  export default{
   data(){
    return {
     title:'Hello Vue'
    }
   }
  }
</script>
<style>

</style>
```

改造完成后运行脚手架项目并访问 http://localhost:3000 页面,查看改造后的首页效果,如图 6-10 所示。

图 6-10　改造后的首页的效果图

到目前为止 Vue 3.x 除初始化代码及之前介绍的区别外,其他部分可以完美向下兼容 Vue 2.x 的编程方式。最后检查项目的 package.json 文件,代码如下:

```
//第 6 章 项目的 package.json 文件的代码案例
{
  "name": "hello-vite",                    //项目名称
  "version": "0.0.0",                      //项目版本号
  "scripts": {
    "dev": "vite",                         //启动命令
    "build": "vite build",                 //构建命令
    "preview": "vite preview"              //预览命令
  },
  "dependencies": {
    "vue": "^3.2.25"                       //Vue 版本
```

```
  },
  "devDependencies": {
    "@vitejs/plugin-vue": "^2.0.0",          //Vite 的 Vue 插件
    "vite": "^2.7.2"                         //Vite 核心库
  }
}
```

6.3　组合式 API 与响应式 API

Vue 3 最大的新特性就是组合式 API 及响应式 API，通过该特性的加持，Vue 3 项目可以不再依赖 Vue 2 原有的所有编程方式，完全应用纯函数形式编程。通过配合完全模块化的 Vue 3 核心库，所有 Vue 2 原有的 API 可完全函数化，开启了新的编程篇章。

6.3.1　setup()函数介绍

sctup()函数是 Vue 3 提供的一个新的钩子函数，它的使用方式与过去的钩子函数类似，也需要写在 export 导出的对象中，setup()函数的基本格式，代码如下：

```
<!-- 第 6 章 setup()函数的基本格式的代码案例 -->
<script>
  export default{
    setup(props,context){

    }
  }
</script>
```

setup()函数与钩子函数执行方式相同，它在组件的 props 对象初始化完成时触发，此时该组件实例并没有完成实例化，所以 setup()函数中无法通过 this 访问组件的实例。接下来对 6.2 节中的 hello-vite/src/App.vue 文件中的代码进行改造，增加 setup()函数并输出 this，代码如下：

```
<!-- 第 6 章 增加 setup()函数并输出 this 的代码案例 -->
<template>
  <input type="text" v-model="title"/>
  {{title}}
</template>
<script>
  export default{
    data(){
      return {
        title:'Hello Vue'
      }
```

```
    },
    setup(props,context){
      console.log('setup 执行')
      console.log(this)
    }
  }
</script>
<style>

</style>
```

代码改造完毕后,运行该项目并访问 http://localhost:3000 页面,打开浏览器的 Web 控制台查看浏览器控制台的输出,如图 6-11 所示。

```
[vite] connecting...                          client.ts:22
setup执行                                      App.vue:13
undefined                                     App.vue:14
[vite] connected.                             client.ts:52
> |
```

图 6-11　浏览器控制台的输出的效果图

setup()函数包含两个参数 props 和 context。当该组件作为自定义组件在其他组件中使用时,props 对象中包含自定义组件传入的参数。context 对象中包含组件通信所需要的对象及其他相关属性。继续改造 hello-vite/src/App. vue 文件,在 setup()函数中追加 props 和 context 两个属性的输出,代码如下:

```
<!-- 第 6 章 在 setup()函数中追加 props 和 context 两个属性的输出的代码案例 -->
<template>
  <input type="text" v-model="title"/>
  {{title}}
</template>
<script>
  export default{
    data(){
      return {
        title:'Hello Vue'
      }
    },
    setup(props,context){
      console.log('setup 执行')
      console.log(this)
      /* ------ 追加的代码 ------ */
      console.log(props,context)
      /* ------ 追加的代码 ------ */
    }
  }
</script>
<style>

</style>
```

接下来继续打开浏览器的 Web 控制台,查看 setup()函数中自带的两个参数的输出结果,如图 6-12 所示。

图 6-12　setup()函数中自带的两个参数的输出结果的效果图

在 setup()函数中无法使用本组件的实例,所以无法操作编写在组件其他选项中的属性和方法,不过 setup()函数可以通过返回一个 JSON 对象,将对象中的属性挂载到当前组件的实例上,只要在 setup()函数中通过 return 返回的属性在视图层就可以直接通过插值表达式进行获取。接下来改造代码,在 setup()函数中继续追加内容,代码如下:

```
<!-- 第 6 章 在 setup()函数中继续追加内容的代码案例 -->
<template>
  <input type="text" v-model="title"/>
  {{title}}
  <!-- 追加的代码 -->
  <br>
  <input type="text" v-model="str">
  {{str}}
  <!-- 追加的代码 -->
</template>
<script>
  export default{
    data(){
      return {
        title:'Hello Vue'
      }
    },
    setup(props,context){
      console.log('setup 执行')
      console.log(this)
      console.log(props,context)

      /* ------ 追加的代码 ------ */
      let str='我是一个普通变量'
      return {
        str
      }
      /* ------ 追加的代码 ------ */
    }
  }
</script>
```

```
< style >

</ style >
```

　　运行追加的代码后会发现,在 setup()函数中定义的 str 属性完全可以在视图层中通过插值表达式获取,也可以通过 v-model 绑定在<input>组件上。不同的是,声明在 data 选项中的 title 属性可以通过修改输入框的值同步变化,而直接操作 str 绑定的输入框内容时,视图并不会触发更新。当先修改 str 绑定的输入框,再修改 title 绑定的输入框时会发现 str 的值会更新。属性更新的效果如图 6-13 所示。

(a) 只更新str属性时　　　　　　　　　　(b) 再更新title属性时

图 6-13　属性更新的效果图

　　为了进一步揭秘 setup()函数中返回的对象到底是什么样的,接下来继续改造 hello-vite/src/App.vue 文件,追加 mounted()生命周期钩子函数,并在 mounted()内部输出 this 实例,代码如下:

```
<!-- 第 6 章 在 mounted()内部输出 this 实例的代码案例 -->
< template >
  < input type="text" v-model="title"/>
  {{title}}
  < br >
  < input type="text" v-model="str">
  {{str}}
</ template >
< script >
  export default{
    data(){
      return {
        title:'Hello Vue'
      }
    },
    setup(props,context){
      console.log('setup 执行')
      console.log(this)
      console.log(props,context)
```

```
        let str='我是一个普通变量'
        return {str}
    },
    /* ------ 追加的代码 ------ */
    mounted(){
        console.log(this)
    }
    /* ------ 追加的代码 ------ */
    }
</script>
<style>

</style>
```

完成代码追加后,继续访问浏览器的 Web 控制台查看本组件实例对象的输出结果,如图 6-14 所示。

参考图 6-14 输出的对象的详细内容会发现,本组件的实例 this 是一个 Proxy 类型的代理对象,其中已经挂载了 str 和 title 两个属性,所以这两个属性都可以直接在视图层中通过差值表达式获取。在实例对象下方又发现 str 和 title 两个属性同时也被 Object.defineProperty()进行了属性监听,在操作 title 的值改变时可以查看 str 中更新的结果,也说明 str 并不是一个普通的变量,而是半响应式的,通过 v-model 的绑定后修改该属性可以影响其后续的结果。至于为什么通过 v-model 无法直接触发视图更新,是由于 setup()函数通过返回值挂载到 Vue 实例的属性并不是单纯地为更新视图,所以其内部默认没有加入更新视图的逻辑。依然可以通过查看 $data 属性的结果来确定,str 属性虽然挂载到组件实例上,但是并没有合并到 $data 属性中,所以在 setup()函数中通过普通变量实现响应式数据的定义是欠妥的。

图 6-14 本组件实例对象的输出结果的效果图

6.3.2 reactive()+ref()系列介绍

在学习 setup()函数时,发现在函数返回的对象中加入普通变量,可以将变量绑定在组件的实例上,但是该属性不具备更新视图的能力,Vue 3 为此提供了全套的外置响应式数据解决方案。

1. reactive()函数介绍

reactive()函数是 Vue 3.x 模块中提供的响应式数据的解决方案之一。reactive()函数中传入一个 JSON 对象,函数将会通过响应式转换返回该对象的代理对象。响应式转换是"深层"的——它会影响所有嵌套属性。在基于 ES2015 Proxy 的实现中,返回的 proxy 不等于原始对象。建议只使用响应式 proxy,避免依赖原始对象。

继续在 hello-vite/src/App.vue 文件中改造代码,通过引入 reactive()函数对象,创建响应式数据,代码如下:

```vue
<!-- 第 6 章 创建响应式数据的代码案例 -->
<template>
<!-- 改造的代码 -->
  账号:<input type="text" v-model="userInfo.username"><br>
  密码:<input type="text" v-model="userInfo.password"><br>
  {{userInfo}}
<!-- 改造的代码 -->
</template>
<script>
  /* ------ 改造的代码 ------ */
  import { reactive } from 'vue'
  /* ------ 改造的代码 ------ */
  export default{
    data(){
      return {
        title:'Hello Vue'
      }
    },
    setup(props,context){
      /* ------ 改造的代码 ------ */
      //创建用户对象的响应式副本
      let userInfo=reactive({
        username:'账号',
        password:'密码'
      })
      //输出响应式副本
      console.log(userInfo)
      //将响应式副本挂载到组件实例对象上
      /* ------ 改造的代码 ------ */
      return { userInfo }
    },
    mounted(){
      console.log(this)
    }
  }
</script>
<style>

</style>
```

通过运行新编写的案例,进一步地挖掘 reactive()函数的特点。接下来运行项目,访问 http://localhost:3000 页面,访问首页查看效果并操作数据,如图 6-15 所示。

操作数据会发现,通过 reactive()函数返回的对象副本具备响应式数据的完整特性,接下来通过查看 Web 控制台的输出结果,了解 reactive()函数返回的对象,如图 6-16 所示。

图 6-15　访问首页查看效果并操作数据的效果图　　　图 6-16　Web 控制台的输出结果的效果图

通过图 6-16 得知,reactive()函数创建的响应式副本是一个 Proxy 对象,该对象也被挂载到本组件的实例对象上并绑定了 setter 和 getter。与之前使用普通变量不同的是 userInfo 对象对应的 setter 叫作 setupState[key],其与 data 选项的功能完全一样,让对象具备完整的响应式特性。这样便可以实现在 setup()函数中不依赖 Vue 2.x 的编程方式创建响应式的数据对象。

接下来,在 hello-vite/src/App.vue 文件的 setup()函数中,通过 reactive()函数转换非对象类型的变量,代码如下:

```
<!-- 第 6 章 通过 reactive()函数转换非对象类型的变量的代码案例 -->
<template>
  账号:<input type="text" v-model="userInfo.username"><br>
  密码:<input type="text" v-model="userInfo.password"><br>
  {{userInfo}}
<!-- 改造的代码 -->
  <br>
  <input type="text" v-model="str">{{str}}
<!-- 改造的代码 -->
</template>
<script>

  import { reactive } from 'vue'
  /* ------ 改造的代码 ------ */
  export default{
    data(){
      return {
```

```
        title:'Hello Vue'
      }
    },
    setup(props,context){

      let userInfo=reactive({
        username:'账号',
        password:'密码'
      })
      /* ------ 改造的代码 ------ */
      let str=reactive('我是普通的字符串')
      console.log(str)
      /* ------ 改造的代码 ------ */
      return { userInfo,str }
    },
    mounted(){
      console.log(this)
    }
  }
</script>
<style>

</style>
```

运行代码案例并访问 http://localhost:3000 页面,在页面中尝试修改 str 的值,会发现 str 并不具备响应式数据的能力,如图 6-17 所示。

图 6-17　在页面中尝试修改 str 的值的效果图

在 Web 控制台上查看输出的 str 的结果,如图 6-18 所示。

图 6-18　在 Web 控制台上查看输出的 str 的效果图

根据图 6-18 的输出结果发现,当 reactive()函数中包裹普通变量时,返回的数据并不是一个响应式副本而是数据本身,所以 reactive()函数只能将对象类型的数据转换成相应数据的副本,然后在视图中使用。

2. ref()函数介绍

基于 Proxy 对象自身的限制,reactive()函数只能将对象类型的数据转换成响应式的副本。当开发者想要定义基本类型的响应式变量时,若使用 reactive()函数实现,则必须将定义的变量嵌套在一个对象中。这种做法显然提升了数据的复杂度并增加了无意义的嵌套,所以 Vue 3.x 针对基本类型数据提供了 ref()函数对其进行响应式的转换。

ref()函数是 Vue 3.x 中的一个响应式数据模块,可以按需导入使用。不同于 reactive()函数,ref()函数既可以传入对象类型的数据,也可以传入基本类型的数据。不过当 ref()函数包裹对象类型数据时,其只具备单层响应式能力,reactive()函数可以深层识别对象的更新。ref()函数相对更加适合处理基本类型的变量,当变量被 ref()函数包裹时,ref()函数会返回一个 RefImpl 类型的对象,变量会存储在 RefImpl 对象的 value 属性中。若将此对象通过 setup()函数返回,则该变量会直接脱离 RefImpl 对象,然后挂载到组件的实例对象上。综合以上特性,ref()函数创建的响应式对象在 setup()函数中需要通过 RefImpl 的 value 属性来引用,在视图层中使用则与普通响应式数据无差别。接下来在 hello-vite/src/App.vue 文件中追加 ref()函数的使用,代码如下:

```
<!-- 第 6 章 追加 ref()函数的代码案例 -->
<template>
  账号: <input type="text" v-model="userInfo.username"> <br>
  密码: <input type="text" v-model="userInfo.password"> <br>
  {{userInfo}}
  <br>
  <!-- ref 返回的数据在视图中仍然操作变量本身 -->
  <input type="text" v-model="str">{{str}}
</template>
<script>
  /* ------ 改造的代码 ------ */
  import { reactive ,ref} from 'vue'
  /* ------ 改造的代码 ------ */
  export default{
    data(){
      return {
        title:'Hello Vue'
      }
    },
    setup(props,context){
      let userInfo=reactive({
        username:'账号',
        password:'密码'
      })
      /* ------ 改造的代码 ------ */
      let str=ref('我是普通的字符串')
      setTimeout(()=>{
```

```
            str.value='我是 2 秒后修改的结果'
        }, 2000);
        console.log(str)
        /* ------ 改造的代码 ------ */
        return { userInfo,str }
    },
    mounted(){
        console.log(this)
    }
  }
</script>
<style>

</style>
```

运行该代码案例并访问 http://localhost:3000 页面,等待 2 秒查看页面,如图 6-19 所示。

3. toRef()和 toRefs()函数介绍

使用 reactive()函数创建的响应式副本是一个完整的对象,当开发者在后续代码中想要继续使用对象内部的属性并不想使用对象引用时,可能会采用解构赋值的方式进行编写,这样会导致响应式数

图 6-19 等待 2 秒查看页面的效果图

据结构被破坏而失去响应性。继续改造 hello-vite/src/App. vue 文件,编写破坏响应式的代码案例,代码如下:

```
<!-- 第 6 章 破坏响应式的代码案例 -->
<template>
<!-- 改造的代码 -->
  账号: <input type="text" v-model="userInfo.username"> <br>
  密码: <input type="text" v-model="userInfo.password"> <br>
  {{userInfo}}<br>
  账号 1: <input type="text" v-model="username"> <br>
  密码 1: <input type="text" v-model="password"> <br>
  {{username}},{{password}}
<!-- 改造的代码 -->
</template>
<script>
  import { reactive } from 'vue'
  export default{
    setup(props,context){
      let userInfo=reactive({
        username:'账号',
        password:'密码'
      })
      /* ------ 改造的代码 ------ */
```

```
    //从代理对象中解构出账号和密码
    let { username, password }=userInfo
    /* ------ 改造的代码 ------ */
    return { userInfo, username, password }
  },
  mounted(){
    console.log(this)
  }
}
</script>
<style>

</style>
```

运行该案例并访问 http://localhost:3000 页面,对页面进行操作,如图 6-20 所示。

图 6-20   对页面进行操作的效果图

操作后会发现,对响应式副本对象进行解构后,提取的属性便不再具备响应式能力。此时 toRef()和 toRefs()函数便可以作为解决方案来使用,toRef()函数可以将指定 Proxy 对象的指定 property 转换成单独的 RefImpl 对象,与 ref()函数的作用相当,toRefs()函数可以将指定 Proxy 对象的所有 property 转换成 RefImpl 对象。继续改造 hello-vite/src/App. vue 文件,分别通过 toRef()和 toRefs()函数实现 Proxy 对象的转换,代码如下:

```
<!-- 第 6 章 分别通过 toRef()和 toRefs()函数实现 Proxy 对象的转换的代码案例 -->
<template>
  账号: < input type="text" v-model="userInfo.username"> < br >
  密码: < input type="text" v-model="userInfo.password"> < br >
  {{userInfo}}< br >
<!-- 改造的代码 -->
  账号 1: < input type="text" v-model="username"> < br >
  密码 1: < input type="text" v-model="password"> < br >
  {{username}},{{password}}< br >
  账号 2: < input type="text" v-model="username1"> < br >
  密码 2: < input type="text" v-model="password1"> < br >
  {{username1}},{{password1}}
<!-- 改造的代码 -->
</template>
```

```
<script>
  import { reactive,toRef,toRefs } from 'vue'
  export default{
   setup(props,context){
    let userInfo=reactive({
      username:'账号',
      password:'密码'
    })
    /* ------ 改造的代码 ------ */
    let { username, password }=toRefs(userInfo)
    let username1=toRef(userInfo, 'username')
    let password1=toRef(userInfo, 'password')

    /* ------ 改造的代码 ------ */
    return { userInfo,username,password,username1,password1 }
   },
   mounted(){
    console.log(this)
   }
  }
</script>
<style>

</style>
```

运行代码案例并访问 http://localhost:3000 页面,修改 3 组账号和密码,会发现通过 toRef()和 toRefs()函数创建的数据与 reactive()函数返回的响应式副本对象永远保持同步,如图 6-21 所示。

4. 其他响应式基础 API 介绍

Vue 3.x 中除比较重要的 reactive()和 ref()系列 API 外,还对这两套 API 提供了大量的辅助模块让开发者更加灵活地使用,剩余的 API 体量小并且容易理解,所以集中在本节介绍,具体如下。

图 6-21 修改 3 组账号和密码的效果图

1) readonly()

接收一个对象(响应式或纯对象)或 ref 并返回原始对象的只读代理。只读代理是深层的,任何被访问的嵌套 property 也是只读的。readonly()函数的使用方式,代码如下:

```
//第 6 章 readonly()函数的使用方式的代码案例
const original=reactive({ count: 0 })
const copy=readonly(original)
watchEffect(()=>{
  //用于响应性追踪
  console.log(copy.count)
```

```
})
//变更 original 会触发依赖于副本的侦听器
original.count++
//变更副本将失败并导致警告
copy.count++//警告!
```

2) isProxy()

检查对象是否是由 reactive()函数 或 readonly()函数创建的 proxy。

3) isReactive()

检查对象是否是由 reactive()函数创建的响应式代理,如果该代理是由 readonly()函数创建的,但包裹了由 reactive()函数创建的另一个代理,它也会返回 true。isReactive()函数的使用方式,代码如下:

```
//第 6 章 isReactive()函数的使用方式的代码案例
import { reactive, isReactive, readonly } from 'vue'
export default {
  setup() {
    const state=reactive({
      name: 'John'
    })
    console.log(isReactive(state))                     // -> true
    //从普通对象创建的只读 proxy
    const plain=readonly({
      name: 'Mary'
    })
    console.log(isReactive(plain))                     // -> false

    //从响应式 proxy 创建的只读 proxy
    const stateCopy=readonly(state)
    console.log(isReactive(stateCopy))                 // -> true
  }
}
```

4) isReadonly()

检查对象是否是由 readonly()函数创建的只读代理。

5) toRaw()

返回 reactive 或 readonly 代理的原始对象。这是一个"逃生舱",可用于临时读取数据而无须承担代理访问/跟踪的开销,也可用于写入数据而避免触发更改。不建议保留对原始对象的持久引用。toRaw()函数的使用方式,代码如下:

```
const foo={}
const reactiveFoo=reactive(foo)
console.log(toRaw(reactiveFoo)===foo)                 //true
```

6）markRaw()

标记一个对象，使其永远不会转换为 proxy，返回对象本身。markRaw()函数的使用方式，代码如下：

```
//第 6 章 markRaw()函数的使用方式的代码案例
const foo=markRaw({})
console.log(isReactive(reactive(foo)))                    //false
//当嵌套在其他响应式对象中时也可以使用
const bar=reactive({ foo })
console.log(isReactive(bar.foo))                          //false
```

7）shallowReactive()

创建一个响应式代理，它跟踪其自身 property 的响应性，但不执行嵌套对象的深层响应式转换（暴露原始值）。shallowReactive()函数的使用方式，代码如下：

```
//第 6 章 shallowReactive()函数的使用方式的代码案例
const state=shallowReactive({
  foo: 1,
  nested: {
    bar: 2
  }
})

//改变 state 本身的性质是响应式的
state.foo++
//但是不转换嵌套对象
isReactive(state.nested)                                  //false
state.nested.bar++                                        //非响应式
```

8）shallowReadonly()

创建一个 proxy，使其自身的 property 为只读，但不执行嵌套对象的深度只读转换（暴露原始值）。shallowReadonly()函数的使用方式，代码如下：

```
//第 6 章 shallowReadonly()函数的使用方式的代码案例
const state=shallowReadonly({
  foo: 1,
  nested: {
    bar: 2
  }
})

//改变 state 本身的 property 将失败
state.foo++
//但适用于嵌套对象
isReadonly(state.nested)                                  //false
state.nested.bar++                                        //适用
```

9）unref()

如果参数是一个 ref，则返回内部值，否则返回参数本身。这是 val＝isRef(val)？val.value : val 的语法糖函数。

10）isRef()

检查值是否为一个 ref 对象。

11）其他 API

其他使用场景较少的响应式 API 可以参考官方文档，文档网址为 https://v3.cn.vuejs.org/api/reactivity-api.html。

6.3.3　computed()函数式用法

computed()函数在 setup()函数下的函数式编程中也被设计为单独模块使用。由于 setup()函数的执行时机是在组件实例化完成前，此时 this 并未指向组件的上下文对象，所以 Vue 2.x 模式下的 computed 选项无法在 setup()函数中通过 this 对象获取。Vue 3.x 版本提供了外置的 computed()函数，用以在 setup()函数中使用。computed()函数可以自动识别函数内部的响应式副本对象并将其作为依赖追踪，当依赖改变时 computed()函数会重新执行计算，当依赖不改变时 computed()函数会直接返回上一次的计算结果。

接下来通过改造 hello-vite/src/App.vue 文件来学习 computed()函数在 setup()函数中的使用方式。计算属性在 Vue 框架中通常作为响应式数据的扩展来使用，假设数据中定义了 price 属性作为某商品的价格，在视图中展示价格时通常会对价格加上价格单位，在 hello-vite/src/App.vue 文件中实现输出价格单位，对比 computed()函数和普通函数对值扩展的区别，代码如下：

```html
<!-- 第6章 对比computed()函数和普通函数对值扩展的区别的代码案例 -->
<template>
  <input type="number" v-model="price">
  <br>
  猪肉的价格为(计算属性实现):{{getPrice}}
  <br>
  猪肉的价格为(普通函数实现):{{getPrice1()}}
  <br>
  <input type="text" v-model="str">
  <br>
  字符串的值为:{{str}}
</template>
<script>
  import { ref,computed } from 'vue'
  export default{
    setup(props,context){
      let price=ref(10)
      let str=ref('一个字符串')
      //通过计算属性扩展price的结果
```

```
    let getPrice=computed(()=>{
      console.log('当price的值变化时,计算一次')
      return price.value + '元'
    })
    //通过普通函数扩展price的结果
    let getPrice1=()=>{
      console.log('只要页面更新,就会计算一次')
      return price.value + '元'
    }
    return { price,str,getPrice,getPrice1 }
  },
  mounted(){
    console.log(this)
  }
}
</script>
<style>

</style>
```

运行案例并访问 http://localhost:3000 页面,在视图中修改第 1 个输入框让猪肉的价格进行变化,查看浏览器 Web 控制台的输出内容,继续修改第 2 个输入框让 str 的值变化并查看浏览器 Web 控制台的输出内容,会发现当修改 price 的结果时,通过 computed()函数扩展的猪肉价格函数会执行一次,通过普通函数扩展的猪肉价格的函数也会执行一次。当修改 str 的结果时,只有普通函数对 price 的扩展会重新执行,computed()函数的回调函数并不会执行。案例操作的结果如图 6-22 所示。

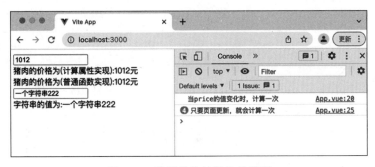

图 6-22　案例操作结果的效果图

6.3.4　watch()函数式用法

由 setup()函数的运行机制得知,watch 选项在 setup()函数编程中也无法完美使用,所以 Vue 3.x 对 watch 选项也提供了单独的模块支持。可以通过与 computed()函数相同的方式从 Vue 框架中按需导入 watch()函数进行编程。watch()监听与计算属性拥有类似的执行模式,不同的是 watch()函数并不为扩展响应式数据而存在,watch()函数的作用是对可变化的状态进行持续监听,从而同步其他状态数据或进行条件筛选插入分支逻辑。继续改造 hello-vite/src/App. vue 文件中的内容,通过声音调节器案例学习 watch()函数在 Vue 3. x 的使用方式,代码如下:

```
<!-- 第 6 章 watch()函数的代码案例 -->
<template>
  < input type="range" start="0" end="100" step="1" v-model="sound">
  音量为:{{sound}}
</template>
<script>
  import { ref,watch } from 'vue'
  export default{
    setup(props,context){
      let sound=ref(10)
      //watch(要监听的状态,状态变化的回调函数)
      watch(sound, (newValue,oldValue)=>{
        //newValue 是变化后的结果
        //oldValue 是变化前的结果
        if(newValue>80){
          alert(`当前音量为 ${newValue},若您正在使用扬声器可能会影响其他人,需要注意`)
        }
      })
      return { sound }
    },
    mounted(){
      console.log(this)
    }
  }
</script>
<style>

</style>
```

运行本案例并访问 http://localhost:3000 页面,拖动拉杆组件实现声音变化,当音量超过 80 时,浏览器会弹出提示提醒用户音量过大。案例的运行结果如图 6-23 所示。

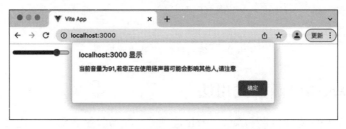

图 6-23　案例的运行结果的效果图

watch()函数除可以对正常状态监听外,还提供了对多状态的监听方案。继续改造 hello-vite/src/App. vue 文件中的内容,多状态监听的实现,代码如下:

```
<!-- 第 6 章 多状态监听的实现的代码案例 -->
<template>
  <input type="range" start="0" end="100" step="1" v-model="sound">
  音量为:{{sound}}
  <input type="range" start="0" end="100" step="1" v-model="sound1">
  音量 1 为:{{sound1}}
</template>
<script>
  import { ref,watch } from 'vue'
  export default{
    setup(props,context){
      let sound=ref(10)
      let sound1=ref(20)
      //watch([要监听的状态,要监听的状态...],状态变化的回调函数)
      watch([sound,sound1],([newSound,newSound1],[oldSound,oldSound1])=>{
        console.error(`sound 变化前的结果为:${oldSound}`)
        console.log(`sound1 变化前的结果为:${oldSound1}`)
        console.error(`sound 变化后的结果为:${newSound}`)
        console.log(`sound1 变化后的结果为:${newSound1}`)
      })
      return { sound,sound1 }
    },
    mounted(){
      console.log(this)
    }
  }
</script>
<style>

</style>
```

运行案例并访问 http://localhost:3000 页面,操作任意拉杆的值变化,观察控制台会发现只要 sound 或 sound1 任意一个值发生变化,watch()函数都可以识别到状态变化并正确地输出状态变化前后的结构。案例操作的结果如图 6-24 所示。

Vue 3.x 参考 React 框架中副作用函数的实现,提供了 watchEffect()函数:立即执行传入的一个函数,同时响应式追踪其依赖,并在其依赖变更时重新运行该函数。watchEffect()函数的使用案例,代码如下:

```
//第 6 章 watchEffect()函数的代码案例
const count=ref(0)

watchEffect(()=> console.log(count.value))
// -> logs 0

setTimeout(()=>{
  count.value++
```

图 6-24　案例操作结果的效果图

```
  // -> logs 1
}, 100)
```

当 watchEffect 在组件的 setup() 函数或生命周期钩子函数中被调用时,侦听器会被连接到该组件的生命周期,并在组件卸载时自动停止。在一些情况下,也可以显式调用返回值以停止侦听,代码如下:

```
//第6章 显式调用返回值以停止侦听的代码案例
const stop=watchEffect(()=>{
  /* ... */
})

//later
stop()
```

有时副作用函数会执行一些异步的副作用函数,这些响应需要在其失效时清除(完成之前状态已改变了),所以侦听副作用函数传入的函数可以接收一个 onInvalidate() 函数作为入参,用来注册清理失效时的回调。当副作用函数即将重新执行时或侦听器被停止(如果在 setup() 函数或生命周期钩子函数中使用了 watchEffect,则在组件卸载时)时,失效回调会被触发,代码如下:

```
//第6章 失效回调会被触发的代码案例
watchEffect(onInvalidate=>{
  const token=performAsyncOperation(id.value)
  onInvalidate(()=>{
```

```
  //id has changed or watcher is stopped.
  //invalidate previously pending async operation
  token.cancel()
  })
})
```

之所以通过传入一个函数去注册失效回调,而不是从回调返回它,是因为返回值对于异步错误处理很重要。在执行数据请求时,副作用函数往往是一个异步函数,代码如下:

```
//第 6 章 在执行数据请求时的代码案例
const data=ref(null)
watchEffect(async onInvalidate=>{
  onInvalidate(()=>{
  /* ... */
  }) //在 Promise 解析之前注册清除函数
  data.value=await fetchData(props.id)
})
```

由于异步函数都会隐式地返回一个 Promise,但是清理函数必须在 Promise 被 resolve 之前被注册。另外,Vue 依赖这个返回的 Promise 来自动处理 Promise 链上的潜在错误。

关于副作用函数的执行时机,Vue 的响应性系统会缓存副作用函数,并异步地刷新它们,这样可以避免同一个 tick 中多种状态改变导致不必要的重复调用。在核心的具体实现中,组件的 update() 函数也是一个被侦听的副作用函数。当一个用户定义的副作用函数进入队列时,默认情况下,会在所有的组件 update 前执行,代码如下:

```
<!-- 第 6 章 副作用函数的执行时机的代码案例 -->
<template>
  <div>{{ count }}</div>
</template>

<script>
export default {
  setup() {
    const count=ref(0)

    watchEffect(()=>{
      console.log(count.value)
    })

    return {
      count
    }
  }
}
</script>
```

在这个例子中，count 会在初始运行时同步打印出来，当更改 count 时，将在组件更新前执行副作用函数。如果需要在组件更新（例如：当与模板引用一起）后重新运行侦听器副作用函数，则可以传递带有 flush 选项的附加 options 对象（默认为 'pre'），代码如下：

```
//第 6 章 需要在组件更新后重新运行侦听器副作用函数的代码案例
//在组件更新后触发,这样就可以访问更新的 DOM 了
//注意:这也将推迟副作用函数的初始运行,直到组件的首次渲染完成
watchEffect(
  () => {
    /* ... */
  },
  {
    flush: 'post'
  }
)
```

flush 选项还接受 sync，这将强制效果始终同步触发，然而这是低效的，应该很少需要。

从 Vue 3.2.0 开始，watchPostEffect 和 watchSyncEffect 别名也可以用来让代码意图更加明显。

接下来介绍侦听的调试方式，onTrack() 函数和 onTrigger() 函数选项可用于调试侦听器的行为。

onTrack() 函数将在响应式 property 或 ref() 函数作为依赖项被追踪时被调用，onTrigger() 函数将在依赖项变更导致副作用函数被触发时被调用。这两个回调都将接收到一个包含所依赖项信息的调试器事件。建议在以下回调中编写 deBugger 语句来检查依赖关系（onTrack 和 onTrigger 只能在开发模式下工作），代码如下：

```
watchEffect(
  () => {
    /* 副作用 */
  },
  {
    onTrigger(e) {
      deBugger
    }
  }
)
```

6.3.5　setup()函数与生命周期的关系

setup()函数作为与生命周期钩子函数相同地位的函数，在 Vue 3.x 实现函数式编程上起着举足轻重的作用。Vue 3.x 在组件实例化过程中大体上仍然遵循 Vue 2.x 的生命周期系统，在原有的生命周期系统中稍做改进。Vue 3.x 的生命周期钩子函数的执行流程如图 6-25 所示。

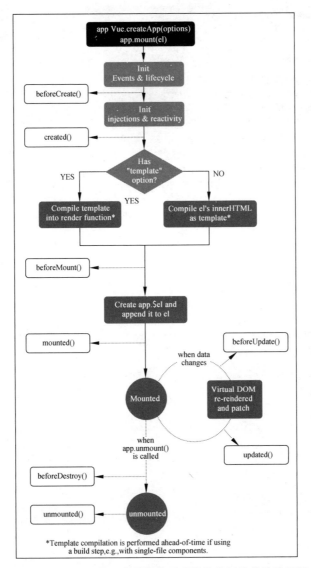

图 6-25　Vue 3.x 的生命周期钩子函数的执行流程的效果图

Vue 3.x 在生命周期的执行机制上做了以下改进：

（1）去掉了实例中的 el 属性，直接采用 mount( )函数进行渲染。

（2）在模板替换上从 Vue 2.x 的 replace( )函数变成了 append( )函数。

（3）去掉了 beforeDestroy( )和 destroyed( )钩子函数。

（4）追加了 beforeUnmount( )和 unmounted( )函数，用于组件的销毁。

（5）在组件销毁时 Vue 3.x 会自动将组件从 DOM 节点中摘除。

接下来在编辑器的任意位置创建任意名称的 HTML 文件，在文件中通过编程实现 Vue 3.x 生命周期钩子函数的运行案例，代码如下：

```html
<!DOCTYPE html>
<html lang="en">
<head>
  <meta charset="UTF-8">
  <meta http-equiv="X-UA-Compatible" content="IE=edge">
  <meta name="viewport" content="width=device-width, initial-scale=1.0">
  <title>Document</title>
</head>
<body>
  <div id="app">
    <input type="text" v-model="name">{{name}}
    <button @click="destory">销毁</button>
  </div>
  <script src="https://unpkg.com/vue@next"></script>
  <script>
    const { createApp,
      onBeforeMount,
      onMounted,
      onBeforeUpdate,
      onUpdated,
      onBeforeUnmount,
      onUnmounted,
      ref
    }=Vue
    const app=createApp({
      beforeCreate() {
        console.log('beforeCreate')
      },
      created() {
        console.log('created')
      },
      setup(){
        console.log('setup 执行')
        onBeforeMount(()=>{
          console.log('onBeforeMount')
        })
        onMounted(()=>{
          console.log('onMounted')
        })
        onBeforeUpdate(()=>{
          console.log('onBeforeUpdate')
        })
        onUpdated(()=>{
          console.log('onUpdated')
        })
        onBeforeUnmount(()=>{
          console.log('onBeforeUnmount')
        })
        onUnmounted(()=>{
```

```
      console.log('onUnmounted')
    })

    let name=ref('字符串')
    const destroy=()=>{
      app.unmount()
    }
    return {name,destroy}
  }
})
    let vm=app.mount('#app')
  </script>
</body>
</html>
```

　　阅读代码会发现除 beforeCreated() 和 created() 函数外,其他生命周期的钩子函数全部可以通过模块导入的方式在 setup() 函数中使用。在浏览器中打开编写的 HTML 文件,首先打开浏览器的 Web 控制台,查看控制台的输出内容,会发现自动执行的生命周期钩子函数没有任何变化,setup() 函数会早于 beforeCreated() 函数执行,如图 6-26 所示。

图 6-26　控制台的输出内容的效果图

　　继续操作,修改网页内部输入框的问题并查看控制台的输出内容,会发现视图更新的钩子函数没有任何变化,如图 6-27 所示。

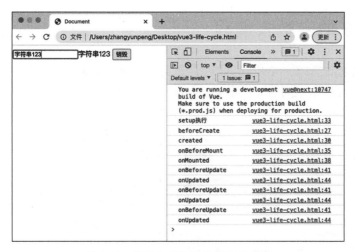

图 6-27　控制台的输出内容的效果图

　　最后单击页面中的"销毁"按钮,查看页面的效果和控制台输出结果,会发现执行了 beforeUnmount() 和 unmounted() 钩子函数后,视图中的内容会完全消失,如图 6-28 所示。

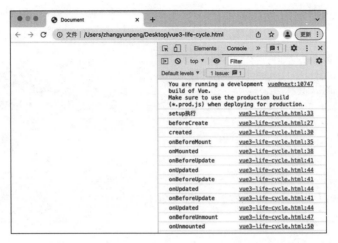

图 6-28　页面的效果和控制台输出结果的效果图

最后总结一下,在 setup()函数内可以使用模块化的生命周期钩子函数,实现完全的函数式编程。函数式的钩子函数中少了 beforeCreated()和 created()函数,这是由于 setup()函数本身执行时机早于 beforeCreated()钩子函数,其特性与 beforeCreated()钩子函数类似,所以可以完全取代 beforeCreated()函数,而 setup()函数中可以直接通过 reactive()和 ref()函数实现响应式数据系统,没必要使用 this 操作 data 选项中的数据,所以 setup()函数也可以完全替代 created()钩子函数,这样便不需要在函数式编程中使用 beforeCreated()和 created()函数。

6.4　Vue 3 的函数式编程

完全掌握组合式 API 和响应式 API 后,会发现 Vue 3.x 通过这两个新特性可以让开发者编写与 Vue 2.x 完全不同的 Vue 代码。Vue 3.x 在开发模式上更趋向基于 Hooks 模式的 React 函数式编程。使用 setup()函数和模块化的 API 对象,在 Vue 3.x 中可以只创建一个 setup()函数,在其中编写功能和业务代码即可,而这种函数式编程在格式上仍然需要在外层使用对象导出的方式进行一层嵌套,代码如下:

```
<!-- 第 6 章 在外层使用对象导出的方式进行一层嵌套的代码案例 -->
<script>
export default {
  setup(){
    /* .... */
    return { ... }
  }
}
</script>
```

根据案例会发现,虽然所有编程逻辑都可以在 setup()函数中使用,但是整体上看仍然不是很符合完全函数化的函数式编程格式,所以 Vue 框架在 3.2 版本中提供了新的解决方案来进一步地让 Vue 3.x 的函数式编程体验提升。

6.4.1 ＜script setup＞介绍

＜script setup＞是在单文件组件(SFC)中使用组合式 API 的编译时语法糖,相比于普通的＜script＞语法,它具有更多优势:

(1) 更少的样板内容,更简洁的代码。

(2) 能够使用纯 Typescript 声明 props 和抛出事件。

(3) 更好的运行时性能(其模板会被编译成与其同一作用域的渲染函数,没有任何的中间代理)。

(4) 更好的 IDE 类型推断性能(减少语言服务器从代码中抽离类型的工作)。

1. 基本语法

要使用这个语法,需要将 setup attribute 添加到＜script＞代码块上,代码如下:

```
＜script setup＞
console.log('hello script setup')
＜/script＞
```

里面的代码会被编译成组件 setup() 函数的内容。这意味着与普通的 ＜script＞ 只在组件被首次引入的时候执行一次不同,＜script setup＞ 中的代码会在每次组件实例被创建的时候执行。

＜script setup＞作用域内顶层的绑定会被暴露给模板,当使用 ＜script setup＞ 时,任何在 ＜script setup＞ 中声明的顶层的绑定(包括变量、函数声明,以及 import 引入的内容)都能在模板中直接使用,代码如下:

```
<!-- 第 6 章 ＜script setup＞作用域内顶层的绑定会被暴露给模板的代码案例 -->
＜script setup＞
//变量
const msg='Hello!'
//函数
function log() {
  console.log(msg)
}
＜/script＞
＜template＞
  ＜div @click="log">{{ msg }}</div＞
＜/template＞
```

import 导入的内容也会以同样的方式暴露给模板。这意味着可以在模板表达式中直接使用导入的 helper 函数,并不需要通过 methods 选项来暴露它,代码如下:

```
<!-- 第 6 章 import 导入的内容也会以同样的方式暴露给模板的代码案例 -->
< script setup >
import { capitalize } from './helper'
</script>

< template >
  < div >{{ capitalize('hello') }}</div >
</template >
```

2. 响应式

响应式状态需要明确使用响应式 API 来创建。与 setup( )函数中返回结果一样,ref( )函数的值在模板中使用的时候会自动解包,代码如下:

```
<!-- 第 6 章 ref()函数的值在模板中使用的时候会自动解包的代码案例 -->
< script setup >
import { ref } from 'vue'

const count=ref(0)
</script >

< template >
  < button @click ="count++">{{ count }}</button >
</template >
```

3. 使用组件

< script setup > 作用域中导入的其他组件不再需要装入 components 选项中,它会被直接暴露给顶层模板对象作为标签名使用,在< script setup >中使用自定义组件的方式,代码如下:

```
<!-- 第 6 章 在< script setup >中使用自定义组件的方式的代码案例 -->
< script setup >
import MyComponent from './MyComponent.vue'
</script >

< template >
  < MyComponent />
</template >
```

将 MyComponent 看作被一个变量所引用,在模板中可以直接作为标签名引用,这个使用方式与 JSX 语法几乎一样。其 kebab-case 格式的 < my-component > 同样能在模板中使用。不过,强烈建议使用 PascalCase 格式以保持一致性。同时也有助于区分原生的自定义元素。

关于动态组件的使用场景,由于组件被引用为变量而不是作为字符串键来注册的,在< script setup > 中要使用动态组件时,应该使用动态的 :is 来绑定,代码如下:

```
<!-- 第 6 章 关于动态组件的使用场景的代码案例 -->
< script setup >
import Foo from './Foo.vue'
import Bar from './Bar.vue'
</script>

< template >
  < component :is="Foo" />
  < component :is="someCondition ? Foo : Bar" />
</template>
```

关于递归组件,一个单文件组件可以通过它的文件名被自己所引用。例如:名为 FooBar.vue 的组件可以在其模板中用 < FooBar/> 引用自己。这种方式相比于 import 导入的组件优先级更低。如果有命名的 import 导入和组件的推断名冲突了,则可以使用 import 别名导入,代码如下:

```
import { FooBar as FooBarChild } from './components'
```

关于命名空间组件,可以使用带点的组件标记,例如 < Foo.Bar > 来引用嵌套在对象属性中的组件。这在需要从单个文件中导入多个组件的时候非常有用,命名空间组件使用方式的代码如下:

```
<!-- 第 6 章 命名空间组件使用方式的代码案例 -->
< script setup >
import * as Form from './form-components'
</script>

< template >
  < Form.Input >
    < Form.Label > label </Form.Label >
  </Form.Input >
</template>
```

4. 使用自定义指令

全局注册的自定义指令将以符合预期的方式工作,并且本地注册的指令可以直接在模板中使用,就像上文所提及的组件一样。这里有一个需要注意的限制,必须以 vNameOfDirective 的形式来命名本地自定义指令,以使它们可以直接在模板中使用。自定义指令使用方式的代码如下:

```
<!-- 第 6 章 自定义指令使用方式的代码案例 -->
< script setup >
const vMyDirective={
  beforeMount: (el)=>{
```

```
  //在元素上执行操作
  }
}
</script>
<template>
  <h1 v-my-directive>This is a Heading</h1>
</template>
<script setup>
  //导入的指令同样能够工作,并且能够通过重命名来使其符合命名规范
  import { myDirective as vMyDirective } from './MyDirective.js'
</script>
```

5. 与普通的＜script＞一起使用

＜script setup＞可以和普通的＜script＞一起使用。普通的＜script＞在有这些需要的情况下或许会被使用:

(1) 无法在＜script setup＞声明的选项,例如 inheritAttrs 或通过插件启用的自定义的选项。

(2) 声明命名导出。

(3) 运行副作用函数或者创建只需执行一次的对象。

＜script setup＞可以和普通的＜script＞一起使用的案例,代码如下:

```
<!-- 第6章＜script setup＞可以和普通的＜script＞一起使用的代码案例 -->
<script>
//普通＜script＞,在模块范围下执行(只执行一次)
runSideEffectOnce()

//声明额外的选项
export default {
  inheritAttrs: false,
  customOptions: {}
}
</script>

<script setup>
//在 setup() 作用域中执行 (对每个实例皆如此)
</script>
```

6.4.2　单文件组件样式特性

1. ＜style scoped＞

当＜style＞标签带有 scoped attribute 时,它的 CSS 只会应用到当前组件的元素上。这类似于 Shadow DOM 中的样式封装。虽然它带有一些注意事项,但好处是不需要任何的 polyfill。它是通过 PostCSS 转换以下内容实现的,＜style scoped＞的使用方式,代码如下:

```
<!-- 第 6 章 <style scoped>的使用方式的代码案例 -->
<style scoped>
.example {
  color: red;
}
</style>

<template>
  <div class="example">hi</div>
</template>
```

该案例代码在运行时最终结果会被转换,代码如下:

```
<!-- 第 6 章 最终结果会被转换的代码案例 -->
<style>
.example[data-v-f3f3eg9] {
  color: red;
}
</style>

<template>
  <div class="example" data-v-f3f3eg9>hi</div>
</template>
```

关于子组件的根元素,在带有 scoped 时,父组件的样式将不会泄露到子组件当中。不过,子组件的根节点会同时被父组件的作用域样式和子组件的作用域样式影响。这是有意为之的,这样父组件就可以设置子组件根节点的样式,以达到调整布局的目的。

接下来介绍深度选择器,处于 scoped 样式中的选择器如果想要做更"深度"的选择,则可以使用 :deep() 这个伪类,代码如下:

```
<!-- 第 6 章 处于 scoped 样式中的选择器做更"深度"的选择的代码案例 -->
<style scoped>
.a :deep(.b) {
  /* ... */
}
</style>
```

该代码案例在运行时会被转换,代码如下:

```
.a[data-v-f3f3eg9] .b {
  /* ... */
}
```

关于插槽选择器,默认情况下,作用域样式不会影响 <slot/> 渲染出来的内容,因为它们被认为是父组件所持有并传递进来的。使用 :slotted 伪类以确切地将插槽内容作为选择

器的目标。插槽选择器的使用方式,代码如下:

```
<!-- 第 6 章 插槽选择器的使用方式的代码案例 -->
<style scoped>
:slotted(div) {
  color: red;
}
</style>
```

如果想让其中一个样式规则应用到全局,比起另外创建一个 < style >,可以使用 :global 伪类实现。全局选择器的使用方式,代码如下:

```
<!-- 第 6 章 全局选择器的使用方式的代码案例 -->
<style scoped>
:global(.red) {
  color: red;
}
</style>
```

可以在同一个组件中同时包含作用域样式和非作用域样式,代码如下:

```
<!-- 第 6 章 在同一个组件中同时包含作用域样式和非作用域样式的代码案例 -->
<style>
/* global styles */
</style>

<style scoped>
/* local styles */
</style>
```

2. < style module >

< style module > 标签会被编译为 CSS Modules 并且将生成的 CSS 类作为 $style 对象的键暴露给组件,这种方式非常类似于 React 框架中的 CSS Modules。< style module > 的使用方式,代码如下:

```
<!-- 第 6 章 < style module >的使用方式的代码案例 -->
<template>
  <p :class=" $style.red">
    This should be red
  </p>
</template>

<style module>
.red {
  color: red;
```

```
  }
</style>
```

框架会对生成的类做 hash 计算以避免冲突,实现和 scope CSS 一样将 CSS 仅作用于当前组件的效果。还可以通过给 module attribute 一个值来自定义注入的类对象的 property 键,实现为 $style 对象定义别名,代码如下:

```
<!-- 第6章 为 $style 对象定义别名的代码案例 -->
<template>
  <p :class="classes.red">red</p>
</template>

<style module="classes">
.red {
  color: red;
}
</style>
```

Vue 3.x 还提供了与组合式 API 一同使用的解决方案,用以在 JavaScript 部分直接操作 CSS Modules 对象内部的内容。注入的类可以通过 useCssModule()函数在 setup() 函数和 <script setup> 中使用。对于使用了自定义注入名称的 <style module> 模块,useCssModule 接收一个对应的 module attribute 值作为第1个参数。useCssModule()的使用方式,代码如下:

```
//默认,返回 <style module> 中的类
useCssModule()
//命名,返回 <style module="classes"> 中的类
useCssModule('classes')
```

3. 状态驱动的 CSS

单文件组件的 <style> 标签可以通过 v-bind() 这一 CSS 函数将 CSS 的值关联到动态的组件状态上,代码如下:

```
<!-- 第6章 通过 v-bind()这一 CSS 函数将 CSS 的值关联到动态的组件状态上的代码案例 -->
<template>
  <div class="text">hello</div>
</template>

<script>
export default {
  data() {
    return {
      color: 'red'
    }
```

```
    }
  }
</script>

<style>
.text {
  color: v-bind(color);
}
</style>
```

这个语法同样也适用于<script setup>,并且支持 JavaScript 表达式(需要用引号包裹起来)。在<script setup>中的使用方式,代码如下:

```
<!-- 第6章 在<script setup>中的使用方式的代码案例 -->
<script setup>
const theme={
  color: 'red'
}
</script>

<template>
  <p>hello</p>
</template>

<style scoped>
p {
  color: v-bind('theme.color');
}
</style>
```

实际的值会被编译成 hash 的 CSS 自定义 property,CSS 本身仍然是静态的。自定义 property 会通过内联样式的方式应用到组件的根元素上,并且在源值变更的时候响应式地更新。

6.5　Vue 3 自定义组件开发介绍

6.5.1　Vue 3 的函数式自定义组件介绍

Vue 3.x 继续沿用了 Vue 2.x 的组件系统,在创建自定义组件时完全可以通过 Vue 2.x 的默认方式创建。在函数式编程体系完善后,配合<script setup>作用域,可以实现将自定义组件的自由度推上一个新的高度。接下来通过改造 6.2 节中创建的 hello-vite 项目深入地学习如何在纯函数式编程中定义一个自定义组件。

1. 定义一个基本的组件文件

在 hello-vite/src/components 文件夹中创建名为 LoginForm.vue 的文件。创建的文

件结构如图 6-29 所示。

该组件的任务是创建一个自带双向绑定的登录表单,组件内置账号、密码及提交按钮等内容,账号和密码均使用双向绑定对外提供,提交按钮可以根据传入的参数来自定义名称,默认值为登录。接下来在 LoginForm.vue 文件中初始化组件的基本内容,代码如下:

图 6-29 创建文件结构的效果图

```
<!-- 第 6 章 在 LoginForm.vue 文件中初始化组件的基本内容的代码案例 -->
<template>
  <form>
    账号: <input type="text" /><br/>
    密码: <input type="password" /><br/>
    <button type="button">登录</button>
  </form>

</template>
<script setup>

</script>
```

改造 hello-vite/src/App.vue 文件,引入创建的自定义组件,代码如下:

```
<!-- 第 6 章 引入创建的自定义组件的代码案例 -->
<template>
  <LoginForm/>
</template>
<script setup>
  import LoginForm from './components/LoginForm.vue'

</script>
<style>

</style>
```

运行项目,访问 http://localhost:3000 页面,查看自定义组件的展示结果,如图 6-30 所示。

2. defineProps()函数介绍

<LoginForm>组件创建已经完成,根据需求需要对组件定义 3 个参数,分别是账号、密码和按钮文字。由于组件是通过<script setup>定义的,整个作用域相当于setup()函数内部,所以组件内部无法单独使用 props 选项来定义组件的参数。Vue 3.x 为自定义组件提供了<script setup>作用域的支持,在普通的setup()函数中,setup()函数的第 1 个参数 props 就是外部传入组件的参数对象,而在

图 6-30 自定义组件的展示结果的效果图

<script setup>需要使用 defineProps()函数来定义该组件传入的参数。defineProps()函数是<script setup>内置的 API,无须导入即可直接使用。

接下来在 hello-vite/src/components/LoginForm.vue 文件中加入定义参数的内容,代码如下:

```
<!-- 第6章 加入定义参数的内容的代码案例 -->
<template>
  <form>
    账号:<input type="text" :value="username"/><br/>
    密码:<input type="password" :value="password" /><br/>
    <button type="button">{{btnText}}</button>
  </form>

</template>
<script setup>
  defineProps({
    username:{
      required:true,
      type:String,
      default:''
    },
    password:{
      required:true,
      type:String,
      default:''
    },
    btnText:{
      required:true,
      type:String,
      default:'登录'
    },
  })
</script>
```

参考代码结构得知 defineProps()函数支持传入一个 JSON 对象,对象的结构与 Vue 框架的 props 选项结构完全一样,defineProps()函数执行完毕后,<template>模板部分可以直接通过 v-bind 及插值表达式获取定义的参数的值。当前代码案例完成后,访问 http://localhost:3000 页面,此时浏览器的 Web 控制台会提示必填参数未传的警告,如图 6-31 所示。

图 6-31　浏览器的 Web 控制台会提示必填参数未传的警告的效果图

接下来在 hello-vite/src/App. vue 文件中追加代码,定义响应式的数据对象并传入组件内部,代码如下:

```
<!-- 第 6 章 定义响应式的数据对象并传入组件内部的代码案例 -->
<template>
  <LoginForm
    :username="userInfo. username"
    :password="userInfo. password"
    btn-text="登录按钮"/>
  {{userInfo}}
</template>
<script setup>
  import LoginForm from './components/LoginForm.vue'
  import { reactive } from 'vue'
  let userInfo=reactive({
    username:'账号',
    password:'密码'
  })
</script>
<style>

</style>
```

运行代码案例,访问 http://localhost:3000 页面,查看首页效果。此时首页传入的账号和密码都正确地进入了指定输入框,按钮的名称也正确地显示了。在修改账号和密码时,首页展示的 userInfo 对象并不会随之改变。操作首页的效果如图 6-32 所示。

图 6-32　操作首页的效果图

接下来继续探索传入的参数的特性,在 hello-vite/src/components/LoginForm. vue 文件中追加代码,监听传入的 username 和 password 的变化,代码如下:

```
<!-- 第 6 章 监听传入的 username 和 password 的变化的代码案例 -->
<template>
  <form>
    账号: <input type="text" :value="username"/> <br/>
    密码: <input type="password" :value="password" /> <br/>
    <button type="button">{{btnText}}</button>
  </form>

</template>
<script setup>
  import { watch,toRefs } from 'vue'
  //如果想要在 JavaScript 部分操作 props 中的数据,则需要使用 defineProps()的返回值
  let props=defineProps({
```

```
    username:{
      required:true,
      type:String,
      default:''
    },
    password:{
      required:true,
      type:String,
      default:''
    },
    btnText:{
      required:true,
      type:String,
      default:'登录'
    },
  })
  //将 props 中的 username 和 password 转化成 ref
  let { username,password }=toRefs(props)
  //监听账号
  watch(username,(newUsername) = >{
    console.log(`账号变化为: ${newUsername}`)
  })
  //监听密码
  watch(password,(newPassword) = >{
    console.log(`密码变化为: ${newPassword}`)
  })
</script>
```

在 hello-vite/src/App.vue 文件中继续改造代码,追加两个输入框,以便绑定账号和密码,用来直接在< LoginForm >组件外部改变 username 和 password 传入的内容,代码如下:

```
<!-- 第 6 章 追加两个输入框,以便绑定账号和密码的代码案例 -->
< template >
  < LoginForm
    :username ="userInfo.username"
    :password ="userInfo.password"
    btn-text ="登录按钮"/>
  {{userInfo}}
  < br >
  < input type ="text" v-model ="userInfo.username"> < br >
  < input type ="text" v-model ="userInfo.password">
</template>
< script setup >
  import LoginForm from './components/LoginForm.vue'
  import { reactive } from 'vue'
  let userInfo=reactive({
    username:'账号',
    password:'密码'
```

```
    }))
</script>
< style >

</style>
```

在 http://localhost:3000 页面中,先操作后创建的输入框,以便触发 userInfo 对象内部的 username 和 password 的值发生变化,再操作< LoginForm >组件内部的输入框,以便改变两个输入框的内容,会发现目前只有当外部 userInfo 对象内部的 username 和 password 的值发生变化时,才能触发组件内部的 watch()函数的监听生效。当改变组件内部的输入框内容时,并不会改变外部的 userInfo 对象,也不会触发组件内部的监听,所以目前为止组件只实现了从外到内传递参数。本次操作的结果如图 6-33 所示。

图 6-33　本次操作结果的效果图

3. defineEmits()函数介绍

为实现组件参数的双向绑定,Vue 3.x 在< script setup >作用域中内置了 defineEmits()函数,用于触发组件上的自定义事件。该函数会返回一个 emit()函数对象,该对象与 Vue 实例中的 $emit()函数对象完全一致,利用订阅发布机制,可以实现通知组件上定义的自定义事件执行。

接下来通过为登录按钮提供提交事件来学习 defineEmits()函数的具体使用方式。在 hello-vite/src/components/LoginForm.vue 文件中追加代码,实现提交事件的通知,代码如下:

```
<!-- 第 6 章 实现提交事件的通知的代码案例 -->
< template >
  < form >
    账号:< input type="text" :value="username"/> < br/>
    密码:< input type="password" :value="password" /> < br/>
    < button type="button" @click="handleSubmit">{{btnText}}</button>
  </form >

</template >
< script setup >
```

```
import { watch,toRefs } from 'vue'
//如果想要在 JavaScript 部分操作 props 中的数据,则需要使用 defineProps()的返回值
let props=defineProps({
  username:{
    required:true,
    type:String,
    default:''
  },
  password:{
    required:true,
    type:String,
    default:''
  },
  btnText:{
    required:true,
    type:String,
    default:'登录'
  },
})
//将 props 中的 username 和 password 转化成 ref
let { username,password }=toRefs(props)
//监听账号
watch(username, (newUsername) = > {
  console.log(`账号变化为: ${newUsername}`)
})
//监听密码
watch(password, (newPassword) = > {
  console.log(`密码变化为: ${newPassword}`)
})
//定义事件通知对象
const emit=defineEmits(['submit'])
//定义提交按钮的单击事件
const handleSubmit=() = > {
  //通知组件上的自定义 submit 事件执行
  emit('submit')
}
</script>
```

接下来在 hello-vite/src/App.vue 文件中为<LoginForm>组件绑定 submit 事件,用于监听组件内部的提交按钮的单击事件,代码如下:

```
<!-- 第 6 章 为<LoginForm>组件绑定 submit 事件的代码案例 -->
<template>
<!-- 为组件绑定提交事件 -->
  <LoginForm
    :username="userInfo.username"
    :password="userInfo.password"
    @submit="handleSubmit"
```

```
        btn-text="登录按钮"/>
    {{userInfo}}
    <br>
    <input type="text" v-model="userInfo.username"><br>
    <input type="text" v-model="userInfo.password">
</template>
<script setup>
    import LoginForm from './components/LoginForm.vue'
    import { reactive } from 'vue'
    let userInfo=reactive({
        username:'账号',
        password:'密码'
    })
    //新增对提交事件的监听
    const handleSubmit=()=>{
        alert('提交事件触发')
    }
</script>
<style>

</style>
```

运行项目访问 http://localhost:3000 页面，单击"提交"按钮后，会在页面中弹出提示框，如图 6-34 所示。

图 6-34　单击"提交"按钮后的效果图

接下来需要实现账号和密码的双向绑定，这里采用 Vue 2.x 的多重双向绑定策略，实现同一个自定义组件拥有多个具备双向绑定能力的参数。在 Vue 2.x 中采用 property.sync 的方式定义的参数配合 $emit('update:property')实现多重双向绑定。在 Vue 3.x 中双向绑定统一委托给 v-model 指令处理，格式为 v-model:property，而组件内部的 emit 对象部分的事件名没有任何变化。继续改造 hello-vite/src/components/LoginForm.vue 文件中的代码，对内部的输入框加入 input 事件来监听输入框的变化，通过该事件将账号和密码的变化通知给组件外部。改造后的 LoginForm.vue 文件的代码如下：

```vue
<!-- 第 6 章 改造后的 LoginForm.vue 文件的代码案例 -->
<template>
  <form>
    账号: <input type="text" :value="username" @input="handleUsernameChange"/> <br/>
    密码: <input type="password" :value="password" @input="handlePasswordChange" /> <br/>
    <button type="button" @click="handleSubmit">{{btnText}}</button>
  </form>

</template>
<script setup>
  import { watch,toRefs } from 'vue'
  //如果想要在 JavaScript 部分操作 props 中的数据,则需要使用 defineProps() 的返回值
  let props=defineProps({
    username:{
      required:true,
      type:String,
      default:''
    },
    password:{
      required:true,
      type:String,
      default:''
    },
    btnText:{
      required:true,
      type:String,
      default:'登录'
    },
  })
  //将 props 中的 username 和 password 转化成 ref
  let { username,password }=toRefs(props)
  //监听账号
  watch(username,(newUsername) => {
    console.log(`账号变化为: ${newUsername}`)
  })
  //监听密码
  watch(password,(newPassword) => {
    console.log(`密码变化为: ${newPassword}`)
  })
  //定义事件通知对象
  const emit =defineEmits(['submit'])
  //定义提交按钮的单击事件
  const handleSubmit =() => {
    //通知组件上的自定义 submit 事件执行
    emit('submit')
  }
  //监听账号输入框的变化
  const handleUsernameChange =(e) => {
    //将账号输入的新值通知到组件外
```

```
        emit('update:username',e.target.value)
      }
      //监听密码输入框的变化
      const handlePasswordChange=(e)=>{
        //将密码输入的新值通知到组件外
        emit('update:password',e.target.value)
      }
</script>
```

继续改造 hello-vite/src/App.vue 文件,在内部将属性绑定切换成 Vue 3.x 的默认双向绑定。改造后的 App.vue 文件的代码如下:

```
<!-- 第 6 章 改造后的 App.vue 文件的代码案例 -->
<template>
<!-- 改造为双向绑定格式 -->
  <LoginForm
    v-model:username="userInfo.username"
    v-model:password="userInfo.password"
    @submit="handleSubmit"
    btn-text="登录按钮"/>
  {{userInfo}}
  <br>
  <input type="text" v-model="userInfo.username"><br>
  <input type="text" v-model="userInfo.password">
</template>
<script setup>
  import LoginForm from './components/LoginForm.vue'
  import { reactive } from 'vue'
  let userInfo=reactive({
    username:'账号',
    password:'密码'
  })
  //新增对提交事件的监听
  const handleSubmit=()=>{
    alert('提交事件触发')
  }
</script>
<style>

</style>
```

运行项目并访问 http://localhost:3000 页面,在页面中分别操作两组输入框,会发现此时无论是组件内部的输入框还是组件外部的输入框,均可以影响 userInfo 对象的值。操作的结果如图 6-35 所示。

图 6-35　操作结果的效果图

6.5.2　顶层 await 和异步组件的介绍

Vue 3.x 中提供了非常实用的异步组件解决方案,可以通过简洁的代码结构对异步加载的组件进行 loading 动作的处理。当涉及异步操作时,开发者一定会大量应用 async 和 await 关键字来做异步流程控制,而 await 必须在被 async 修饰的函数顶层作用域中使用才可以生效。由于 Vue 3.x 提供的< script setup >作用域本身就是 setup()函数内部的空间,无法直接为此作用域添加 async 关键字,所以 Vue 3.x 在解释单文件模板时,会自动扫描顶层作用域中是否使用了 await 关键字。若在< script setup >作用域中使用了 await 关键字,则 Vue 3.x 在构建项目时,会隐式地在该作用域前补充一个 async 关键字来避免语法错误。当出现此情况时该组件会自动升级为异步组件。

作为异步组件存在的自定义组件在导入/导出上与普通组件没有任何区别,但是异步组件在模板层引用时无法直接显示,必须配合< suspense >组件才能正常显示。在正确渲染组件之前进行一些异步请求是很常见的事。组件通常会在本地处理这种逻辑,绝大多数情况下这是非常完美的做法。该 < suspense > 组件提供了另一个方案,允许将等待过程提升到组件树中处理,而不是在单个组件中处理。接下来展示一个常见的异步组件用例,代码如下:

```
<!-- 第6章 一个常见的异步组件用例的代码案例 -->
< template >
  < suspense >
    < template #default >
      < todo-list />
    </template >
    < template #fallback >
      < div >
        Loading...
      </div >
    </template >
```

```
    </suspense>
  </template>

  <script>
  export default {
    components: {
      TodoList: defineAsyncComponent(() => import('./TodoList.vue'))
    }
  }
  </script>
```

<suspense>组件有两个插槽。它们都只接收一个直接子节点。default插槽里的节点会尽可能地展示出来。如果不能,则展示fallback插槽里的节点。重要的是,异步组件不需要作为<suspense>的直接子节点。它可以出现在组件树任意深度的位置,并且不需要出现在和<suspense>自身相同的模板中。只有所有的后代组件都准备就绪,该内容才会被认为解析完毕。另一个触发fallback的方式是让后代组件从setup()函数中返回一个Promise。通常这是通过async实现的,而不是显式地返回一个Promise。触发fallback的案例,代码如下:

```
//第6章 触发fallback的代码案例
export default {
  async setup() {
    //在setup内部使用await需要非常小心
    //因为大多数组合式API函数只会在
    //第1个await之前的工作
    const data=await loadData()

    //它隐式地包裹在一个Promise内
    //因为函数是async的
    return {
      //...
    }
  }
}
```

接下来通过改造hello-vite项目深入体会顶层await与异步组件的用法。在hello-vite/src/components文件夹中创建名为AsyncComponent.vue的文件,如图6-36所示。

图6-36　创建名为AsyncComponent.vue的文件的效果图

在创建的 AsyncComponent.vue 文件的内部编写顶层 await 的案例,代码如下:

```
<!-- 第 6 章 文件内部编写顶层 await 的代码案例 -->
< template >
   异步组件的数据:{{str}}
</template >
< script setup >
//定义挂起函数
  const sleep=(value,timer)=>{
    return new Promise(resolve=>{
      setTimeout(()=>{
        resolve(value)
      }, timer);
    })
  }
  //通过 await 实现让 str 的赋值在 2 秒后执行
  let str=await sleep('我是一个 2 秒后才会出现的值',2000)
</script >
```

继续改造 hello-vite/src/App.vue 文件中的内容,引入刚创建的异步组件,在视图中配合< suspense >组件实现异步组件的加载控制,代码如下:

```
<!-- 第 6 章 在视图中配合< suspense >组件实现异步组件的加载控制的代码案例 -->
< template >
<!-- 改造为双向绑定格式 -->
  < LoginForm
    v-model:username="userInfo.username"
    v-model:password="userInfo.password"
    @submit="handleSubmit"
    btn-text="登录按钮"/>
  {{userInfo}}
  < br >
  < input type="text" v-model="userInfo.username"> < br >
  < input type="text" v-model="userInfo.password">
  < br >
  <!-- 通过 suspense 控制<AsyncComponent/>的展示时机和展示前的替代品 -->
  < suspense >
    < template #default >
      <AsyncComponent/>
    </template >
    < template #fallback >
      加载中...
    </template >
  </suspense >

</template >
< script setup >
//引入异步组件
```

```
import AsyncComponent from './components/AsyncComponent.vue'
import LoginForm from './components/LoginForm.vue'
import { reactive } from 'vue'
let userInfo=reactive({
  username:'账号',
  password:'密码'
})
//新增对提交事件的监听
const handleSubmit=()=>{
  alert('提交事件触发')
}
</script>
<style>

</style>
```

运行项目并访问 http://localhost:3000 页面,查看异步组件的加载过程,在刚打开网页时页面上并不会显示<AsyncComponent>组件中的内容,当 2 秒后<AsyncComponent>组件内部的异步任务完成时,页面上的"加载中"字样会消失并展示组件内部的内容,如图 6-37 所示。

(a) 2秒前组件的展示内容　　　　(b) 2秒后组件的展示内容

图 6-37　异步组件的加载过程的效果图

6.5.3　其他组件开发 API 介绍

1. defineExpose()函数介绍

使用<script setup>的组件是默认关闭的,即通过模板 ref 或者 $parent 链获取的组件的公开实例不会暴露任何在<script setup>中声明的绑定。为了在<script setup>组件中明确要暴露的属性,使用 defineExpose 编译器宏,代码如下:

```
<!-- 第 6 章 使用 defineExpose 编译器宏的代码案例 -->
<script setup>
import { ref } from 'vue'

const a=1
```

```
const b=ref(2)

defineExpose({
  a,
  b
})
</script>
```

2. useSlots() 函数和 useAttrs() 函数介绍

在 ＜script setup＞ 中使用 slots 和 attrs 的情况应该是很罕见的,因为可以在模板中通过 $slots 和 $attrs 访问它们。在确实需要使用它们的罕见场景中,可以分别使用 useSlots() 和 useAttrs() 两个辅助函数,代码如下:

```
<!-- 第 6 章 useSlots() 函数和 useAttrs() 函数的代码案例 -->
< script setup >
import { useSlots, useAttrs } from 'vue'

const slots=useSlots()
const attrs=useAttrs()
</script>
```

useSlots()和 useAttrs()函数是真实的运行时函数,它会返回与 setupContext.slots 和 setupContext.attrs 等价的值,同样也能在普通的组合式 API 中使用。

3. effectScope()函数介绍

创建一个 effect 作用域对象,以捕获在其内部创建的响应式 effect(例如计算属性或侦听器),使这些 effect 可以一起被处理。effectScope()函数的使用方式的代码如下:

```
//第 6 章 effectScope()函数的使用方式的代码案例
const scope=effectScope()

scope.run(()=>{
  const doubled=computed(()=> counter.value * 2)

  watch(doubled, ()=> console.log(doubled.value))

  watchEffect(()=> console.log('Count: ', doubled.value))
})

//处理该作用域内的所有 effect
scope.stop()
```

4. provide()/inject()介绍

provide() 和 inject() 函数用于启用依赖注入。这两者只能在使用当前活动实例的 setup() 函数期间被调用。假设要重写以下代码,其中包含一个 ＜MyMap＞ 组件,该组件使用组合式 API 为 < MyMarker > 组件提供用户的位置。要重写的组件的代码如下：

```
<!-- 第 6 章 要重写的组件的代码案例 -->
<!-- src/components/MyMap.vue -->
< template >
  < MyMarker />
</template >

< script >
import MyMarker from './MyMarker.vue'

export default {
  components: {
    MyMarker
  },
  provide: {
    location: 'North Pole',
    geolocation: {
      longitude: 90,
      latitude: 135
    }
  }
}
</script >

<!-- src/components/MyMarker.vue -->
< script >
export default {
  inject: ['location', 'geolocation']
}
</script >
```

在 setup()函数中使用 provide 时，首先从 vue 中显式导入 provide()函数。provide()函数允许通过两个参数定义 property：name（< String > 类型）和 value。使用 < MyMap > 组件后，对 provide 的值进行重构，代码如下

```
<!-- 第 6 章 对 provide 的值进行重构的代码案例 -->
<!-- src/components/MyMap.vue -->
< template >
  < MyMarker />
</template >

< script >
import { provide } from 'vue'
import MyMarker from './MyMarker.vue'

export default {
  components: {
```

```
    MyMarker
  },
  setup() {
    provide('location', 'North Pole')
    provide('geolocation', {
      longitude: 90,
      latitude: 135
    })
  }
}
</script>
```

在 setup() 函数中使用 inject() 函数时，也需要从 vue 中显式导入。导入以后，就可以调用它来定义如何暴露给组件的方式。inject() 函数有两个参数：要 inject 的属性名称及默认值（可选）。对< MyMarker >组件代码进行重构，代码如下：

```
<!-- 第 6 章 对< MyMarker >组件代码进行重构的代码案例 -->
<!-- src/components/MyMarker.vue -->
<script>
import { inject } from 'vue'

export default {
  setup() {
    const userLocation =inject('location', 'The Universe')
    const userGeolocation =inject('geolocation')

    return {
      userLocation,
      userGeolocation
    }
  }
}
</script>
```

5. getCurrentInstance()函数介绍

getCurrentInstance()函数支持访问内部组件实例。getCurrentInstance()函数只暴露给高阶使用场景，典型的场景，如在库中。强烈反对在应用的代码中使用 getCurrentInstance()函数。不要把它当作在组合式 API 中获取 this 的替代方案来使用。接下来查看一个 getCurrentInstance()函数的案例，代码如下：

```
//第 6 章 一个 getCurrentInstance()函数的代码案例
import { getCurrentInstance } from 'vue'

const MyComponent ={
  setup() {
    const internalInstance =getCurrentInstance()
```

```
    internalInstance.appContext.config.globalProperties //访问 globalProperties
  }
}
```

getCurrentInstance()函数只能在 setup()函数或生命周期钩子函数中调用。如需要在 setup()函数或生命周期钩子函数外使用,应先在 setup()函数中调用 getCurrentInstance()函数获取该实例,然后使用。在 setup()函数或生命周期钩子函数外使用的案例,代码如下:

```
//第6章 在 setup() 函数或生命周期钩子函数外使用的代码案例
const MyComponent ={
  setup() {
    const internalInstance =getCurrentInstance()          //有效

    const id =useComponentId()                            //有效

    const handleClick =() => {
      getCurrentInstance()                                //无效
      useComponentId()                                    //无效

      internalInstance                                    //有效
    }

    onMounted(() => {
      getCurrentInstance()                                //有效
    })

    return () =>
      h(
        'button',
        {
          onClick: handleClick
        },
        `uid: ${id}`
      )
  }
}

//在组合式函数中调用也可以正常执行
function useComponentId() {
  return getCurrentInstance().uid
}
```

Vue 3.x 项目实战

7.1　Vue 3.x 与 Vue Router 4.x 的整合

7.1.1　Vue Router 3.x 与 Vue Router 4.x 的区别

在 Vue Router API 从 v3(Vue 2)到 v4(Vue 3)的重写过程中,大部分的 Vue Router API 没有变化,但是在迁移程序时,可能会遇到一些破坏性的变化。本节主要介绍为什么会发生这些变化,以及如何调整程序,使其与 Vue Router 4 兼容。

1. 破坏性变化

变化的顺序是按其用途排列的,因此,建议按照这个清单的顺序进行。为与 Vue 3.x 完美融合,路由系统从过去的实例化对象方式改为模块按需导出的方式,并支持完整的函数式编程。新的 VueRouter 初始化从 new Router() 变成 createRouter(),VueRouter 不再是一个类,而是一组函数。现在不用再写 new Router(),而是要调用 createRouter(),代码如下:

```
//第 7 章 new Router()变成 createRouter()的代码案例
//以前是 import Router from 'vue-router'
import { createRouter } from 'vue-router'
const router=createRouter({
  //...
})
```

2. 新的 history 配置取代 mode

mode:"history" 配置已经被一个更灵活的 history 配置所取代。根据使用的模式,必须用适当的函数替换它:

(1)"history"模式由 createWebHistory()函数取代。

(2)"hash"模式由 createWebHashHistory()函数取代。

(3)"abstract"模式由 createMemoryHistory()函数取代。

接下来通过一段代码片段,学习使用 history 配置项目的方式,代码如下:

```
//第7章 使用history配置项目的方式的代码案例
import { createRouter, createWebHistory } from 'vue-router'
//还有 createWebHashHistory 和 createMemoryHistory

createRouter({
  history: createWebHistory(),
  routes: [],
})
```

在 SSR 上使用 Vue Router 4.x 时,需要手动传递相应的 history,代码如下:

```
//第7章 在 SSR 上使用 Vue Router 4.x 时,需要手动传递相应的 history 的代码案例
//router.js
let history=isServer ? createMemoryHistory() : createWebHistory()
let router=createRouter({ routes, history })
//在 server-entry.js 文件中的某个地方
router.push(req.url)                    //请求 URL
router.isReady().then(()=>{
  //处理请求
})
```

之所以这样配置,是为未使用的 history 启用摇树(Tree Shaking),以及为高级用例(如原生解决方案)实现自定义 history。

3. 移动了 base 配置

现在,base 配置被作为 createWebHistory(其他 history 也一样)的第1个参数传递,代码如下:

```
//第7章 base 配置被作为 createWebHistory 的第1个参数传递的代码案例
import { createRouter, createWebHistory } from 'vue-router'
createRouter({
  history: createWebHistory('/base-directory/'),
  routes: [],
})
```

4. 删除了 RouterOptions 中的 fallback 属性

创建路由时不再支持 fallback 属性,代码如下:

```
//第7章 创建路由时不再支持 fallback 属性的代码案例
- new VueRouter({
+ createRouter({
- fallback: false,
//other options...
})
```

之所以这样做,是因为 Vue 支持的所有浏览器都支持 HTML5 History API,因此不再

需要使用 location. hash,而可以直接使用 history. pushState()。

5. 删除了 * (星标或通配符)路由

现在必须使用自定义的 regex 参数定义所有路由(*、/*),代码如下:

```
//第 7 章 使用自定义的 regex 参数定义所有路由(*、/*)的代码案例
const routes =[
  //pathMatch 是参数的名称,例如,跳转到 /not/found 会得到
  //{ params: { pathMatch: ['not', 'found'] } }
  //这要归功于最后一个 *,意思是重复的参数,如果
  //打算直接使用未匹配的路径名称导航到该路径,则这是必要的
  { path: '/:pathMatch(.*)*', name: 'not-found', component: NotFound },
  //如果省略了最后的 *,在解析或跳转时,参数中的/字符将被编码
  { path: '/:pathMatch(.*)', name: 'bad-not-found', component: NotFound },
]
//如果使用命名路由,不好的例子
router.resolve({
  name: 'bad-not-found',
  params: { pathMatch: 'not/found' },
}). href                                          //'/not%2Ffound'
//好的例子
router.resolve({
  name: 'not-found',
  params: { pathMatch: ['not', 'found'] },
}). href                                          //'/not/found'
```

如果不打算使用其名称直接跳转到未找到的路由,则无须为重复的参数添加 *。如果调用 router. push('/not/found/url'),则它将提供正确的 pathMatch 参数。Vue Router 不再使用 path-to-regexp,而是实现了自己的解析系统,允许路由排序并实现动态路由。由于通常在每个项目中只添加一个通配符路由,所以支持 * 的特殊语法并没有太大的好处。参数的编码是跨路由的,为了让事情更容易预测。

6. 将 onReady()函数改为 isReady()函数

现有的 router. onReady()函数已被 router. isReady()函数取代,该函数不接收任何参数并返回一个 Promise,代码如下:

```
//第 7 章 router.onReady()函数已被 router.isReady()函数取代的代码案例
//将
router.onReady(onSuccess, onError)
//替换成
router.isReady().then(onSuccess).catch(onError)
//或者使用 await
try {
  await router.isReady()
  //成功
} catch (err) {
```

```
//报错
}
```

7. 在 setup()函数中访问路由和当前路由

因为在 setup()函数里面没有访问 this,所以不能再直接访问 this.$router 或 this.$route。作为替代,使用 useRouter()函数,代码如下:

```
//第 7 章 使用 useRouter()函数的代码案例
import { useRouter, useRoute } from 'vue-router'

export default {
  setup() {
    const router = useRouter()
    const route = useRoute()

    function pushWithQuery(query) {
      router.push({
        name: 'search',
        query: {
          ...route.query,
        },
      })
    }
  },
}
```

route 对象是一个响应式对象,所以它的任何属性都可以被监听,但应该避免监听整个route 对象,代码如下:

```
//第 7 章 避免监听整个 route 对象的代码案例
mport { useRoute } from 'vue-router'

export default {
  setup() {
    const route = useRoute()
    const userData = ref()

    //当参数更改时获取用户信息
    watch(
      () => route.params,
      async newParams => {
        userData.value = await fetchUser(newParams.id)
      }
    )
  },
}
```

需要注意,在模板中仍然可以访问 $router 和 $route,所以不需要在 setup()函数中返回 router 或 route。

8. 其他部分的变化

其他细节上的变化还有很多,具体如下:

(1)< router-view >< keep-alive > 和 < transition >的变化,< transition > 和 < keep-alive > 现在必须通过 v-slot API 在 < router-view > 内部使用,代码如下。

```
<!-- 第 7 章 <router-view><keep-alive> 和 <transition>的变化的代码案例 -->
<router-view v-slot="{ Component }">
  <transition>
    <keep-alive>
      <component :is="Component" />
    </keep-alive>
  </transition>
</router-view>
```

(2)删除 < router-link > 中的 append 属性,< router-link > 中的 append 属性已被删除。可以手动将值设置到现有的 path 中,代码如下:

```
<!-- 第 7 章 手动将值设置到现有的 path 中的代码案例 -->
<!-- 将 -->
<router-link to="child-route" append>to relative child</router-link>
<!-- 替换成 -->
<router-link :to="append( $route.path, 'child-route')">
  to relative child
</router-link>
```

实现该案例必须在 App 实例上定义一个全局的 append 函数,代码如下:

```
app.config.globalProperties.append=(path, pathToAppend) =>
  path+(path.endsWith('/') ? '' : '/')+pathToAppend
```

(3)删除 < router-link > 中的 event 和 tag 属性,< router-link > 中的 event 和 tag 属性都已被删除。可以使用 v-slot API 完全定制 < router-link >,代码如下:

```
<!-- 第 7 章 使用 v-slot API 完全定制 <router-link>的代码案例 -->
<!-- 将 -->
<router-link to="/about" tag="span" event="dblclick">About Us</router-link>
<!-- 替换成 -->
<router-link to="/about" custom v-slot="{ navigate }">
  <span @click="navigate" @keypress.enter="navigate" role="link">About Us</span>
</router-link>
```

(4)删除 < router-link > 中的 exact 属性,exact 属性已被删除,因为不再存在要修复的警告,所以能够安全地删除它。应该注意的是,路由现在是基于它们所代表的路由记录来激活的,而不是路由地址对象及其 path、query 和 hash 属性来激活的。路由将只匹配 path 部分,query 和 hash 不再被考虑。如果想自定义这种行为,例如考虑到 hash 部分,则应该使用 v-slot API 来扩展< router-link >。

(5) 忽略 mixins 中的导航守卫,目前不支持 mixins 中的导航守卫。

(6) 删除 router. match(),改为 router. resolve(),router. match()和 router. resolve()已合并到 router. resolve 中,签名略有不同。

(7) 删除 router. getMatchedComponents(),router. getMatchedComponents()方法现在已被删除,因为匹配的组件可以从 router. currentRoute. value 中获取,代码如下:

```
router.currentRoute.value.matched.flatMap(record =>
  Object.values(record.components)
)
```

(8) 所有的导航现在都是异步的,所有导航包括第 1 个导航。这意味着,如果使用一个< transition >,则可能需要等待路由准备好后再挂载程序,代码如下:

```
app.use(router)
//注意: 在服务器端,需要手动跳转到初始地址
router.isReady().then(() => app.mount('#app'))
```

否则会有一个初始过渡,就像将 appear 属性提供到 < transition > 一样,因为路由会显示它的初始地址(什么都没有),然后显示第 1 个地址。

(9) 删除 router. app,router. app 用于表示注入路由的最后一个根组件(Vue 实例)。Vue Router 现在可以被多个 Vue 程序同时安全使用。仍然可以在使用路由时添加它,代码如下:

```
app.use(router)
router.app = app
```

(10) 将内容传递给路由组件的 < slot >,在上一代路由系统中,可以直接传递一个模板,通过嵌套在 < router-view > 组件下,由路由组件的 < slot > 来渲染,代码如下:

```
< router-view >
  < p > In Vue Router 3, I render inside the route component </p>
</router-view >
```

在新的路由系统中,由于 < router-view > 引入了 v-slot API,所以必须使用 v-slot API 将其传递给 < component >,代码如下:

```
<!-- 第 7 章 使用 v-slot API 传递给 < component >的代码案例 -->
< router-view v-slot="{ Component }">
```

```
< component :is="Component">
  < p > In Vue Router 3, I render inside the route component </p>
</component >
</router-view>
```

（11）将 parent 从路由地址中删除，parent 属性已从标准化路由地址（this.$route 和 router.resolve 返回的对象）中删除。仍然可以通过 matched 数组访问它，代码如下：

```
const parent =this.$route.matched[this.$route.matched.length-2]
```

（12）删除 pathToRegexpOptions，路由的 pathToRegexpOptions 和 caseSensitive 属性已被 createRouter()的 sensitive 和 strict 配置取代。现在，当使用 createRouter()创建路由时，它们也可以直接传递。path-to-regexp 的任何其他特定配置已被删除，因为 path-to-regexp 已不再用于解析路径。

（13）删除未命名的参数，由于取消了 path-to-regexp，所以不再支持未命名的参数，如 /foo(/foo)?/suffix 变成 /foo/:_(foo)? /suffix。

（14）history.state 的用法，Vue Router 将信息保存在 history.state 上。应该避免任何手动调用 history.pushState()的代码，或者用 router.push()和 history.replaceState()进行重构，代码如下：

```
//第 7 章 用 router.push()和 history.replaceState()进行重构的代码案例
//将
history.pushState(myState, '', url)
//替换成
await router.push(url)
history.replaceState({ ...history.state, ...myState }, '')
```

同样，如果在调用 history.replaceState()时没有保留当前状态，则需要传递当前的 history.state，代码如下：

```
//将
history.replaceState({}, '', url)
//替换成
history.replaceState(history.state, '', url)
```

（15）options 中需要配置 routes，options 中的 routes 属性现在是必需的，代码如下：

```
createRouter({ routes: [] })
```

（16）不存在的命名路由，以前，路由会导航到 /，但不显示任何内容（而不是主页）。现在会抛出一个错误，因为程序不能生成一个有效的 URL 进行导航。

（17）命名路由缺少必要的参数，在没有传递所需参数的情况下跳转或解析命名路由会产生错误，代码如下：

```
//第 7 章 产生错误的代码案例
//给予以下路由
const routes =[{ path: '/users/:id', name: 'user', component: UserDetails }]

//缺少 id 参数时会失败
router.push({ name: 'user' })
router.resolve({ name: 'user' })
```

（18）带有空 path 的命名子路由不再添加斜线，首先参考一个路由配置的案例，代码如下：

```
//第 7 章 一个路由配置的案例的代码案例
const routes =[
  {
    path: '/dashboard',
    name: 'dashboard-parent',
    component: DashboardParent
    children: [
      { path: '', name: 'dashboard', component: DashboardDefault },
      { path: 'settings', name: 'dashboard-settings', component: DashboardSettings },
    ],
  },
]
```

现在，导航或解析到命名的路由 dashboard 时，会产生一个不带斜线的 URL，代码如下：

```
router.resolve({ name: 'dashboard' }).href //'/dashboard'
```

对子级路由 redirect 有重要的副作用函数，代码如下：

```
//第 7 章 对子级路由 redirect 有重要的副作用函数的代码案例
const routes =[
  {
    path: '/parent',
    component: Parent,
    children: [
      //现在将重定向到/home 而不是/parent/home
      { path: '', redirect: 'home' },
      { path: 'home', component: Home },
    ],
  },
]
```

如果 path 是 /parent/，这也可以，因为 home 到 /parent/ 的相对地址确实是 /parent/ home，但 home 到 /parent 的相对地址是 /home。这是为了使尾部的斜线行为保持一致：默认情况下，所有路由都允许使用尾部的斜线。可以通过 strict 配置和手动添加（或不添加）斜线来禁用它。

7.1.2　Vue Router 与 Vue 的整合案例

1. 创建项目并整合路由框架

接下来通过实际案例学习如何在一个完整的应用项目中使用 Vue Router 路由框架，具体步骤如下：

（1）按照 Vite 脚手架的初始化方式创建一个名为 router-test 的 Vue 3.x 的空项目并安装依赖，如图 7-1 所示。

（2）使用命令行工具打开创建的 router-test 项目，在控制台中输入安装 Vue Router 的指令，代码如下：

```
npm i vue-router@next -s
```

（3）在 router-test/src 文件夹下创建名为 router 的文件夹，在 router 文件夹内部创建名为 index.js 的文件。创建的文件结构如图 7-2 所示。

（4）在 router-test/src 目录中创建 views 文件夹，在 views 文件夹创建 Home.vue 和 About.vue 两个文件。创建的文件结构如图 7-3 所示。

图 7-1　创建 router-test 项目
的效果图

图 7-2　创建文件结构
的效果图

图 7-3　创建文件结构
的效果图

（5）在 router-test/src/views/Home.vue 文件中初始化 Home.vue 文件的视图内容，代码如下：

```
<!-- 第 7 章 初始化 Home.vue 文件的视图内容的代码案例 -->
<template>
  {{title}}
</template>
```

```
<script setup>
  import { ref } from 'vue'
  let title=ref('Home 页面')
</script>
```

（6）在 router-test/src/views/About.vue 文件中初始化 About.vue 文件的视图内容，代码如下：

```
<!-- 第 7 章 初始化 About.vue 文件的视图内容的代码案例 -->
<template>
  {{title}}
</template>
<script setup>
  import { ref } from 'vue'
  let title=ref('About 页面')
</script>
```

（7）在 router-test/src/router/index.js 文件中加入初始化路由内容，代码如下：

```
//第 7 章 在 router-test/src/router/index.js 文件中加入初始化路由内容的代码案例
//按需导入创建路由模块和 hash 模块
import { createRouter,createWebHashHistory } from 'vue-router'
//导入首页
import Home from '../views/Home.vue'
//绑定视图组件和 URL 路径
const routes=[
  {
    path:'/',
    name:'Home',
    component:Home
  },
  {
    path:'/about',
    name:'About',
    component:()=> import('../views/About.vue')
  }
]
//创建路由对象
const router=createRouter({
  history:createWebHashHistory(),
  routes
})
//导出路由对象
export default router
```

（8）在 router-test/src/main.js 文件中改造代码，将路由与 Vue 3.x 对象合并，代码如下：

```
//第 7 章 将路由与 Vue 3.x 对象合并的代码案例
import { createApp } from 'vue'
import App from './App.vue'
//导入路由对象
import router from './router'
//将路由对象安装到 Vue 对象上
createApp(App).use(router).mount('#app')
```

（9）改造 router-test/src/App.vue 文件，初始化路由导航和路由容器组件，代码如下：

```
<!-- 第 7 章 初始化路由导航和路由容器组件的代码案例 -->
<template>
  <router-link to="/"> Home </router-link> |
  <router-link to="/about"> About </router-link>
  <br>
  <router-view></router-view>
</template>
<script setup>

</script>
<style>
#app {
  font-family: Avenir, Helvetica, Arial, sans-serif;
  -webkit-font-smoothing: antialiased;
  -moz-osx-font-smoothing: grayscale;
  text-align: center;
  color: #2c3e50;
  margin-top: 60px;
}
</style>
```

（10）执行项目启动命令，访问 http://localhost:3000 页面，操作首页的导航组件以切换视图内容，如图 7-4 所示。

(a) 访问Home页面时   (b) 访问About页面时

图 7-4　操作首页的导航组件以切换视图内容的效果图

（11）到此整合 Vue Router 的操作便介绍完毕了。

2. 路由跳转和参数传递

接下来通过继续改造项目介绍路由的跳转和参数传递方式,步骤如下。

(1) 在 router-test/src/views/Home. vue 文件中改造代码,加入按钮和单击事件,通过多种方式跳转到 About. vue 页面中,代码如下:

```
<!-- 第 7 章 通过多种方式跳转到 About.vue 页面中的代码案例 -->
<template>
  {{title}}
  <br>
  <button @click="handleJump1">跳转至 About 通过 query 传递参数</button>
  <button @click="handleJump2">跳转至 About 通过 params 传递参数</button>
</template>
<script setup>
  import { ref } from 'vue'
  //导入 useRouter 对象
  import { useRouter } from 'vue-router'
  //得到路由跳转对象
  const router=useRouter()
  let title=ref('Home 页面')
//定义跳转事件 1
  const handleJump1=()=>{
    router.push({
      path:'/about',
      query:{
        queryValue:'我是通过 query 传递的参数'
      }
    })
  }
//定义跳转事件 2
  const handleJump2=()=>{
    router.push({
      name:'About',
      query:{
        queryValue:'我是通过 query 传递的参数'
      },
      params:{
        paramsValue:'我是通过 params 传递的参数'
      }
    })
  }

</script>
```

(2) 在 router-test/src/views/About. vue 文件中增加获取参数的内容和返回上一页的内容,代码如下:

```
<!-- 第 7 章 增加获取参数的内容和返回上一页的内容的代码案例 -->
<template>
  {{title}}
  <br>
  queryValue 的值为{{query.queryValue}}
  <br>
  paramsValue 的值为{{params.paramsValue}}
  <br>
  <button @click="handleBack">返回上一页</button>
</template>
<script setup>
  import { ref } from 'vue'
  //导入 useRouter 和 useRoute 模块
  import { useRoute, useRouter } from 'vue-router'
  //得到路由的 router 和 route 对象
  const route=useRoute()
  const router=useRouter()
  let title=ref('About 页面')
  //获取 query 对象
  let query=route.query
  //获取 params 对象
  let params=route.params
  //定义后退事件
  const handleBack=()=>{
    router.go(-1)
  }
</script>
```

（3）分别单击 Home 页面的两个按钮跳转到 About 页面查看跳转结果，如图 7-5 所示。

（a）通过path跳转时   （b）通过name跳转时

图 7-5　跳转结果的效果图

（4）到此路由跳转和参数传递便介绍完毕了。

3. 多级路由和过渡

接下来，在 About 页面中加入多级路由和过渡效果，来学习 Vue Router 4 中较为复杂的路由结构的实现，具体步骤如下。

（1）在 router-test/src/views 文件夹下创建 about 文件夹，在文件夹内部创建 Page1.vue 和 Page2.vue 两个文件。创建的文件结构如图 7-6 所示。

图 7-6　创建文件结构的效果图

（2）在创建的 Page1.vue 文件中初始化视图内容，代码如下：

```html
<!-- 第 7 章 在创建的 Page1.vue 文件中初始化视图内容的代码案例 -->
<template>
  <div class="page1">
    Page1 页面
  </div>
</template>
<style scoped>
  .page1{
    width: 100 % ;
    height: 400px;
    background-color: antiquewhite;
  }
</style>
```

（3）在创建的 Page2.vue 文件中初始化视图内容，代码如下：

```html
<!-- 第 7 章 在创建的 Page2.vue 文件中初始化视图内容的代码案例 -->
<template>
  <div class="page1">
    Page2 页面
  </div>
</template>
<style scoped>
  .page1{
    width: 100 % ;
    height: 400px;
    background-color: darkcyan;
  }
</style>
```

（4）在 router-test/src/router/index.js 文件中加入子路由的配置内容，代码如下：

```
//第7章 加入子路由的配置内容的代码案例
//按需导入创建路由模块和 hash 模块
import { createRouter,createWebHashHistory } from 'vue-router'
//导入首页
import Home from '../views/Home.vue'
//绑定视图组件和 URL 路径
const routes =[
  {
    path:'/',
    name:'Home',
    component:Home
  },
  {
    path:'/about',
    name:'About',
    component:() => import('../views/About.vue'),
    //子路由的配置
    children:[
      {
        path:'/about',
        name:'About',
        redirect:'/about/page1'
      },
      {
        path:'/about/page1',
        name:'Page1',
        component:() => import('../views/about/Page1.vue')
      },
      {
        path:'/about/page2',
        name:'Page2',
        component:() => import('../views/about/Page2.vue')
      }
    ]
  }
]
//创建路由对象
const router =createRouter({
  history:createWebHashHistory(),
  routes
})
//导出路由对象
export default router
```

（5）在 router-test/src/views/About.vue 文件中追加子路由的容器组件和过渡效果，代码如下：

```
<!-- 第 7 章 追加子路由的容器组件和过渡效果的代码案例 -->
<template>
  {{title}}
  <br>
  queryValue 的值为{{query.queryValue}}
  <br>
  paramsValue 的值为{{params.paramsValue}}
  <br>
  <button @click="handleBack">返回上一页</button>
  <br>
  <!-- 加入子路由导航 -->
  <router-link to="/about/page1">Page1</router-link>|
  <router-link to="/about/page2">Page2</router-link>
  <br>
  <!-- 加入子路由容器和过渡 -->
  <router-view v-slot="{ Component }">
    <transition name="fade">
      <component :is="Component"></component>
    </transition>
  </router-view>
</template>
<script setup>
  import { ref } from 'vue'
  //导入 useRouter 和 useRoute 模块
  import { useRoute,useRouter } from 'vue-router'
  //得到路由的 router 和 route 对象
  const route=useRoute()
  const router=useRouter()
  let title=ref('About 页面')
  //获取 query 对象
  let query=route.query
  //获取 params 对象
  let params=route.params
  //定义后退事件
  const handleBack=()=>{
    router.go(-1)
  }
</script>
<style scoped>
  .fade-enter-active,
  .fade-leave-active {
    position: absolute;
    transition: opacity 0.5s ease;
  }

  .fade-enter-from,
  .fade-leave-to {
    opacity: 0;
  }
</style>
```

（6）运行项目并访问 http://localhost:3000/#/about 页面，切换子路由页面查看切换效果，如图 7-7 所示。

(a) 访问/about/page1时   (b) 访问/about/page2时

图 7-7　切换子路由页面的效果图

（7）到此多级路由和过渡的实现便介绍完毕了。

7.2　Vuex 3.x 与 Vuex 4.x 的整合

7.2.1　Vuex 3.x 与 Vuex 4.x 的区别

绝大多数的 Vuex 3 API 与 Vuex 4 API 保持不变，但是，仍有一些非兼容性变更需要注意。

1. 安装过程

为了与 Vue 3 初始化过程保持一致，Vuex 的安装方式已经改变了。用户现在可使用新引入的 createStore 方法创建 store 实例，代码如下：

```
//第 7 章 使用新引入的 createStore 方法创建 store 实例的代码案例
import { createStore } from 'vuex'

export const store=createStore({
  state () {
    return {
      count: 1
    }
  }
})
```

要将 Vuex 安装到 Vue 实例中，需要用 store 替代之前的 Vuex 传递给 use 方法，代码如下：

```
//第 7 章 用 store 替代之前的 Vuex 传递给 use 方法的代码案例
import { createApp } from 'vue'
import { store } from './store'
import App from './App.vue'

const app=createApp(App)

app.use(store)

app.mount('#app')
```

从技术上讲这并不是一个非兼容性变更,仍然可以使用 new Store(...) 语法,但是建议使用上述方式以保持与 Vue 3 和 Vue Router Next 的一致性。

2. TypeScript 支持

为了修复 issue #994 问题,Vuex 4 删除了 this.$store 在 Vue 组件中的全局类型声明。当使用 TypeScript 时,必须声明自己的模块补充(Module Augmentation)。将下面的代码放到项目中,以允许 this.$store 能被正确地类型化,代码如下:

```
//第 7 章 允许 this.$store 能被正确地类型化的代码案例
//vuex-shim.d.ts

import { ComponentCustomProperties } from 'vue'
import { Store } from 'vuex'

declare module '@vue/runtime-core' {
  //声明自己的 store state
  interface State {
    count: number
  }

  interface ComponentCustomProperties {
    $store: Store<State>
  }
}
```

3. 打包产物已经与 Vue 3 配套

下面的打包产物分别与 Vue 3 的打包产物配套。

1) vuex.global(.prod).js

通过<script src="...">标签直接用在浏览器中,将 Vuex 暴露为全局变量。全局构建为 IIFE,而不是 UMD,并且只能与 <script src="..."> 一起使用。包含硬编码的 prod/dev 分支,并且生产环境版本已经压缩过。生产环境应使用 .prod.js 文件。

2) vuex.esm-browser(.prod).js

用于通过原生 ES 模块导入使用(在浏览器中通过<script type="module">标签使用)。

3）vuex. esm-bundler. js

用于与 Webpack、Rollup、Parcel 等构建工具一起使用。通过 process. env. NODE_ENV 环境变量决定应该运行在生产环境还是开发环境（必须由构建工具替换）。不提供压缩后的构建版本（与打包后的其他代码一起压缩）。

4）vuex. cjs. js

通过 require 在 Node. js 服务器端渲染使用。

4. createLogger 函数从核心模块导出

在 Vuex 3 中，createLogger 方法从 vuex/dist/logger 文件中导出，但是现在该方法已经包含在核心包中了，应该直接从 vuex 包中引入，代码如下：

```
import { createLogger } from 'vuex'
```

5. 全新的 useStore() 组合式函数

可以通过调用 useStore() 函数，在 setup 钩子函数中访问 store。这与在组件中使用选项式 API 访问 this.$store 是等效的。useStore() 的使用方式，代码如下：

```
//第 7 章 useStore 的使用方式的代码案例
import { useStore } from 'vuex'

export default {
  setup () {
    const store =useStore()
  }
}
```

6. 访问 state 和 getter

为了访问 state 和 getter，需要创建 computed() 引用以保留响应性，这与在选项式 API 中创建计算属性等效。访问 state 和 getter 的方式，代码如下：

```
//第 7 章 访问 state 和 getter 的方式的代码案例
import { computed } from 'vue'
import { useStore } from 'vuex'

export default {
  setup () {
    const store =useStore()

    return {
      //在 computed() 函数中访问 state
      count: computed(() = > store.state.count),

      //在 computed() 函数中访问 getter
```

```
    double: computed(() => store.getters.double)
   }
  }
}
```

7. 访问 mutation 和 action

当要使用 mutation 和 action 时,只需要在 setup()钩子函数中调用 commit()和 dispatch()函数。访问 mutation 和 action 的方式的代码如下:

```
//第 7 章 访问 mutation 和 action 的方式的代码案例
import { useStore } from 'vuex'

export default {
  setup () {
    const store=useStore()

    return {
      //使用 mutation
      increment: () => store.commit('increment'),

      //使用 action
      asyncIncrement: () => store.dispatch('asyncIncrement')
    }
  }
}
```

7.2.2　Vuex 与 Vue 整合案例

1. 创建项目并整合 Vuex 框架

接下来通过实际编程的方式介绍 Vue 3.x 整合 Vuex 4.x 框架的完整步骤,具体如下。

（1）初始化一个名为 store-test 的空 Vite 项目并安装依赖,如图 7-8 所示。

（2）使用命令行工具打开创建的 store-test 项目,在控制台中输入安装 Vuex 的指令,代码如下:

图 7-8　切换效果的效果图

```
npm install vuex@next -s
```

（3）在 store-test/src 文件夹下创建 store 文件夹,在 store 文件夹内创建 index.js 文件,创建的文件结构如图 7-9 所示。

（4）在 store-test/src/store/index.js 文件中初始化全局状态仓库内容,代码如下:

图7-9 创建文件结构的效果图

```
//第7章 初始化全局状态仓库内容的代码案例
import { createStore } from 'vuex'
const state={
  name:'全局的 name 属性'
}
const getters={
  getName(state){
    return state.name
  }
}
const mutations={
  setName(state,name){
    state.name=name
  }
}
const actions={

}
const modules={

}
const store=createStore({
  state,
  getters,
  mutations,
  actions,
  modules,
  strict:true
})
export default store
```

（5）在 store-test/src/main.js 文件中将创建的 store 对象合并到 Vue 对象中，代码如下：

```
//第7章 将创建的 store 对象合并到 Vue 对象中的代码案例
import { createApp } from 'vue'
import App from './App.vue'
//导入全局状态仓库对象
import store from './store'
//将全局状态仓库对象合并到 Vue 对象中
createApp(App).use(store).mount('#app')
```

（6）在 store-test/src/App.vue 文件中通过组合式 API 获取全局状态对象，代码如下：

```
<!-- 第7章 通过组合式 API 获取全局状态对象的代码案例 -->
<script setup>
//This starter template is using Vue 3 <script setup> SFCs
//Check out https://v3.vuejs.org/api/sfc-script-setup.html#sfc-script-setup
import HelloWorld from './components/HelloWorld.vue'
//导入 useStore
import { useStore } from 'vuex'
//获取全局对象 store
const store=useStore()
//在控制台输出 store
console.log(store)
</script>

<template>
  <img alt="Vue logo" src="./assets/logo.png" />
  <HelloWorld msg="Hello Vue 3+Vite" />
</template>

<style>
#app {
  font-family: Avenir, Helvetica, Arial, sans-serif;
  -webkit-font-smoothing: antialiased;
  -moz-osx-font-smoothing: grayscale;
  text-align: center;
  color: #2c3e50;
  margin-top: 60px;
}
</style>
```

（7）运行项目并访问 http://localhost:3000 页面，查看浏览器 Web 控制台的输出内容，如果输出全局定义的状态数据，则代表连接成功，如图 7-10 所示。

图 7-10　浏览器 Web 控制台输出内容的效果图

（8）到此步骤，Vuex 4.x 整合 Vue 3.x 框架的内容便实现完毕了。

2．函数式编程的状态共享

状态管理框架与 Vue 框架整合后，便可以通过全局状态管理的方式实现跨组件的状态共享，接下来通过编码的方式实现具体的状态共享方案，步骤如下。

图 7-11　创建文件结构的效果图

（1）在 store-test/src/components 文件夹中创建 MyComponent1.vue 和 MyComponent2.vue 两个文件。创建的文件结构如图 7-11 所示。

（2）在创建的 MyComponent1.vue 文件中初始化组件内容，代码如下：

```
<!-- 第 7 章 在创建的 MyComponent1.vue 文件中初始化组件内容的代码案例 -->
<template>
  MyComponent1 的拉杆：<input type="range">
</template>
<script setup>
</script>
```

（3）在创建的 MyComponent2.vue 文件中初始化组件内容，代码如下：

```
<!-- 第 7 章 在创建的 MyComponent2.vue 文件中初始化组件内容的代码案例 -->
<template>
  MyComponent2 的拉杆：<input type="range">
</template>
<script setup>
</script>
```

（4）在 store-test/src/store/index.js 文件中加入控制组件状态的数据，代码如下：

```
//第 7 章 在 store-test/src/store/index.js 文件中加入控制组件状态的数据的代码案例
import { createStore } from 'vuex'
const state={
  name:'全局的 name 属性',
  //rangeValue 的全局状态
  rangeValue:0
}
const getters={
  getName(state){
    return state.name
  }
}
const mutations={
  setName(state,name){
    state.name=name
```

```
  },
  //rangeValue 的 mutation()函数
  setRangeValue(state,rangeValue){
    state.rangeValue=rangeValue
  }
}
const actions={

}
const modules={

}
const store=createStore({
  state,
  getters,
  mutations,
  actions,
  modules,
  strict:true
})
export default store
```

（5）在 store-test/src/components/MyComponent1.vue 文件中加入状态共享和状态驱动内容，代码如下：

```
<!-- 第7章 在 store-test/src/components/MyComponent1.vue 文件中加入状态共享和状态驱动内容的代码案例 -->
<template>
  MyComponent1 的拉杆：
  <input type="range" start="0" step="1" end="100" v-model="rangeValue" />
  {{rangeValue}}
</template>
<script setup>
  import { computed } from 'vue'
  import { useStore } from 'vuex'
  const store=useStore()
  //通过计算属性绑定公共状态
  let rangeValue=computed({
    get(){
      return store.state.rangeValue
    },
    set(v){
      store.commit('setRangeValue',v)
    }
  })
</script>
```

（6）在 store-test/src/components/MyComponent2.vue 文件中加入状态共享和状态驱

动内容,代码如下:

```
<!-- 第 7 章 在 store-test/src/components/MyComponent2.vue 文件中加入状态共享和状态驱动内
容的代码案例 -->
<template>
  MyComponent2 的拉杆:
  <input type="range" start="0" step="1" end="100" v-model="rangeValue" />
  {{rangeValue}}
</template>
<script setup>
  import { computed } from 'vue'
  import { useStore } from 'vuex'
  const store=useStore()
  //通过计算属性绑定公共状态
  let rangeValue=computed({
    get(){
      return store.state.rangeValue
    },
    set(v){
      store.commit('setRangeValue',v)
    }
  })
</script>
```

（7）在 store-test/src/App.vue 文件中加入引用组件内容,代码如下:

```
<!-- 第 7 章 在 store-test/src/App.vue 文件中加入引用组件内容的代码案例 -->
<script setup>
//This starter template is using Vue 3 <script setup> SFCs
//Check out https://v3.vuejs.org/api/sfc-script-setup.html#sfc-script-setup
import MyComponent1 from './components/MyComponent1.vue'
import MyComponent2 from './components/MyComponent2.vue'
//导入 useStore
import { useStore } from 'vuex'
//获取全局对象 store
const store=useStore()
//在控制台输出 store
console.log(store)
</script>

<template>
  <MyComponent1/>
  <br>
  <MyComponent2/>

</template>

<style>
```

```
#app {
  font-family: Avenir, Helvetica, Arial, sans-serif;
  -webkit-font-smoothing: antialiased;
  -moz-osx-font-smoothing: grayscale;
  text-align: center;
  color: #2c3e50;
  margin-top: 60px;
}
</style>
```

（8）运行项目并访问 http://localhost:3000 页面,拖动两个组件的拉杆,会发现两个组件的拉杆数据会同步展示。当拖动<MyComponent1>组件中的拉杆时,<MyComponent2>组件中的拉杆会自动移动到相同的位置并显示相同的数值,反之亦然。拖动拉杆的效果如图 7-12 所示。

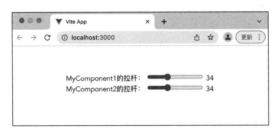

图 7-12　拖动拉杆的效果图

（9）到此步骤,组件状态共享的案例便介绍完毕了。

3. 模块动态注册

Vuex 的状态管理可以细分到模块层级,每个模块维护模块内部的状态。对于模块化的状态管理,若将模块通过 import 的方式注册到 Store 对象中,在应用构建时,所有的模块都会注入同一个公共 JavaScript 依赖中。为了进一步地在应用构建层级将模块拆分到不同的依赖中,Vuex 提供了模块动态注册功能。使用模块动态注册功能时,可以将不同的状态模块合并到异步加载的视图依赖中,从而将复杂的业务均匀地拆分到视图中。接下来通过实际编程的方式介绍模块动态注册,步骤如下。

图 7-13　创建文件结构的效果图

（1）在 store-test/src 文件夹中创建 models 文件夹,在 models 文件夹内部创建 component-model.js 文件。创建的文件结构如图 7-13 所示。

（2）在创建的 component-model.js 文件中加入模块的初始化内容,代码如下:

```
//第7章 模块的初始化内容的代码案例
export default{
  namespaced:true,
```

```
state:{
  componentRangeValue:10
},
mutations:{
  setComponentRangeValue(state,componentRangeValue){
    state.componentRangeValue=componentRangeValue
  }
}
}
```

（3）改造 store-test/src/components/MyComponent1.vue 文件的内容，代码如下：

```
<!-- 第7章 改造 store-test/src/components/MyComponent1.vue 文件的内容的代码案例 -->
<template>
  MyComponent1 的拉杆：
  <input type="range" start="0" step="1" end="100" v-model="rangeValue" />
  {{rangeValue}}
</template>
<script setup>
  import { computed } from 'vue'
  import { useStore } from 'vuex'
  //导入自定义模块
  import componentModule from '../models/component-model'
  const store=useStore()
  //如果全局状态仓库中不存在 component 模块,则注册该模块
  if(!store.hasModule('component')){
    store.registerModule('component',componentModule)
  }
  //通过计算属性绑定公共状态
  let rangeValue=computed({
    get(){
      return store.state.component.componentRangeValue
    },
    set(v){
      store.commit('component/setComponentRangeValue',v)
    }
  })
</script>
```

（4）改造 store-test/src/App.vue 文件中的代码，加入公共状态和模块状态的视图输出，代码如下：

```
<!-- 第7章 加入公共状态和模块状态的视图输出的代码案例 -->
<script setup>
//This starter template is using Vue 3 <script setup> SFCs
//Check out https://v3.vuejs.org/api/sfc-script-setup.html#sfc-script-setup
import MyComponent1 from './components/MyComponent1.vue'
```

```
import MyComponent2 from './components/MyComponent2.vue'
//导入 useStore
import { useStore } from 'vuex'
//获取全局对象 store
const store=useStore()
//在控制台输出 store
console.log(store)
</script>

<template>
  <MyComponent1/>
  <br>
  <MyComponent2/>
  <br>
  全局状态的 rangeValue 的值为{{store.state.rangeValue}}
  <br>
  component 模块的 componentRangeValue 的值为{{store.state.component.componentRangeValue}}
</template>

<style>
#app {
  font-family: Avenir, Helvetica, Arial, sans-serif;
  -webkit-font-smoothing: antialiased;
  -moz-osx-font-smoothing: grayscale;
  text-align: center;
  color: #2c3e50;
  margin-top: 60px;
}
</style>
```

（5）运行项目并访问 http://localhost：3000 页面，分别操作＜MyComponent1＞和
＜MyComponent2＞两个组件的拉杆，会发现视图中＜MyComponent1＞组件的拉杆绑定的
状态变成了非全局状态数据，＜MyComponent2＞绑定的依然是全局状态数据。操作结果如
图 7-14 所示。

图 7-14 操作结果的效果图

（6）到此步骤，模块动态注册的内容便介绍完毕了。

7.3 Pinia 状态管理模块新的选择

7.3.1 Pinia 简介

Pinia 最初是在 2019 年 11 月左右使用 Composition API 重新设计的 Vue 的状态管理框架。相比于 Vuex 状态管理框架 Pinia 更加小巧灵活，Pinia 的状态管理思路整体上与 Vuex 保持一致，但 Pinia 去掉了 mutations 模块使 Pinia 在状态管理的步骤上更加精简。Pinia 适用于 Vue 2 和 Vue 3，并且不需要使用组合 API。除安装和 SSR 外，Pinia 在 Vue 2 和 Vue 3 中的 API 都是相同的，本书针对 Vue 3 框架对 Pinia 进行一个完整的介绍。

1. 为什么要使用 Pinia

Pinia 是 Vue 的存储库，它允许跨组件/页面共享状态。使用过 Vuex 做状态管理的开发者都知道，Vuex 作为状态管理框架，内置了完善的状态管理系统和状态跟踪系统，Vuex 还可以通过 plugins 的方式继续对框架扩展新的功能，当开发大型 Web 应用时 Vuex 会起到非常大的作用，而针对小型 Web 项目，在管理全局或不同模块中寥寥无几的公共状态时，Vuex 会显得很笨重，此时开发者可能会为精简项目体积而选择放弃 Vuex，采用 Vue 3.x 的组合式 API 进行全局的状态管理，这对于小型的应用开发是正确的，但是当应用运行在服务器端时，这种方式可能会暴露出很多应用漏洞，这种情况下 Pinia 是个不错的选择，使用 Pinia 会给项目带来如下好处。

(1) 开发工具支持：状态变化和状态追踪变得更加容易调试。

(2) 模块热替换：在不重新加载页面的情况下修改状态。

(3) 插件系统：Pinia 可以通过 plugins 方式扩展自己的功能。

(4) 为 JavaScript 用户提供适当的 TypeScript 支持和完善的功能支持。

(5) 服务器端渲染的支持。

2. 基本示例

以下是 Pinia 的基本使用案例，在使用 Pinia 时，首先需要创建一个 Store，代码如下：

```
//第 7 章 Pinia 的基本使用的代码案例
//stores/counter.js
import { defineStore } from 'pinia'

export const useCounterStore=defineStore('counter', {
  state: () => {
    return { count: 0 }
  },
  //也可以定义为
  //state: () => ({ count: 0 })
  actions: {
    increment() {
```

```
      this.count++
    },
  },
})
```

定义的 Store 在组件中使用时,代码如下:

```
//第 7 章 定义的 Store 在组件中使用时的代码案例
import { useCounterStore } from '@/stores/counter'

export default {
  setup() {
    const counter = useCounterStore()

    counter.count++
    //可以选择 $path()函数提交变更
    counter.$patch({ count: counter.count+1 })
    //或直接调用函数提交
    counter.increment()
  },
}
```

还可以使用函数(类似于一个组件 setup())来为更高级的用例定义一个 Store,代码如下:

```
//第 7 章 为更高级的用例定义一个 Store 的代码案例
export const useCounterStore = defineStore('counter', () => {
  const count = ref(0)
  function increment() {
    count.value++
  }

  return { count, increment }
})
```

如果不熟悉 Vue 3 的组合式 API,也不要担心。Pinia 同样支持 map 系列 API,以 Vuex 相同的方式定义存储,随后使用 mapStores()、mapState()或 mapActions()函数来映射数据。Pinia 实现的 map 系列 API 的定义和调用方式,代码如下:

```
//第 7 章 Pinia 实现的 map 系列 API 的定义和调用方式的代码案例
const useCounterStore = defineStore('counter', {
  state: () => ({ count: 0 }),
  getters: {
    double: (state) => state.count * 2,
  },
  actions: {
```

```
    increment() {
      this.count++
    }
  }
})

const useUserStore=defineStore('user', {
  //...
})

export default {
  computed: {
    //其他计算属性的属性
    //...
    //将 useCounterStore 和 useUserStore 绑定在组件实例上
    ...mapStores(useCounterStore, useUserStore)
    //将 count 和 double 绑定在组件实例上
    ...mapState(useCounterStore, ['count', 'double']),
  },
  methods: {
    //将 increment 函数绑定在组件实例上
    ...mapActions(useCounterStore, ['increment']),
  },
}
```

3．一个更现实的例子

这是一个更完整的 API 示例，可以在 Pinia 中使用类型。即使在 JavaScript 中也是如此，Pinia 支持使用装饰器进行类型定义，代码如下：

```
//第 7 章 Pinia 支持使用装饰器进行类型定义的代码案例
import { defineStore } from 'pinia'

export const todos=defineStore('todos', {
  state: ()=>({
    /** @type {{ text: string, id: number, isFinished: boolean }[]} */
    todos: [],
    /** @type {'all' | 'finished' | 'unfinished'} */
    filter: 'all',
    //类型会自动转换为 number
    nextId: 0,
  }),
  getters: {
    finishedTodos(state) {
      return state.todos.filter((todo)=>todo.isFinished)
    },
    unfinishedTodos(state) {
      return state.todos.filter((todo)=>!todo.isFinished)
```

```
    },
    /**
     * @returns {{ text: string, id: number, isFinished: boolean }[]}
     */
    filteredTodos(state) {
      if (this.filter === 'finished') {
        return this.finishedTodos
      } else if (this.filter === 'unfinished') {
        return this.unfinishedTodos
      }
      return this.todos
    },
  },
  actions: {
    //参数可以为空，返回 Promise 对象或不返回任何内容
    addTodo(text) {
      //you can directly mutate the state
      this.todos.push({ text, id: this.nextId++, isFinished: false })
    },
  },
})
```

4. 与 Vuex 的比较

Pinia 试图尽可能地接近 Vuex 的理念。它旨在测试 Vuex 下一次迭代的提议，并且取得了成功。目前有一个针对 Vuex 5 的开放 RFC，其 API 与 Pinia 使用的 API 非常相似。Pinia 的作者 Eduardo 是 Vue.js 核心团队的一员，并积极参与了 Router 和 Vuex 等 API 的设计。Eduardo 对这个项目的意图是，重新设计使用 Store 的体验，同时保持 Vue 平易近人的理念。Eduardo 保持 Pinia 的 API 与 Vuex 一样接近，因为它不断向前发展，以使人们更容易迁移到 Vuex，甚至在未来融合两个项目（在 Vuex 下）。

Pinia API 与不大于 4.x 版本的 Vuex 有很大不同，即

（1）突变不再存在。它们经常被认为是非常冗长的。它们最初带来了 devtools 集成，但这不再是问题。

（2）无须创建自定义复杂装饰器来支持 TypeScript，所有内容都是类型化的，并且 API 的设计方式尽可能利用 TypeScript 类型推断。

（3）不再需要注入魔法字符串和导入函数，享受自动完成功能。

（4）无须动态添加 Store，默认情况下它们都是动态的。需要注意，仍然可以随时手动进行 Store 注册。

（5）不再有模块的嵌套结构。仍然可以通过在另一个商店中导入和使用 Store 实现隐式嵌套，但 Pinia 通过设计提供扁平化结构，仍然支持 Store 之间的交叉组合方式。甚至可以使用 Store 的循环依赖。

（6）没有命名空间的模块。鉴于 Store 的扁平架构，命名空间 Stroe 是其定义方式所固有的，可以说所有 Store 都是命名空间的。

7.3.2 Pinia 与 Vue 整合案例

本节以编码实现的方式介绍 Pinia 与 Vue 框架的整合,具体步骤如下。

(1)通过 Vite 初始化名为 pinia-test 的空项目并安装项目的默认依赖。创建的项目如图 7-15 所示。

(2)在命令行工具中打开 pinia-test 项目,输入 Pinia 框架的安装指令,代码如下:

```
npm install pinia -s
```

(3)在 pinia-test/src 目录中创建 store 文件夹,在 store 文件夹内部创建 index.js 文件,创建的文件结构如图 7-16 所示。

图 7-15　创建项目的效果图

图 7-16　创建文件结构的效果图

(4)在 pinia-test/src/store/index.js 文件中定义全局的 Store 对象,代码如下:

```javascript
//第 7 章 在 pinia-test/src/store/index.js 文件中定义全局的 Store 对象的代码案例
import { defineStore } from 'pinia'
//定义全局 Store
export const useGlobalStore=defineStore('main',{
  //定义 state
  state:() = >{
    return {
      name:'我是全局的 name 属性'
    }
  },
  //定义 actions,Pinia 中舍弃了 mutations,所以 actions 具备两种特性
  actions:{
    //同步更新 name
    setNameSync(name){
      this.name=name
    },
    //异步更新 name
    async setName(name){
      await new Promise(resolve = >{
        setTimeout(() = >{
          resolve()
        }, 2000);
```

```
      })
      this.name=name
    }
  }
})
```

（5）在pinia-test/src/main.js文件中将Pinia与Vue框架整合，代码如下：

```
//第7章 在pinia-test/src/main.js文件中将Pinia与Vue框架整合的代码案例
import { createApp } from 'vue'
//导入创建Pinia对象
import { createPinia } from 'pinia'
import App from './App.vue'
//将Pinia与Vue整合
createApp(App).use(createPinia()).mount('#app')
```

（6）改造pinia-test/src/App.vue文件，编写Pinia的测试用例，代码如下：

```
<!-- 第7章 编写Pinia的测试用例的代码案例 -->
<template>
<!-- 映射计算属性 -->
  <input type="text" v-model="name">{{name}}
  <br>
  <button @click="handleClick">2秒后改变name的值</button>
</template>
<script setup>
//导入全局Store对象
  import { useGlobalStore } from './store'
  import { computed } from 'vue'
  //获取全局状态数据
  const store=useGlobalStore()
  //将状态中的数据实现双向绑定
  let name=computed({
    set(v){
      //调用同步更新API
      store.setNameSync(v)
    },
    get(){
      //返回state中的name属性
      return store.name
    }
  })
  const handleClick=()=>{
    //调用异步更新API
    store.setName(Math.random())
  }
</script>
```

```
<style>
#app {
  font-family: Avenir, Helvetica, Arial, sans-serif;
  -webkit-font-smoothing: antialiased;
  -moz-osx-font-smoothing: grayscale;
  text-align: center;
  color: #2c3e50;
  margin-top: 60px;
}
</style>
```

（7）运行项目并访问 http://localhost:3000 页面，在视图中操作输入框中的数据变化，会发现在全局 Store 中创建的状态会随之改变，单击按钮时会发现 2 秒后视图中的文字会变成随机数。操作结果如图 7-17 所示。

图 7-17　操作结果的效果图

（8）到此步骤，Pinia 与 Vue 的整合便介绍完毕了。

7.4　Vue 3.x 与 ElementPlus 的整合

7.4.1　ElementPlus 介绍

ElementPlus 是基于 ElementUI 的整体内容配合 Vue 3.x 框架而实现的框架。框架整体沿用 ElementUI 原有的全部组件和安装方式，加入了部分新的组件和框架整合方案，意在提供简单且功能强大的 UI 支持。ElementPlus 的官方文档网址为 https://element-plus.gitee.io/zh-CN/。

1. 设计原则

ElementPlus 的设计原则遵循以下 5 点。

1）一致（Consistency）

与现实生活一致，即与现实生活的流程、逻辑保持一致，遵循用户习惯的语言和概念；在界面中一致，即所有的元素和结构需保持一致，例如：设计样式、图标和文本、元素的位置等。

2）反馈（Feedback）

控制反馈，即通过界面样式和交互效让用户可以清晰地感知自己的操作；页面反馈，即操作后,通过页面元素的变化清晰地展现当前状态。

3)效率(Efficiency)

简化流程,即设计简洁直观的操作流程;清晰明确,即语言表达清晰且表意明确,让用户快速理解进而做出决策;帮助用户识别,即界面简单直白,让用户快速识别而非回忆,减少用户记忆负担。

4)可控(Controllability)

用户决策,根据场景可给予用户操作建议或安全提示,但不能代替用户进行决策。

5)结果可控

用户可以自由地进行操作,包括撤销、回退和终止当前操作等。

2. 导航

导航可以解决用户在访问页面时在哪里、去哪里及怎样去的问题。一般导航会有「侧边栏导航」和「顶部导航」两种类型。选择合适的导航可以让用户在产品的使用过程中非常流畅,相反若是不合适就会引起用户操作不适(方向不明确)。以下是「侧边栏导航」和「顶部导航」的区别。

1)侧边栏导航

可将导航栏固定在左侧,提高导航可见性,方便页面之间切换;顶部可放置常用工具,如搜索条、帮助按钮及通知按钮等,适用于中后台的管理型和工具型网站。

侧边栏导航有很多种类目样式,其一级类目样式适用于结构简单的网站,当网站只有一级页面时,不需要使用“面包屑”,如图 7-18 所示。

图 7-18　一级类目样式的效果图

侧栏的二级类目中最多可显示两级导航。当使用二级导航时,建议搭配使用“面包屑”,方便用户定位自己的位置和快速返回,如图 7-19 所示。

侧边栏的三级类项目适用于较复杂的工具型后台,左侧栏为一级导航,中间栏可显示其对应的二级导航,也可放置其他的工具型选项,如图 7-20 所示。

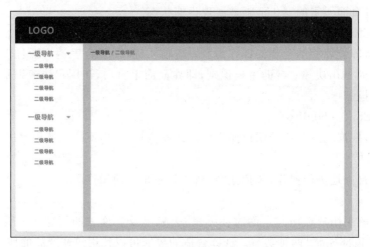

图 7-19　二级类目样式的效果图

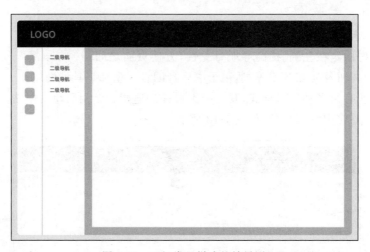

图 7-20　三级类目样式的效果图

2）顶部导航

顺应了从上至下的正常浏览顺序，方便浏览信息，顶部宽度限制了导航的数量和文本长度。适用于导航较少、页面篇幅较长的网站，如图 7-21 所示。

7.4.2　ElementPlus 与 Vue 整合案例

本节通过实际编码的形式介绍 ElementPlus 与 Vue 整合的方式，由于 ElementPlus 默认的集成方式与上一代版本并没有太大差别，本节以按需加载的方式为核心，介绍 ElementPlus 与 Vue 的整合，步骤如下。

（1）通过 Vite 脚手架创建名为 element-test 的空项目并安装基础依赖。创建的项目结构如图 7-22 所示。

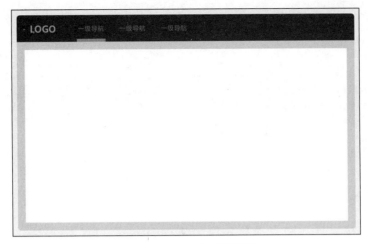

图 7-21　顶部导航的效果图

图 7-22　创建项目结构的效果图

（2）在命令行工具中打开 element-test 项目，输入安装 ElementPlus 的指令，代码如下：

```
npm install element-plus -s
```

（3）按需导入需要安装 unplugin-vue-components 和 unplugin-auto-import 这两款插件，两款插件实现了无须手动配置，可自动根据代码中应用的组件情况来加载依赖。在命令行工具中输入安装插件的指令，代码如下：

```
npm install -D unplugin-vue-components unplugin-auto-import
```

（4）在 element-test/vite.config.js 文件中追加按需导入插件的配置内容，代码如下：

```
//第 7 章 在 element-test/vite.config.js 文件中追加按需导入插件的配置内容的代码案例
import { defineConfig } from 'vite'
import vue from '@vitejs/plugin-vue'
import AutoImport from 'unplugin-auto-import/vite'
import Components from 'unplugin-vue-components/vite'
```

```
import { ElementPlusResolver } from 'unplugin-vue-components/resolvers'

export default defineConfig({
  plugins: [
    vue(),
    AutoImport({
      resolvers: [ElementPlusResolver()],
    }),
    Components({
      resolvers: [ElementPlusResolver()],
    })
  ]
})
```

（5）应用了按需导入和自动导入后无须在 element-plus/src/main.js 文件中引入 ElementPlus 框架即可直接在模板中应用 ElementPlus 的组件。接下来在 element-plus/src/App.vue 文件中删除默认内容，代码如下：

```
<!-- 第7章 在 element-plus/src/App.vue 文件中删除默认内容的代码案例 -->
<script setup>
</script>

<template>

</template>

<style>
#app {
  font-family: Avenir, Helvetica, Arial, sans-serif;
  -webkit-font-smoothing: antialiased;
  -moz-osx-font-smoothing: grayscale;
  text-align: center;
  color: #2c3e50;
  margin-top: 60px;
}
</style>
```

（6）在命令行工具中打开 element-test 项目并执行构建命令，代码如下：

```
npm run build
```

（7）观察构建后的日志内容，如图 7-23 所示。

图 7-23　构建日志内容的效果图

（8）继续改造 element-plus/src/App. vue 文件，在文件中加入按钮组件的应用，代码如下：

```
<!-- 第 7 章 在文件中加入按钮组件的应用的代码案例 -->
<script setup>
</script>

<template>
  <el-button type="primary">测试按钮</el-button>
</template>

<style>
#app {
  font-family: Avenir, Helvetica, Arial, sans-serif;
  -webkit-font-smoothing: antialiased;
  -moz-osx-font-smoothing: grayscale;
  text-align: center;
  color: #2c3e50;
  margin-top: 60px;
}
</style>
```

（9）再次使用命令行工具打开 element-plus 项目并输入构建命令，代码如下：

```
npm run build
```

（10）查看输出的构建日志，如图 7-24 所示。

图 7-24　输出的构建日志的效果图

（11）比较图 7-23 和图 7-24 会发现，当使用了<el-button>组件时，构建后的 vender 文件无论是 JavaScript 部分还是 CSS 部分都要比不使用<el-button>组件时大。这就意味着自动导入的插件生效了。继续在命令行工具中运行启动命令，访问 http://localhost:3000页面查看首页效果，出现蓝色的"测试按钮"代表 ElementPlus 正常工作，如图 7-25 所示。

图 7-25　ElementPlus 正常工作的效果图

（12）到此步骤，ElementPlus 与 Vue 3.x 整合的流程便介绍完毕了。

7.5 从 0 开始构建 Vite＋Vue 3.x＋Vue Router 4.x＋Pinia 项目

学习了 Vue 3.x 及 Vue 3.x 生态中常用的框架后，下一步的任务就是将这一些框架整合到一起实现企业级应用的开发。本节会从创建 Vite 脚手架项目开始细化到每个步骤，细致地介绍 Vite＋Vue 3.x＋Vue Router 4.x＋Pinia 项目整合流程及前后端的数据交互。

7.5.1 初始化 Vite 项目

1. 创建 Vite 项目

想要实现 Vue 3.x 的企业级项目搭建，首先要使用 Vite 初始化项目结构，具体步骤如下。

（1）在命令行工具中执行初始化 Vite 项目的命令并创建名为 vue3-test 的项目，然后按照默认步骤进行配置。选择的配置方案如图 7-26 所示。

（2）接下来安装项目自带依赖并在命令行工具中输入项目运行命令，代码如下：

```
npm run dev
```

（3）访问 http://localhost:3000 页面，测试项目运行结果，如图 7-27 所示。

图 7-26　选择配置方案的效果图　　　　图 7-27　测试项目运行结果的效果图

2．配置路径解析功能

　　路径解析功能是脚手项目开发中特别实用的功能，它可以将模块导入的相对路径转化为全路径，开发者无须考虑加载的目标模块和本文件间的相对路径关系。实现路径解析功能的具体步骤如下。

　　(1) 在命令行中打开 vue3-test 项目，输入安装路径解析所需的依赖，代码如下：

```
npm i @rollup/plugin-alias @rollup/plugin-node-resolve -D
```

　　(2) 在 vue3/vite.config.js 文件中配置路径解析内容，代码如下：

```
//第7章 在 vue3/vite.config.js 文件中配置路径解析内容的代码案例
import { defineConfig } from 'vite'
import vue from '@vitejs/plugin-vue'
//引入路径解析模块
import alias from '@rollup/plugin-alias';
//引入后缀解析模块
import resolve from '@rollup/plugin-node-resolve';
import path from 'path'
//创建后缀解析器
const customResolver=resolve({
  extensions: ['.mjs', '.js', '.jsx', '.json', '.sass', '.scss','.vue']
});
//定义全路径头部信息
const projectRootDir=path.resolve(__dirname);

export default defineConfig({
  plugins: [
    vue(),
    //安装路径解析模块
    alias({
      entries: [
        {
          find: '~',
          replacement: path.resolve(projectRootDir, 'src')
          //OR place `customResolver` here. See explanation below.
        }
      ],
      customResolver
    }),
    resolve()
  ],
  //配置构建时依赖采用相对路径加载
  base:''
})
```

　　(3) 在 vue3-test/src/App.vue 文件中将默认的< HelloWorld >组件的引入路径改造成路径解析模式，代码如下：

```
<!-- 第 7 章 将默认的<HelloWorld>组件的引入路径改造成路径解析模式的代码案例 -->
<script setup>
//采用～/加载路径
import HelloWorld from '~/components/HelloWorld'
</script>

<template>
  <img alt="Vue logo" src="./assets/logo.png" />
  <HelloWorld msg="Hello Vue 3+Vite" />
</template>

<style>
#app {
  font-family: Avenir, Helvetica, Arial, sans-serif;
  -webkit-font-smoothing: antialiased;
  -moz-osx-font-smoothing: grayscale;
  text-align: center;
  color: #2c3e50;
  margin-top: 60px;
}
</style>
```

（4）运行项目并访问 http://localhost:3000 页面,若首页正常加载,则代表成功。

3. 让项目兼容 SASS

CSS 预处理器是项目开发过程中必不可少的工具之一,Vite 创建的项目默认为没有配置预处理器,实现预处理器的搭载步骤如下。

（1）在命令行工具中打开 vue3-test 项目,输入 SASS 预处理器的安装指令,代码如下:

```
npm i sass -D
```

（2）在 vue3-test/src/App.vue 文件的<style>组件上添加 lang="scss"属性并将样式内容加入 SASS 语法,代码如下:

```
<!-- 第 7 章 将<style>组件上添加 lang="scss"属性并将样式内容加入 SASS 语法的代码案例 -->
<script setup>
//采用～/加载路径
import HelloWorld from '~/components/HelloWorld'
</script>

<template>
  <img alt="Vue logo" src="./assets/logo.png" />
  <HelloWorld msg="Hello Vue 3+Vite" />
</template>
<!-- 将预处理器设置为 scss -->
<style lang="scss">
//使用 SASS 语法
```

```
$color:red;
#app {
  font-family: Avenir, Helvetica, Arial, sans-serif;
  -webkit-font-smoothing: antialiased;
  -moz-osx-font-smoothing: grayscale;
  text-align: center;
  color: $color;
  margin-top: 60px;
}
</style>
```

（3）运行项目并访问 http://localhost:3000 页面，查看视图样式，如图 7-28 所示。

图 7-28　视图的效果图

4．兼容性处理

用于生产环境的构建包会假设目标浏览器支持 JavaScript 语法。默认情况下，Vite 的目标浏览器是指能够支持原生 ESMscript 标签和支持原生 ESM 动态导入的。默认情况下 Vite 只处理语法转译，并且默认不包含任何 polyfill。传统浏览器可以通过插件@vitejs/plugin-legacy 来支持，它将自动生成传统版本的 chunk 及与其相对应 ES 语言特性方面的 polyfill。兼容版的 chunk 只会在不支持原生 ESM 的浏览器中进行按需加载。实现代码兼容性处理的步骤如下。

（1）在命令行工具中打开 vue3-test 项目并执行@vitejs/plugin-legacy 插件的安装命令，代码如下：

```
npm install @vitejs/plugin-legacy -D
```

(2) 在 vue3-test/vite.config.js 文件中加入兼容性处理的配置内容,代码如下:

```
//第 7 章 在 vue3-test/vite.config.js 文件中加入兼容性处理的配置内容的代码案例
import { defineConfig } from 'vite'
import vue from '@vitejs/plugin-vue'
//引入路径解析模块
import alias from '@rollup/plugin-alias';
//引入后缀解析模块
import resolve from '@rollup/plugin-node-resolve';
import path from 'path'
//导入兼容性处理模块
import legacy from '@vitejs/plugin-legacy'
//创建后缀解析器
const customResolver=resolve({
  extensions: ['.mjs', '.js', '.jsx', '.json', '.sass', '.scss','.vue']
});
//定义全路径头部信息
const projectRootDir=path.resolve(__dirname);

export default defineConfig({
  plugins: [
    vue(),
    //安装路径解析模块
    alias({
      entries: [
        {
          find: '~',
          replacement: path.resolve(projectRootDir, 'src')
          //OR place `customResolver` here. See explanation below.
        }
      ],
      customResolver
    }),
    resolve(),
    legacy({
      //定义应用构建目标
      targets: ['> 0.25 %', 'last 4 versions']
    })
  ],
  //配置构建时依赖采用相对路径加载
  base:''
})
```

(3) 在命令行工具中运行构建命令,此时 Vite 会按照 legacy 中定义的 targets 描述将 ESM 模块生成低端浏览器可兼容的 bundle。在 targets 属性的数组中按照 browserslist 的描述方式编写即可。构建后控制台中生成的日志如图 7-29 所示。

当浏览器原生支持 ESM 时,HTML 中的依赖会自动加载不带 legacy 字样的文件,当浏览器不支持 ESM 时会加载被处理过的带 legacy 字样的依赖。

图 7-29　构建后控制台中生成的日志的效果图

7.5.2　整合路由做页面划分

1. 整合路由框架

脚手架准备完毕后,下一步就是对项目集成路由框架并初始化项目最基本的视图架构,具体步骤如下。

(1) 用命令行工具打开 vue3-test 项目,在控制台中输入路由的安装命令,代码如下:

```
npm install vue-router@next -s
```

(2) 在 vue3-test/src 文件夹下创建 router 文件夹,在 router 文件夹中创建 index.js 文件,如图 7-30 所示。

(3) 在 vue3-test/src 目录下创建 views 文件夹,在 views 文件夹中创建 Index.vue 和 Login.vue 两个文件,如图 7-31 所示。

图 7-30　在 router 文件夹中创建 index.js
　　　　 文件的效果图

图 7-31　在 views 文件夹中创建 Index.vue 和
　　　　 Login.vue 两个文件的效果图

(4) 在 vue3-test/src/views/Login.vue 文件中初始化视图结构,代码如下:

```
<!-- 第 7 章 在 vue3-test/src/views/Login.vue 文件中初始化视图结构的代码案例 -->
<template>
    登录页面
</template>
<script setup>

</script>
<style lang="scss" scoped>

</style>
```

（5）在 vue3-test/src/views/Index.vue 文件中初始化视图结构，代码如下：

```
<!-- 第 7 章 在 vue3-test/src/views/Index.vue 文件中初始化视图结构的代码案例 -->
<template>
  首页
</template>
<script setup>

</script>
<style lang="scss" scoped>

</style>
```

（6）在 vue3-test/src/router/index.js 文件中初始化路由配置，代码如下：

```
//第 7 章 在 vue3-test/src/router/index.js 文件中初始化路由配置的代码案例
import { createRouter, createWebHashHistory } from 'vue-router'
import Index from '~/views/Index'
const routes=[
  {
    path:'/',
    name:'Index',
    component:Index
  },
  {
    path:'/login',
    name:'Login',
    component:() => import('~/views/Login')
  }
]
const router=createRouter({
  history:createWebHashHistory(),
  routes
})

export default router
```

（7）在 vue3-test/src/main.js 文件中将路由整合到 Vue 对象上，代码如下：

```
//第 7 章 在 vue3-test/src/main.js 文件中将路由整合到 Vue 对象上的代码案例
import { createApp } from 'vue'
import App from './App.vue'
//导入路由对象
import router from '~/router'
//整合路由对象
createApp(App).use(router).mount('#app')
```

（8）改造 vue3-test/src/App.vue 文件，加入路由容器组件，代码如下：

```
<!-- 第7章 加入路由容器组件的代码案例 -->
<script setup>

</script>

<template>
  <router-view></router-view>
</template>
<!-- 将预处理器设置为 scss -->
<style lang="scss">
  html,body,#app{
    margin: 0;
    width: 100%;
    height: 100%;
  }
</style>
```

（9）运行项目，访问 http://localhost:3000/#/ 和 http://localhost:3000/#/login 两个地址，展示对应的两个页面，如图 7-32 所示。

(a) 访问http://localhost:3000/#/时　　　　(b) 访问http://localhost:3000/#/login时

图 7-32　展示对应的两个页面的效果图

2. 构建多级路由

在后续的架构搭建中需要将首页再次细分为上、左、右结构，所以接下来为项目搭载多级路由结构，步骤如下。

（1）在 vue3-test/src/views 文件夹中创建 system 文件夹，在 system 文件夹内创建 user 文件夹、role 文件夹和 menu 文件夹，在这三个文件夹内分别创建 User.vue、Role.vue 和 Menu.vue 三个文件。创建的文件结构如图 7-33 所示。

（2）在创建的 User.vue 文件中初始化页面结构，代码如下：

图 7-33　创建文件结构
　　　　的效果图

```
<!-- 第 7 章 在创建的 User.vue 文件中初始化页面结构的代码案例 -->
<template>
  User.vue 页面
</template>
<script setup>
</script>
<style lang="scss" scoped>

</style>
```

（3）在创建的 Role.vue 文件中初始化页面结构，代码如下：

```
<!-- 第 7 章 在创建的 Role.vue 文件中初始化页面结构的代码案例 -->
<template>
  Role.vue 页面
</template>
<script setup>
</script>
<style lang="scss" scoped>

</style>
```

（4）在创建的 Menu.vue 文件中初始化页面结构，代码如下：

```
<!-- 第 7 章 在创建的 Menu.vue 文件中初始化页面结构的代码案例 -->
<template>
  Menu.vue 页面
</template>
<script setup>
</script>
<style lang="scss" scoped>

</style>
```

（5）在 vue3-test/src/router/index.js 文件中加入多级路由的配置文件，代码如下：

```
//第 7 章 在 vue3-test/src/router/index.js 文件中加入多级路由的配置文件的代码案例
import { createRouter, createWebHashHistory } from 'vue-router'
import Index from '~/views/Index'
const routes=[
  {
    path:'/',
    name:'Index',
    component:Index,
    //追加多级路由配置
    children:[
      {
```

```
      path:'/user',
      name:'User',
      component:()=>import('~/views/system/user/User')
    },
    {
      path:'/role',
      name:'Role',
      component:()=>import('~/views/system/role/Role')
    },
    {
      path:'/menu',
      name:'Menu',
      component:()=>import('~/views/system/menu/Menu')
    }
    ]
  },
  {
    path:'/login',
    name:'Login',
    component:()=>import('~/views/Login')
  }
]
const router=createRouter({
  history:createWebHashHistory(),
  routes
})

export default router
```

（6）在 vue3-test/src/views/Index.vue 文件中加入多级路由的测试用例，代码如下：

```
<!-- 第 7 章 在 vue3-test/src/views/Index.vue 文件中加入多级路由的测试用例的代码案例 -->
<template>
  首页
  <br>
  <router-link to="/user">用户管理</router-link> |
  <router-link to="/role">角色管理</router-link> |
  <router-link to="/menu">菜单管理</router-link>
  <br>
  <router-view></router-view>
</template>
<script setup>

</script>
<style lang="scss" scoped>

</style>
```

（7）运行项目并访问 http://localhost:3000 页面，单击任意导航菜单测试二级路由，如图 7-34 所示。

图 7-34　测试二级路由

7.5.3　整合 UI 框架 ElementPlus

1. 整合 ElementPlus 框架

接下来要在创建的 vue3-test 项目中加入 ElementPlus 实现友好的 UI 视图效果，具体步骤如下。

（1）在命令行工具中打开 vue3-test 项目，输入 ElementPlus 的安装命令，代码如下：

```
npm install element-plus -s
```

（2）接下来安装按需加载和自动加载的插件，在命令行工具中输入插件安装命令，代码如下：

```
npm install -D unplugin-vue-components unplugin-auto-import
```

（3）在 vue3-test/vite.config.js 文件中加入 ElementPlus 自动加载的配置，代码如下：

```
//第 7 章 在 vue3-test/vite.config.js 文件中加入 ElementPlus 自动加载的配置的代码案例
import { defineConfig } from 'vite'
import vue from '@vitejs/plugin-vue'
//引入路径解析模块
import alias from '@rollup/plugin-alias';
//引入后缀解析模块
import resolve from '@rollup/plugin-node-resolve';
import path from 'path'
//导入兼容性处理模块
import legacy from '@vitejs/plugin-legacy'
//导入按需加载和自动加载的插件
import AutoImport from 'unplugin-auto-import/vite'
```

```
import Components from 'unplugin-vue-components/vite'
import { ElementPlusResolver } from 'unplugin-vue-components/resolvers'

//创建后缀解析器
const customResolver=resolve({
  extensions: ['.mjs', '.js', '.jsx', '.json', '.sass', '.scss','.vue']
});
//定义全路径头部信息
const projectRootDir=path.resolve(__dirname);

export default defineConfig({
  plugins: [
    vue(),
    //安装路径解析模块
    alias({
      entries: [
        {
          find: '~',
          replacement: path.resolve(projectRootDir, 'src')
          //OR place `customResolver` here. See explanation below.
        }
      ],
      customResolver
    }),
    resolve(),
    legacy({
      //定义应用构建目标
      targets: ['> 0.25 %', 'last 4 versions']
    }),
    //配置按需加载和自动加载
    AutoImport({
      resolvers: [ElementPlusResolver()],
    }),
    Components({
      resolvers: [ElementPlusResolver()],
    })
  ],
  //配置构建时依赖采用相对路径加载
  base:''
})
```

在 vue3-test/src/views/Index.vue 文件中加入 ElementPlus 的按钮组件，代码如下：

```
<!-- 第7章 在 vue3-test/src/views/Index.vue 文件中加入 ElementPlus 的按钮组件的代码案例 -->
<template>
<!-- 加入按钮组件 -->
  <el-button type="warning">首页</el-button>
  <br>
```

```
    < router-link to="/user">用户管理</router-link> |
    < router-link to="/role">角色管理</router-link> |
    < router-link to="/menu">菜单管理</router-link>
    < br>
    < router-view></router-view>
</template>
< script setup>

</script>
< style lang="scss" scoped>

</style>
```

运行项目并访问 http://localhost:3000 页面,查看首页的按钮样式,如图 7-35 所示。

图 7-35   首页按钮样式的效果图

2. 搭建登录页面

ElementPlus 导入成功后,接下来要将登录页面的视图结构搭建出来,步骤如下。

(1) 在 vue3-test/src/views/Login.vue 文件中加入登录页面的基本结构,代码如下:

```
<!-- 第7章 在 vue3-test/src/views/Login.vue 文件中加入登录页面的基本结构的代码案例 -->
< template>
  < div class="login-form">
    < el-form :model="loginForm" :rules="rules" label-width="auto">
      < el-form-item prop="username" label="账号">
        < el-input clearable v-model="loginForm.username"
          placeholder="请输入账号" ></el-input>
      </el-form-item>
      < el-form-item prop="password" label="密码">
        < el-input clearable v-model="loginForm.password"
          placeholder="请输入密码" ></el-input>
      </el-form-item>
      < el-form-item>
        < el-button @click="handleLogin" type="primary">登录</el-button>
      </el-form-item>
    </el-form>
  </div>
```

```
</template>
<script setup>
  import { reactive } from 'vue'
  //导入 useRouter 模块
  import { useRouter } from 'vue-router'
  //获取 router 对象
  const router = useRouter()
  //创建响应式的表单数据
  const loginForm = reactive({
    username: '',
    password: ''
  })
  //创建表单验证器
  const rules = {
    username: [{ required: true, message: '账号不可以为空' }],
    password: [{ required: true, message: '密码不可以为空' }],
  }
  //创建单击事件
  const handleLogin = () => {
    router.push('/')
  }
</script>
<style lang="scss" scoped>
  .login-form{
    width: 400px;
    padding: 40px;
  }
</style>
```

（2）登录页面的视图结构和功能编写完毕后，运行项目并访问 http://localhost:3000/#/login 页面，查看登录页面的视图结构，如图 7-36 所示。

图 7-36　登录页面视图结构的效果图

3. 搭建上、左、右结构的首页

接下来搭建首页的上、左、右结构，按照上、左、右结构的模式搭建首页还需要创建多个文件进行支撑，具体步骤如下：

（1）在 vue3-test/src/views 目录下创建 layout 文件夹，在 layout 文件夹中创建 PHeader.vue、PMenu.vue 两个文件。创建的文件结构如图 7-37 所示。

图 7-37 创建文件结构的效果图

（2）在创建的 PHeader.vue 文件中初始化头部组件的内容，代码如下：

```
<!-- 第7章 在创建的 PHeader.vue 文件中初始化头部组件的内容的代码案例 -->
<template>
  <div class="p-header">
    <div class="p-title">
      商城后台管理系统
    </div>
    <div class="p-user-info">
      <el-dropdown trigger="click" @command="handleSelect">
        <span>当前用户：超级管理员</span>
        <template #dropdown>
          <el-dropdown-menu>
            <el-dropdown-item command="user">个人信息</el-dropdown-item>
            <el-dropdown-item command="exit" divided>退出登录</el-dropdown-item>
          </el-dropdown-menu>
        </template>
      </el-dropdown>
    </div>
  </div>
</template>
<script setup>
//引入对话框组件的样式,该样式不支持自动导入
  import 'element-plus/theme-chalk/el-message-box.css'
  import 'element-plus/theme-chalk/el-overlay.css'
  //引入对话框组件
  import { ElMessageBox } from 'element-plus'
  //引入路由对象
  import { useRouter } from 'vue-router'
  const router =useRouter()
  //弹出对话框的事件
  const handleSelect =async (command) => {
    if(command == 'exit'){
      let canLogout =await ElMessageBox.confirm("正在退出登录,是否继续?",'提示',{
```

```
            type:'warning'
          }).catch(err=>err)
          if(canLogout=='confirm'){
            router.push('/login')
          }
        }


    }
</script>

<style lang="scss" scoped>
  .p-header{
    margin-left: -20px;
    margin-right: -20px;
    padding: 0px 20px;
    height: 100%;
    background-color: #373d41;
    color: #ddd;
    display: flex;
    justify-content: space-between;
    align-items: center;
    .p-title{
      cursor: pointer;
      font-size: 20px;
      &:hover{
        color: #fff;
      }
    }
    :deep(.p-user-info){
      display: flex;
      align-items: center;
      cursor: pointer;
      .el-dropdown{
        color: #ddd;
      }

    }
  }
</style>
```

（3）在创建的 PMenu.vue 组件中初始化菜单组件的内容，代码如下：

```
<!-- 第7章 在创建的 PMenu.vue 组件中初始化菜单组件的内容的代码案例 -->
<template>
  <div class="p-menu">
    <el-menu
      default-active="1-1"
      background-color="#373d41"
```

```
                router
                text-color="#fff">
                <el-sub-menu index="1">
                    <template #title>
                        <span>系统设置</span>
                    </template>
                    <el-menu-item
                        index="1-1"
                        route="/user"
                        >
                        <span>用户管理</span>
                    </el-menu-item>
                    <el-menu-item
                        index="1-2"
                        route="/role"
                        >
                        <span>角色管理</span>
                    </el-menu-item>
                    <el-menu-item
                        index="1-3"
                        route="/menu"
                        >
                        <span>菜单管理</span>
                    </el-menu-item>
                </el-sub-menu>
            </el-menu>
        </div>
</template>
<script>

</script>

<style scoped lang="scss">
    .p-menu{
        height: 100%;
        background-color: #373d41;
        .el-menu{
            border-right: none;
        }
    }
</style>
```

（4）在 vue3-test/src/views/Index.vue 文件中初始化上、左、右结构，代码如下：

```
<!-- 第 7 章 在 vue3-test/src/views/Index.vue 文件中初始化上、左、右结构的代码案例 -->
<template>
    <el-container class="index-page">
        <el-header>
```

```
        <p-header></p-header>
      </el-header>
      <el-container>
        <el-aside>
          <p-menu></p-menu>
        </el-aside>
        <el-main>
          <router-view v-slot="{ Component }">
            <transition name="fade">
              <component :is="Component"></component>
            </transition>
          </router-view>
        </el-main>
      </el-container>
    </el-container>
  </template>
  <script setup>
    import PHeader from '~/views/layout/PHeader'
    import PMenu from '~/views/layout/PMenu'
  </script>
  <style lang="scss" scoped>
    .index-page{
      height: 100%;
    }
    :global(.fade-enter-active),:global(.fade-leave-active){
      position: absolute;
      width: 100%;
      transition: 0.5s all;
    }
    :global(.fade-enter-from),:global(.fade-leave-to){
      opacity: 0;
    }
  </style>
```

（5）运行项目并访问 http://localhost:3000 页面，查看构造后的首页结构，如图 7-38 所示。

图 7-38　构造后首页结构的效果图

7.5.4　集成状态管理框架和 HTTP 请求框架

1. 集成 Pinia

由于示例项目属于小型项目,在 Vue 2. x 的项目开发案例中也详细介绍了 Vuex 的搭建方式,所以本项目的状态管理采用 Pinia 实现,具体步骤如下。

(1) 在命令行工具中打开 vue3-test 项目,在控制台中输入 Pinia 的安装命令,代码如下:

```
npm install pinia -s
```

(2) 在 vue3-test/src 文件夹下创建 store 文件夹,在文件夹中创建 index. js 文件。创建的文件结构如图 7-39 所示

图 7-39　创建文件结构的效果图

(3) 在 vue3-test/src/store/index. js 文件中初始化 Store 对象,代码如下:

```
//第 7 章 在 vue3-test/src/store/index.js 文件中初始化 Store 对象的代码案例
import { defineStore } from 'pinia'
export const useStore=defineStore('main',{
  state:()=>{
    return {
      userInfo:{},
      token:''
    }
  },
  actions:{
    setToken(token){
      this.token=token
    },
    setUserInfo(userInfo){
      this.userInfo=userInfo
    }
  }
})
```

(4) 在 vue3-test/src/main. js 文件中初始化 Pinia 对象,代码如下:

```
//第 7 章 在 vue3-test/src/main.js 文件中初始化 Pinia 对象的代码案例
import { createApp } from 'vue'
```

```
import App from './App.vue'
//导入路由对象
import router from '~/router'
//导入 Pinia 的创建对象
import { createPinia } from 'pinia'
createApp(App)
//整合路由对象
.use(router)
//整合 Pinia 状态管理
.use(createPinia()).mount('#app')
```

（5）在 vue3-test/src/App.vue 文件中初始化全局 Store 的测试用例，代码如下：

```
<!-- 第7章 在 vue3-test/src/App.vue 文件中初始化全局 Store 的测试用例的代码案例 -->
<script setup>
//测试全局的 Store 对象
  import { useStore } from '~/store'
  const store =useStore()
  console.log(store)
</script>

<template>
  <router-view v-slot="{ Component }">
    <transition name="fade">
      <component :is="Component"></component>
    </transition>
  </router-view>
</template>
<!-- 将预处理器设置为 scss -->
<style lang="scss">
  html,body, #app{
    margin: 0;
    width: 100%;
    height: 100%;
  }
</style>
```

（6）运行项目并访问 http://localhost:3000 页面，查看浏览器 Web 控制台的输出内容，如图 7-40 所示。

2. 集成 HTTP 请求框架

在 Vue 3.x 项目中仍然使用 Axios 作为全局的 HTTP 请求框架，与 Vue 2.x 不同，Vue 3.x 中不再需要依赖 Vue 的全局对象来绑定 $http 对象，所以该框架只需外部配置，具体步骤如下。

（1）在命令行工具中打开 vue3-test 项目，在控制台中输入 Axios 的安装命令，代码如下：

图 7-40　浏览器 Web 控制台的输出内容的效果图

```
npm i axios -s
```

（2）在 vue3-test/src 目录下创建 http 文件夹，在 http 文件夹中创建 index.js 文件。创建的文件结构如图 7-41 所示。

图 7-41　创建文件结构的效果图

（3）在 vue3-test/src/http/index.js 文件中初始化请求对象内容，代码如下：

```
//第 7 章 在 vue3-test/src/http/index.js 文件中初始化请求对象内容的代码案例
//引入请求对象
import axios from 'axios'

import { ElNotification } from 'element-plus'
//Axios 本版本不支持 JSONP，自己拓展一个
axios.jsonp=(url)=>{
  if(!url){
    console.error('Axios.JSONP 至少需要一个 URL 参数！')
    return;
  }
  return new Promise((resolve)=>{
    window.jsonCallBack = (result)=>{
        resolve(result)
    }
    var JSONP = document.createElement("script");
```

```
    JSONP.type="text/JavaScript";
    JSONP.src=`${url}&callback=jsonCallBack`;
    document.body.appendChild(JSONP);
  })
}
axios.defaults.baseURL='/shop-service/v1'

//添加请求拦截器,所有在项目其他部分使用Axios的地方都会触发拦截器的执行
axios.interceptors.request.use(function (config) {
  //在发送请求之前做些什么
  return config;
}, function (error) {
  //对请求错误做些什么
  return Promise.reject(error);
});

//添加响应拦截器,所有在项目其他部分使用Axios的地方都会触发拦截器的执行
axios.interceptors.response.use(function (response) {
  //当请求失败时统一拦截进行提示
  if(response.data.code!=200){
    ElNotification({
      title:'提示',
      message:response.data.msg,
      type:'error'
    })
  }
  //对响应数据做点什么
  return response;
}, function (error) {
  //对服务器系统级别的异常进行提示
  ElNotification({
    title:'提示',
    message:error.message,
    type:'error'
  })
  //对响应错误做点什么
  return Promise.reject(error);
});
export default axios
```

（4）在 vue3-test/src/main.js 文件中引入 http 中的 index.js 文件，代码如下：

```
//第7章 在vue3-test/src/main.js文件中引入http中的index.js文件的代码案例
import { createApp } from 'vue'
import App from './App.vue'
//导入路由对象
import router from '~/router'
//导入Pinia的创建对象
```

```
import { createPinia } from 'pinia'
//让请求对象全局部分初始化
import '~/http'

createApp(App)
//整合路由对象
.use(router)
//整合 Pinia 状态管理
.use(createPinia()).mount('#app')
```

（5）由于对话框组件和通知组件的样式加载有严格的顺序要求，接下来在 vue3-test/src/views/layout/PHeader.vue 文件中引入通知组件的样式，代码如下：

```
<!-- 第 7 章 在 vue3-test/src/views/layout/PHeader.vue 文件中引入通知组件的样式的代码案例 -->
<template>
  <div class="p-header">
    <div class="p-title">
      商城后台管理系统
    </div>
    <div class="p-user-info">
      <el-dropdown trigger="click" @command="handleSelect">
        <span>当前用户：超级管理员</span>
        <template #dropdown>
          <el-dropdown-menu>
            <el-dropdown-item command="user">个人信息</el-dropdown-item>
            <el-dropdown-item command="exit" divided>退出登录</el-dropdown-item>
          </el-dropdown-menu>
        </template>
      </el-dropdown>
    </div>
  </div>
</template>
<script setup>
//引入对话框组件的样式,该样式不支持自动导入
  import 'element-plus/theme-chalk/el-message-box.css'
  import 'element-plus/theme-chalk/el-overlay.css'
  //加载通知组件的样式
  import 'element-plus/theme-chalk/el-notification.css'
  //引入对话框组件
  import { ElMessageBox } from 'element-plus'
  //引入路由对象
  import { useRouter } from 'vue-router'
  const router=useRouter()
  //弹出对话框的事件
  const handleSelect=async (command)=>{
    if(command=='exit'){
    let canLogout=await ElMessageBox.confirm("正在退出登录,是否继续?",'提示',{
```

```
        type:'warning'
    }).catch(err => err)
    if(canLogout == 'confirm'){
      router.push('/login')
    }
  }

}
</script>

<style lang="scss" scoped>
  .p-header{
    margin-left: -20px ;
    margin-right: -20px;
    padding: 0px 20px;
    height: 100% ;
    background-color: #373d41;
    color: #ddd;
    display: flex;
    justify-content: space-between;
    align-items: center;
    .p-title{
      cursor: pointer;
      font-size: 20px;
      &:hover{
        color:#fff;
      }
    }
    :deep(.p-user-info){
      display: flex;
      align-items: center;
      cursor: pointer;
      .el-dropdown{
        color: #ddd;
      }
    }

  }
</style>
```

7.5.5　实现纯函数式的业务开发

顺利过渡到本节内容意味着 vue3-test 项目已经集成了开发所需的所有插件,本节以
Vue 3.x 框架的函数式编程方式为核心介绍实际业务开发的具体编程方式。本节仍然使用
第 5 章提供的 shop-service 项目来提供业务开发所使用的后台服务接口,项目的在线仓库
网址为 https://gitee.com/LeoZhang1989/shop-service。

1. 实现登录和退出登录

登录和退出登录也是实际项目开发中的起点,有了用户和游客身份区别才能保证项目更加安全可靠。登录和退出登录的实现步骤如下。

(1)登录业务需要在全局保存用户信息和接口访问凭证,第5章的项目采用直接操作 sessionStorage 的方式来保存用户数据和 token,本章采用 Pinia 来对全局的登录状态进行维护。接下来需要安装状态持久化插件 pinia-plugin-persistedstate 实现公共状态的持久化。在命令行工具中打开 vue3-test 项目,在控制台中输入安装命令,代码如下:

```
npm i pinia-plugin-persistedstate -s
```

(2)在 vue3-test/src/store/index.js 文件中加入持久化配置,代码如下:

```
//第 7 章 在 vue3-test/src/store/index.js 文件中加入持久化配置的代码案例
import { defineStore } from 'pinia'
export const useStore=defineStore('main',{
  state:()=>{
    return {
      userInfo:{},
      token:''
    }
  },
  actions:{
    setToken(token){
      this.token=token
    },
    setUserInfo(userInfo){
      this.userInfo=userInfo
    }
  },
  //持久化配置
  persist: {
    key: 'storekey',              //保存在持久化对象的 key
    storage: window.sessionStorage, //数据持久化在哪个缓存对象中
    paths: ['userInfo','token'],  //缓存 state 中定义的属性列表
    overwrite: true,              //支持缓存重写
    //在 Store 重置前触发
    beforeRestore: (context)=>{
      console.log(context)
      console.log('Before hydration...')
    },
    //在 Store 重置后触发
    afterRestore: (context)=>{
      console.log(context)
      console.log('After hydration...')
    },
  }
})
```

（3）在 vue3-test/src/main.js 文件中加载持久化插件，代码如下：

```
//第 7 章 在 vue3-test/src/main.js 文件中加载持久化插件的代码案例
import { createApp } from 'vue'
import App from './App.vue'
//导入路由对象
import router from '~/router'
//导入 Pinia 的创建对象
import { createPinia } from 'pinia'
//导入 Store 持久化插件
import piniaPluginPersistedstate from 'pinia-plugin-persistedstate'
//让请求对象全局部分初始化
import '~/http'
//创建 Pinia 实例对象
const pinia=createPinia()
//使用 Pinia 加载持久化插件
pinia.use(piniaPluginPersistedstate)
createApp(App)
//整合路由对象
.use(router)
//整合 Pinia 状态管理
.use(pinia).mount('#app')
```

（4）在 vue3-test/src 文件夹下创建 apis 文件夹，在 apis 文件夹内部创建 user-api.js 文件。创建的文件结构如图 7-42 所示。

图 7-42 创建文件结构的效果图

（5）在 vue3-test/src/apis/user-api.js 文件中创建登录接口的调用函数，代码如下：

```
//第 7 章 在 vue3-test/src/apis/user-api.js 文件中创建登录接口的调用函数的代码案例
import http from '~/http'
export const login=(userInfo)=>{
  return http({
    url:'/user/login',
    method:'post',
    data:userInfo
  })
}
```

（6）在 vue3-test/src/store/index.js 文件中加入实现登录业务的内容，代码如下：

```
//第 7 章 在 vue3-test/src/store/index.js 文件中加入实现登录业务的内容的代码案例
import { defineStore } from 'pinia'
//导入登录接口调用函数
import { login } from '~/apis/user-api'
//导入路由模块
import router from '~/router'
export const useStore=defineStore('main',{
  state:()=>{
    return {
      userInfo:{},
      token:''
    }
  },
  actions:{
    setToken(token){
      this.token=token
    },
    setUserInfo(userInfo){
      this.userInfo=userInfo
    },
    //定义登录函数
    async login(userInfo){
      //调用接口
      let { data:resData }=await login(userInfo)
      let { code,data }=resData
      //接口调用成功时
      if(code==200){
        //获取用户信息和 token
        let { userInfo,token }=data
        //持久化两个属性
        this.setUserInfo(userInfo)
        this.setToken(token)
        //跳转到首页
        router.push('/')
      }
    }
  },
  //持久化配置
  persist: {
    key: 'storekey',                    //保存在持久化对象的 key
    storage: window.sessionStorage,     //数据持久化在哪个缓存对象中
    paths: ['userInfo','token'],        //缓存 state 中定义的属性列表
    overwrite: true,                    //支持缓存重写
    //在 Store 重置前触发
    beforeRestore: (context)=>{
      console.log(context)
      console.log('Before hydration...')
```

```
    },
    //在 Store 重置后触发
    afterRestore: (context) = > {
      console.log(context)
      console.log('After hydration...')
    },
  }
})
```

（7）在 vue3-test/src/views/Login. vue 文件中实现登录接口的调用,代码如下:

```
<!-- 第 7 章 在 vue3-test/src/views/Login. vue 文件中实现登录接口的调用的代码案例 -->
< template >
  < div class ="login-form">
    < el-form :model ="loginForm" :rules ="rules" label-width="auto">
      < el-form-item prop ="username" label="账号">
        < el-input clearable v-model ="loginForm. username"
          placeholder ="请输入账号" ></el-input >
      </el-form-item >
      < el-form-item prop ="password" label="密码">
        < el-input clearable v-model ="loginForm. password"
          placeholder ="请输入密码" ></el-input >
      </el-form-item >
      < el-form-item >
        < el-button @click="handleLogin" type ="primary">登录</el-button >
      </el-form-item >
    </el-form >
  </div >

</template >
< script setup >
  import { reactive } from 'vue'
  //导入 useRouter 模块
  import { useRouter } from 'vue-router'
  import { useStore } from '~/store'
  const store =useStore()
  //获取 router 对象
  const router =useRouter()
  //创建响应式的表单数据
  const loginForm =reactive({
    username:'',
    password:''
  })
  //创建表单验证器
  const rules ={
    username:[{required:true,message:'账号不可以为空'}],
    password:[{required:true,message:'密码不可以为空'}],
  }
```

```
    //创建单击事件
    const handleLogin=()=>{
      //调用登录接口
      store.login(loginForm)
    }
</script>
<style lang="scss" scoped>
  .login-form{
      width: 400px;
      padding: 40px;
  }
</style>
```

（8）运行后台接口服务 shop-service 项目，由于该项目运行在 http://localhost:3000 端口上，所以接下来改造 vue3-test/vite.config.js 文件，修改 Vite 项目的运行端口并配置反向代理，代码如下：

```
//第 7 章 修改 Vite 项目的运行端口并配置反向代理的代码案例
import { defineConfig } from 'vite'
import vue from '@vitejs/plugin-vue'
//引入路径解析模块
import alias from '@rollup/plugin-alias';
//引入后缀解析模块
import resolve from '@rollup/plugin-node-resolve';
import path from 'path'
//导入兼容性处理模块
import legacy from '@vitejs/plugin-legacy'
//导入按需加载和自动加载的插件
import AutoImport from 'unplugin-auto-import/vite'
import Components from 'unplugin-vue-components/vite'
import { ElementPlusResolver } from 'unplugin-vue-components/resolvers'

//创建后缀解析器
const customResolver=resolve({
  extensions: ['.mjs', '.js', '.jsx', '.json', '.sass', '.scss','.vue']
});
//定义全路径头部信息
const projectRootDir=path.resolve(__dirname);

export default defineConfig({
  //配置本地服务
  server:{
    port:8080,//将端口设置为 8080
    //配置接口调用的反向代理
    proxy: {
      '/public': {
        target: 'http://localhost:3000',
```

```
        changeOrigin: true,
      },
      '/shop-service': {
        target: 'http://localhost:3000',
        changeOrigin: true,
      },
    }
  },
  plugins: [
    vue(),
    //安装路径解析模块
    alias({
      entries: [
        {
          find: '~',
          replacement: path.resolve(projectRootDir, 'src')
          //OR place `customResolver` here. See explanation below.
        }
      ],
      customResolver
    }),
    resolve(),
    legacy({
      //定义应用构建目标
      targets: ['> 0.25 %', 'last 4 versions']
    }),
    //配置按需加载和自动加载
    AutoImport({
      resolvers: [ElementPlusResolver()],
    }),
    Components({
      resolvers: [ElementPlusResolver()],
    })
  ],
  //配置构建时依赖采用相对路径加载
  base: ''
})
```

（9）先启动 shop-service 服务接口项目，再启动 vue3-test 项目并访问 http://localhost:8080/♯/login 页面。分别输入正确和错误的账号和密码，测试登录成功和失败的效果，如图 7-43 所示。

（10）由于配置了持久化状态的插件，登录后访问浏览器的 Web 控制台的 Application 模块，在模块中查看状态存储的结果，如图 7-44 所示。

（11）在 vue3-test/src/http/index.js 文件中的请求拦截器中追加接口调用凭证，代码如下：

(a) 登录失败时　　　　　　　　　　　　　(b) 登录成功后

图 7-43　测试登录成功和失败的效果图

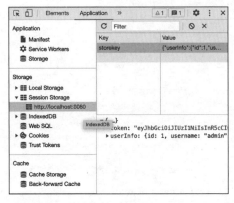

图 7-44　查看状态存储的结果

```
//第 7 章 在 vue3-test/src/http/index.js 文件中的请求拦截器中追加接口调用凭证的代码案例
//引入请求对象
import axios from 'axios'
import { ElNotification } from 'element-plus'
//引入 useStore 模块
import {useStore} from '~/store'
//Axios 本版本不支持 JSONP,自己拓展一个
axios.jsonp=(url)=>{
  if(!url){
    console.error('Axios.JSONP 至少需要一个 URL 参数!')
    return;
  }
  return new Promise((resolve)=>{
    window.jsonCallBack = (result)=>{
        resolve(result)
    }
    var JSONP = document.createElement("script");
    JSONP.type="text/JavaScript";
    JSONP.src=`${url}&callback=jsonCallBack`;
```

```
        document.body.appendChild(JSONP);
    })
}
axios.defaults.baseURL='/shop-service/v1'

//添加请求拦截器,所有在项目其他部分使用Axios的地方都会触发拦截器的执行
axios.interceptors.request.use(function (config) {
    //获取全局状态对象
    const store=useStore()
    //获取token属性
    console.log(store.token)
    //在请求中加入token
    if(store.token){
        config.headers['Authorization']='Bearer ' + store.token
    }
    return config;
}, function (error) {
    //对请求错误做些什么
    return Promise.reject(error);
});

//添加响应拦截器,所有在项目其他部分使用Axios的地方都会触发拦截器的执行
axios.interceptors.response.use(function (response) {
    //当请求失败时统一拦截进行提示
    console.log(response)
    if(response.data.code!= 200){
        ElNotification({
            title:'提示',
            message:response.data.msg,
            type:'error'
        })
    }
    //对响应数据做点什么
    return response;
}, function (error) {
    //对服务器系统级别的异常进行提示
    ElNotification({
        title:'提示',
        message:error.message,
        type:'error'
    })
    //对响应错误做点什么
    return Promise.reject(error);
});
export default axios
```

(12) 在 vue3-test/src/views/layout/PHeader.vue 文件中加入退出登录的功能,代码如下:

```
<!-- 第 7 章 在 vue3-test/src/views/layout/PHeader.vue 文件中加入退出登录的功能的代码案例 -->
<template>
  <div class="p-header">
    <div class="p-title">
      商城后台管理系统
    </div>
    <div class="p-user-info">
      <el-dropdown trigger="click" @command="handleSelect">
        <span>当前用户：超级管理员</span>
        <template #dropdown>
          <el-dropdown-menu>
            <el-dropdown-item command="user">个人信息</el-dropdown-item>
            <el-dropdown-item command="exit" divided>退出登录</el-dropdown-item>
          </el-dropdown-menu>
        </template>
      </el-dropdown>
    </div>
  </div>
</template>
<script setup>
//引入对话框组件的样式,该样式不支持自动导入
  import 'element-plus/theme-chalk/el-message-box.css'
  import 'element-plus/theme-chalk/el-overlay.css'
  //加载通知组件的样式
  import 'element-plus/theme-chalk/el-notification.css'
  //引入对话框组件
  import { ElMessageBox } from 'element-plus'
  //引入路由对象
  import { useRouter } from 'vue-router'
  //引入 useStore
  import { useStore } from '~/store'
  const router = useRouter()
  const store = useStore()
  //弹出对话框的事件
  const handleSelect = async (command) => {
    if(command == 'exit'){
      let canLogout = await ElMessageBox.confirm("正在退出登录,是否继续?",'提示',{
        type:'warning'
      }).catch(err => err)
      if(canLogout == 'confirm'){
        //重置全局仓库
        store.$reset()
        //返回登录页面
        router.push('/login')
      }
    }

  }
```

```scss
</script>

<style lang="scss" scoped>
  .p-header{
    margin-left: -20px;
    margin-right: -20px;
    padding: 0px 20px;
    height: 100%;
    background-color: #373d41;
    color: #ddd;
    display: flex;
    justify-content: space-between;
    align-items: center;
    .p-title{
      cursor: pointer;
      font-size: 20px;
      &:hover{
        color: #fff;
      }
    }
    :deep(.p-user-info){
      display: flex;
      align-items: center;
      cursor: pointer;
      .el-dropdown{
        color: #ddd;
      }

    }
  }
</style>
```

（13）在 vue3-test/src/router/index.js 文件中加入全局导航守卫，实现页面权限控制，代码如下：

```js
//第7章 实现页面权限控制的代码案例
import { createRouter, createWebHashHistory } from 'vue-router'
import Index from '~/views/Index'
//导入通知组件
import { ElNotification } from 'element-plus'
//导入全局状态仓库
import { useStore } from '~/store'
const routes=[
  {
    path:'/',
    name:'Index',
    component:Index,
    //追加多级路由配置
```

```
    children:[
      {
        path:'/user',
        name:'User',
        component:() => import('~/views/system/user/User')
      },
      {
        path:'/role',
        name:'Role',
        component:() => import('~/views/system/role/Role')
      },
      {
        path:'/menu',
        name:'Menu',
        component:() => import('~/views/system/menu/Menu')
      }
    ]
  },
  {
    path:'/login',
    name:'Login',
    component:() => import('~/views/Login')
  }
]
const router=createRouter({
  history:createWebHashHistory(),
  routes
})
//全局的前置守卫
router.beforeEach((to,from,next) => {
  //获取登录状态
  const store=useStore()
  if(to.path != '/login' && store.token == ''){
    ElNotification.error({
      title:'提示',
      message:'您还没有登录,无权访问当前页面,已为您跳转到登录页面'
    })
    next('/login')
  }else{
    next()
  }
})

export default router
```

（14）到此步骤,登录和退出登录的完整流程便实现完毕了。

2. 实现菜单和 Tabs 组件的状态共享

接下来在实现登录的基础上实现菜单的查询和 Tabs 组件的状态共享,步骤如下。

（1）在 vue3-test/src/apis 文件夹下创建 menu-api.js 文件，在文件内加入根据角色 id 获取菜单列表的接口调用函数，代码如下：

```
//第 7 章 在文件内加入根据角色 id 获取菜单列表的接口调用函数的代码案例
import http from '~/http'
export const getMenuListByRoleId=(roleId)=>{
  return http({
    url:`/menu/list/all/role/${roleId}`,
    method:'post'
  })
}
```

（2）在 vue3-test/src/store 文件夹中创建 menu.js 文件，在文件内加入菜单模块的基础状态结构，代码如下：

```
//第 7 章 在文件内加入菜单模块的基础状态结构的代码案例
import { defineStore } from 'pinia'
import { getMenuListByRoleId } from '~/apis/menu-api'
import { ElNotification } from 'element-plus'
import router from '~/router'
export const useMenuStore=defineStore('menu',{
  state:()=>{
    return {
      activeMenuId:'',
      menuList:[],
      tabsList:[]
    }
  },
  actions:{
    setActiveMenuId(activeMenuId){
      this.activeMenuId=activeMenuId
    },
    pushMenuIntoTabsList(menuItem){
      let tabsList=this.tabsList
      tabsList.push(menuItem)
      tabsList=Array.from(new Set(tabsList))
      this.tabsList=tabsList
    },
    removeItemByMenuId(menuId){
      let tabsList=this.tabsList
      let targetIndex
      if(tabsList.length==1){
        ElNotification.error({
          title:'提示',
          message:'最后一个页面不允许关闭'
        })
        return
```

```
    }
    for(let i=0;i<tabsList.length;i++){
      if(menuId==tabsList[i].id){
        targetIndex=i
      }
    }
    if(targetIndex!==undefined){
      if(this.activeMenuId==menuId){
        if(targetIndex<tabsList.length-1){
          router.push(tabsList[targetIndex+1].url)
          this.activeMenuId=tabsList[targetIndex+1].id
        }else{
          router.push(tabsList[targetIndex-1].url)
          this.activeMenuId=tabsList[targetIndex-1].id
        }
        tabsList.splice(targetIndex,1)
      }else{
        tabsList.splice(targetIndex,1)
      }
    }
    this.tabsList=tabsList
  },
  async getMenuListByRoleId(roleId){
    if(this.menuList.length==0){
      let { data:resData }=await getMenuListByRoleId(roleId)
      let { code, data }=resData
      if(code==200){
        //通过 commit 触发 mutations 中的 setMenuList 执行并传入数据
        this.menuList=data
        this.activeMenuId=this.menuList[0].children[0].id
        this.tabsList=[this.menuList[0].children[0]]
        router.push(this.menuList[0].children[0].url)
      }
    }

  }
},
persist:{
  key: 'menuStore',                              //保存在持久化对象的 key
  storage: window.sessionStorage,                //数据持久化在哪个缓存对象中
  paths: ['menuList','tabsList','activeMenuId'], //缓存 state 中定义的属性列表
  overwrite: true,                               //支持缓存重写
  }
})
```

（3）在 vue3-test/src/views/layout/PMenu.vue 文件中，将菜单渲染的内容改造成后台返回的数据，代码如下：

```html
<!-- 第7章 将菜单渲染的内容改造成后台返回的数据的代码案例 -->
<template>
  <div class="p-menu">
    <el-menu
      ref="menu"
      :default-active="menuStore.activeMenuId + ''"
      background-color="#373d41"
      router
      text-color="#fff">
      <el-sub-menu v-for="item in menuStore.menuList" :index="item.id + ''" :key=
"item.id + ''">
        <template #title>
          <span>{{item.name}}</span>
        </template>
        <el-menu-item
          v-for="itemChild in item.children"
          :key="itemChild.id + ''"
          :index="itemChild.id + ''"
          :route="itemChild.url"
          @click="handleClickMenu(itemChild)"
          >
          <span>{{itemChild.name}}</span>
        </el-menu-item>

      </el-sub-menu>
    </el-menu>
  </div>
</template>
<script setup>
  //获取菜单 Store
  import { useMenuStore } from '~/store/menu'
  //获取全局 Store 对象
  import { useStore } from '~/store'
  import { getCurrentInstance, onMounted } from 'vue'

  const store = useStore()
  const menuStore = useMenuStore()
  //获取组件的实例对象
  const internalInstance = getCurrentInstance()
  //调用根据角色 id 查询菜单列表的接口
  await menuStore.getMenuListByRoleId(store.userInfo.roleId)
  const handleClickMenu = (menuItem) => {
    //更新激活的菜单项的 id
    menuStore.setActiveMenuId(menuItem.id + '')
    //更新标签页组件共享的数据
    menuStore.pushMenuIntoTabsList(menuItem)
  }
</script>
```

```scss
< style scoped lang="scss">
  .p-menu{
    height: 100%;
    background-color: #373d41;
    .el-menu{
      border-right: none;
    }
  }
</style>
```

（4）使用了顶层 await 后，PMenu. vue 文件自动升级为异步组件，在 vue3-test/src/views/Index. vue 文件中加入异步组件的引入，代码如下：

```html
<!-- 第 7 章 在 vue3-test/src/views/Index.vue 文件中加入异步组件的引入的代码案例 -->
< template >
  < el-container class="index-page">
    < el-header >
      < p-header ></p-header >
    </el-header >
    < el-container >
      < el-aside >
        <!-- 加入异步组件的引入 -->
        < suspense >
          < template #default >
            < p-menu ></p-menu >
          </template >
          < template #fallback >
            ...
          </template >
        </suspense >

      </el-aside >
      < el-main >
        < router-view v-slot="{ Component }">
          < transition name="fade">
            < component :is="Component"></component >
          </transition >
        </router-view >
      </el-main >
    </el-container >
  </el-container >
</template >
< script setup >
  import PHeader from '~/views/layout/PHeader'
  import PMenu from '~/views/layout/PMenu'
</script >
< style lang="scss" scoped >
  .index-page{
```

```
    height: 100%;
  }
  :global(.fade-enter-active),:global(.fade-leave-active){
    position: absolute;
    width: 100%;
    transition: 0.5s all;
  }
  :global(.fade-enter-from),:global(.fade-leave-to){
    opacity: 0;
  }
</style>
```

（5）运行项目登录并访问 http：//localhost：8080 页面，查看此时的首页，如图 7-45
所示。

图 7-45　此时首页的效果图

（6）在 vue3-test/src/views/layout 文件夹中创建名为 PTabs.vue 的文件，并且在该文
件内创建 Tabs 组件的基本结构，代码如下：

```
<!-- 第 7 章 在 PTabs.vue 文件内创建 Tabs 组件的基本结构的代码案例 -->
<template>
  <el-tabs v-model="activeMenuId"
    class="p-tabs"
    type="card"
    @tab-click="handleClick"
    @tab-remove="handleClose"
    closable>
    <el-tab-pane v-for="item in menuStore.tabsList"
      :key="item.id + ''"
      :label="item.name" :name="item.id + ''"
```

```
      ></el-tab-pane>
    </el-tabs>
</template>
<script setup>
  import { useMenuStore } from '~/store/menu'
  import { computed } from 'vue'
  import { useRouter, useRoute } from 'vue-router'
  const menuStore = useMenuStore()
  const router = useRouter()
  const route = useRoute()
  let activeMenuId = computed({
    set(activeMenuId){
      menuStore.setActiveMenuId(activeMenuId)
    },
    get(){
      return menuStore.activeMenuId + ''
    }
  })


  const handleClose = (menuId) => {
    menuStore.removeItemByMenuId(menuId)
  }
  const handleClick = (menuItem) => {
    let [clickItem] = menuStore.tabsList.filter(item => item.id == menuItem.props.name)
    //console.log(clickItem)
    if(route.path != clickItem.url){
      router.push(clickItem.url)
    }
  }
</script>

<style scoped lang="scss">

</style>
```

（7）最后改造 vue3-test/src/views/Index.vue 文件实现整个首页的结构搭建，代码如下：

```
<!-- 第 7 章 实现整个首页的结构搭建的代码案例 -->
<template>
  <el-container class="index-page">
    <el-header>
      <p-header></p-header>
    </el-header>
    <el-container>
      <el-aside>
        <!-- 加入异步组件 -->
```

```html
      <suspense>
        <template #default>
          <p-menu></p-menu>
        </template>
        <template #fallback>
          ...
        </template>
      </suspense>

    </el-aside>
    <el-main>
      <p-tabs></p-tabs>
      <router-view v-slot="{ Component }">
        <transition name="fade">
          <component :is="Component"></component>
        </transition>
      </router-view>
    </el-main>
  </el-container>
  </el-container>
</template>
<script setup>
  import PHeader from '~/views/layout/PHeader'
  import PMenu from '~/views/layout/PMenu'
  import PTabs from '~/views/layout/PTabs'
</script>
<style lang="scss" scoped>
  .index-page{
    height: 100%;
  }
  :global(.fade-enter-active),:global(.fade-leave-active){
    position: absolute;
    width: 100%;
    transition: 0.5s all;
  }
  :global(.fade-enter-from),:global(.fade-leave-to){
    opacity: 0;
  }
</style>
```

(8) 运行项目,登录并访问 http://localhost:8080/页面,查看菜单和 Tabs 的联动效果,如图 7-46 所示。

(9) 到此步骤,菜单和 Tabs 的联动效果便实现完毕了。

3. 实现用户管理模块的查询和删除业务

接下来通过完成用户管理模块的业务深入地学习实际业务开发中的函数式编程方式,步骤如下。

图 7-46 菜单和 Tabs 联动的效果图

（1）在 vue3-test/src/apis 文件夹中创建 user-api.js 和 role-api.js 两个文件。创建的文件结构如图 7-47 所示。

图 7-47 创建文件结构的效果图

（2）在创建的 user-api.js 文件中完成用户模块所有需要的接口调用函数，代码如下：

```
//第 7 章 在创建的 user-api.js 文件中完成用户模块所有需要的接口调用函数的代码案例
import http from '～/http'
export const login=(userInfo)=>{
  return http({
    url:'/user/login',
    method:'post',
    data:userInfo
  })
}
//分页查询用户列表的接口调用函数
```

```
export const getUserListForPage=(queryForm)=>{
  return http({
    url:'/user/list/page',
    method:'get',
    params:queryForm
  })
}

export const insertUser=(addForm)=>{
  return http({
    url:'/user/insert',
    method:'put',
    data:addForm                    //由于参数通过 requestBody 携带,所以使用 data 属性
  })
}

export const findUserById=(id)=>{
  return http({
    //该接口采用 path 传递数据,所以将参数直接拼接到请求的 URL 路径即可
    url:`/user/find/id/${id}`,
    method:'get'
  })
}

export const updateUser=(addForm)=>{
  return http({
    url:'/user/update',
    method:'put',
    data:addForm                    //由于参数通过 requestBody 携带,所以使用 data 属性
  })
}
export const deleteUserById=(id)=>{
  return http({
    url:`/user/id/${id}`,
    method:'delete'
  })
}
```

（3）在创建的 role-api.js 文件中完成角色列表查询的接口调用函数,代码如下：

```
//第 7 章 在创建的 role-api.js 文件中完成角色列表查询的接口调用函数的代码案例
import http from '~/http'

export const getRoleListAll=()=>{
  return http({
    url:'/role/list/all',
    method:'get'
  })
}
```

（4）在 vue3-test/src/store 文件夹下创建 user.js 文件，在文件中初始化用户模块的所有业务函数，代码如下：

```javascript
//第 7 章 在文件中初始化用户模块的所有业务函数的代码案例
import { defineStore } from 'pinia'
import {
  getUserListForPage,
  insertUser,
  findUserById,
  updateUser,
  deleteUserById
} from '~/apis/user-api'

import router from '~/router'
import { ElNotification } from 'element-plus'
import { getRoleListAll } from '~/apis/role-api'
export const useUserStore=defineStore('user',{
  state:() =>({
    list:[],
    page:{},
    roleList:[]
  }),
  actions:{
    //调用分页查询接口的代码
    async getUserListForPage(queryForm){
      let { data:resData }=await getUserListForPage(queryForm)
      let { code,data }=resData
      if( code==200 ){
        let { list,page }=data
        this.list=list
        this.page=page
      }
    },
    async getRoleListAll(){
      let { data:resData }=await getRoleListAll()
      let { code,data }=resData
      if(code==200){
        this.roleList=data.list
      }
    },
    async insertUser(addForm){
      //调用新增接口
      let { data }=await insertUser(addForm)
      //调用成功时弹出提示
      if(data.code==200){
        ElNotification.success({
          title:'提示',
          message:data.msg
```

```
        })
      }
      //返回查询页面
      router.push('/user')
    },
    async findUserById(id){
      let { data:resData }=await findUserById(id)
      let { code,data }=resData
      if(code==200){
        return data
      }else{
        return {}
      }
    },
    async updateUser(addForm){
      //调用新增接口
      let { data }=await updateUser(addForm)
      //调用成功时弹出提示
      if(data.code==200){
        ElNotification.success({
          title:'提示',
          message:data.msg
        })
      }
      //返回查询页面
      router.push('/user')
    },
    deleteUserById(id){
      deleteUserById(id)
    }
  },

})
```

（5）在 vue3-test/src/views/system/user/User.vue 文件中完成用户查询和用户删除功能，代码如下：

```
<!-- 第7章 完成用户查询和用户删除功能的代码案例 -->
<!-- User.vue 代码 -->
<template>
  <div>
    <el-form inline :model="queryForm">
      <el-form-item label="用户账号">
        <el-input placeholder="请输入" clearable v-model="queryForm.username"></el-input>
      </el-form-item>
      <el-form-item>
        <el-button type="primary" @click="handleClick">查询</el-button>
```

```
      </el-form-item>
      <!-- 追加的代码 -->
      <el-form-item>
        <router-link to="/user-add">
          <el-button type="success">新增</el-button>
        </router-link>
      </el-form-item>
      <!-- 追加的代码 -->
  </el-form>
  <!--
      使用 table 组件
      border 为展示边框
      size 与表单控件的 size 用法相同
      data 为表格的数据属性传入表格的数据格式为[{key:value,key:value}],必须是 JSON 数组
  -->
  <el-table
      border

      :data="userStore.list">
      <!-- 表格的列对象
          每个 el-table-column 代表一列
          label 表示 table 的 thead 中的 th 内的内容
          prop 代表当前这一列引用的数据是传入的[{key:value,key:value}]哪个 key 的数据
      -->
      <el-table-column label="账号" prop="username"></el-table-column>
      <el-table-column label="昵称" prop="nickname"></el-table-column>
      <el-table-column label="部门" prop="deptName"></el-table-column>
      <el-table-column label="角色" prop="roleName">
        <!--
            这个是 el-table-column
            中通过 slot 实现自定义插入数据的写法,
            通过 template 嵌套之后可以在 v-slot="{row}"中获得每行的数据
            row 存储的就是 list 中每行的 JSON 对象
        -->
        <template v-slot="{row}">
          <el-tag size="small">
            {{row.roleName}}
          </el-tag>
        </template>
      </el-table-column>
      <el-table-column label="创建时间" prop="insertTime">
        <template v-slot="{row}">
          {{formatTime(row.insertTime)}}
        </template>
      </el-table-column>
      <el-table-column label="操作">
        <template v-slot="{row}">
          <el-button @click="handleEdit(row.id)" type="warning">修改</el-button>
          <el-button @click="handleRemove(row.id)" type="danger">删除</el-button>
```

```
        </template>
      </el-table-column>
    </el-table>
    <!-- 分页器组件 -->
    <el-pagination
      @size-change="handleSizeChange"
      @current-change="handleCurrentChange"
      :current-page="queryForm.pno"
      :page-size="queryForm.psize"
      layout="total, sizes, prev, pager, next, jumper"
      :total="userStore.page.totalElements">
    </el-pagination>
  </div>
</template>
<script setup>
  import { useUserStore } from '~/store/user'
  import { reactive,onMounted } from 'vue'
  import { useRouter } from 'vue-router'
  import { ElMessageBox } from 'element-plus'
  const userStore=useUserStore()
  const router=useRouter()
  let queryForm=reactive({
    pno:1,                              //页号
    psize:10,                           //每页多少条
    name:''                             //用户账号
  })
  onMounted(()=>{
    console.log(123)
    userStore.getUserListForPage(queryForm)
  })
  const handleClick=()=>{
    queryForm.pno=1
    userStore.getUserListForPage(queryForm)
  }
  //单击分页组件的每页多少条切换时会触发这个回调,参数就是切换的条数
  const handleSizeChange=(psize)=>{
    queryForm.psize=psize
    queryForm.pno=1;
    //数据发生变化之后重新调用查询方法
    userStore.getUserListForPage(queryForm)
  }
  //单击分页组件"上一页""下一页"切换页面时触发的回调,参数就是跳到哪一页
  const handleCurrentChange=(pno)=>{
    queryForm.pno=pno
    //改变请求的参数重新查询当页的数据
    userStore.getUserListForPage(queryForm)
  }
  //单击修改时触发
  const handleEdit=(id)=>{
    //跳转至修改页面并传入数据的 id
    router.push({
```

```
          path:'/user-edit',
          query:{
            id
          }
        })
      }
    //单击"删除"按钮时触发
    const handleRemove=async (id)=>{
      /* ------ 追加的代码 ------ */
      //弹出询问框确认是否删除
      let canRemove=await ElMessageBox.confirm('正在删除当前数据是否继续','提示',{
        type:'warning'
      }).catch(err=>err)
      if(canRemove=='confirm'){
        //调用删除逻辑
        await userStore.deleteUserById(id)
        //删除后重新调用查询逻辑实现页面更新
        await userStore.getUserListForPage(queryForm)
        //当删除当前页的最后一行数据时让页面自动滚动到上一页
        if(userStore.page.pno>userStore.page.pCount){
          queryForm.pno=queryForm.pno-1
          await userStore.getUserListForPage(queryForm)
        }
      }
    }
  const formatTime=(time)=>{
    let d=new Date(time);
    return `${d.getFullYear()} - ${d.getMonth()+1} - ${d.getDate()} ${d.getHours()}:
${d.getMinutes()}:${d.getSeconds()}`
    }
</script>
<style scoped lang="scss">

</style>
```

（6）登录并访问 http://localhost:8080/♯/user 页面,测试查询用户和删除用户功能,如图 7-48 所示。

(a) 查询用户　　　　　　　　　　(b) 删除用户

图 7-48　测试查询用户和删除用户功能的效果图

4．实现用户管理模块的新增业务

实现用户新增业务的步骤如下。

（1）在 vue3-test/src/views/system/user 文件夹中创建 UserAdd.vue 文件，在创建的 UserAdd.vue 文件内部实现新增页面的结构和功能，代码如下：

```
<!-- 第 7 章 在创建的 UserAdd.vue 文件内部实现新增页面的结构和功能的代码案例 -->
<template>
  <div>
    <el-page-header @back="handleBack" content="增加用户信息"></el-page-header>
    <el-form
      :model="addForm"
      label-width="auto"
      ref="form"
      :rules="rules">
      <el-form-item prop="username" label="账号">
        <el-input placeholder="请输入 12" clearable v-model="addForm.username"></el-input>
      </el-form-item>
      <el-form-item prop="password" label="密码">
        <el-input placeholder="请输入 23" clearable v-model="addForm.password"></el-input>
      </el-form-item>
      <el-form-item prop="nickname" label="昵称">
        <el-input placeholder="请输入" clearable v-model="addForm.nickname"></el-input>
      </el-form-item>
      <el-form-item prop="roleId" label="角色">
        <el-select v-model="addForm.roleId" clearable placeholder="请选择">
          <el-option v-for="item in userStore.roleList" :key="item.id"
            :value="item.id"
            :label="item.name"></el-option>
        </el-select>
      </el-form-item>
      <el-form-item>
        <el-button @click="handleAdd" type="primary">提交</el-button>
      </el-form-item>
    </el-form>
  </div>
</template>

<script setup>
  import { useUserStore } from '~/store/user'
  import { reactive, onMounted, getCurrentInstance } from 'vue'
  import { useRouter } from 'vue-router'
  const userStore = useUserStore()
  const router = useRouter()
  const internalInstance = getCurrentInstance()
  const rules = {
```

```
      username:[{
        required:true,
        message:'账号不可以为空'
      }],
      password:[{
        required:true,
        message:'密码不可以为空'
      }],
      nickname:[{
        required:true,
        message:'昵称不可以为空'
      }],
      roleId:[{
        required:true,
        message:'角色不可以为空'
      }]
    }
    let addForm=reactive({
      username:'',
      password:'',
      nickname:'',
      roleId:''
    })
    onMounted(()=>{
      console.log(addForm)
      userStore.getRoleListAll()
    })

    const handleBack=()=>{
      router.go(-1)
    }
    const handleAdd=async ()=>{
      let canSubmit=await internalInstance.refs.form.validate().catch(err=>false)
      console.log(canSubmit)
      if(canSubmit){
        userStore.insertUser(addForm)
      }
    }
</script>

<style scoped="scoped" lang="scss">
</style>
```

（2）在 vue3-test/src/router/index.js 文件中注册新增页面的路由信息，代码如下：

```
//第7章 在 vue3-test/src/router/index.js 文件中注册新增页面的路由信息的代码案例
import { createRouter, createWebHashHistory } from 'vue-router'
import Index from '~/views/Index'
```

```
//导入通知组件
import { ElNotification } from 'element-plus'
//导入全局状态仓库
import { useStore } from '~/store'
const routes=[
  {
    path:'/',
    name:'Index',
    component:Index,
    //追加多级路由配置
    children:[
      {
        path:'/user',
        name:'User',
        component:()=>import('~/views/system/user/User')
      },
      //新增页面的路由信息
      {
        path:'/user-add',
        name:'UserAdd',
        component:()=>import('~/views/system/user/UserAdd')
      },
      {
        path:'/role',
        name:'Role',
        component:()=>import('~/views/system/role/Role')
      },
      {
        path:'/menu',
        name:'Menu',
        component:()=>import('~/views/system/menu/Menu')
      }
    ]
  },
  {
    path:'/login',
    name:'Login',
    component:()=>import('~/views/Login')
  }
]
const router=createRouter({
  history:createWebHashHistory(),
  routes
})
//全局的前置守卫
router.beforeEach((to,from,next)=>{
```

```
//获取登录状态
const store=useStore()
if(to.path != '/login' && store.token== ''){
  ElNotification.error({
    title:'提示',
    message:'您还没有登录,无权访问当前页面,已为您跳转到登录页面'
  })
  next('/login')
}else{
  next()
}
})

export default router
```

（3）访问用户管理模块,测试新增页面的跳转功能和新增数据功能,如图 7-49 所示。

(a) 测试新增页面的跳转功能   (b) 测试新增数据功能

图 7-49　测试新增页面的跳转功能和新增数据功能的效果图

5. 实现用户管理模块的修改业务

实现用户管理模块的修改业务的具体步骤如下。

（1）在 vue3-test/src/views/system/user 文件夹下创建 UserEdit. vue 文件,在创建的 UserEdit. vue 文件中实现修改页面的结构和功能,代码如下:

```
<!-- 第 7 章 在创建的 UserEdit.vue 文件中实现修改页面的结构和功能的代码案例 -->
<template>
  <div>
    <el-page-header @back="handleBack" content="编辑用户信息"></el-page-header>
    <el-form
      :model="addForm"
      label-width="auto"
      ref="form"
      :rules="rules">
      <el-form-item prop="username" label="账号">
```

```
            <el-input placeholder="请输入 12" clearable v-model="addForm.username"></el-input>
      </el-form-item>
      <el-form-item prop="password" label="密码">
            <el-input placeholder="请输入 23" clearable v-model="addForm.password"></el-input>
      </el-form-item>
      <el-form-item prop="nickname" label="昵称">
            <el-input placeholder="请输入" clearable v-model="addForm.nickname"></el-input>
      </el-form-item>
      <el-form-item prop="roleId" label="角色">
          <el-select v-model="addForm.roleId" clearable placeholder="请选择">
            <el-option v-for="item in userStore.roleList" :key="item.id"
              :value="item.id"
              :label="item.name"></el-option>
          </el-select>
      </el-form-item>
      <el-form-item>
          <el-button @click="handleAdd" type="primary">提交</el-button>
      </el-form-item>
    </el-form>
  </div>
</template>

<script setup>
  import { useUserStore } from '~/store/user'
  import { reactive,onMounted,getCurrentInstance } from 'vue'
  import { useRouter,useRoute } from 'vue-router'
  const userStore=useUserStore()
  const router=useRouter()
  const route=useRoute()
  const internalInstance=getCurrentInstance()
  const rules={
    username:[{
      required:true,
      message:'账号不可以为空'
    }],
    password:[{
      required:true,
      message:'密码不可以为空'
    }],
    nickname:[{
      required:true,
      message:'昵称不可以为空'
    }],
    roleId:[{
      required:true,
      message:'角色不可以为空'
```

```
      }]
    }
    let addForm=reactive({
      username:'',
      password:'',
      nickname:'',
      roleId:''
    })
    onMounted(async () = > {
      userStore.getRoleListAll()
      let addForm1=await userStore.findUserById(route.query.id)
      Object.keys(addForm1).forEach(key= > addForm[key]=addForm1[key])
    })

    const handleBack=() = > {
      router.go(-1)
    }
    const handleAdd=async () = > {
      let canSubmit=await internalInstance.refs.form.validate().catch(err=> false)
      console.log(canSubmit)
      if(canSubmit){
        userStore.updateUser(addForm)
      }
    }
</script>

<style scoped="scoped" lang="scss">
</style>
```

（2）在 vue3-test/src/router/index.js 文件中注册用户修改页面的路由信息，代码如下：

```
//第7章 在 vue3-test/src/router/index.js 文件中注册用户修改页面的路由信息的代码案例
import { createRouter, createWebHashHistory } from 'vue-router'
import Index from '~/views/Index'
//导入通知组件
import { ElNotification } from 'element-plus'
//导入全局状态仓库
import { useStore } from '~/store'
const routes=[
  {
    path:'/',
    name:'Index',
    component:Index,
    //追加多级路由配置
    children:[
      {
        path:'/user',
```

```
        name:'User',
        component:()=> import('~/views/system/user/User')
      },
      //新增页面的路由信息
      {
        path:'/user-add',
        name:'UserAdd',
        component:()=> import('~/views/system/user/UserAdd')
      },
      //修改页面的路由信息
      {
        path:'/user-edit',
        name:'UserEdit',
        component:()=> import('~/views/system/user/UserEdit')
      },
      {
        path:'/role',
        name:'Role',
        component:()=> import('~/views/system/role/Role')
      },
      {
        path:'/menu',
        name:'Menu',
        component:()=> import('~/views/system/menu/Menu')
      }
    ]
  },
  {
    path:'/login',
    name:'Login',
    component:()=> import('~/views/Login')
  }
]
const router=createRouter({
  history:createWebHashHistory(),
  routes
})
//全局的前置守卫
router.beforeEach((to,from,next)=>{
  //获取登录状态
  const store=useStore()
  if(to.path != '/login' && store.token==''){
    ElNotification.error({
      title:'提示',
      message:'您还没有登录,无权访问当前页面,已为您跳转到登录页面'
    })
    next('/login')
  }else{
    next()
```

```
    }
})

export default router
```

（3）在用户管理模块中测试修改页面的跳转和修改保存功能，如图 7-50 所示。

(a) 测试修改页面的跳转功能

(b) 测试修改保存功能

图 7-50　测试修改页面的跳转功能和修改保存功能的效果图

到此，整个 Vue 3.x 从项目搭建到业务开发的内容便介绍完毕了。本章创建的 vue3-test 项目已经被上传至码云仓库，网址为 https://gitee.com/LeoZhang1989/vue3-test，后续其他业务模块的开发，可复制该项目并参考 shop-service 项目的接口文档进行学习。本章所搭建的项目适用于小型公司的小型项目开发，并不具备全行业的应用解决方案，针对不同的行业类型和应用类型需要开发者自行修改脚手架配置信息及相关插件的搭配。

原 理 篇

8.1　Vue 2.x 的数据响应式原理

Vue 框架是 MVVM 框架体系中非常出色的框架之一,其最亮眼的特点就是数据响应式系统。不同于 React 框架,Vue 框架在视图更新层面是完全自动化的,开发者只需更改响应式对象指定属性的值,视图就会随之更新,当开发者通过视图组件影响视图变化时,绑定在视图组件上的属性也会随之更新。Vue 框架的 MVVM 结构主要由三部分组成。

1) Model

模型层,主要与业务数据相关。

2) View

视图层,顾名思义,主要与视图相关,细分下来就是 HTML+CSS 层。

3) ViewModel

View 与 Model 沟通的桥梁。负责监听 Model 或者 View 的修改,是实现 MVVM 双向绑定的要点。

Vue 框架中的 MVVM 结构关系如图 8-1 所示。

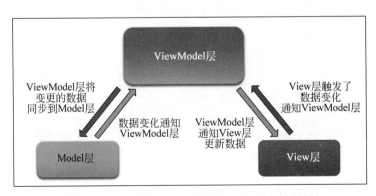

图 8-1　Vue 框架中的 MVVM 结构关系的效果图

8.1.1 Object. defineProperty()的介绍

Vue 框架之所可以捕捉到响应式对象的变化,是由于底层 API 的支持。Vue 2.x 版本中通过 Object. defineProperty()实现定义响应式数据对象。接下来从回顾 Vue 2.x 框架的特点开始,介绍数据响应式系统的实现。

1. 回顾 Vue 2.x

Vue 2.x 框架的特点是结构简单且操作方便,Vue 框架意在为开发提供完全的渲染引擎,让开发者可以将注意力集中在数据处理上,从而不需要关心 DOM 节点的获取和 DOM 操作。

接下来在开发者工具中创建一个空的 HTML 文件,命名为 hello-Vue 2. html。在文件中初始化 Vue 2.x 的初始结构,代码如下:

```html
<!-- 第 8 章 在文件中初始化 Vue 2.x 的初始结构 -->
<!DOCTYPE html>
<html lang="en">
<head>
  <meta charset="UTF-8">
  <meta http-equiv="X-UA-Compatible" content="IE=edge">
  <meta name="viewport" content="width=device-width, initial-scale=1.0">
  <title>Vue 2.x 回顾</title>
</head>
<body>
  <!-- Vue 的渲染容器 -->
  <div id="app">
    <!-- 双向绑定 str 的值 -->
    <input type="text" v-model="str"/>
    str 的值为{{str}}
  </div>
  <script src="https://cdn.jsdelivr.net/npm/vue@2/dist/vue.js"></script>
  <script type="text/javascript">
    //实例化 Vue 对象并暴露为 vm 对象
    let vm=new Vue({
      //定义响应式数据对象
      data(){
        return {
          str:'一个字符串'
        }
      }
    }).$mount('#app')
  </script>
</body>
</html>
```

在浏览器中运行 hello-Vue2. html 文件,查看视图结果,如图 8-2 所示。

根据图 8-2 得知,由于 Vue 2.x 定义的 data 选项可以返回对象中的 str 属性的值,所以可以在 HTML 代码部分通过 v-model 绑定在<input>标签上,还可以通过{{}}插值表达式直接作为 Text 节点输出在网页中。接下来在输入框中改变输入框中的内容,会发现右侧渲染的 str 属性的值也会随之改变,如图 8-3 所示。

图 8-2 视图的效果图   图 8-3 在输入框中改变输入框中内容的效果图

通过视图操作改变 <input> 标签内的输入内容并触发 str 属性的值改变,这个过程是 View 层通知 ViewModel 层改变 Model 层的过程。接下来打开浏览器的 Web 控制台,在控制台中输出暴露的 vm 对象,会发现该对象中存在 str 属性及其结果,如图 8-4 所示。

Vue 框架中凡是绑定在 Vue 实例对象上的属性都可以在视图中直接获取,vm 对象相当于 MVVM 中的 ViewModel 部分。接下来在控制台中操作,输入 vm.str="一个新的结果"。观察控制台和视图的变化,会发现视图中的输入框和直接输出 str 的部分都会自动更新为"一个新的结果",如图 8-5 所示。

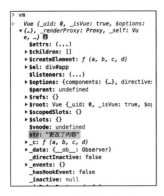 

图 8-4 存在 str 属性   图 8-5 在控制台中输出暴露的 vm 对象的效果图

通过操作 vm.str 触发视图更新的过程可以理解为,Model 层通知 ViewModel 层来更新 View 层的过程。在 new Vue() 执行时,框架会递归地为 data 选项中定义的对象的每个属性及其显式声明的所有后代元素绑定 setter 和 getter,所以在后续的操作中,只要对象任意一个属性有赋值或取值的操作,Vue 框架都会收到操作通知并做出相应的反馈,最终实现自动化的视图更新。到此步骤,Vue 2.x 的回顾告一段落。

2. 认识 Object.defineProperty()

Object.defineProperty() 方法会直接在一个对象上定义一个新属性,或者修改一个对象的现有属性,并返回此对象。需要注意的是,应当直接在 Object 构造器对象上调用此方法,而不是在任意一个 Object 类型的实例上调用。

Object.defineProperty()方法的编写方式,代码如下:

```
Object.defineProperty(obj, prop, descriptor)
```

Object.defineProperty()函数中包含 3 个参数。

1) obj

要定义属性的对象。

2) prop

要定义或修改的属性的名称或 Symbol。

3) descriptor

要定义或修改的属性描述符。

接下来查看一个 Object.defineProperty()的实际例子,代码如下:

```
//第 8 章 一个 Object.defineProperty()的实际例子
const object1={};

Object.defineProperty(object1, 'property1', {
  value: 42,
  writable: false
});
//在严格模式下会抛出异常
object1.property1=77;
//输出结果为 42
console.log(object1.property1);
```

该方法允许精确地添加或修改对象的属性。通过赋值操作添加的普通属性是可枚举的,在枚举对象属性时会被枚举到 for...in 或 Object.keys 方法,可以改变这些属性的值,也可以删除这些属性。这种方法允许修改默认的额外选项(或配置)。默认情况下,使用 Object.defineProperty()方法添加的属性值是不可修改也不可被枚举的。

对象里目前存在的属性描述符有两种主要形式:数据描述符和存取描述符。数据描述符是一个具有值的属性,该值可以是可写的,也可以是不可写的。存取描述符是由 getter 函数和 setter 函数所描述的属性。一个描述符只能是其中之一;不能同时是两者。

这两种描述符都是对象。它们共享以下可选键值,默认值是指在使用 Object.defineProperty()方法定义属性时的默认值:

1) configurable

当且仅当该属性的 configurable 键值为 true 时,该属性的描述符才能被改变,同时该属性也能从对应的对象上被删除,默认值为 false。

2) enumerable

当且仅当该属性的 enumerable 键值为 true 时,该属性才会出现在对象的枚举属性中,默认值为 false。

数据描述符还具有以下可选键值。

1) value

该属性对应的值。可以是任何有效的 JavaScript 值（数值、对象、函数等），默认为 undefined。

2) writable

当且仅当该属性的 writable 键值为 true 时，属性的值，也就是上面的 value，才能被赋值运算符（en-US)改变，默认值为 false。

存取描述符还具有以下可选键值。

1) get

第 2 个参数属性的 getter 函数，如果没有 getter，则为 undefined。当访问该属性时，会调用此函数。执行时不传入任何参数，但是会传入 this 对象（由于继承关系，这里的 this 并不一定是定义该属性的对象）。该函数的返回值会被用作属性的值，默认为 undefined。

2) set

第 2 个参数属性的 setter 函数，如果没有 setter，则为 undefined。当属性值被修改时，会调用此函数。该方法接收一个参数（被赋予的新值），会传入赋值时的 this 对象，默认为 undefined。

描述符默认值总结为以下两点：

（1）拥有布尔值的键 configurable、enumerable 和 writable 的默认值都是 false。

（2）属性值和函数的键 value、get 和 set 字段的默认值为 undefined。

如果一个描述符不具有 value、writable、get 和 set 中的任意一个键，则它将被认为是一个数据描述符。如果一个描述符同时拥有 value 或 writable 和 get 或 set 键，则会产生一个异常。

这些选项不一定是自身属性，也要考虑继承来的属性。为了确认保留这些默认值，在设置之前，可能要冻结 Object. prototype，明确指定所有的选项，或者通过 Object. create(null)将 __proto__ 属性指向 null。保留默认值的案例，代码如下：

```
///第 8 章 保留默认值的代码案例
/ 使用 __proto__
var obj ={};
var descriptor =Object.create(null); //没有继承的属性
//默认没有 enumerable, 没有 configurable, 没有 writable
descriptor.value ='static';
Object.defineProperty(obj, 'key', descriptor);

//显式
Object.defineProperty(obj, "key", {
  enumerable: false,
  configurable: false,
  writable: false,
```

```
    value: "static"
});

//循环使用同一对象
function withValue(value) {
  var d=withValue.d || (
    withValue.d={
      enumerable: false,
      writable: false,
      configurable: false,
      value: null
    }
  );
  d.value=value;
  return d;
}
//... 并且 ...
Object.defineProperty(obj, "key", withValue("static"));

//如果 freeze 可用，则应防止后续代码添加或删除对象原型的属性
//(value, get, set, enumerable, writable, configurable)
(Object.freeze||Object)(Object.prototype);
```

3. 使用 Object.defineProperty()创建属性

如果对象中不存在指定的属性，Object.defineProperty()方法会创建这个属性。当描述符中省略某些字段时，这些字段将使用它们的默认值。接下来通过属性创建的实际案例学习如何创建属性，代码如下：

```
//第 8 章 使用 Object.defineProperty()方法创建属性的代码案例
var o={};                                      //创建一个新对象

//在对象中添加一个属性与数据描述符的示例
Object.defineProperty(o, "a", {
  value : 37,
  writable : true,
  enumerable : true,
  configurable : true
});

//对象 o 拥有了属性 a,值为 37

//在对象中添加一个设置了存取描述符属性的示例
var bValue=38;
Object.defineProperty(o, "b", {
  //使用了方法名称缩写(ES2015 特性)
  //下面两个缩写等价于
  //get : function() { return bValue; },
```

```
//set : function(newValue) { bValue=newValue; },
get() { return bValue; },
set(newValue) { bValue=newValue; },
enumerable : true,
configurable : true
});


o.b; //38
//对象 o 拥有了属性 b,值为 38
//现在,除非重新定义 o.b,o.b 的值总是与 bValue 相同

//数据描述符和存取描述符不能混合使用
Object.defineProperty(o, "conflict", {
  value: 0x9f91102,
  get() { return 0xdeadbeef; }
});
//抛出错误 TypeError
```

4. 使用 Object.defineProperty()修改属性

如果属性已经存在,Object.defineProperty()方法将尝试根据描述符中值及对象的当前配置来修改这个属性。如果旧描述符将其 configurable 属性设置为 false,则该属性被认为是"不可配置的",并且没有属性可以被改变。当属性不可配置时,不能在数据和访问器属性类型之间切换。

当试图改变不可配置属性(除了 value 和 writable 属性之外)的值时,会抛出 TypeError,除非当前值和新值相同。

当 writable 属性设置为 false 时,该属性被称为"不可写的"。它不能被重新赋值,代码如下:

```
//第 8 章 当 writable 属性设置为 false 时的代码案例
var o={};                        //创建一个新对象

Object.defineProperty(o, 'a', {
  value: 37,
  writable: false
});

console.log(o.a);                //输出 37
o.a=25;                          //不会抛出异常,但是在严格模式下会抛出异常
console.log(o.a);                //输出 37

//严格模式
(function() {
  'use strict';
  var o={};
  Object.defineProperty(o, 'b', {
```

```
    value: 2,
    writable: false
  });
  o.b=3;                              //抛出异常：TypeError "b" is read-only
  return o.b;
}());
```

接下来介绍 enumerable 的使用方式，enumerable 定义了对象的属性是否可以在 for…in 循环和 Object.keys()方法中被枚举，代码如下：

```
//第 8 章 enumerable 的使用方式的代码案例
var o={};
Object.defineProperty(o, "a", { value : 1, enumerable: true });
Object.defineProperty(o, "b", { value : 2, enumerable: false });
Object.defineProperty(o, "c", { value : 3 });                   //enumerable 默认为 false
o.d=4;                      //如果使用直接赋值的方式创建对象的属性，则 enumerable 为 true
Object.defineProperty(o, Symbol.for('e'), {
  value: 5,
  enumerable: true
});
Object.defineProperty(o, Symbol.for('f'), {
  value: 6,
  enumerable: false
});

for (var i in o) {
  console.log(i);
}

Object.keys(o);                              //输出内容 ['a', 'd']

o.propertyIsEnumerable('a');                 //输出内容 true
o.propertyIsEnumerable('b');                 //输出内容 false
o.propertyIsEnumerable('c');                 //输出内容 false
o.propertyIsEnumerable('d');                 //输出内容 true
o.propertyIsEnumerable(Symbol.for('e'));     //输出内容 true
o.propertyIsEnumerable(Symbol.for('f'));     //输出内容 false

var p={ ...o }
p.a                                          //输出内容 1
p.b                                          //输出内容 undefined
p.c                                          //输出内容 undefined
p.d                                          //输出内容 4
p[Symbol.for('e')]                           //输出内容 5
p[Symbol.for('f')]                           //输出内容 undefined
```

继续介绍 configurable 的使用方式，configurable 特性表示对象的属性是否可以被删除，以及除 value 和 writable 特性外的其他特性是否可以被修改，代码如下：

```
//第 8 章 configurable 的使用方式的代码案例
var o={};
Object.defineProperty(o, 'a', {
  get() { return 1; },
  configurable: false
});

Object.defineProperty(o, 'a', {
  configurable: true
});                                         //抛出异常 TypeError
Object.defineProperty(o, 'a', {
  enumerable: true
});                                         //抛出异常 TypeError
Object.defineProperty(o, 'a', {
  set() {}
});                                         //抛出异常 TypeError
Object.defineProperty(o, 'a', {
  get() { return 1; }
});                                         //抛出异常 TypeError

Object.defineProperty(o, 'a', {
  value: 12
});                                         //抛出异常 TypeError

console.log(o.a);                           //输出 1
delete o.a;                                 //Nothing happens
console.log(o.a);                           //输出 1
```

5. 添加多个属性和默认值

考虑特性被赋予的默认特性值非常重要,通常,当使用点运算符和 Object.defineProperty()方法为对象的属性赋值时,数据描述符中的属性默认值是不同的,代码如下:

```
//第 8 章 添加多个属性和默认值的代码案例
var o={};

o.a=1;
//等同于
Object.defineProperty(o, "a", {
  value: 1,
  writable: true,
  configurable: true,
  enumerable: true
});

//另一方面
Object.defineProperty(o, "a", { value : 1 });
```

```
//等同于
Object.defineProperty(o, "a", {
  value: 1,
  writable: false,
  configurable: false,
  enumerable: false
});
```

6. 自定义 Setters 和 Getters

自定义 Setters 和 Getters 是 Vue 2.x 实现数据响应式系统的灵魂所在,下面的例子展示了如何实现一个自存档对象。当设置 temperature 属性时,archive 数组会收到日志条目,代码如下:

```
//第 8 章 实现一个自存档对象的代码案例
function Archiver() {
  var temperature=null;
  var archive=[];

  Object.defineProperty(this, 'temperature', {
    get: function() {
      console.log('get!');
      return temperature;
    },
    set: function(value) {
      temperature=value;
      archive.push({ val: temperature });
    }
  });

  this.getArchive=function() { return archive; };
}

var arc=new Archiver();
arc.temperature;                          //触发 get()函数
arc.temperature=11;
arc.temperature=13;
arc.getArchive();                         //输出内容 [{ val: 11 }, { val: 13 }]
```

在下面这个例子中,getter 总会返回一个相同的值,代码如下:

```
//第 8 章 getter 总会返回一个相同的值的代码案例
var pattern={
  get: function () {
    return 'I alway return this string, whatever you have assigned';
  },
  set: function () {
```

```
        this.myname='this is my name string';
    }
};


function TestDefineSetAndGet() {
    Object.defineProperty(this, 'myproperty', pattern);
}


var instance=new TestDefineSetAndGet();
instance.myproperty='test';

//返回内容为'I alway return this string,whatever you have assigned'
console.log(instance.myproperty);
//输出内容为'this is my name string'
console.log(instance.myname);
```

7. 继承属性

如果访问者的属性是被继承的,它的 get()和 set()方法会在子对象的属性被访问或者修改时被调用。如果这些方法用一个变量存值,则该值会被所有对象共享,代码如下:

```
//第 8 章 如果这些方法用一个变量存值,则该值会被所有对象共享的代码案例
function myclass() {
}

var value;
Object.defineProperty(myclass.prototype, "x", {
  get() {
    return value;
  },
  set(x) {
    value=x;
  }
});

var a=new myclass();
var b=new myclass();
a.x=1;
console.log(b.x); //输出内容为1
```

可以通过将值存储在另一个属性中解决。在 get()和 set()方法中,this 指向某个被访问和修改属性的对象。解决属性被共享的案例,代码如下:

```
//第 8 章 解决属性被共享的代码案例
function myclass() {
```

```
}

Object.defineProperty(myclass.prototype, "x", {
  get() {
    return this.stored_x;
  },
  set(x) {
    this.stored_x=x;
  }
});

var a=new myclass();
var b=new myclass();
a.x=1;
console.log(b.x);                              //输出内容为 undefined
```

不像访问者属性,值属性始终在对象自身上设置,而不是一个原型,然而,如果一个不可写的属性被继承,它仍然可以防止修改对象的属性。只读属性继承的案例,代码如下:

```
function myclass() {
}

myclass.prototype.x=1;
Object.defineProperty(myclass.prototype, "y", {
  writable: false,
  value: 1
});

var a=new myclass();
a.x=2;
console.log(a.x);                              //输出内容为 2
console.log(myclass.prototype.x);              //输出内容为 1
a.y=2;                                         //设置无效,严格模式会抛出异常
console.log(a.y);                              //1
console.log(myclass.prototype.y);              //输出内容为 1
```

8.1.2　使用 Object.defineProperty()模拟 Vue 的数据响应式系统

在了解 Vue 2.x 数据响应式系统的实现原理后,本节以实际编码的方式,通过 Object.defineProperty()方法实现对数据的监听和视图的驱动。

1. 定义 Vue 对象初始化 data 选项

在开发工具中创建 define-property.html 文件,在文件中定义基础对象,用于模拟在 Vue 框架实例化时,对 data 选项中的数据实现递归监听,代码如下:

```html
<!-- 第 8 章 文件中定义基础对象的代码案例 -->
<!DOCTYPE html>
<html lang="en">
<head>
  <meta charset="UTF-8">
  <meta http-equiv="X-UA-Compatible" content="IE=edge">
  <meta name="viewport" content="width=device-width, initial-scale=1.0">
  <title>模拟 Vue 的数据响应式系统</title>
</head>
<body>
  <script type="text/JavaScript">
    //模拟一个 Vue 对象
    function Vue(options){
      this._data=options.data()
    }
    //初始化对象并定义 data 选项
    let vm=new Vue({
      data(){
        return {
          title:'标题',
          userInfo:{
            username:'账号',
            password:'密码'
          },
          count:0
        }
      }
    })
    console.log(vm)
  </script>
</body>
</html>
```

2. 实现对 data 选项的监听

Vue 在初始化时需要递归地为 data 选项中的每个 key 绑定 setter 和 getter，这里需要使用递归函数来执行深度的 setter 和 getter 绑定。根据需求，绑定数据监听的函数，代码如下：

```javascript
//第 8 章 绑定数据监听的函数的代码案例
//为 Vue 对象定义响应式属性
function definePropertys(vue){
  //获取_data 对象
  let _data=vue._data
  //定义实际保存数据的对象
  let _dataTemp={}
  //递归为属性绑定 setter 和 getter
  function definePropertyDeep(_data){
```

```
        //遍历传入对象所有可枚举的 key
        Object.keys(_data).forEach(key=>{
          //判断参数是否与 vue 中的_data 相同,用以判断是否是第一层数据
          if(_data===vue._data){
            //为 Vue 实例绑定响应式的数据
            Object.defineProperty(vue,key,{
              set(v){
                dataTemp[key]=_data[key]
              },
              get(){
                return _dataTemp[key]
              },
              enumerable:true
            })
          }
          //_dataTemp 设置初始值
          _dataTemp[key]=_data[key]
          //为_data 属性中的所有属性定义 setter 和 getter
          Object.defineProperty(_data,key,{
            set(v){
              _dataTemp[key]=_data[key]
            },
            get(){
              return _dataTemp[key]
            },
            enumerable:true
          })
          //当某个 key 对应的结果是对象时,继续递归
          if(_data[key] instanceof Object){
            definePropertyDeep(_data[key])
          }
        })
      }
      //开启深度遍历
      definePropertyDeep(_data)
    }
```

3. 实现对模拟 Vue 对象 data 选项的监听

接下来将定义好的递归函数加入 define-property.html 文件中,完成初步的响应数据的监听,代码如下:

```
<!-- 第 8 章 完成初步的响应数据的监听的代码案例 -->
<!DOCTYPE html>
<html lang="en">
<head>
  <meta charset="UTF-8">
```

```
  <meta http-equiv="X-UA-Compatible" content="IE=edge">
  <meta name="viewport" content="width=device-width, initial-scale=1.0">
  <title>模拟Vue的数据响应式系统</title>
</head>
<body>
  <script type="text/JavaScript">
    //为Vue对象定义响应式属性
    function definePropertys(vue){
      //获取_data对象
      let _data=vue._data
      //定义实际保存数据的对象
      let _dataTemp={}
      //递归为属性绑定setter和getter
      function definePropertyDeep(_data){
        //遍历传入对象所有可枚举的key
        Object.keys(_data).forEach(key=>{
          //判断参数是否与vue中的_data相同,用以判断是否是第一层数据
          if(_data===vue._data){
            //为Vue实例绑定响应式的数据
            Object.defineProperty(vue,key,{
              set(v){
                _dataTemp[key]=v
                //输出
                console.log(`正在对${key}属性设置值：${v}`)
              },
              get(){
                //输出
                console.log(`正在获取${key}属性的值：${_dataTemp[key]}`)
                return _dataTemp[key]
              },
              enumerable:true
            })
          }
          //_dataTemp设置初始值
          _dataTemp[key]=_data[key]
          //为_data属性中的所有属性定义setter和getter
          Object.defineProperty(_data,key,{
            set(v){
              _dataTemp[key]=v
              //输出
              console.log(`正在对${key}属性设置值：${v}`)
            },
            get(){
              //输出
              console.log(`正在获取${key}属性的值：${_dataTemp[key]}`)
              return _dataTemp[key]
            },
            enumerable:true
          })
```

```
                //当某个 key 对应的结果是对象时,继续递归
                if(_dataTemp[key] instanceof Object){
                    definePropertyDeep(_dataTemp[key])
                }
            })
        }
        //开启深度遍历
        definePropertyDeep(_data)
    }
    //模拟一个 Vue 对象
    function Vue(options){
        this._data=options.data()
        //为 data 初始化全局监听
        definePropertys(this)
    }
    //初始化对象并定义 data 选项
    let vm=new Vue({
        data(){
            return {
                title:'标题',
                userInfo:{
                    username:'账号',
                    password:'密码',
                    pockets:{
                        one:1,
                        two:2,
                        three:3
                    }
                },
                count:0
            }
        }
    })
    console.log(vm)
</script>
</body>
</html>
```

完成编码后,在浏览器中打开该网页。在浏览器的 Web 控制台中查看输出的内容,如图 8-6 所示。

参考图 8-6 中的内容,会发现 data 选项中定义的所有属性都被按照同样的数据结构绑定到了 Vue 实例对象中,在对象中的每个属性都具备一个 setter()和一个 getter()函数。继续在控制台中操作,设置 vm.userInfo.pockets.one=123 并观察控制台的输出,如图 8-7 所示。

4. 实现触发视图的简单更新

通过深度递归实现数据响应式系统后会发现,data 选项中的每个属性在获取值或设置

图 8-6　在浏览器的 Web 控制台中查看输出内容的效果图

图 8-7　设置 vm. userInfo. pockets. one=123 并观察控制台输出的效果图

值时都会触发响应的 set()和 get()函数。Vue 框架就是利用相同的方式，提前对所有需要监听的属性定义好 set()和 get()函数，在对属性设置值时，Vue 框架会根据要设置值的属性寻找视图中需要更新的部分并实现 DOM 的更新。下面便通过实际编码的方式简单模拟响应式数据触发视图更新的案例，代码如下：

```html
<!-- 第 8 章 简单模拟响应式数据触发视图更新的代码案例 -->
<!DOCTYPE html >
< html lang="en">
< head >
  < meta charset="UTF-8">
  < meta http-equiv="X-UA-Compatible" content="IE=edge">
  < meta name="viewport" content="width=device-width, initial-scale=1.0">
  < title>模拟 Vue 的数据响应式系统</title>
</head >
< body >
  < div id="app"></div >
  < script type="text/JavaScript">
    //为 Vue 对象定义响应式属性
    function definePropertys(vue){
      //获取_data 对象
      let _data=vue._data
      //定义实际保存数据的对象
```

```
let _dataTemp={}
//递归为属性绑定 setter 和 getter
function definePropertyDeep(_data){
   //遍历传入对象所有可枚举的 key
   Object.keys(_data).forEach(key=>{
      //判断参数是否与 vue 中的_data 相同,用以判断是否是第一层数据
      if(_data===vue._data){
         //为 Vue 实例绑定响应式的数据
         Object.defineProperty(vue,key,{
            set(v){
               _dataTemp[key]=v
               //将本对象的所有数据输出在视图容器中
               vue.$el.innerHTML=JSON.stringify(vue._data)
            },
            get(){
               //输出
               console.log(`正在获取 ${key}属性的值: ${_dataTemp[key]}`)
               return _dataTemp[key]
            },
            enumerable:true
         })
      }
      //_dataTemp 设置初始值
      _dataTemp[key]=_data[key]
      //为_data 属性中的所有属性定义 setter 和 getter
      Object.defineProperty(_data,key,{
         set(v){
            _dataTemp[key]=v
            //将本对象的所有数据输出在视图容器中
            vue.$el.innerHTML=JSON.stringify(vue._data)
         },
         get(){
            //输出
            console.log(`正在获取 ${key}属性的值: ${_dataTemp[key]}`)
            return _dataTemp[key]
         },
         enumerable:true
      })
      //当某个 key 对应的结果是对象时,继续递归
      if(_dataTemp[key] instanceof Object){
         definePropertyDeep(_dataTemp[key])
      }
   })
}
//开启深度遍历
definePropertyDeep(_data)
}
//模拟一个 Vue 对象
function Vue(options){
```

```
      this._data=options.data()
      //为data初始化全局监听
      definePropertys(this)
    }
    Vue.prototype.$mount=function(el){
      this.$el=document.querySelector(el)
      //将本对象的所有数据输出在视图容器中
      this.$el.innerHTML=JSON.stringify(this._data)
      return this
    }
    //初始化对象并定义data选项
    let vm=new Vue({
      data(){
        return {
          title:'标题',
          userInfo:{
            username:'账号',
            password:'密码',
            pockets:{
              one:1,
              two:2,
              three:3
            }
          },
          count:0
        }
      }
    }).$mount('#app')
    console.log(vm)
  </script>
</body>
</html>
```

完成编码后在浏览器中打开 define-property.html 文件,查看视图中展示的结果,如图 8-8 所示。

图 8-8　视图中展示的效果图

接下来在网页中加入<input>组件,为<input>组件绑定输入事件,将输入框中每次输入的内容设置到 vm.userInfo.username 属性中,代码如下:

```html
<!-- 第 8 章 将输入框中每次输入的内容设置到 vm.userInfo.username 属性中的代码案例 -->
<!DOCTYPE html>
<html lang="en">
<head>
  <meta charset="UTF-8">
  <meta http-equiv="X-UA-Compatible" content="IE=edge">
  <meta name="viewport" content="width=device-width, initial-scale=1.0">
  <title>模拟 Vue 的数据响应式系统</title>
</head>
<body>
  <div id="app"></div>
  <input id="ipt" type="text">
  <script type="text/JavaScript">
    //为 Vue 对象定义响应式属性
    function definePropertys(vue){
      //获取_data 对象
      let _data=vue._data
      //定义实际保存数据的对象
      let _dataTemp={}
      //递归为属性绑定 setter 和 getter
      function definePropertyDeep(_data){
        //遍历传入对象所有可枚举的 key
        Object.keys(_data).forEach(key=>{
          //判断参数是否与 vue 中的_data 相同,用以判断是否是第一层数据
          if(_data===vue._data){
            //为 Vue 实例绑定响应式的数据
            Object.defineProperty(vue,key,{
              set(v){
                _dataTemp[key]=v
                //将本对象的所有数据输出在视图容器中
                vue.$el.innerHTML=JSON.stringify(vue._data)
              },
              get(){
                //输出
                console.log(`正在获取 ${key}属性的值: ${_dataTemp[key]}`)
                return _dataTemp[key]
              },
              enumerable:true
            })
          }
          //_dataTemp 设置初始值
          _dataTemp[key]=_data[key]
          //为_data 属性中的所有属性定义 setter 和 getter
          Object.defineProperty(_data,key,{
            set(v){
              _dataTemp[key]=v
              //将本对象的所有数据输出在视图容器中
              vue.$el.innerHTML=JSON.stringify(vue._data)
            },
```

```
            get(){
                //输出
                console.log(`正在获取 ${key}属性的值： ${_dataTemp[key]}`)
                return _dataTemp[key]
            },
            enumerable:true
        })
        //当某个 key 对应的结果是对象时,继续递归
        if(_dataTemp[key] instanceof Object){
            definePropertyDeep(_dataTemp[key])
        }
    })
    }
    //开启深度遍历
    definePropertyDeep(_data)
}
//模拟一个 Vue 对象
function Vue(options){
    this._data=options.data()
    //为 data 初始化全局监听
    definePropertys(this)
}
Vue.prototype.$mount=function(el){
    this.$el=document.querySelector(el)
    //将本对象的所有数据输出在视图容器中
    this.$el.innerHTML=JSON.stringify(this._data)
    return this
}
//初始化对象并定义 data 选项
let vm=new Vue({
    data(){
        return {
            title:'标题',
            userInfo:{
                username:'账号',
                password:'密码',
                pockets:{
                    one:1,
                    two:2,
                    three:3
                }
            },
            count:0
        }
    }
}).$mount('#app')
console.log(vm)
//为输入框组件绑定输入事件
document.querySelector('#ipt').oninput=function(e){
```

```
                //将每次输入的结果设置到 vm.userInfo.username 中
                vm.userInfo.username=e.target.value
            }
        </script>
    </body>
</html>
```

完成后在浏览器中打开网页,在输入框中输入新的内容,查看网页更新的结果。会发现输入框中输入的内容会自动设置到 vm.userInfo.username 中,如图 8-9 所示。

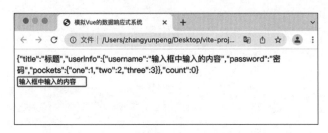

图 8-9   网页更新的效果图

到此步骤,已经可以完全实现通过修改任意 JavaScript 变量的值来触发视图更新,然而 Vue 框架的视图更新流程远不止这么简单。先避开复杂的环节,本案例是通过完全同步方案实现的视图更新,即当同时有多个属性发生变化时,set()函数也必定会执行多次,以便实现视图的多次重写,这样是很浪费性能的,所以 Vue 的视图更新机制采用的是异步形式,通过队列的方式进行更新,在后续的章节中会详细介绍其具体的实现方式。

8.1.3   仿真小型的 Vue 2.x

Vue 2.x 的数据响应式系统已经介绍完毕,接下来可以结合该系统实现完整的 Vue 2.x 视图更新系统。Vue 框架本身的视图更新系统是基于订阅发布模式和观察者模式实现的,整体结构相对复杂,为更好地理解响应式数据更新视图的过程,本节的仿真部分不考虑 Vue 组件系统和多 Watcher 情况。在实现前,先介绍 Vue 的视图更新流程,如图 8-10 所示。

Vue 的完整更新流程需要配合 Observer ＋ Dep ＋ Watcher 对象,其原理是通过 Observer 对象为 data 选项中的数据增加响应式监听 getter 和 setter,在 getter 中收集响应式属性的依赖,在 setter 中通知该属性的所有依赖进行更新,整个更新流程交给 Watcher 进行托管。Vue 的更新机制是在一个事件循环中,被多次修改的响应式数据只有在最后一次修改完成后才会触发 Watcher 对视图的渲染,所以在 Vue 中可以实现同时修改多个响应式数据,视图只执行一次真实的 DOM 更新。

1. 插值表达式的实现

想要实现 Vue 框架的仿真,第一步需要了解网页中的 DOM 节点内的插值表达式是如何工作的。在使用了 Vue 框架的网页中 DOM 部分会存在大量的{{}}写法,这种写法被定义为 Vue 的插值表达式。参考一个插值表达式的案例,代码如下:

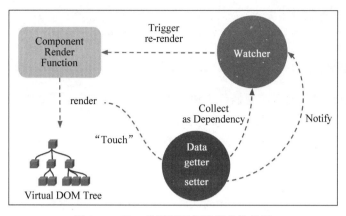

图 8-10　Vue 的视图更新流程的效果图

```html
<!-- 第 8 章 一个插值表达式的代码案例 -->
<div id="app">
  <!-- 花括号中的 name 和 age 最终会被渲染成指定的结果 -->
  name 的值为:{{name}} <!-- 小明 -->
  <br>
  age 的值为:{{age}}<!-- 18 -->
</div>
<script>
  new Vue({
    data(){
      return {
        name:'小明',
        age:18
      }
    }
  })
</script>
```

插值表达式的花括号中可以编写 data 选项中定义的属性、常量和 JavaScript 中常用的包装类等内容。插值表达式可以被认为是一个 JavaScript 的作用域，但是内部不可以编写面向过程的 JavaScript 代码。一个表达式中的运算无论多么复杂，最终只能返回一个结果，这样的数据才能被正确渲染。想要实现插值表达式的正确渲染，就需要通过某种方式动态地执行表达式内部的代码。通过 DOM 操作可以很容易地获取网页中所有节点中的 Text 节点，得到的内容是纯字符内容，想要让字符中的表达式工作，就需要利用 JavaScript 中的 Function 对象，该对象可以动态地定义一个函数并运行字符串中的代码。接下来通过一个 Function 对象的案例学习利用 Function 动态执行字符串代码的基本使用，代码如下：

```
//第 8 章 利用 Function 动态执行字符串代码的基本使用的代码案例
//假设模板为{{1 + 1}}
```

```
let str='{{1 + 1}}'
let fn=new Function('return ' + str.replace('{{','').replace('}}',''))
let result=fn()
console.log(result)//result 的结果为 2
```

通过该案例会发现,想要实现插值表达式的工作,基本步骤如下:

(1) 获取{{}}包裹的节点内容。

(2) 将表达式中的{{}}替换掉,保留内部代码。

(3) 通过动态创建 Function 对象的方式定义函数来执行字符串代码。

(4) 将代码的运行结果返回。

接下来将场景复杂化,插值表达式的 Text 节点中不一定是完整的表达式形式,很有可能出现表达式与普通字符混合或多表达式混合的情况,代码如下:

```
<!-- 第 8 章 表达式与普通字符混合或多表达式混合的情况的代码案例 -->
<div>
  <!-- 字符和表达式混合 -->
  name 的值为:{{name}}
  <!-- 多表达式与字符混合 -->
  name 的值为:{{name}},age 的值为:{{age}}
</div>
```

遇到这种情况,直接通过 replace 匹配{{}}符号进行替换,会得到被无用字符污染的字符串代码,还可能将多个表达式混淆成一个。此时,需要借助正则表达式进行模板的替换,代码如下:

```
<!-- 第 8 章 借助正则表达式进行模板的替换的代码案例 -->
<!DOCTYPE html>
<html lang="en">
<head>
  <meta charset="UTF-8">
  <meta http-equiv="X-UA-Compatible" content="IE=edge">
  <meta name="viewport" content="width=device-width, initial-scale=1.0">
  <title>Document</title>
</head>
<body>
<script>
//模拟一个表达式与普通字符混合的节点
let str='name 的值为{{"我是一个字符串"}},age 的值为{{18 + 1}}'
//匹配取值表达式
let regx=/{{(.*?)}}/g
//查找字符串中符合插值格式的部分
let res=str.match(regx)
res.forEach(item=>{
  //输出匹配的表达式
```

```
      console.log(item)
      //创建动态执行函数
      let fn=new Function('return '+item.replace('{{','').replace('}}',''))
      //获取每个匹配项的运行结果
      let result=fn()
      //输出结果
      console.log(result)
  })
</script>
</body>
</html>
```

该案例的运行结果如图 8-11 所示。

{{"我是一个字符串"}}	Function2.html:19
我是一个字符串	Function2.html:25
{{18+1}}	Function2.html:19
19	Function2.html:25

图 8-11　该案例的运行结果的效果图

根据控制台的输出结果得知,通过正则做全局匹配可以将字符串中符合{{}}格式的部分单独获取,这样便可以通过 String 对象中的 match()函数实现表达式获取了。在结果中通过动态运行的方式便可以直接让表达式工作。接下来将案例再次复杂化,之前的演示案例在定义的表达式中只编写了常量,并没有编写变量,当在表达式中编写变量时,若通过 Function 动态运行会出现异常情况。Function 动态运行带有变量的表达式,代码如下:

```
<!-- 第 8 章 Function 动态运行带有变量的表达式的代码案例 -->
<!DOCTYPE html>
<html lang="en">
<head>
    <meta charset="UTF-8">
    <meta http-equiv="X-UA-Compatible" content="IE=edge">
    <meta name="viewport" content="width=device-width, initial-scale=1.0">
    <title>Document</title>
</head>
<body>
<script>
//表达式中存在变量的情况
let str='{{abc + "abc"}}'
let fn=new Function('return '+str.replace('{{','').replace('}}',''))
let result=fn()
console.log(result) //throw Error
</script>
</body>
</html>
```

当表达式中带有变量时,动态运行的函数中会包含该变量,若全局作用域中不存在该变量，则控制台会抛出异常信息，如图 8-12 所示。

图 8-12　控制台会抛出异常信息的效果图

此时，只能通过在全局作用域中定义 abc 变量来解决异常问题，但是该方案并不适合仿真 Vue 框架，因为定义全局变量会出现很多安全问题。除此之外，Vue 对象中的响应式数据是绑定在 Vue 实例对象上的属性，并不是直接暴露在作用域中的变量，所以应该采用动态为函数绑定形参的方式实现该功能。参考下面的案例，模拟 Vue 对象中的响应式数据的绑定，代码如下：

```html
<!-- 第 8 章 模拟 Vue 对象中的响应式数据的绑定的代码案例 -->
<!DOCTYPE html>
<html lang="en">
<head>
  <meta charset="UTF-8">
  <meta http-equiv="X-UA-Compatible" content="IE=edge">
  <meta name="viewport" content="width=device-width, initial-scale=1.0">
  <title>Document</title>
</head>
<body>
  <script>
    //模拟 Vue 实例对象的数据结构
    let vm={
      name:'我是一个字符串',
      age:18
    }
    //模拟一个表达式节点
    let str='name 的值为:{{name}},age 的值为{{age + "岁"}}'
    //定义表达式正则
    let regx=/{{(.*?)}}/g
    //通过 Object.keys()获取对象的所有 key
    let args=Object.keys(vm)
    str.match(regx).forEach(item=>{
      //定义一个参数为 args 中数据的函数
      let fn=new Function(args,'return ' + item.replace('{{','').replace('}}',''))
      //输出函数体
      console.log(fn)
      //执行函数并传入所需的参数
      let result=fn.apply(vm,args.map(key=> vm[key]))
      console.log(result)
    })

  </script>
</body>
</html>
```

在使用 Function 对象动态创建函数时,可以在第 1 个参数中传入数组来定义该函数的形参名称。之所以这样做是因为运行时所需的 name 和 age 属性并不是暴露在全局的变量,而是封装在 vm 中的属性,表达式内部的 name 和 age 如果想要正确地获取结果,最直接的方式是为函数定义同名的形参。这样在函数调用时,只需通过 apply() 方法,以数组的形式将 name 和 age 属性的结果按顺序传入函数中即可实现函数内外的数据联动。该案例运行的结果如图 8-13 所示。

```
ƒ anonymous(name,age                Function4.html:26
) {
return name
}
我是一个字符串                          Function4.html:29
ƒ anonymous(name,age                Function4.html:26
) {
return age+"岁"
}
18岁                                 Function4.html:29
```

图 8-13 该案例运行的效果图

接下来,通过以上综合知识模拟真实场景,实现执行表达式并将结果写入原节点,代码如下:

```html
<!-- 第 8 章 实现执行表达式并将结果写入原节点的代码案例 -->
<! DOCTYPE html >
< html lang="en">
< head >
  < meta charset="UTF-8">
  < meta http-equiv="X-UA-Compatible" content="IE=edge">
  < meta name="viewport" content="width=device-width, initial-scale=1.0">
  < title > Document </title>
</head>
< body >
  < script >
    //模拟 Vue 实例对象的数据结构
    let vm={
      userInfo:{
        username:'admin',
        password:'123456'
      },
      title:'登录系统'
    }
    //模拟一个表达式节点
    let str='标题: {{title}},账号为{{userInfo.username}},密码为:{{userInfo.password}}'
    //定义表达式正则
    let regx=/{{(.*?)}}/g
    //通过 Object.keys()获取对象的所有 key
    let args=Object.keys(vm)
    str.match(regx).forEach(item=>{

      //定义一个参数为 args 中数据的函数
      let fn=new Function(args,'return ' + item.replace('{{','').replace('}}',''))
```

```
            //执行函数并传入所需的参数
            let result=fn.apply(vm,args.map(key=>vm[key]))
            str=str.replace(item,result)
        })
        //输出节点替换后的结果
        console.log(str)
    </script>
</body>
</html>
```

该案例的运行结果如图 8-14 所示。

标题: 登录系统, 账号为admin, 密码　　　Function4.html:34
为:123456

图 8-14　该案例运行的效果图

最后通过递归 DOM 节点的方式结合插值表达式,实现将 JavaScript 中定义的对象渲染到真实 DOM 中,代码如下:

```
<!-- 第 8 章 将 JavaScript 中定义的对象渲染到真实 DOM 中的代码案例 -->
<!DOCTYPE html>
<html lang="en">
<head>
  <meta charset="UTF-8">
  <meta http-equiv="X-UA-Compatible" content="IE=edge">
  <meta name="viewport" content="width=device-width, initial-scale=1.0">
  <title>Document</title>
</head>
<body>
  <!-- 定义视图结构 -->
  <div id="app">
    <div>{{title}}</div>
    <div>账号: {{userInfo.username}}</div>
    <div>密码: {{userInfo.password}}</div>
    <div></div>
  </div>
  <script>
    let app=document.querySelector('#app')
    //模拟 Vue 实例对象的数据结构
    let vm={
      userInfo:{
        username:'admin',
        password:'123456'
      },
      title:'登录系统'
    }
    //通过 Object.keys()获取对象的所有 key
    let args=Object.keys(vm)
```

```
        //定义表达式正则
        let regx=/{{(.*?)}}/g
        //定义递归函数
        function walk(elem){
            //当节点为文本节点时
            if(elem.nodeType==3){
                //匹配表达式
                let arr=elem.nodeValue.match(regx)
                if(arr){
                    arr.forEach(item=>{
                        //定义一个参数为 args 中数据的函数
                        let fn=new Function(args,'return '+item.replace('{{','').replace('}}',''))
                        //执行函数并传入所需的参数
                        let result=fn.apply(vm,args.map(key=>vm[key]))
                        //将节点内部替换为表达式的结果
                        elem.nodeValue=elem.nodeValue.replace(item,result)
                    })
                }
            //当节点为普通节点时
            }else{
                //如果节点有子元素,则继续递归
                if(elem.childNodes.length>0){
                    elem.childNodes.forEach(elemChild=>{
                        walk(elemChild)
                    })
                }
            }
        }
        walk(app)
    </script>
</body>
</html>
```

该案例运行后,DOM 节点中的表达式在视图渲染时的效果如图 8-15 所示。

图 8-15 DOM 节点中的表达式在视图渲染时的效果图

2. 渲染模板转 render()函数

实际上,无论是在 HTML 文件、template 选项或 *.vue 单文件中的任意一种情况,Vue 框架都不会直接去操作 DOM 树来渲染视图,开发者在<template>部分编写的代码并不是最终运行的代码。Vue 框架会在初始化阶段,将这些模板代码转化成 render()函数进

行视图渲染。接下来参考 Vue 框架提供的函数式组件开发为例,回顾 render()函数的使用方式,代码如下:

```html
<!-- 第 8 章 回顾 render()函数的使用方式的代码案例 -->
<!DOCTYPE html>
<html lang="en">
<head>
  <meta charset="UTF-8">
  <meta http-equiv="X-UA-Compatible" content="IE=edge">
  <meta name="viewport" content="width=device-width, initial-scale=1.0">
  <title>Document</title>
</head>
<body>
  <div id="app"></div>
  <script src="https://cdn.jsdelivr.net/npm/vue@2/dist/Vue.js"></script>
  <script>
    new Vue({
      render: h=> h('div',{
        attrs:{id:'app'},
      },[
        'hello',
        h('button',{
          on:{
            click(){
              alert('我是单击事件')
            }
          }
        },['按钮'])
      ])
    }).$mount('#app')
  </script>
</body>
</html>
```

该案例会将在 h()函数中创建的树形结构渲染到真实 DOM 中,形成的 DOM 结构如图 8-16 所示。

Vue 框架会在初始化时通过 Compiler 将<template>部分的标签结构转化成 render()函数,这样才能保证在浏览器中正确地运行字符串或单文件的 Vue 项目。接下来,改造上面的案例,将 h()函数的创建结果输出到控制台,代码如下:

图 8-16 形成 DOM 结构的效果图

```html
<!-- 第 8 章 将 h()函数的创建结果输出到控制台的代码案例 -->
<!DOCTYPE html>
<html lang="en">
<head>
  <meta charset="UTF-8">
```

```
    <meta http-equiv="X-UA-Compatible" content="IE=edge">
    <meta name="viewport" content="width=device-width, initial-scale=1.0">
    <title>Document</title>
</head>
<body>
    <div id="app"></div>
    <script src="https://cdn.jsdelivr.net/npm/vue@2/dist/Vue.js"></script>
    <script>
        new Vue({
            render: h=>{
                //h()函数创建的是虚拟DOM结构
                let vdom=h('div',{
                    attrs:{id:'app'},
                },[
                    'hello',
                    h('button',{
                        on:{
                            click(){
                                alert('我是单击事件')
                            }
                        }
                    },['按钮'])
                ])
                //输出虚拟DOM树
                console.log(vdom)
                return vdom
            }
        }).$mount('#app')
    </script>
</body>
</html>
```

运行该案例,在控制台上查看输出的对象,如图 8-17 所示。

参考图 8-17 的输出结果,会发现 h()函数创建了一棵类似于 DOM 结构的树,该对象就是 Vue 框架中最核心的虚拟 DOM 树。在 Vue 框架运行的过程中,一切视图和数据的变更都优先体现在虚拟 DOM 树中,最终通过遍历虚拟 DOM 树,将变化的部分映射到真实DOM 结构中实现对真实视图的操作。接下来结合上述案例的特点实现一个简易的 h()函数,代码如下:

```
//第8章 结合上述案例的特点实现一个简易的 h()函数的代码案例
//创建虚拟 DOM 对象的函数
function h(tagName,options,children){
    //虚拟 DOM 节点
    let VNode={
        tag:'',
        text:'',
```

图 8-17　在控制台上查看输出对象的效果图

```
    children:[],
    elem:'',
    attrs:{},
    on:{}
}
//当只传入一个参数的时候
if(arguments.length==1){
  //获取参数
  let obj=arguments[0]
  //判断参数是否为字符
  if(obj.constructor.name=='String'){
    //创建字符节点
    VNode.elem=document.createTextNode(obj)
    VNode.text=obj
  }else{
    //合并对象
    VNode={...VNode,...obj}
  }
//正常传入参数的时候
}else{
  //处理子节点
  let c
  if(children instanceof Array){
    c=children.map(item=>h(item))
  }else{
    c=[h(children)]
  }
  //创建对应的真实 DOM 对象
```

```
    let element=document.createElement(tagName)
    //绑定属性
    bindAttrs(element,options.attrs)
    //绑定样式
    bindStyle(element,options.style)
    //绑定事件
    bindEvent(element,options.on)
    //封装节点
    VNode={
      tag:tagName,
      elem:element,
      ...options,
      children:c
    }
  }
  //返回节点
  return VNode
}
//绑定样式
function bindStyle(element,style){
  if(style){
    for(let key in style){
      element.style[key]=style[key]
    }
  }
}
//绑定属性
function bindAttrs(element,attrs){
  if(attrs){
    for(let key in attrs){
      element[key]=attrs[key]
    }
  }
}
//绑定事件
function bindEvent(element,on){
  if(on){
    for(let key in on){
      element.addEventListener(key,on[key])
    }
  }
}
```

接下来通过定义的 h()函数,实现创建一棵简易的虚拟 DOM 树,代码如下:

```
<!-- 第8章 实现创建一棵简易的虚拟 DOM 树的代码案例 -->
<!DOCTYPE html>
<html lang="en">
```

```
< head >
  < meta charset ="UTF-8">
  < meta http-equiv="X-UA-Compatible" content="IE=edge">
  < meta name="viewport" content="width=device-width, initial-scale=1.0">
  < title > Document </title >
</head >
< body >
  < script >
    //创建虚拟 DOM 对象的函数
    function h(tagName,options,children){
      //虚拟 DOM 节点
      let VNode ={
        tag:'',
        text:'',
        children:[],
        elem:'',
        attrs:{},
        on:{}
      }
      //当只传入一个参数的时候
      if(arguments.length==1){
        //获取参数
        let obj=arguments[0]
        //判断参数是否为字符
        if(obj.constructor.name== 'String'){
          //创建字符节点
          VNode.elem=document.createTextNode(obj)
          VNode.text=obj
        }else{
          //合并对象
          VNode ={...VNode,...obj}
        }
      //正常传入参数的时候
      }else{
        //处理子节点
        let c
        if(children instanceof Array){
          c=children.map(item=> h(item))
        }else{
          c=[h(children)]
        }
        //创建对应的真实 DOM 对象
        let element=document.createElement(tagName)
        //绑定属性
        bindAttrs(element,options.attrs)
        //绑定样式
        bindStyle(element,options.style)
        //绑定事件
        bindEvent(element,options.on)
```

```
        //封装节点
        VNode={
          tag:tagName,
          elem:element,
          ...options,
          children:c
        }
      }
    //返回节点
    return VNode
}
//绑定样式
function bindStyle(element,style){
    if(style){
      for(let key in style){
        element.style[key]=style[key]
      }
    }
}
//绑定属性
function bindAttrs(element,attrs){
    if(attrs){
      for(let key in attrs){
        element[key]=attrs[key]
      }
    }
}
//绑定事件
function bindEvent(element,on){
    if(on){
      for(let key in on){
        element.addEventListener(key,on[key])
      }
    }
}
//
let vdom=h('div',{
  id:'app',
  class:'p-test'
},[
  'hello 虚拟 DOM',
  h('button',{
    on:{
      click:function(){
        console.log('单击事件')
      }
    }
  },['一个按钮'])
])
```

```
    console.log(vdom)
  </script>
</body>
</html>
```

运行该案例,在控制台上查看输出的虚拟 DOM 结构,如图 8-18 所示。

```
▼Object 🛍
  ▼children: Array(2)
    ▼0:
      ▶attrs: {}
      ▶children: []
      ▶elem: text
      ▶on: {}
        tag: ""
        text: "hello 虚拟DOM"
      ▶[[Prototype]]: Object
    ▼1:
      ▶attrs: {}
      ▶children: [{…}]
      ▶elem: button
      ▶on: {click: f}
        tag: "button"
        text: ""
      ▶[[Prototype]]: Object
      length: 2
    ▶[[Prototype]]: Array(0)
    class: "p-test"
  ▶elem: div
    id: "app"
    tag: "div"
  ▶[[Prototype]]: Object
```

图 8-18　在控制台上查看输出虚拟 DOM 结构的效果图

继续在该案例中追加一个名为 createElement()的函数,通过 createElement()函数将虚拟 DOM 树渲染到网页中,代码如下:

```
//第 8 章 通过 createElement()函数将虚拟 DOM 树渲染到网页中的代码案例
function createElement(vdom,el){
  //获取要替换的渲染节点
  let root=document.querySelector(el)
  //将虚拟 DOM 的根节点插入替换节点前
  root.parentNode.insertBefore(vdom.elem,root)
  //删除被替换的节点
  root.parentNode.removeChild(root)
  //深度递归虚拟 DOM 树
  function deepLoop(vdom){
    if(vdom.children&&vdom.children.length>0){
      vdom.children.forEach(item=>{
        //将子节点按照关系插入真实视图中
        vdom.elem.appendChild(item.elem)
        deepLoop(item)
      })
    }
  }
  deepLoop(vdom)
}
```

将以上内容整合,通过 h()函数创建虚拟 DOM 树,再将创建的虚拟 DOM 树通过 createElement()函数初始化到网页中。完整地将虚拟 DOM 转为真实 DOM,代码如下:

```html
<!-- 第 8 章 完整地将虚拟 DOM 转为真实 DOM 的代码案例 -->
<!DOCTYPE html>
<html lang="en">
<head>
  <meta charset="UTF-8">
  <meta http-equiv="X-UA-Compatible" content="IE=edge">
  <meta name="viewport" content="width=device-width, initial-scale=1.0">
  <title>Document</title>
</head>
<body>
  <div id="app"></div>
  <script>
    //创建虚拟 DOM 对象的函数
    function h(tagName,options,children){
      //虚拟 DOM 节点
      let VNode={
        tag:'',
        text:'',
        children:[],
        elem:'',
        attrs:{},
        on:{}
      }
      //当只传入一个参数的时候
      if(arguments.length==1){
        //获取参数
        let obj=arguments[0]
        //判断参数是否为字符
        if(obj.constructor.name=='String'){
          //创建字符节点
          VNode.elem=document.createTextNode(obj)
          VNode.text=obj
        }else{
          //合并对象
          VNode={...VNode,...obj}
        }
      //正常传入参数的时候
      }else{
        //处理子节点
        let c
        if(children instanceof Array){
          c=children.map(item=>h(item))
        }else{
          c=[h(children)]
        }
        //创建对应的真实 DOM 对象
        let element=document.createElement(tagName)
        //绑定属性
        bindAttrs(element,options.attrs)
```

```
    //绑定样式
    bindStyle(element,options.style)
    //绑定事件
    bindEvent(element,options.on)
    //封装节点
    VNode={
      tag:tagName,
      elem:element,
      ...options,
      children:c
    }
  }
  //返回节点
  return VNode
}
//绑定样式
function bindStyle(element,style){
  if(style){
    for(let key in style){
      element.style[key]=style[key]
    }
  }
}
//绑定属性
function bindAttrs(element,attrs){
  if(attrs){
    for(let key in attrs){
      element[key]=attrs[key]
    }
  }
}
//绑定事件
function bindEvent(element,on){
  if(on){
    for(let key in on){
      element.addEventListener(key,on[key])
    }
  }
}
//将虚拟 DOM 树渲染到网页的函数
function createElement(vdom,el){
  //获取要替换的渲染节点
  let root=document.querySelector(el)
  //将虚拟 DOM 的根节点插入替换节点前
  root.parentNode.insertBefore(vdom.elem,root)
  //删除被替换的节点
  root.parentNode.removeChild(root)
  //深度递归虚拟 DOM 树
  function deepLoop(vdom){
```

```
        if(vdom.children&&vdom.children.length>0){
            vdom.children.forEach(item=>{
                //将子节点按照关系插入真实视图中
                vdom.elem.appendChild(item.elem)
                deepLoop(item)
            })
        }
    }
    deepLoop(vdom)
}
//定义虚拟 DOM 对象
let vdom=h('div',{
    attrs:{
        id:'app',
        class:'p-test'
    },
    style:{
        color:'red'
    }
},[
    'hello 虚拟 DOM',
    h('button',{
        on:{
            click:function(){
                console.log('单击事件')
            }
        }
    },['一个按钮'])
])
createElement(vdom,'#app')
</script>
</body>
</html>
```

运行该案例,在网页和控制台中查看输出结果,会发现定义的样式和单击事件都可以正常生效,如图 8-19 所示。

图 8-19 在网页和控制台中查看输出结果的效果图

现在已经可以实现将虚拟 DOM 结构渲染到网页中了，接下来需要实现将 HTML 中的模板部分转换成虚拟 DOM 树。接下来创建一个名为 DOM2VDOM() 的函数，通过递归真实 DOM 将其转换成虚拟 DOM 节点，函数的具体实现代码如下：

```
//第 8 章 函数的具体实现的代码案例
//真实 DOM 转虚拟 DOM
function DOM2VDOM(el){
  let elem=document.querySelector(el)
  //定义递归函数
  function walk(elem){
    //当节点为文本节点时
    if(elem.nodeType==3){
      //匹配表达式
      return h(elem.nodeValue)
    //当节点为普通节点时
    }else{
      //如果节点有子元素,则继续递归
      if(elem.childNodes.length>0){
        //定义属性
        let attrs={}
        //获取标签上显式声明的属性
        elem.getAttributeNames().forEach(key=>{
          attrs[key]=elem[key]
        })
        //定义子节点数组
        let children=[]
        //遍历真实 DOM 对象的子节点,将其转换成虚拟 DOM 对象后添加到数组中
        elem.childNodes.forEach(elemChild=>{
          children.push(walk(elemChild))
        })
        //返回该节点的虚拟 DOM 节点
        return h(elem.tagName.toLowerCase(),{
          attrs
        },children)
      }
    }
  }
  let vdom=walk(elem)
  return vdom
}
```

接下来结合创建的 h() 函数，在视图中编写 DOM 结构，通过 DOM2VDOM() 函数将真实 DOM 树转换成虚拟 DOM 树，代码如下：

```
<!-- 第 8 章 通过 DOM2VDOM() 函数将真实 DOM 树转换成虚拟 DOM 树的代码案例 -->
<!DOCTYPE html>
<html lang="en">
```

```html
<head>
  <meta charset="UTF-8">
  <meta http-equiv="X-UA-Compatible" content="IE=edge">
  <meta name="viewport" content="width=device-width, initial-scale=1.0">
  <title>Document</title>
</head>
<body>
  <div id="app">
    <div id="aaa">你好</div>
    <div>
      <button style="color:red">一个按钮</button>
      <div>
        一个表达式: {{'表达式'}}
      </div>
      <div>
        一个表达式1: {{'表达式1'}}
      </div>
    </div>
  </div>
  <script>
    //创建虚拟DOM对象的函数
    function h(tagName,options,children){
      //虚拟DOM节点
      let VNode={
        tag:'',
        text:'',
        children:[],
        elem:'',
        attrs:{},
        on:{}
      }
      //当只传入一个参数的时候
      if(arguments.length==1){
        //获取参数
        let obj=arguments[0]
        //判断参数是否为字符
        if(obj.constructor.name=='String'){
          //创建字符节点
          VNode.elem=document.createTextNode(obj)
          VNode.text=obj
        }else{
          //合并对象
          VNode={...VNode,...obj}
        }
      //正常传入参数的时候
      }else{
        //处理子节点
        let c
        if(children instanceof Array){
```

```
        c=children.map(item=>h(item))
      }else{
        c=[h(children)]
      }
      //创建对应的真实 DOM 对象
      let element=document.createElement(tagName)
      //绑定属性
      bindAttrs(element,options.attrs)
      //绑定样式
      bindStyle(element,options.style)
      //绑定事件
      bindEvent(element,options.on)
      //封装节点
      VNode={
        tag:tagName,
        elem:element,
        ...options,
        children:c
      }
    }
    //返回节点
    return VNode
  }
  //绑定样式
  function bindStyle(element,style){
    if(style){
      for(let key in style){
        element.style[key]=style[key]
      }
    }
  }
  //绑定属性
  function bindAttrs(element,attrs){
    if(attrs){
      for(let key in attrs){
        element[key]=attrs[key]
      }
    }
  }
  //绑定事件
  function bindEvent(element,on){
    if(on){
      for(let key in on){
        element.addEventListener(key,on[key])
      }
    }
  }
  //将虚拟 DOM 树渲染到网页的函数
  function createElement(vdom,el){
```

```
    //获取要替换的渲染节点
    let root=document.querySelector(el)
    //将虚拟 DOM 的根节点插入替换节点前
    root.parentNode.insertBefore(vdom.elem,root)
    //删除被替换的节点
    root.parentNode.removeChild(root)
    //深度递归虚拟 DOM 树
    function deepLoop(vdom){
      if(vdom.children&&vdom.children.length>0){
        vdom.children.forEach(item=>{
          //将子节点按照关系插入真实视图中
          vdom.elem.appendChild(item.elem)
          deepLoop(item)
        })
      }
    }
    deepLoop(vdom)
}
//真实 DOM 转虚拟 DOM
function DOM2VDOM(el){
    let elem=document.querySelector(el)
    //定义递归函数
    function walk(elem){
      //当节点为文本节点时
      if(elem.nodeType==3){
        //匹配表达式
        return h(elem.nodeValue)
      //当节点为普通节点时
      }else{
        //如果节点有子元素,则继续递归
        if(elem.childNodes.length>0){
          //定义属性
          let attrs={}
          //获取标签上显式声明的属性
          elem.getAttributeNames().forEach(key=>{
            attrs[key]=elem[key]
          })
          //定义子节点数组
          let children=[]
          //遍历真实 DOM 对象的子节点,将其转换成虚拟 DOM 对象后添加到数组中
          elem.childNodes.forEach(elemChild=>{
            children.push(walk(elemChild))
          })
          //返回该节点的虚拟 DOM 节点
          return h(elem.tagName.toLowerCase(),{
            attrs
          },children)
        }
      }
    }
    let vdom=walk(elem)
```

```
        return vdom
    }
    let vdom=DOM2VDOM('#app')
    console.log(vdom)
    ////定义虚拟DOM对象
    //let vdom=h('div',{
    //attrs:{
    //id:'app',
    //class:'p-test'
    //},
    //style:{
    //color:'red'
    //}
    //},[
    //'hello 虚拟DOM',
    //h('button',{
    //on:{
    //click:function(){
    //console.log('单击事件')
    //}
    //}
    //},['一个按钮'])
    //])
    //createElement(vdom,'#app')
  </script>
</body>
</html>
```

在浏览器中运行该案例，对比真实视图结构，查看控制台上输出的虚拟DOM结构，如图 8-20 所示。

图 8-20　查看控制台上输出的虚拟DOM结构的效果图

3. 结合 Object.defineProperty()实现完整的小型 Vue

前面的章节中已经完整地介绍了 Vue 的数据响应式系统、插值表达式及渲染流程等环节,本节会通过之前完成的函数进一步仿真一个小型的 Vue 2.x 框架。仿真的框架功能包括数据响应式系统、简单的事件系统及 MVVM 系统。需要注意的是,本节介绍的仿真代码并不代表 Vue 框架的源代码,本节采用精简复杂流程的方式,主体思路与 Vue 框架的实现思路相同。

接下来介绍 Vue 2.x 框架的仿真步骤。

(1) 在开发工具中创建 vue.html 文件,在文件中初始化基本视图结构,代码如下:

```html
<!-- 第8章 在文件中初始化基本视图结构的代码案例 -->
<!DOCTYPE html>
<html lang="en">
<head>
  <meta charset="UTF-8">
  <meta http-equiv="X-UA-Compatible" content="IE=edge">
  <meta name="viewport" content="width=device-width, initial-scale=1.0">
  <title>Document</title>
</head>
<body>
  <div id="app">
    <div>
      {{JSON.stringify(userInfo)}}
    </div>
    <div>
      helloVue
    </div>
    <div>count 的值为{{count}}</div>
    <div>
      <button @click="handleClick">单击实现 count + 1</button>
    </div>
  </div>
  <script>
  function Vue(options){

  }
  Vue.prototype.$mount=function(el){
    this.$el=document.querySelector(el)
    return this
  }
  let vm=new Vue({
    data(){
      return {
        userInfo:{
          username:'admin',
          password:123456
        },
```

```
        count:0
      }
    },
    methods:{
      handleClick(){
        this.count++
      }
    }
  }). $mount('＃app')
 </script>
</body>
</html>
```

（2）在文件中加入响应式数据绑定函数，代码如下：

```
//第8章 在文件中加入响应式数据绑定函数的代码案例
//为 Vue 对象定义响应式属性
function definePropertys(vue){
  //获取_data 对象
  let _data=vue._data
  //定义实际保存数据的对象
  let _dataTemp={}
  //递归为属性绑定 setter 和 getter
  function definePropertyDeep(_data){
    //遍历传入对象所有可枚举的 key
    Object.keys(_data).forEach(key=>{
      //判断参数是否与 vue 中的_data 相同,用以判断是否是第一层数据
      if(_data===vue._data){
        //为 Vue 实例绑定响应式的数据
        Object.defineProperty(vue,key,{
          set(v){
            _dataTemp[key]=v
          },
          get(){
            return _dataTemp[key]
          },
          enumerable:true
        })
      }
      //_dataTemp 设置初始值
      _dataTemp[key]=_data[key]
      //为_data 属性中的所有属性定义 setter 和 getter
      Object.defineProperty(_data,key,{
        set(v){
          _dataTemp[key]=v
        },
        get(){
          return _dataTemp[key]
```

```
      },
        enumerable:true
      })
      //当某个 key 对应的结果是对象时,继续递归
      if(_dataTemp[key] instanceof Object){
        definePropertyDeep(_dataTemp[key])
      }
    })
  }
  //开启深度遍历
  definePropertyDeep(_data)
}
```

（3）在文件中加入 h()函数、createElement()函数和 DOM2VDOM()函数,代码如下:

```
//第8章 在文件中加入 h()函数、createElement()函数和 DOM2VDOM()函数的代码案例
//创建虚拟 DOM 对象的函数
function h(tagName,options,children){
  //虚拟 DOM 节点
  let VNode={
    tag:'',
    text:'',
    children:[],
    elem:'',
    attrs:{},
    on:{}
  }
  //当只传入一个参数的时候
  if(arguments.length==1){
    //获取参数
    let obj=arguments[0]
    //判断参数是否为字符
    if(obj.constructor.name=='String'){
      //创建字符节点
      VNode.elem=document.createTextNode(obj)
      VNode.text=obj
    }else{
      //合并对象
      VNode={...VNode,...obj}
    }
  //正常传入参数的时候
  }else{
    //处理子节点
    let c
    if(children instanceof Array){
      c=children.map(item=> h(item))
    }else{
      c=[h(children)]
```

```
      }
      //创建对应的真实 DOM 对象
      let element =document.createElement(tagName)
      //绑定属性
      bindAttrs(element,options.attrs)
      //绑定样式
      bindStyle(element,options.style)
      //绑定事件
      bindEvent(element,options.on)
      //封装节点
      VNode ={
        tag:tagName,
        elem:element,
        ...options,
        children:c
      }
    }
    //返回节点
    return VNode
  }
//绑定样式
function bindStyle(element,style){
  if(style){
    for(let key in style){
      element.style[key]=style[key]
    }
  }
}
//绑定属性
function bindAttrs(element,attrs){
  if(attrs){
    for(let key in attrs){
      element[key]=attrs[key]
    }
  }
}
//绑定事件
function bindEvent(element,on){
  if(on){
    for(let key in on){
      element.addEventListener(key,on[key])
    }
  }
}
//将虚拟 DOM 树渲染到网页的函数
function createElement(vdom,el){
  //获取要替换的渲染节点
  let root =document.querySelector(el)
  //将虚拟 DOM 的根节点插入替换节点前
```

```
        root.parentNode.insertBefore(vdom.elem,root)
        //删除被替换的节点
        root.parentNode.removeChild(root)
        //深度递归虚拟 DOM 树
        function deepLoop(vdom){
          if(vdom.children&&vdom.children.length>0){
            vdom.children.forEach(item=>{
              //将子节点按照关系插入真实视图中
              vdom.elem.appendChild(item.elem)
              deepLoop(item)
            })
          }
        }
        deepLoop(vdom)
}
//真实 DOM 转虚拟 DOM
function DOM2VDOM(el){
    let elem=document.querySelector(el)
    //定义递归函数
    function walk(elem){
        //当节点为文本节点时
        if(elem.nodeType==3){
            //匹配表达式
            return h(elem.nodeValue)
        //当节点为普通节点时
        }else{
            //如果节点有子元素,则继续递归
            if(elem.childNodes.length>0){
              //定义属性
              let attrs={}
              //获取标签上显式声明的属性
              elem.getAttributeNames().forEach(key=>{
                attrs[key]=elem[key]
              })
              //定义子节点数组
              let children=[]
              //遍历真实 DOM 对象的子节点,将其转换为虚拟 DOM 对象后添加到数组中
              elem.childNodes.forEach(elemChild=>{
                children.push(walk(elemChild))
              })
              //返回该节点的虚拟 DOM 节点
              return h(elem.tagName.toLowerCase(),{
                attrs
              },children)
            }
        }
    }
    let vdom=walk(elem)
    return vdom
}
```

（4）在 Vue 函数中实现框架的主要逻辑，代码如下：

```html
<!-- 第 8 章 在 Vue 函数中实现框架的主要逻辑的代码案例 -->
<!DOCTYPE html>
<html lang="en">
<head>
  <meta charset="UTF-8">
  <meta http-equiv="X-UA-Compatible" content="IE=edge">
  <meta name="viewport" content="width=device-width, initial-scale=1.0">
  <title>Document</title>
</head>
<body>
  <div id="app">
    <div>
      {{JSON.stringify(userInfo)}}
    </div>
    <div>
      helloVue
    </div>
    <div>count 的值为{{count}}</div>
    <div>
      <button @click="handleClick">单击实现 count + 1</button>
    </div>
  </div>
  <script>
    //为 Vue 对象定义响应式属性
    function definePropertys(vue){
      //…
    }
    //创建虚拟 DOM 对象的函数
    function h(tagName,options,children){
      //…
    }
    //绑定样式
    function bindStyle(element,style){
      //…
    }
    //绑定属性
    function bindAttrs(element,attrs){
      //…
    }
    //绑定事件
    function bindEvent(element,on){
      //…
    }
    //将虚拟 DOM 树渲染到网页的函数
```

```
function createElement(vdom,el){
   //…
}
//将真实 DOM 转换为虚拟 DOM
function DOM2VDOM(el){
   //…
}
function Vue(options){
   //保存初始化配置
   this.$options=options
   //获取响应式对象
   this._data=options.data()
   //绑定 setters 和 getters
   definePropertys(this)
   //保存实例对象的所有属性
   this.$keys=Object.keys(this)
}
Vue.prototype.$mount=function(el){
   //获取真实 DOM 的根节点
   this.$el=document.querySelector(el)
   //将真实 DOM 转换为虚拟 DOM
   this.$vdom=DOM2VDOM.call(this,el)
   return this
}
let vm=new Vue({
   data(){
     return {
       userInfo:{
         username:'admin',
         password:123456
       },
       count:0
     }
   },
   methods:{
     handleClick(){
       this.count++
     }
   }
}).$mount('#app')
//输出 vm 对象
console.log(vm)
   </script>
</body>
</html>
```

(5) 完成后,在浏览器中运行该文件,查看控制台输出内容,如图 8-21 所示。

(6) 接下来改造 DOM2VDOM 函数将事件绑定处理完成,代码如下:

图 8-21　查看控制台输出内容的效果图

```
//第 8 章 改造 DOM2VDOM 函数将事件绑定处理完成的代码案例
//将真实 DOM 转换为虚拟 DOM
function DOM2VDOM(el){
  let elem=document.querySelector(el)
  let vue=this
  //定义递归函数
  function walk(elem){
    //当节点为文本节点时
    if(elem.nodeType==3){
      //匹配表达式
      return h.call(vue,elem.nodeValue)
    //当节点为普通节点时
    }else{
      //如果节点有子元素,则继续递归
      if(elem.childNodes.length>0){
        //定义属性
        let attrs={}
        //追加事件处理器
        let on={}
        //获取标签上显式声明的属性
        elem.getAttributeNames().forEach((key,index)=>{
          //当属性存在@时就处理事件
          if(key.indexOf('@')!=-1){
            //将 Vue 对象中指定名称的 method 绑定在虚拟 DOM 节点中
            on[key.replace('@','')]=vue.$options.methods[elem.attributes[index].value].
bind(vue)
          }else{
            //其他情况暂时全当属性处理
            attrs[key]=elem.attributes[index].value
          }
        })
        //定义子节点数组
        let children=[]
        //遍历真实 DOM 对象的子节点,将其转换为虚拟 DOM 对象后添加到数组中
        elem.childNodes.forEach(elemChild=>{
          children.push(walk(elemChild))
        })
        //返回该节点的虚拟 DOM 节点
        return h.call(vue,elem.tagName.toLowerCase(),{
```

```
            attrs,
            on
          },children)
        }
      }
    }
    let vdom=walk(elem)
    return vdom
}
```

（7）继续改造 h()函数，将处理字符节点的部分改造成联动 data 中的数据，代码如下：

```
//第 8 章 将处理字符节点的部分改造成联动 data 中的数据的代码案例
//创建虚拟 DOM 对象的函数
function h(tagName,options,children){
  //虚拟 DOM 节点
  let VNode={
    tag:'',
    text:'',
    children:[],
    elem:'',
    attrs:{},
    on:{}
  }
  //当只传入一个参数的时候
  if(arguments.length==1){
    //获取参数
    let obj=arguments[0]
    //判断参数是否为字符
    if(obj.constructor.name=='String'){
      //保存插值表达式
      VNode.templateText=obj
      //保存原始字符串
      VNode.text=obj
      //匹配插值表达式
      let regx=/{{(.*?)}}/g
      let arr=VNode.templateText.match(regx)
      arr&&arr.forEach(item=>{
        //创建动态函数替换插值内容
        let fn=new Function(this.$keys,'return ' + item.replace('{{','').replace('}}',''))
        //得到表达式运行结果
        let result=fn.apply(this,this.$keys.map(key=>this[key]))
        //改造虚拟 DOM 的值
        VNode.text=VNode.text.replace(item,result)
      })
      //改造真实 DOM 的值
      VNode.elem=document.createTextNode(VNode.text)
    }else{
```

```
      //合并对象
      VNode={...VNode,...obj}
    }
 //正常传入参数的时候
 }else{
   //处理子节点
   let c
   if(children instanceof Array){
     c=children.map(item=>h(item))
   }else{
     c=[h(children)]
   }
   //创建对应的真实 DOM 对象
   let element=document.createElement(tagName)

   //绑定属性
   bindAttrs(element,options.attrs)
   //绑定样式
   bindStyle(element,options.style)
   //绑定事件
   bindEvent(element,options.on)
   //封装节点
   VNode={
     tag:tagName,
     elem:element,
     ...options,
     children:c
   }
 }
 //返回节点
 return VNode
}
```

（8）运行网页查看此时渲染的内容，会发现 data 选项中初始化的属性已经可以正常通过表达式渲染到网页中，如图 8-22 所示。

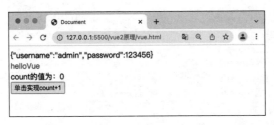

图 8-22　查看控制台输出内容的效果图

（9）接下来在 methods 中定义的事件中加入输出，代码如下：

```
//第8章 在methods中定义的事件中加入输出
let vm=new Vue({
  data(){
    return {
      userInfo:{
        username:'admin',
        password:123456
      },
      count:0
    }
  },
  methods:{
    handleClick(){
    //加入输出内容
      console.log(this)
      console.log(this.count)
      this.count++
    }
  }
}).$mount('#app')
```

（10）在浏览器的 Web 控制台中测试事件绑定是否生效，单击按钮后会发现控制台有对应的输出内容，如图 8-23 所示。

图 8-23　单击按钮后控制台的效果图

（11）接下来要实现通过属性更新驱动视图更新功能，在 vue.html 文件中加入更新视图的函数 updateDOM()，代码如下：

```
//第8章 在vue.html文件中加入更新视图的函数updateDOM()的代码案例
//递归更新虚拟DOM树及其对应的真实DOM节点
function updateDOM(vue){
  let vdom=vue.$vdom
  function loop(vdom){
    if(vdom.children&&vdom.children.length>0){
      let c
      c=vdom.children.map(item=>{
        return loop(item)
      })
      let vdom1={...vdom,children:c}
```

```
            return h(vdom1)
        }else{
        //匹配插值表达式
        let regx=/{{(.*?)}}/g
        let arr=vdom.templateText.match(regx)
        arr&&arr.forEach(item=>{
            //创建动态函数替换插值内容
            let fn=new Function(vue.$keys,'return '+item.replace('{{','').replace('}}',''))
            //得到表达式运行结果
            let result=fn.apply(vue,vue.$keys.map(key=>vue[key]))
            //改造虚拟DOM的值
            vdom.text=vdom.templateText.replace(item,result)
            vdom.elem.nodeValue=vdom.text
        })
        return h(vdom)
        }

    }
    loop(vdom)
}
```

（12）改造 defineProperty()函数，在其内部的 set()函数中加入 updateDOM()函数的调用，代码如下：

```
//第8章 改造defineProperty()函数,在其内部的set()函数中加入updateDOM()函数的调用的代码
//案例
//为Vue对象定义响应式属性
function definePropertys(vue){
    //获取_data对象
    let _data=vue._data
    //定义实际保存数据的对象
    let _dataTemp={}
    //递归为属性绑定setter和getter
    function definePropertyDeep(_data){
        //遍历传入对象所有可枚举的key
        Object.keys(_data).forEach(key=>{
            //判断参数是否与vue中的_data相同,用以判断是否是第一层数据
            if(_data===vue._data){
                //为Vue实例绑定响应式的数据
                Object.defineProperty(vue,key,{
                    set(v){
                        _dataTemp[key]=v
                        //同步更新视图
                        updateDOM(vue)
                    },
                    get(){
                        return _dataTemp[key]
                    },
```

```
        enumerable:true
      })
    }
    //_dataTemp 设置初始值
    _dataTemp[key]=_data[key]
    //为_data 属性中的所有属性定义 setter 和 getter
    Object.defineProperty(_data,key,{
      set(v){
        _dataTemp[key]=v
        //同步更新视图
        updateDOM(vue)
      },
      get(){
        return _dataTemp[key]
      },
      enumerable:true
    })
    //当某个 key 对应的结果是对象时,继续递归
    if(_dataTemp[key] instanceof Object){
      definePropertyDeep(_dataTemp[key])
    }
  })
}
//开启深度遍历
definePropertyDeep(_data)
}
```

（13）接下来用浏览器打开已经编写好的程序,单击网页中的按钮查看 count 的变化,会发现网页中的 count 的值会随之更新,如图 8-24 所示。

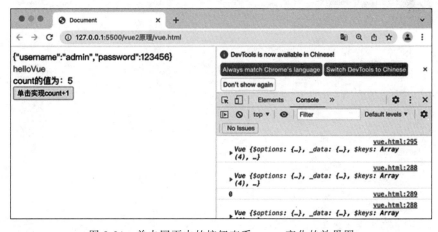

图 8-24 单击网页中的按钮查看 count 变化的效果图

（14）最后改造程序调用部分，将案例完善，代码如下：

```html
<!-- 第 8 章 改造程序调用部分,将案例完善的代码案例 -->
<!DOCTYPE html>
<html lang="en">
<head>
  <meta charset="UTF-8">
  <meta http-equiv="X-UA-Compatible" content="IE=edge">
  <meta name="viewport" content="width=device-width, initial-scale=1.0">
  <title>Document</title>
</head>
<body>
  <div id="app">
    <div>
      {{JSON.stringify(userInfo)}}
    </div>
    <div style="color:red">
      helloVue
    </div>
    <div>count 的值为{{count}}</div>
    <div>
      <button @click="handleClick">单击实现 count + 1</button>
      <br>
      账号: <input type="text" @input="handleInput1">
      <br>
      密码: <input type="text" @input="handleInput2">
    </div>
  </div>
  <script>
    //递归更新虚拟 DOM 树及其对应的真实 DOM 节点
    function updateDOM(vue){
      let vdom=vue.$vdom
      function loop(vdom){
        if(vdom.children&&vdom.children.length>0){
          let c
          c=vdom.children.map(item=>{
            return loop(item)
          })
          let vdom1={...vdom,children:c}
          return h(vdom1)
        }else{
          //匹配插值表达式
          let regx=/{{(.*?)}}/g
          let arr=vdom.templateText.match(regx)
          arr&&arr.forEach(item=>{
            //创建动态函数替换插值内容
            let fn=new Function(vue.$keys,'return ' + item.replace('{{','').replace('}}',''))
            //得到表达式运行结果
            let result=fn.apply(vue,vue.$keys.map(key=> vue[key]))
```

```
        //改造虚拟 DOM 的值
        vdom.text=vdom.templateText.replace(item,result)
        vdom.elem.nodeValue=vdom.text
      })
      return h(vdom)
    }

  }
  loop(vdom)
}
//为 Vue 对象定义响应式属性
function definePropertys(vue){
  //获取_data 对象
  let _data=vue._data
  //定义实际保存数据的对象
  let _dataTemp={}
  //递归为属性绑定 setter 和 getter
  function definePropertyDeep(_data){
    //遍历传入对象所有可枚举的 key
    Object.keys(_data).forEach(key=>{
      //判断参数是否与 vue 中的_data 相同,用以判断是否是第一层数据
      if(_data===vue._data){
        //为 Vue 实例绑定响应式的数据
        Object.defineProperty(vue,key,{
          set(v){
            _dataTemp[key]=v
            //同步更新视图
            updateDOM(vue)
          },
          get(){
            return _dataTemp[key]
          },
          enumerable:true
        })
      }
      //_dataTemp 设置初始值
      _dataTemp[key]=_data[key]
      //为_data 属性中的所有属性定义 setter 和 getter
      Object.defineProperty(_data,key,{
        set(v){
          _dataTemp[key]=v
          //同步更新视图
          updateDOM(vue)
        },
        get(){
          return _dataTemp[key]
        },
        enumerable:true
      })
```

```
        //当某个 key 对应的结果是对象时,继续递归
        if(_dataTemp[key] instanceof Object){
          definePropertyDeep(_dataTemp[key])
        }
      })
    }
    //开启深度遍历
    definePropertyDeep(_data)
}
//创建虚拟 DOM 对象的函数
function h(tagName,options,children){
    //虚拟 DOM 节点
    let VNode={
      tag:'',
      text:'',
      children:[],
      elem:'',
      attrs:{},
      on:{}
    }
    //当只传入一个参数的时候
    if(arguments.length==1){
      //获取参数
      let obj=arguments[0]
      //判断参数是否为字符
      if(obj.constructor.name=='String'){
        //保存插值表达式
        VNode.templateText=obj
        //保存原始字符串
        VNode.text=obj
        //匹配插值表达式
        let regx=/{{(.*?)}}/g
        let arr=VNode.templateText.match(regx)
        arr&&arr.forEach(item=>{
          //创建动态函数替换插值内容
          let fn=new Function(this.$keys,'return ' + item.replace('{{','').replace('}}',''))
          //得到表达式运行结果
          let result=fn.apply(this,this.$keys.map(key=> this[key]))
          //改造虚拟 DOM 的值
          VNode.text=VNode.text.replace(item,result)
        })
        //改造真实 DOM 的值
        VNode.elem=document.createTextNode(VNode.text)
      }else{
        //合并对象
        VNode={...VNode,...obj}
      }
    //正常传入参数的时候
    }else{
```

```
        //处理子节点
        let c
        if(children instanceof Array){
          c=children.map(item=>h(item))
        }else{
          c=[h(children)]
        }
        //创建对应的真实 DOM 对象
        let element=document.createElement(tagName)

        //绑定属性
        bindAttrs(element,options.attrs)
        //绑定样式
        bindStyle(element,options.style)
        //绑定事件
        bindEvent(element,options.on)
        //封装节点
        VNode={
          tag:tagName,
          elem:element,
          ...options,
          children:c
        }
    }
    //返回节点
    return VNode
}
//绑定样式
function bindStyle(element,style){
  if(style){
    for(let key in style){
      element.style[key]=style[key]
    }
  }
}
//绑定属性
function bindAttrs(element,attrs){
  if(attrs){
    for(let key in attrs){
      element[key]=attrs[key]
    }
  }
}
//绑定事件
function bindEvent(element,on){
  if(on){
    for(let key in on){
      element.addEventListener(key,on[key])
    }
```

```
    }
  }
  //将虚拟DOM树渲染到网页的函数
  function createElement(vdom,el){
    //获取要替换的渲染节点
    let root=document.querySelector(el)
    //将虚拟DOM的根节点插入替换节点前
    root.parentNode.insertBefore(vdom.elem,root)
    //删除被替换的节点
    root.parentNode.removeChild(root)
    //深度递归虚拟DOM树
    function deepLoop(vdom){
      if(vdom.children&&vdom.children.length>0){
        vdom.children.forEach(item=>{
          //将子节点按照关系插入真实视图中
          vdom.elem.appendChild(item.elem)
          deepLoop(item)
        })
      }
    }
    deepLoop(vdom)
  }
  //将真实DOM转换为虚拟DOM
  function DOM2VDOM(el){
    let elem=document.querySelector(el)
    let vue=this
    //定义递归函数
    function walk(elem){

      //当节点为文本节点时
      if(elem.nodeType==3){
        //匹配表达式
        return h.call(vue,elem.nodeValue)
      //当节点为普通节点时
      }else{
        //定义属性
        let attrs={}
        //追加事件处理器
        let on={}
        //获取标签上显式声明的属性
        elem.getAttributeNames().forEach((key,index)=>{
          //当属性存在@时就处理事件
          if(key.indexOf('@')!=-1){
            //将Vue对象中指定名称的method绑定在虚拟DOM节点中
            on[key.replace('@','')]=vue.$options.methods[elem.attributes[index].value].
bind(vue)
          }else{
            //其他情况暂时全当属性处理
            attrs[key]=elem.attributes[index].value
```

```
      }
    })
    //如果节点有子元素,则继续递归
    if(elem.childNodes.length>0){

      //定义子节点数组
      let children=[]
      //遍历真实DOM对象的子节点,将其转换为虚拟DOM对象后添加到数组中
      elem.childNodes.forEach(elemChild=>{
        children.push(walk(elemChild))
      })
      //返回该节点的虚拟DOM节点
      return h.call(vue,elem.tagName.toLowerCase(),{
        attrs,
        on
      },children)
    }else{
      return h.call(vue,elem.tagName,{
        attrs,
        on
      },'')
    }
  }
}
let vdom=walk(elem)
return vdom
}
function Vue(options){
  //保存初始化配置
  this.$options=options
  //获取响应式对象
  this._data=options.data()
  //绑定setters和getters
  definePropertys(this)
  //保存实例对象的所有属性
  this.$keys=Object.keys(this)
}
Vue.prototype.$mount=function(el){
  //获取真实DOM的根节点
  this.$el=document.querySelector(el)
  //将真实DOM转换为虚拟DOM
  this.$vdom=DOM2VDOM.call(this,el)
  createElement(this.$vdom,el)
  return this
}
let vm=new Vue({
  data(){
    return {
      userInfo:{
```

```
          username:'admin',
          password:123456
        },
        count:0
      }
    },
    methods:{
      handleClick(){
        console.log(this)
        console.log(this.count)
        this.count++
      },
      handleInput1(e){
        this.userInfo.username=e.target.value
      },
      handleInput2(e){
        this.userInfo.password=e.target.value
      }
    }
  }).$mount('#app')
  //输出 vm 对象
  console.log(vm)
  </script>
</body>
</html>
```

（15）最后在浏览器中运行该案例，在输入框组件中输入内容时，会发现视图中的数据会跟随输入框中的内容进行变化，如图 8-25 所示。

图 8-25　在输入框组件中输入内容时的效果图

8.2　Vue 3.x 的数据响应式原理

Vue 3.x 的详细内容已经在第 6 章做了完整的介绍，本节着重讨论 Vue 3.x 在数据响应式系统上的更新。

8.2.1 Proxy 代理对象的介绍

1. Vue 2.x 数据响应式系统的局限性

Vue 2.x 的数据响应式系统使用 Object. defineProperty()方法进行实现,而 Object. defineProperty()方法对于 Vue 的自动响应式系统实现存在一个非常重大的缺陷。由于 Object. defineProperty()方法的第 2 个参数必须指定一个 key,若需要监听的属性没有在 data 选项中显式地声明 key,则 Object. defineProperty()方法并不知道应该对哪个属性埋下监听,最终造成无法对后创建属性实现数据监听的问题。

Vue 的官方文档对此做出了如下说明:Vue 实例的数据对象,Vue 会递归地把 data 的 property 转换为 getter/setter,从而 data 的 property 能够响应数据变化。对象必须是纯粹的对象,原型上的 property 会被忽略。大概来讲,data 应该只能是数据,不推荐观察拥有状态行为的对象。一旦观察过,就无法在根数据对象上添加响应式 property,因此推荐在创建实例之前,就声明所有的根级响应式 property。

接下来参考属性更新局限性的案例,深入回顾一下 Vue 2.x 的缺陷,代码如下:

```html
<!-- 第 8 章 属性更新局限性的代码案例 -->
<!DOCTYPE html>
<html lang="en">
<head>
  <meta charset="UTF-8">
  <meta http-equiv="X-UA-Compatible" content="IE=edge">
  <meta name="viewport" content="width=device-width, initial-scale=1.0">
  <title>Vue 2.x 回顾</title>
</head>
<body>
  <!-- Vue 的渲染容器 -->
  <div id="app">
    {{userInfo}}
  </div>
  <script src="https://cdn.jsdelivr.net/npm/vue@2/dist/Vue.js"></script>
  <script type="text/JavaScript">
    //实例化 Vue 对象并暴露为 vm 对象
    let vm=new Vue({
      //定义响应式数据对象
      data(){
        return {
          userInfo:{
            name:'小明',
            age:18
          }
        }
      }
    }).$mount('#app')
```

```
    </script>
  </body>
</html>
```

运行该案例后在浏览器中会展示 userInfo 中的数据结构,在浏览器的控制台中输入 vm.userInfo.name='小花'时,视图中的数据会随之更新,如图 8-26 所示。

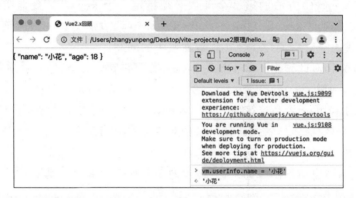

图 8-26　在浏览器的控制台中输入 vm.userInfo.name='小花'时的效果图

在浏览器的控制台中输入 vm.userInfo.sex='女'时,视图并不会随之更新,并且在控制台中继续打印 vm.userInfo 时会发现 sex 属性已经创建成功,如图 8-27 所示。

图 8-27　在浏览器的控制台中输入 vm.userInfo.sex='女'时的效果图

之所以出现此问题,正是由于定义数据时,在 userInfo 对象中并没有显式地声明 sex 属性,导致 Vue 框架在进行响应式数据转换时,并不知道 userInfo 对象未来会出现一个 sex 属性。所以在 sex 属性及其他任何未创建属性变更时,Vue 2.x 框架都无法感知,这就是 Vue 2.x

在数据响应式系统上的瓶颈。在 Vue 3.x 版本中这个问题通过将 Object. defineProperty()方法替换成 Proxy()对象得到了解决。

2. Proxy 代理对象

Proxy 对象用于创建一个对象的代理,从而实现基本操作的拦截和自定义(如属性查找、赋值、枚举、函数调用等)。Proxy 整体的工作流程与 Object. defineProperty()方法在行为上类似,但 Proxy 具备更强的工作能力。Proxy 为对象创建代理时,并不会对原对象进行修改,它会返回一个原始对象的代理。Proxy 本身只代理原始对象的所有行为,并不会作为存储容器保存任何状态,该模式与生活中的代理极其相似,可以将它理解为一种代理商,在对接事务上作为原始对象的完全代理人,但最终结果都会发生在原始对象上。

接下来详细地认识 Proxy 代理对象。Proxy 的对象基本结构,代码如下:

```
const p=new Proxy(target, handler)
```

该对象通过 new 关键字进行实例化,其构造函数包含两个参数。

1) target

要使用 Proxy 包装的目标对象,可以是任何类型的对象,包括原生数组、函数,甚至另一个代理。

2) handler

一个通常以函数作为属性的对象,各属性中的函数分别定义了在执行各种操作时代理 p 的行为。

通过对比结构会发现,Proxy 对象在初始化时只需传入原始对象,并不需要明确指定一个 key,这就意味着一旦对某对象创建了代理,该对象未来的一切行为都由代理托管。这样就可以实现对未创建的属性进行监听了。

3. handler 对象的方法

handler 对象是一个可以容纳一批特定属性的占位符对象。它包含 Proxy 的各个捕捉器(trap)。所有的捕捉器是可选的,如果没有定义某个捕捉器,就会保留源对象的默认行为。handler 中包含如下捕捉器。

1) handler. getPrototypeOf()

Object. getPrototypeOf()方法的捕捉器。handler. getPrototypeOf()方法是一个代理(Proxy)方法,当读取代理对象的原型时,该方法就会被调用。

2) handler. setPrototypeOf()

Object. setPrototypeOf()方法的捕捉器。handler. setPrototypeOf()方法主要用来拦截 Object. setPrototypeOf()方法。

3) handler. isExtensible()

Object. isExtensible()方法的捕捉器。handler. isExtensible()方法用于拦截对象的 Object. isExtensible()方法。

4）handler. preventExtensions()

Object. preventExtensions()方法的捕捉器。handler. preventExtensions()方法用于设置对 Object. preventExtensions()方法的拦截。

5）handler. getOwnPropertyDescriptor()

Object. getOwnPropertyDescriptor()方法的捕捉器。handler. getOwnPropertyDescriptor()方法是 Object. getOwnPropertyDescriptor()方法的钩子。

6）handler. defineProperty()

Object. defineProperty()方法的捕捉器。handler. defineProperty()方法用于拦截对对象的 Object. defineProperty()操作。

7）handler. has()

handler. has()方法是针对 in 操作符的代理方法。

8）handler. get()

handler. get()方法用于拦截对象的读取属性操作。

9）handler. set()

handler. set()方法是设置属性值操作的捕捉器。

10）handler. deleteProperty()

handler. deleteProperty()方法用于拦截对对象属性的 delete 操作。

11）handler. ownKeys()

Object. getOwnPropertyNames()方法和 Object. getOwnPropertySymbols()方法的捕捉器。handler. ownKeys()方法用于拦截 Reflect. ownKeys()方法。

12）handler. apply()

handler. apply()方法用于拦截函数的调用。

13）handler. construct()

handler. construct()方法用于拦截 new 操作符。为了使 new 操作符在生成的 Proxy 对象上生效,用于初始化代理的目标对象自身必须具有[[Construct]]内部方法(new target 必须是有效的)。

4. 基础示例

在以下简单的例子中,当对象中不存在属性名时,默认返回值为 37。get handler 的使用场景,代码如下:

```
//第 8 章 get handler 的使用场景的代码案例
const handler ={
    get: function(obj, prop) {
        return prop in obj ? obj[prop] : 37;
    }
};
```

```
const p=new Proxy({}, handler);
p.a=1;
p.b=undefined;

console.log(p.a, p.b);                      //1, undefined
console.log('c' in p, p.c);                 //false, 37
```

5. 无操作转发代理

以下使用了一个原生 JavaScript 对象,代理会将所有应用到它的操作转发到这个对象上,代码如下:

```
//第 8 章 代理会将所有应用到它的操作转发到这个对象上的代码案例
let target={};
let p=new Proxy(target, {});

p.a=37;                                     //操作转发到目标

console.log(target.a);                      //37,操作已经被正确地转发
```

6. 验证

通过代理,可以轻松地验证向一个对象传值。下面是展示 set handler 的作用的案例,代码如下:

```
//第 8 章 展示 set handler 的作用的代码案例
let validator={
  set: function(obj, prop, value) {
    if (prop === 'age') {
      if (!Number.isInteger(value)) {
        throw new TypeError('The age is not an integer');
      }
      if (value > 200) {
        throw new RangeError('The age seems invalid');
      }
    }

    obj[prop]=value;

    //表示成功
    return true;
  }
};

let person=new Proxy({}, validator);

person.age=100;
```

```
console.log(person.age);
//100

person.age='young';
//抛出异常,Uncaught TypeError: The age is not an integer

person.age=300;
//抛出异常,Uncaught RangeError: The age seems invalid
```

7. 扩展构造函数

方法代理可以轻松地通过一个新构造函数来扩展一个已有的构造函数。接下来参考construct()和 apply()方法的应用案例,代码如下:

```
//第 8 章 construct()和 apply()方法的应用案例的代码案例
function extend(sup, base) {
  var descriptor=Object.getOwnPropertyDescriptor(
    base.prototype, "constructor"
  );
  base.prototype=Object.create(sup.prototype);
  var handler={
    construct: function(target, args) {
      var obj=Object.create(base.prototype);
      this.apply(target, obj, args);
      return obj;
    },
    apply: function(target, that, args) {
      sup.apply(that, args);
      base.apply(that, args);
    }
  };
  var proxy=new Proxy(base, handler);
  descriptor.value=proxy;
  Object.defineProperty(base.prototype, "constructor", descriptor);
  return proxy;
}

var Person=function (name) {
  this.name=name
};

var Boy=extend(Person, function (name, age) {
  this.age=age;
});

Boy.prototype.sex="M";
```

```
var Peter=new Boy("Peter", 13);
console.log(Peter.sex);                                    //"M"
console.log(Peter.name);                                   //"Peter"
console.log(Peter.age);                                    //13
```

8. 操作 DOM 节点

某些场景可能需要互换两个不同的元素的属性或类名。下面的代码以此为目标,展示
set handler 的使用场景,代码如下:

```
//第8章 set handler 的使用场景的代码案例
let view=new Proxy({
  selected: null
}, {
  set: function(obj, prop, newval) {
    let oldval=obj[prop];

    if (prop === 'selected') {
      if (oldval) {
        oldval.setAttribute('aria-selected', 'false');
      }
      if (newval) {
        newval.setAttribute('aria-selected', 'true');
      }
    }

    //默认行为是存储被传入 setter()函数的属性值
    obj[prop]=newval;

    //表示操作成功
    return true;
  }
});

let i1=view.selected=document.getElementById('item-1');
console.log(i1.getAttribute('aria-selected'));             //'true'

let i2=view.selected=document.getElementById('item-2');
console.log(i1.getAttribute('aria-selected'));             //'false'
console.log(i2.getAttribute('aria-selected'));             //'true'
```

9. 值修正及附加属性

以下 products 代理会计算传值并根据需要转换为数组。这个代理对象同时支持一个
叫作 latestBrowser 的附加属性,这个属性可以同时作为 getter 和 setter。值修正及附加属
性的案例,代码如下:

```
//第 8 章 值修正及附加属性的代码案例
let products=new Proxy({
  browsers: ['Internet Explorer', 'Netscape']
}, {
  get: function(obj, prop) {
    //附加一个属性
    if (prop=== 'latestBrowser') {
      return obj.browsers[obj.browsers.length-1];
    }

    //默认行为是返回属性值
    return obj[prop];
  },
  set: function(obj, prop, value) {
    //附加属性
    if (prop=== 'latestBrowser') {
      obj.browsers.push(value);
      return;
    }

    //如果不是数组,则进行转换
    if (typeof value=== 'string') {
      value=[value];
    }

    //默认行为是保存属性值
    obj[prop]=value;

    //表示成功
    return true;
  }
});

console.log(products.browsers);        //输出内容['Internet Explorer', 'Netscape']
products.browsers='Firefox';           //如果不小心传入了一个字符串
console.log(products.browsers);        //输出内容['Firefox']也没问题, 得到的依旧是一个数组
products.latestBrowser='Chrome';
console.log(products.browsers);        //输出内容['Firefox', 'Chrome']
console.log(products.latestBrowser);   //输出内容'Chrome'
```

10. 通过属性查找数组中的特定对象

以下代理为数组扩展了一些实用工具。通过 Proxy 对象,可以不使用 Object. defineProperties()方法便可灵活地定义属性。以下例子可以用于通过单元格来查找表格中的一行。在这种情况下,target 是 table.rows,代码如下:

```
//第 8 章 通过属性查找数组中的特定对象的代码案例
let products=new Proxy([
```

```
    { name: 'Firefox', type: 'browser' },
    { name: 'SeaMonkey', type: 'browser' },
    { name: 'Thunderbird', type: 'mailer' }
], {
  get: function(obj, prop) {
    //默认行为是返回属性值, prop?通常是一个整数
    if (prop in obj) {
      return obj[prop];
    }

    //获取 products 的 number, 它是 products.length 的别名
    if (prop === 'number') {
      return obj.length;
    }

    let result, types = {};

    for (let product of obj) {
      if (product.name === prop) {
        result = product;
      }
      if (types[product.type]) {
        types[product.type].push(product);
      } else {
        types[product.type] = [product];
      }
    }

    //通过 name 获取 product
    if (result) {
      return result;
    }

    //通过 type 获取 products
    if (prop in types) {
      return types[prop];
    }

    //获取 product type
    if (prop === 'types') {
      return Object.keys(types);
    }

    return undefined;
  }
});

console.log(products[0]);              //输出内容{ name: 'Firefox', type: 'browser' }
console.log(products['Firefox']);      //输出内容 { name: 'Firefox', type: 'browser' }
```

```
console.log(products['Chrome']);          //输出内容 undefined
console.log(products.browser);            //输出内容[{ name: 'Firefox', type: 'browser' },
{ name: 'SeaMonkey', type: 'browser' }]
console.log(products.types);              //输出内容['browser', 'mailer']
console.log(products.number);             //输出内容3
```

11. 一个完整的 traps 列表示例

这里为了创建一个完整的 traps 列表示例,将尝试代理化一个非原生对象,特别适用于这类操作:通过发布在 document.cookie 页面上的"小型框架"创建 docCookies 全局对象,代码如下:

```
//第 8 章 一个完整的 traps 列表示例的代码案例
var docCookies =new Proxy(docCookies, {
  "get": function (oTarget, sKey) {
    return oTarget[sKey] || oTarget.getItem(sKey) || undefined;
  },
  "set": function (oTarget, sKey, vValue) {
    if (sKey in oTarget) { return false; }
    return oTarget.setItem(sKey, vValue);
  },
  "deleteProperty": function (oTarget, sKey) {
    if (sKey in oTarget) { return false; }
    return oTarget.removeItem(sKey);
  },
  "enumerate": function (oTarget, sKey) {
    return oTarget.keys();
  },
  "ownKeys": function (oTarget, sKey) {
    return oTarget.keys();
  },
  "has": function (oTarget, sKey) {
    return sKey in oTarget || oTarget.hasItem(sKey);
  },
  "defineProperty": function (oTarget, sKey, oDesc) {
    if (oDesc && "value" in oDesc) { oTarget.setItem(sKey, oDesc.value); }
    return oTarget;
  },
  "getOwnPropertyDescriptor": function (oTarget, sKey) {
    var vValue =oTarget.getItem(sKey);
    return vValue ? {
      "value": vValue,
      "writable": true,
      "enumerable": true,
      "configurable": false
    } : undefined;
  },
});
```

```
/* Cookies 测试 */

alert(docCookies.my_Cookie1="First value");
alert(docCookies.getItem("my_Cookie1"));

docCookies.setItem("my_Cookie1", "Changed value");
alert(docCookies.my_Cookie1);
```

8.2.2 仿真小型的 Vue 3.x

在 8.1 节中已经实现了 Vue 2.x 的仿真，Vue 3.x 的仿真部分大体上与 Vue 2.x 的仿真流程相近。本节意在介绍 Proxy 在 Vue 3.x 框架中的应用，核心实现响应式数据系统与视图渲染，所以 Vue 3.x 的仿真代码依然是精简版的 Vue 3.x 框架，本仿真思路与 Vue 3.x 相近但并不代表 Vue 3.x 源码。

1. 定义 defineProperty() 函数

Vue 3.x 在仿真上与 Vue 2.x 的仿真最大的区别就在于数据响应式系统上，该案例以 Vue 2.x 的仿真案例为基础，在此结果上进一步改造，核心需要改造的部分就是 defineProperty() 函数。接下来创建新的文件并命名为 Vue 3.html，将 Vue 2.x 仿真的源代码粘贴进 Vue 3.html 文件中，在代码中将 defineProperty() 函数替换，代码如下：

```
//第 8 章 在代码中将 defineProperty() 函数替换的代码案例
//为 Vue 对象定义响应式属性
function definePropertys(vue){
  //获取 _data 对象
  let _data=vue._data
  //定义实际保存数据的对象
  function defineReactive(data){
    //为对象定义代理
    let dataProxy=new Proxy(data,{
      set(target,key,value){
        target[key]=value
        //更新视图
        updateDOM(vue)
      },
      get(target,key){
        return target[key]
      }
    })
    Object.keys(dataProxy).forEach(key=>{
      //将第一层数据绑定在 vm 实例上
      if(data===vue._data){
        //为 Vue 实例绑定响应式的数据
        Object.defineProperty(vue,key,{
```

```
      set(v){
        dataProxy[key]=v
      },
      get(){
        return dataProxy[key]
      },
      enumerable:true
    })
  }
  //当属性的值为对象时递归绑定代理
  if(data[key] instanceof Object){
    data[key]=defineReactive(dataProxy[key])
  }
})
return dataProxy
}
defineReactive(_data)
}
```

2. 改造 $mount()函数部分

对 Vue.prototype.$mount()函数进行改造,使其返回 Vue 对象的代理,代码如下:

```
//第 8 章 对 Vue.prototype.$mount()函数进行改造,使其返回 Vue 对象的代理的代码案例
Vue.prototype.$mount=function(el){
  //获取真实 DOM 的根节点
  this.$el=document.querySelector(el)
  //将真实 DOM 转换为虚拟 DOM
  this.$vdom=DOM2VDOM.call(this,el)
  createElement(this.$vdom,el)
  //返回 Vue 对象的代理
  return new Proxy(this,{
    set(target,key,value){
      target[key]=value
    },
    get(target,key){
      return target[key]
    }
  })
}
```

3. 实现完整的 Vue 3.x 数据响应式的仿真

代码改造完毕后,在浏览器中运行 Vue 3.html 文件,在控制台中输出 vm 对象,如图 8-28 所示。

参考图 8-28,若在 data 选项中定义的属性为对象类型,则该属性上最终绑定的就是该对象的代理对象,vm 实例对象也变成了代理对象。根据 Proxy 对象的介绍,改造成如下数据结构的 Vue 对象可以无须显式声明便能识别后创建属性的变化。接下来在浏览器控制

台中输入 vm.userInfo.age＝100,查看视图更新结果,会发现视图中的 JSON 对象自动更新并且出现了后创建的属性 age,如图 8-29 所示。

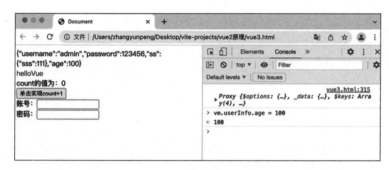

图 8-28　在控制台中输出 vm 对象的效果图

图 8-29　在控制台中输入 vm.userInfo.age＝100 时的效果图

到此步骤,便证明 Vue 3.x 的数据响应式系统已经实现,最终改造完毕的 Vue 3.x 仿真案例,代码如下:

```html
<!-- 第 8 章 最终改造完毕的 Vue 3.x 仿真的代码案例 -->
<!DOCTYPE html>
<html lang="en">
<head>
  <meta charset="UTF-8">
  <meta http-equiv="X-UA-Compatible" content="IE=edge">
  <meta name="viewport" content="width=device-width, initial-scale=1.0">
  <title>Document</title>
</head>
<body>
  <div id="app">
    <div>
      {{JSON.stringify(userInfo)}}
    </div>
    <div style="color:red">
```

```
            helloVue
        </div>
      <div>count 的值为{{count}}</div>
      <div>
        <button @click="handleClick">单击实现 count + 1</button>
        <br>
        账号: <input type="text" @input="handleInput1">
        <br>
        密码: <input type="text" @input="handleInput2">
      </div>
    </div>
  </div>
  <script>
      //递归更新虚拟 DOM 树及其对应的真实 DOM 节点
      function updateDOM(vue){
        let vdom=vue. $vdom
        function loop(vdom){
          if(vdom. children&&vdom. children. length>0){
            let c
            c=vdom. children. map(item=>{
              return loop(item)
            })
            let vdom1={...vdom,children:c}
            return h(vdom1)
          }else{
            //匹配插值表达式
            let regx=/{{(. * ?)}}/g
            let arr=vdom. templateText. match(regx)
            arr&&arr. forEach(item=>{
              //创建动态函数替换插值内容
              let fn=new Function(vue. $keys,'return ' + item. replace('{{','').replace('}}',''))
              //得到表达式运行结果
              let result=fn. apply(vue,vue. $keys. map(key=> vue[key]))
              //改造虚拟 DOM 的值
              vdom. text=vdom. templateText. replace(item,result)
              vdom. elem. nodeValue=vdom. text
            })
            return h(vdom)
          }

        }
        loop(vdom)
      }
      //为 Vue 对象定义响应式属性
      function definePropertys(vue){
        //获取_data 对象
        let _data=vue. _data
        //定义实际保存数据的对象
        function defineReactive(data){
          //为对象定义代理
```

```
    let dataProxy=new Proxy(data,{
      set(target,key,value){
        target[key]=value
        //更新视图
        updateDOM(vue)
      },
      get(target,key){
        return target[key]
      }
    })
    Object.keys(dataProxy).forEach(key=>{
      //将第一层数据绑定在 vm 实例上
      if(data===vue._data){
        //为 Vue 实例绑定响应式的数据
        Object.defineProperty(vue,key,{
          set(v){
            dataProxy[key]=v
          },
          get(){
            return dataProxy[key]
          },
          enumerable:true
        })
      }
      //当属性的值为对象时递归绑定代理
      if(data[key] instanceof Object){
        data[key]=defineReactive(dataProxy[key])
      }
    })
    return dataProxy
  }
  defineReactive(_data)
}
//创建虚拟 DOM 对象的函数
function h(tagName,options,children){
  //虚拟 DOM 节点
  let VNode={
    tag:'',
    text:'',
    children:[],
    elem:'',
    attrs:{},
    on:{}
  }
  //当只传入一个参数的时候
  if(arguments.length==1){
    //获取参数
    let obj=arguments[0]
    //判断参数是否为字符
```

```
  if(obj.constructor.name=='String'){
    //保存插值表达式
    VNode.templateText=obj
    //保存原始字符串
    VNode.text=obj
    //匹配插值表达式
    let regx=/{{(.*?)}}/g
    let arr=VNode.templateText.match(regx)
    arr&&arr.forEach(item=>{
      //创建动态函数替换插值内容
      let fn=new Function(this.$keys,'return '+item.replace('{{','').replace('}}',''))
      //得到表达式运行结果
      let result=fn.apply(this,this.$keys.map(key=>this[key]))
      //改造虚拟DOM的值
      VNode.text=VNode.text.replace(item,result)
    })
    //改造真实DOM的值
    VNode.elem=document.createTextNode(VNode.text)
  }else{
    //合并对象
    VNode={...VNode,...obj}
  }
//正常传入参数的时候
}else{
  //处理子节点
  let c
  if(children instanceof Array){
    c=children.map(item=>h(item))
  }else{
    c=[h(children)]
  }
  //创建对应的真实DOM对象
  let element=document.createElement(tagName)

  //绑定属性
  bindAttrs(element,options.attrs)
  //绑定样式
  bindStyle(element,options.style)
  //绑定事件
  bindEvent(element,options.on)
  //封装节点
  VNode={
    tag:tagName,
    elem:element,
    ...options,
    children:c
  }
}
//返回节点
```

```
      return VNode
    }
    //绑定样式
    function bindStyle(element,style){
      if(style){
        for(let key in style){
          element.style[key]=style[key]
        }
      }
    }
    //绑定属性
    function bindAttrs(element,attrs){
      if(attrs){
        for(let key in attrs){
          element[key]=attrs[key]
        }
      }
    }
    //绑定事件
    function bindEvent(element,on){
      if(on){
        for(let key in on){
          element.addEventListener(key,on[key])
        }
      }
    }
    //将虚拟 DOM 树渲染到网页的函数
    function createElement(vdom,el){
      //获取要替换的渲染节点
      let root=document.querySelector(el)
      //将虚拟 DOM 的根节点插入替换节点前
      root.parentNode.insertBefore(vdom.elem,root)
      //删除被替换的节点
      root.parentNode.removeChild(root)
      //深度递归虚拟 DOM 树
      function deepLoop(vdom){
        if(vdom.children&&vdom.children.length>0){
          vdom.children.forEach(item=>{
            //将子节点按照关系插入真实视图中
            vdom.elem.appendChild(item.elem)
            deepLoop(item)
          })
        }
      }
      deepLoop(vdom)
    }
    //将真实 DOM 转换为虚拟 DOM
    function DOM2VDOM(el){
      let elem=document.querySelector(el)
```

```
        let vue=this
        //定义递归函数
        function walk(elem){

          //当节点为文本节点时
          if(elem.nodeType==3){
            //匹配表达式
            return h.call(vue,elem.nodeValue)
          //当节点为普通节点时
          }else{
            //定义属性
            let attrs={}
            //追加事件处理器
            let on={}
            //获取标签上显式声明的属性
            elem.getAttributeNames().forEach((key,index)=>{
              //当属性存在@时就处理事件
              if(key.indexOf('@')!=-1){
                //将Vue对象中指定名称的method绑定在虚拟DOM节点中
                on[key.replace('@','')]=vue.$options.methods[elem.attributes[index].value].
bind(vue)
              }else{
                //其他情况暂时全当属性处理
                attrs[key]=elem.attributes[index].value
              }
            })
            //如果节点有子元素,则继续递归
            if(elem.childNodes.length>0){

              //定义子节点数组
              let children=[]
              //遍历真实DOM对象的子节点,将其转换为虚拟DOM对象后添加到数组中
              elem.childNodes.forEach(elemChild=>{
                children.push(walk(elemChild))
              })
              //返回该节点的虚拟DOM节点
              return h.call(vue,elem.tagName.toLowerCase(),{
                attrs,
                on
              },children)
            }else{
              return h.call(vue,elem.tagName,{
                attrs,
                on
              },'')
            }
          }
        }
        let vdom=walk(elem)
```

```
      return vdom
  }
  function Vue(options){
    //保存初始化配置
    this.$options=options
    //获取响应式对象
    this._data=options.data()
    //绑定 setters 和 getters
    definePropertys(this)
    //保存实例对象的所有属性
    this.$keys=Object.keys(this)
  }
  Vue.prototype.$mount=function(el){
    //获取真实 DOM 的根节点
    this.$el=document.querySelector(el)
    //将真实 DOM 转化为虚拟 DOM
    this.$vdom=DOM2VDOM.call(this,el)
    createElement(this.$vdom,el)
    //返回 Vue 对象的代理
    return new Proxy(this,{
      set(target,key,value){
        target[key]=value
      },
      get(target,key){
        return target[key]
      }
    })
  }
  let vm=new Vue({
    data(){
      return {
        userInfo:{
          username:'admin',
          password:123456,
          ss:{
            sss:111
          }
        },
        count:0
      }
    },
    methods:{
      handleClick(){
        console.log(this)
        console.log(this.count)
        this.count++
      },
      handleInput1(e){
        this.userInfo.username=e.target.value
```

```
        },
        handleInput2(e){
          this.userInfo.password=e.target.value
        }
      }
    }).$mount('#app')
    //输出 vm 对象
    console.log(vm)
  </script>
</body>
</html>
```

8.3 虚拟 DOM 介绍

虚拟 DOM 是 MVVM 框架的灵魂,它相当于存在于真实 DOM 对象和数据之间的缓存容器,之所以提出虚拟 DOM 的概念,主要在于现今浏览器直接操作 DOM 对象实现视图更新的开销仍然是巨大的。

随着 Web 技术的飞速发展,浏览器陆续支持更多新的特色能力和移动端操作能力,但是更新视图依然需要使用 DOM 操作的 API 实现。随着计算机硬件的更新换代,现今 Web 项目所运行的计算机硬件性能足够运行各种大型的网页应用,但在此等优越的条件下,通过 Web API 直接操作 DOM 对象来更新视图的代价仍然非常庞大。

8.3.1 真实 DOM 介绍

本节提供了一个简单的概念性的 DOM 介绍:DOM 是什么、它是如何组织 HTML 及 XML 文档、要如何访问 DOM 及这个 API 提供了哪些参考信息和实例。

1. 什么是 DOM

文档对象模型(DOM)是 HTML 和 XML 文档的编程接口。它提供了对文档的结构化的表述,并定义了一种方式,可以从程序中对该结构进行访问,从而改变文档的结构、样式和内容。DOM 将文档解析为一个由节点和对象(包含属性和方法的对象)组成的结构集合。简而言之,它将 Web 页面和脚本或程序语言连接起来。

一个 Web 页面是一个文档。这个文档可以在浏览器窗口或作为 HTML 源码显示出来,但上述两种情况中都使用同一份文档。文档对象模型(DOM)提供了对同一份文档的另一种表现、存储和操作的方式。DOM 是 Web 页面的完全的面向对象表述,它能够使用如 JavaScript 等脚本语言进行修改。

W3C DOM 和 WHATWG DOM 标准在绝大多数现代浏览器中有对 DOM 的基本实现。许多浏览器提供了对 W3C 标准的扩展,所以在使用时必须注意,文档可能会在多种浏览器上使用不同的 DOM 访问。

例如,W3C DOM 中指定下面代码中的 getElementsByTagName()方法必须返回所有

<P>元素的列表,代码如下:

```
paragraphs=document.getElementsByTagName("P");
//paragraphs[0] is the first <p> element
//paragraphs[1] is the second <p> element, etc
alert(paragraphs[0].nodeName);
```

所有操作和创建 Web 页面的属性、方法和事件都会被组织成对象的形式,例如,document 对象表示文档本身,table 对象实现了特定的 HTMLTableElement DOM 接口访问 HTML 表格等。本书会介绍基于 Gecko 浏览器的 DOM 面向对象引用。

2. DOM 和 JavaScript

8.2 节的示例和后续所有的示例一样,都使用了 JavaScript。也就是说,它虽然是用 JavaScript 编写的,却可以通过 DOM 访问文档和其中的元素。DOM 并不是一个编程语言,但如果没有 DOM,JavaScript 语言无法编写任何网页、XML 页面及涉及的元素的概念或模型。在文档中的每个元素(包括整个文档、文档头部、文档中的表格、表头、表格中的文本)都是文档所属于的文档对象模型(DOM)的一部分,因此它们可以使用 DOM 和一个脚本语言(如 JavaScript)访问和处理。

最初,JavaScript 和 DOM 是交织在一起的,但它们最终演变成了两个独立的实体。JavaScript 可以访问和操作存储在 DOM 中的内容,因此可以写成这个近似的等式:API(Web 或 XML 页面)=DOM+JavaScript(脚本语言)。

DOM 被设计成与特定编程语言相独立,使文档的结构化表述可以通过单一、一致的 API 获得。尽管通常操作 DOM 对象都专注于使用 JavaScript 语言,但 DOM 也可以使用其他的语言实现,以 Python 为例,代码如下:

```
♯第 8 章 Python 操作 DOM 的代码案例
import xml.dom.minidom as m
doc=m.parse("C:\\Projects\\Py\\chap1.xml");
doc.nodeName ♯ DOM property of document object;
p_list=doc.getElementsByTagName("para");
```

3. 如何访问 DOM

在使用 DOM 时,不需要做任何其他特殊的操作。不同的浏览器都有对 DOM 不同的实现,这些实现对当前的 DOM 标准而言都会呈现出不同程度的一致性,每个 Web 浏览器都会使用一些文档对象模型,从而使页面可以被脚本语言访问。

在创建一个脚本时,无论是使用内嵌 <script>元素或者使用在 Web 页面脚本加载的方法,都可以使用 document 或 window 元素的 API 来操作文档本身或获取文档的子类(Web 页面中的各种元素)。

DOM 编程代码可能会像下面例子一样非常简单,如使用 window 对象的 alert()函数显示一个警告信息,或者使用比较复杂的方法来创建一个新的内容,代码如下:

```
< body onload="window.alert('welcome to my home page!');">
```

除了定义 JavaScript 的 <script> 元素外,当文档被装载及当整个 DOM 可以被有效使用时,JavaScript 可以设定一个函数来运行。下面的函数会创建一个新的 <h1> 元素,为元素添加文本,并将<h1>添加在文档树中,代码如下:

```
<!-- 第8章 为元素添加文本,并将<h1>添加在文档树中的代码案例 -->
< html >
  < head >
    < script >
    //run this function when the document is loaded
      window.onload=function() {
    //create a couple of elements
    //in an otherwise empty HTML page
      heading=document.createElement("h1");
      heading_text=document.createTextNode("Big Head!");
      heading.appendChild(heading_text);
      document.body.appendChild(heading);
      }
    </script>
  </head>
  < body >
  </body>
</html>
```

4. 重要的数据类型

本节内容试图以尽可能简单的方式描述各种对象和类型,但在 API 中传入的不同的数据类型需注意,为了简单起见,在 API 参考文档中的语法实例通常会使用 element(s) 指代节点,使用 nodeList(s)或 element(s)来指代节点数组,使用 attribute(s)来指代属性节点。

API 中包含的主要数据类型,有以下几种。

1) document

当一个成员返回 document 对象(例如,元素的 ownerDocument 属性返回它所属于的 document)时,这个对象就是 root document 对象本身。

2) element

element 是指由 DOM API 中成员返回的类型为 element 的一个元素或节点。例如,document.createElement()方法会返回一个 node 的对象引用,也就是说这种方法返回了在 DOM 中创建的 element。element 对象实现 DOM Elemen 接口及更基本的 Node 接口,参考文档将两者都包含在内。

3) nodeList

nodeList 是一个元素的数组,如从 document.getElementsByTagName()方法返回的

就是这种类型。nodeList 中的条目通过下标有两种方式可以进行访问：list. item（1）和 list[1]。两种方式是等价的，第一种方式中 item（）是 nodeList 对象中的单独方法。后面的方式则使用了经典的数组语法获取列表中的第 2 个条目。

4）attribute

当 attribute 通过成员函数（例如，通过 createAttribute（）方法）返回时，它是一个为属性暴露出专门接口的对象引用。DOM 中的属性也是节点，就像元素一样，只不过使用场景较少。

5）namedNodeMap

namedNodeMap 和数组类似，但是条目是由 name 或 index 访问的，后一种方式仅仅是为了枚举方便，因为在 list 中本来就没有特定的顺序。出于这个目的，namedNodeMap 有一个 item（）方法，可以从 amedNodeMap 添加或移除条目。

5. DOM 接口

许多对象都实现了多个接口。例如，table 对象实现了 HTML Table Element Interface，其中包括 createCaption（）和 insertRow（）方法。由于 table 对象也是一个 HTML 元素，table 也实现了 Element 接口。最后，由于 HTML 元素对 DOM 来讲也是组成 Web 页面或 XML 页面节点树中的一个节点，table 元素也实现了更基本的 Node 接口，Element 对象也继承了这个接口。

当得到一个 table 对象的引用时，开发者经常会轮流使用对象实现的三个不同接口的方法，但并不知其所以然。参考一个实际案例，代码如下：

```
//第 8 章 轮流使用对象实现的三个不同接口的方法的代码案例
var table=document.getElementById("table");
var tableAttrs=table.attributes; //Node/Element interface
for (var i=0; i < tableAttrs.length; i++) {
  //HTMLTableElement interface: border attribute
  if(tableAttrs[i].nodeName.toLowerCase()=="border")
    table.border="1";
}
//HTMLTableElement interface: summary attribute
table.summary="note: increased border";
```

在 DOM 编程时，通常使用得最多的就是 document 和 window 对象。简单地说，window 对象表示浏览器中的内容，而 document 对象则表示文档本身的根节点。Element 继承了通用的 Node 接口，将这两个接口结合后就提供了许多方法和属性可以供单个元素使用。在处理这些元素所对应的不同类型的数据时，这些元素可能会有专用的接口，如上面的 table 对象的例子。

下面是在 Web 和 XML 页面脚本中使用 DOM 时，一些常用的 API 简要列表如图 8-30 所示。

- document.getElementById(id)
- document.getElementsByTagName(name)
- document.createElement(name)
- parentNode.appendChild(node)
- element.innerHTML
- element.style.left
- element.getAttribute()
- element.getAttribute()
- element.addEventListener()
- window.content
- window.onload
- window.dump()
- window.scrollTo()

图 8-30　一些常用的 API 简要列表的效果图

8.3.2　虚拟 DOM 和真实 DOM 的对比

1. 操作真实 DOM 的开销

众所周知,在 HTML 文件中通过 JavaScript 操作 DOM 对象是同步机制的 API,所以它遵循顺序结构和代码的有序运行。也就是说,当网页中运行 N 行代码时,如果其中有 M 行代码获取了 DOM 对象并操作指定 DOM 元素的内容或样式,在运行到任何一行 DOM 操作代码时,由于同步运行的机制,浏览器无法得知后续还有多少次 DOM 操作,所以在执行下一行代码前浏览器必须将当前行的 DOM 操作直接更新。

举个例子,当网页有 4 个输入框组件时,开发者要将 4 个输入框的内容分别修改成 1、2、3、4,其需要执行的操作,代码如下:

```html
<!-- 第 8 章 将 4 个输入框的内容分别修改成 1、2、3、4 的代码案例 -->
<!DOCTYPE html>
<html>
  <head>
    <meta charset="utf-8">
    <title></title>
  </head>
  <body>
    <input id="a" type="text">
    <input id="b" type="text">
    <input id="c" type="text">
    <input id="d" type="text">
    <script type="text/JavaScript">
      //获取 4 个输入框对象
      let ipt1=document.querySelector('#a')
      let ipt2=document.querySelector('#b')
      let ipt3=document.querySelector('#c')
      let ipt4=document.querySelector('#d')
      //修改 4 个输入框的内容
      ipt1.value=1
```

```
        ipt2.value=2
        ipt3.value=3
        ipt4.value=4
    </script>
  </body>
</html>
```

运行代码后会发现,网页中 4 个输入框的内容直接变成了 1、2、3、4。看似没问题的案例实际运行的步骤并不是所见的结果,由于 JavaScript 同步代码顺序运行,DOM 操作也是同步触发的,在获取 4 个输入框对象时,就会触发 4 次对 DOM 树的遍历,来碰撞相匹配的元素对象,当每个 DOM 对象通过 value 属性赋值时,由于 GUI 渲染线程此时并不知道后续还有多少次 DOM 操作,所以会直接触发一次视图更新,所以实际上网页是通过 4 次遍历和 4 次 DOM 更新实现最终展示结果的。编写此代码的实际目的只不过是想要最终渲染的结果,所以这显然是浪费性能的。接下来,通过实际更改来了解 DOM 更新的步骤,将原案例插入部分新内容,代码如下:

```
<!-- 第 8 章 通过实际更改来了解 DOM 更新的步骤的代码案例 -->
<!DOCTYPE html>
<html>
  <head>
    <meta charset="utf-8">
    <title></title>
  </head>
  <body>
    <input id="a" type="text">
    <input id="b" type="text">
    <input id="c" type="text">
    <input id="d" type="text">
    <script type="text/JavaScript">
      //展示当前 4 个输入框中的 value 的值
      function showDOM(){
        console.log(ipt1.value)
        console.log(ipt2.value)
        console.log(ipt3.value)
        console.log(ipt4.value)
      }
      //获取 4 个输入框对象
      let ipt1=document.querySelector('#a')
      let ipt2=document.querySelector('#b')
      let ipt3=document.querySelector('#c')
      let ipt4=document.querySelector('#d')
      //修改 4 个输入框的内容
      ipt1.value=1
      showDOM()
      ipt2.value=2
```

```
        showDOM()
        ipt3.value=3
        showDOM()
        ipt4.value=4
        showDOM()
      </script>
   </body>
</html>
```

更改代码后,运行代码时控制台会输出以下内容,如图 8-31 所示。

参考图 8-31 的运行结果会发现,当对第 1 个输入框设置 value 时,剩下 3 个输入框的 value 属性还没有实际值,这意味着只有在最后一个输入框的 value 设置完毕时,网页中的 4 个输入框才能完整地展示 1、2、3、4。这就意味着实际 DOM 需要更新 4 次才能最终展示结果,只不过肉眼无法看见 4 次更新。即使在不考虑 4 次更新的情况下,获取 4 个输入框对象仍然需要从 HTML 页面的根节点开始遍历 4 次 DOM 树,这样才可以得到 4 个输入框的引用对象。

图 8-31 运行代码时控制台输出的效果图

2. 网页在一次渲染时经历了几个步骤

浏览器渲染引擎工作流程都差不多,大致分为 5 步。

1）创建 DOM 树

通过浏览器内置的 HTML 分析器,分析 HTML 元素,构建一棵 DOM 树(标记化和树构建)。

2）创建 StyleRules

通过浏览器内置的 CSS 分析器,分析 CSS 文件和元素上的 inline 样式,生成页面的样式表。

3）创建 Render 树

将 DOM 树和样式表关联起来,构建一棵 Render 树(这一过程又称为 Attachment)。每个 DOM 节点都由 attach()方法接收样式信息并返回一个 render 对象(又名 renderer)。这些 render 对象最终会被构建成一棵 Render 树。

4）布局 Layout

有了 Render 树,浏览器便开始布局,为每个 Render 树上的节点确定一个在显示屏上出现的精确坐标。

5）绘制 Painting

Render 树和节点显示坐标全部完成后,调用每个节点的 paint()方法,把它们绘制到浏览器的网页中。

从构建 DOM 树到视图显示并不是按照严格的先后顺序工作的。构建 DOM 树是一个渐进过程，为达到更好的用户体验，渲染引擎会尽快将内容显示在屏幕上。它不必等到整个 HTML 文档解析完毕之后才开始构建 Render 树和布局。Render 树叶并不是 DOM 树和 CSSOM 树构建完毕后开始构建的，这三个过程在实际进行的时候并不是完全独立的，而是会有交叉，会造成一边加载、一遍解析和一遍渲染的工作现象。CSS 的解析是从右往左逆向解析的（从 DOM 树的下到上解析比上到下解析效率高），所以嵌套标签越多，解析越慢。

浏览器渲染引擎的具体工作流程如图 8-32 所示。

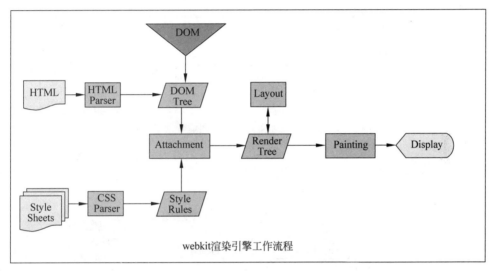

图 8-32　浏览器渲染引擎具体工作流程的效果图

3．什么是虚拟 DOM

众所周知，浏览器在通过 HTML 解析器解析 HTML 标记语言时，会将嵌套结构的标记对象映射成一棵极大的 DOM 树，树的每个节点都包含当前实际视图中指定对象的结构信息、样式信息及事件信息等大量的属性和方法。虚拟 DOM 与真实 DOM 一样也是一棵树，不同的是虚拟 DOM 不直接代表真实的视图结构。可以认为虚拟 DOM 是真实 DOM 树的简化版，节点数量与真实 DOM 完全一致，但每个节点挂载的属性更少。虚拟 DOM 是纯粹的 JavaScript 对象，它保存在 JavaScript 的直接堆区中，所以访问虚拟 DOM 对象的指定节点的速度会比访问真实 DOM 更快。由于虚拟 DOM 是纯粹的 JavaScript 对象，所以更新该对象时不需要 GUI 线程处理视图更新，基于这个特点，可以完美地规避 DOM 操作 API 执行一次就触发一次视图更新的问题。

描述了真实 DOM 树和虚拟 DOM 树的本质区别后，通过 DOM 操作流程来对比一下真实 DOM 和虚拟 DOM 更新的机制。首先图形化了解一下真实 DOM 实际更新视图的流程，如图 8-33 所示。

根据图 8-33 中的描述得知，DOM 对象的属性一旦变更就会触发一次视图更新，所以实际两行操作是两次处理,在 DOM 树中找到指定的< input >标记也需要至少从 body 开始进行递归遍历。接下来了解一下集合了虚拟 DOM 树后视图的更新流程,如图 8-34 所示。

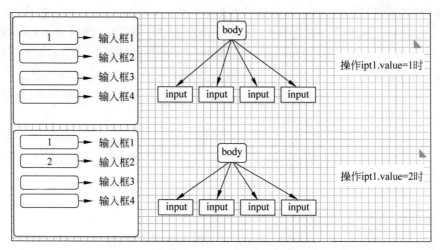

图 8-33　真实 DOM 实际更新视图流程的效果图

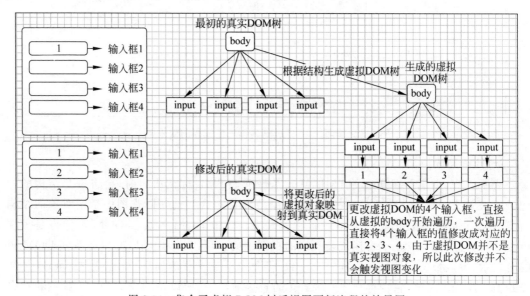

图 8-34　集合了虚拟 DOM 树后视图更新流程的效果图

根据图 8-33 和图 8-34 的对比可以直观地识别到虚拟 DOM 操作视图变更的优势,它可以在获取 DOM 对象和视图更新两个层面同时降低开销,带来的弊端是,需要在 JavaScript 的堆区创造一个和真实视图完全一样结构的 DOM 树。不过虚拟 DOM 树的节点和真实 DOM 树的节点体积相比要小得多,接下来以一个简单的虚拟 DOM 对象和真实 DOM 对象在控制台的对比图为例查看两者的区别,如图 8-35 所示。

```
▼{type: 'div', id: 'd', className: 'p-d', attrs: {…}, on: {…}, …}    test.html:221
  ▶$el: div#d.p-d
  ▶attrs: {data-name: 'hahah'}
  ▶children: (4) [{…}, {…}, {…}, {…}]
   className: "p-d"
   id: "d"
  ▶on: {click: ƒ}
   type: "div"
  ▶[[Prototype]]: Object
> console.dir(d)
                                                                    VM1224:1
  ▼div#d.p-d 🛈
    data-name: "hahah"
    accessKey: ""
    align: ""
    ariaAtomic: null
    ariaAutoComplete: null
    ariaBusy: null
    ariaChecked: null
    ariaColCount: null
    ariaColIndex: null
    ariaColSpan: null
    ariaCurrent: null
    ariaDescription: null
    ariaDisabled: null
    ariaExpanded: null
    ariaHasPopup: null
    ariaHidden: null
    ariaKeyShortcuts: null
    ariaLabel: null
    ariaLevel: null
    ariaLive: null
```

图 8-35　虚拟 DOM 对象和真实 DOM 对象在控制台对比的效果图

图 8-35 中上面的对象是虚拟 DOM 对象，下面的对象是真实 DOM 对象。

8.3.3　虚拟 DOM 原理与 DIFF 和 PATCH 的实现

本节通过实际编程的方式介绍虚拟 DOM 的实现原理，为更加简化地描述虚拟 DOM 及其更新视图的方式，下文均以极简的编程案例进行实现。

1．创建一棵虚拟 DOM 树

前面的章节已经介绍了什么是虚拟 DOM 树，若想要实现 MVVM 架构的数据和视图映射关系，首先要在代码环境中实现一种方法，该方法可以根据描述的标签节点和属性自动构建一棵 JavaScript 的虚拟 DOM 树，虚拟 DOM 树本身的每个节点还应具备该元素的真实 DOM 对象。在非渲染步骤执行前真实 DOM 对象不参与网页渲染，即使虚拟 DOM 叶子节点上存在它对应的真实 DOM 对象，也不会影响渲染性能，同时其真实 DOM 对象属性保存的仅仅是该对象的引用地址，并不会增加虚拟 DOM 树的体积。

接下来在一个空的 HTML 文件中创建对象 V，并且在 V 对象中创建函数 h()，代码如下：

```
<!-- 第 8 章 在文件中创建对象 V,并且在 V 对象中创建函数 h()的代码案例 -->
<!DOCTYPE html>
<html>
  <head>
    <meta charset="utf-8">
    <title></title>
  </head>
```

```
< body >
  < div id="app"></div>
  < script type="text/JavaScript">
    //虚拟 DOM 总对象
    let V={
      //创建虚拟 DOM 节点的函数
      / **
        * @param {Object} tagName 标签名
        * @param {Object} options 标签属性
        * @param {Object} children 标签子元素
        * /
      h(tagName,options,children){
        //...具体实现
      }
    }
  </script>
</body>
</html>
```

接下来完成 h()函数的具体实现,代码如下:

```
<!-- 第 8 章 h()函数的具体实现的代码案例 -->
<! DOCTYPE html >
< html >
  < head >
    < meta charset="utf-8">
    < title ></title >
  </head >
  < body >
    < div id="app"></div>
    < script type="text/JavaScript">
      let V={
        / **
          * @param {Object} tagName 标签名
          * @param {Object} options 标签属性
          * @param {Object} children 标签子元素
          * /
        h(tagName,options,children){
          //创建虚拟 DOM 节点
          let VNode={}
          //判断动态参数,如果只有一个时
          if(arguments.length==1){
            //如果参数为非对象,则代表 h()函数创建了纯文本节点
            if(!(arguments[0] instanceof Object)){
              //初始化纯文本节点和其真实 DOM 对象
              VNode={
                type:'text',
                content:tagName + '',
```

```
                    $el:document.createTextNode(tagName + '')
                }
            }else{
                //若为非纯文本节点,则统一认为是虚拟 DOM 对象
                VNode=arguments[0]
            }
        }else{
            //当正常设置参数时初始化该虚拟节点的真实 DOM 对象
            let element=document.createElement(tagName)
            //初始化行内样式
            this.initStyles(element,options)
            //初始化元素默认属性
            this.initAttrs(element,options)
            //初始化事件系统
            this.initEvents(element,options)
            //初始化 id 和 class
            this.initIdClass(element,options)
            let c
            //处理虚拟 DOM 子节点
            if(children instanceof Array){
                //将每个子节点采用 h()函数重新初始化
                c=children.map(item=>{
                    return this.h(item)
                })
            }else{
                //当子节点为非数组时
                if(children){
                    c=[this.h(children)]
                }
            }
            //将虚拟 DOM 节点信息和其真实 DOM 对象进行处理
            VNode={
                type:tagName,
                ...options,
                $el:element,
                children:c
            }
        }
        //返回创建的节点
        return VNode
    },
    //初始化行内样式
    initStyles(element,options){
        for(let key in options.style){
            element.style[key]=options.style[key]
        }
    },
    //初始化标签自带属性
    initAttrs(element,options){
```

```
          for(let key in options.attrs){
            element[key]=options.attrs[key]
          }
        },
        //初始化标签的事件系统
        initEvents(element,options){
          for(let key in options.on){
            element.addEventListener(key,options.on[key])
          }
        },
        //初始化 id 和 class
        initIdClass(element,options){
          if(options.id){
            element.id=options.id

          }
          if(options.className){
            element.className=options.className
          }

        }
      }
    </script>
  </body>
</html>
```

　　虚拟树的创建函数定义完成后,可以直接通过 V. h( )函数来动态创建虚拟 DOM 节点及虚拟 DOM 树,接下来通过 JavaScript 函数模拟 Vue 的方式创建一棵虚拟 DOM 树,代码如下:

```
//第 8 章 通过 JavaScript 函数模拟 Vue 的方式创建一棵虚拟 DOM 树的代码案例
var count=0
var type='text'
function Index(){
  return V. h('div',{
    id:'d',
    className:'p-d',
    attrs:{
      'data-name':'hahah'
    },
    on:{
      click(){
        console. log('单击 div 的单击事件')
      }
    }
  },[
    //将 count 动态地追加到虚拟 DOM 树中
```

```
      count,
      V.h('input',{
        attrs:{
          value:count,
          type:type //将 type 动态地绑定到输入框的类型中
        },
        on:{
          input(e){
            console.log('输入框的输入事件')
          }
        }
      }),
      V.h('select',{
        on:{
          input(e){
            console.log('下拉列表的选择事件')
          }
        }
      },[
          V.h('option',{
            attrs:{
              value:'radio'
            }
          },'单选按钮'),
          V.h('option',{
            attrs:{
              value:'checkbox'
            }
          },'多选按钮'),
          V.h('option',{
            attrs:{
              value:'password'
            }
          },'密码框'),
          V.h('option',{
            attrs:{
              value:'text'
            }
          },'输入框')
      ]),
      V.h('button',{
        id:'btn',
        attrs:{
          type:'submit'
        },
        on:{
          click(){
            console.log('按钮的单击事件')
          }
```

```
    }
  },'你好')
 ])
}
let vdom=Index()
console.log(vdom)
```

运行代码,Index()函数运行后返回创建的虚拟 DOM 树,在控制台中查看创建的虚拟 DOM 树,如图 8-36 所示。

图 8-36　在控制台中查看创建的虚拟 DOM 树的效果图

此时网页中无法看到虚拟 DOM 所代表的真实视图,接下来用 createElement()方法来将初始的虚拟 DOM 对象转换为真实 DOM 树并渲染到网页中。在 V 对象中追加以下内容,代码如下:

```
//第 8 章 创建 createElement()方法的代码案例
let V={
 //创建真实 DOM 树的函数
 /**
                                * @param {Object} el 选择器
                                * @param {Object} VDOM 虚拟 DOM 树
                                */
 createElement(el,vdom){
   //获取真实 DOM 树的渲染容器
   let elem=document.querySelector(el)
   //创建递归渲染函数
   function appendChild(elem,children){
     //递归将元素节点插入根节点中
```

```
        children.forEach(item=>{
            //将当前节点的子元素设置为虚拟 DOM 节点对应的 DOM 对象
            elem.appendChild(item.$el)
            //如果该节点有后代元素,则执行递归
            if(item.children){
                appendChild(item.$el,item.children)
            }
        })

    }
    appendChild(elem,[vdom])
  }
}
```

接下来通过 V.createElement() 方法将创建好的虚拟 DOM 树直接生成真实 DOM 结果并映射到视图中,代码如下:

```
//第 8 章 通过 V.createElement()方法将创建好的虚拟 DOM 树直接生成真实 DOM 结果并映射到视图
//中的代码案例
var count=0
var type='text'
function Index(){
  return V.h('div',{
    id:'d',
    className:'p-d',
    attrs:{
      'data-name':'hahah'
    },
    on:{
      click(){
        console.log('单击 div 的单击事件')
      }
    }
  },[
    //将 count 动态地追加到虚拟 DOM 树中
    count,
    V.h('input',{
      attrs:{
        value:count,
        type:type              //将 type 动态地绑定到输入框的类型中
      },
      on:{
        input(e){
          console.log('输入框的输入事件')
        }
      }
    }),
    V.h('select',{
      on:{
```

```
      input(e){
        console.log('下拉列表的选择事件')
      }
    }
  },[
    V.h('option',{
      attrs:{
        value:'radio'
      }
    },'单选按钮'),
    V.h('option',{
      attrs:{
        value:'checkbox'
      }
    },'多选按钮'),
    V.h('option',{
      attrs:{
        value:'password'
      }
    },'密码框'),
    V.h('option',{
      attrs:{
        value:'text'
      }
    },'输入框')
  ]),
  V.h('button',{
    id:'btn',
    attrs:{
      type:'submit'
    },
    on:{
      click(){
        console.log('按钮的单击事件')
      }
    }
  },'你好')
  ])
}
let vdom=Index()
//将虚拟DOM树创建为真实DOM对象
V.createElement('#app',vdom)
```

　　创建后的真实视图会出现渲染的视图结构,在每个虚拟DOM节点中定义的on事件都可以正常工作。渲染后的结果如图8-37所示。

2. 实现DIFF和PATCH

　　前面的案例中,已经可以通过JavaScript成功创建虚拟DOM树,并且可以通过createElement()函数将虚拟DOM转化成真实视图。在此基础上再进一步改造,便可以完成Vue和React等MVVM的底层架构搭建,其核心点在于DIFF和PATCH。

图 8-37 渲染后的效果图

（1）DIFF 代表差异算法，由于虚拟 DOM 框架的核心是将数据与虚拟 DOM 关联，以数据为核心驱动页面渲染，每次更新视图需要先将之前的多次修改映射到虚拟 DOM 树及其对应的真实 DOM 节点上，再将修改后的虚拟 DOM 树和修改前的虚拟 DOM 树做差异比较算法记录差异点。

（2）PATCH 代表补丁，即在 DIFF 的过程中遇到两次虚拟 DOM 树的差异点时对差异点进行补丁处理并更新实际对应的真实视图。

通常在虚拟 DOM 的 DIFF 中采用同层比较算法，从根节点递归地比较变化前和变化后的虚拟 DOM 树的每个节点数据，如果两者比较的结果相同，则进入深层递归继续比较其标签上的属性和其后代元素。如果新旧两棵树相同层级的相同位置节点为不同元素，则直接使用新节点替换旧节点。同层比较算法的具体描述如图 8-38 所示。

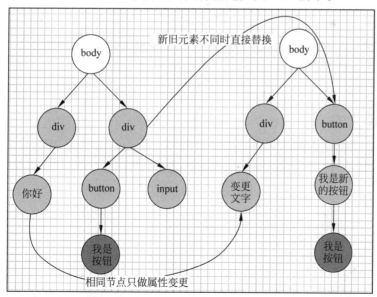

图 8-38 同层比较算法具体描述的效果图

接下来通过代码编程的方式在原始虚拟 DOM 对象中实现 DIFF＋PATCH，最终实现通过纯 JavaScript 数据操作更新视图。在 V 对象中追加 patch()函数，代码如下：

```
//第 8 章 在 V 对象中追加 patch()函数的代码案例
let V={
  /**
   * @param {Object} OldVNode 旧的虚拟 DOM 节点
   * @param {Object} VNode 新的虚拟 DOM 节点
   */
  patch(OldVNode, VNode){
    //判断同层节点是否相同
    if(this.sameVNode(OldVNode, VNode)){
      //相同节点进入属性 PATCH
      this.patchAttrs(OldVNode, VNode)
      //若为文本节点,则进入文本 PATCH
      this.patchText(OldVNode, VNode)
      //对节点后代深层递归重复 PATCH
      if(OldVNode.children){
        OldVNode.children.forEach((item, index) = > {
          this.patch(item, VNode.children[index])
        })
      }

    }else{
      //若前后节点不同,则执行替换
      this.replaceVNode(OldVNode, VNode)
    }

  },
  //属性 PATCH
  patchAttrs(OldVNode, VNode){
    //若元素相同,则将新虚拟 DOM 对象的真实 DOM 节点引用为当前节点
    VNode. $el=OldVNode. $el
    //遍历虚拟 DOM 的属性将变更部分更新到真实 DOM 中
    for(let key in VNode.attrs){
      if(VNode. $el[key]!= VNode.attrs[key]){
        VNode. $el[key]=VNode.attrs[key]
      }
    }
  },
  //文本 PATCH
  patchText(OldVNode, VNode){
    if(OldVNode.type== 'text'){
      //当元素相同时文本节点直接挂载原始 DOM 对象的引用
      VNode. $el=OldVNode. $el
      //若文本内容不同,则更新
      if(VNode. $el.textContent!= VNode.content){
        VNode. $el.textContent =VNode.content
```

```
    }
   }
  },
  //替换旧节点的 DOM 对象
  replaceVNode(OldVNode,VNode){
    OldVNode.$el.parent.insertBefore(OldVNode.$el,VNode.$el)
    OldVNode.$el.parent.removeChild(OldVNode.$el)
  },
  //判断是否为相同节点
  sameVNode(OldVNode,VNode){
    if(OldVNode.key==VNode.key){
      return true
    }else if(OldVNode.type==VNode.type){
      return true
    }else{
      return false
    }
  }
}
```

为更加贴近以数据为核心驱动页面渲染,使用 Proxy 对象实现属性赋值的监听,在 V 对象中继续追加 reactive() 函数创建响应式数据对象,代码如下:

```
//第8章 在 V 对象中继续追加 reactive()函数创建响应式数据对象的代码案例
let V={
  //定义响应式数据定义对象
  reactive(data){
    //通过代理对象返回可响应式的数据对象
    return new Proxy(data,{
      //通过防抖算法实现多次更改数据只触发一次更新
      set:debounce((target,property,value)=>{
        console.log('视图更新 1 次')
        //获取更改前后的虚拟 DOM 对象
        let newVDOM=Index()
        let oldVDOM=vdom
        //通过 PATCH 执行 DIFF 的差异更新
        this.patch(oldVDOM,newVDOM)
        //将全局的 VDOM 替换为本次更新好的 VDOM
        vdom=newVDOM
        //console.log(target)
      },0),
      get(target,property){
        return target[property]
      }
    })
  }
}
//防抖函数
```

```
function debounce(fn,timer){
  let timeout
    return function(target,property,value){
    target[property]=value
      if(timeout) clearTimeout(timeout)
        timeout=setTimeout(()=>{
          fn(target,property,value)
        },timer)
      }
}
```

完成响应式数据对象创建函数 reactive()的定义后进行完整代码的实现,完整代码包括虚拟 DOM 的创建和视图更新的处理机制,本案例不仅实现了 DIFF 和 PATCH,还利用了防抖的思路模拟异步更新队列的效果,实现多次变更虚拟 DOM 树,最终只会触发一次 PATCH,从而规避同步操作 DOM 导致的变更一次 DOM 属性视图更新一次的开销问题,最终实现同时修改多个响应式数据变量只有一次真实 DOM 处理,完整的虚拟 DOM 的实现,代码如下:

```
<!-- 第8章 完整的虚拟 DOM 实现的代码案例-->
<!DOCTYPE html>
<html>
  <head>
    <meta charset="utf-8">
    <title></title>
  </head>
  <body>
    <div id="app"></div>
    <script type="text/JavaScript">
      let V={
        /**
         * @param {Object} tagName 标签名
         * @param {Object} options 标签属性
         * @param {Object} children 标签子元素
         */
        h(tagName,options,children){
          //创建虚拟 DOM 节点
          let VNode={}
          //判断动态参数,如果只有一个时
          if(arguments.length==1){
            //如果参数为非对象,则代表 h()函数创建了纯文本节点
            if(!(arguments[0] instanceof Object)){
              //初始化纯文本节点和其真实 DOM 对象
              VNode={
                type:'text',
                content:tagName + '',
                $el:document.createTextNode(tagName + '')
```

```
            }
        }else{
            //若非纯文本节点,则统一认为是虚拟 DOM 对象
            VNode=arguments[0]
        }
    }else{
        //当正常设置参数时初始化该虚拟节点的真实 DOM 对象
        let element=document.createElement(tagName)
        //初始化行内样式
        this.initStyles(element,options)
        //初始化元素默认属性
        this.initAttrs(element,options)
        //初始化事件系统
        this.initEvents(element,options)
        //初始化 id 和 class
        this.initIdClass(element,options)
        let c
        //处理虚拟 DOM 子节点
        if(children instanceof Array){
            //将每个子节点采用 h()函数重新初始化
            c=children.map(item=>{
                return this.h(item)
            })
        }else{
            //当子节点为非数组时
            if(children){
                c=[this.h(children)]
            }
        }
        //将虚拟 DOM 节点信息和其真实 DOM 对象进行处理
        VNode={
            type:tagName,
            ...options,
            $el:element,
            children:c
        }
    }
    //返回创建的节点
    return VNode
},
//初始化行内样式
initStyles(element,options){
    for(let key in options.style){
        element.style[key]=options.style[key]
    }
},
//初始化标签自带属性
initAttrs(element,options){
    for(let key in options.attrs){
```

```
      element[key]=options.attrs[key]
    }
  },
  //初始化标签的事件系统
  initEvents(element,options){
    for(let key in options.on){
      element.addEventListener(key,options.on[key])
    }
  },
  //初始化 id 和 class
  initIdClass(element,options){
    if(options.id){
      element.id=options.id

    }
    if(options.className){
      element.className=options.className
    }

  },
  /**
   * @param {Object} OldVNode 旧的虚拟 DOM 节点
   * @param {Object} VNode 新的虚拟 DOM 节点
   */
  patch(OldVNode,VNode){
    //判断同层节点是否相同
    if(this.sameVNode(OldVNode,VNode)){
      //相同节点进入属性 PATCH
      this.patchAttrs(OldVNode,VNode)
      //若为文本节点,则进入文本 PATCH
      this.patchText(OldVNode,VNode)
      //对节点后代深层递归重复 PATCH
      if(OldVNode.children){
        OldVNode.children.forEach((item,index)=>{
          this.patch(item,VNode.children[index])
        })
      }

    }else{
      //若前后节点不同,则执行替换
      this.replaceVNode(OldVNode,VNode)
    }

  },
  //属性 PATCH
  patchAttrs(OldVNode,VNode){
    //若元素相同,则将新虚拟 DOM 对象的真实 DOM 节点引用为当前节点
    VNode.$el=OldVNode.$el
    //遍历虚拟 DOM 的属性将变更部分更新到真实 DOM 中
```

```
    for(let key in VNode.attrs){
      if(VNode.$el[key]!= VNode.attrs[key]){
        VNode.$el[key]=VNode.attrs[key]
      }
    }
  },
  //文本 PATCH
  patchText(OldVNode,VNode){
    if(OldVNode.type== 'text'){
      //当元素相同时文本节点直接挂载原始 DOM 对象的引用
      VNode.$el=OldVNode.$el
      //若文本内容不同,则更新
      if(VNode.$el.textContent!= VNode.content){
        VNode.$el.textContent=VNode.content
      }
    }
  },
  //替换旧节点的 DOM 对象
  replaceVNode(OldVNode,VNode){
    OldVNode.$el.parent.insertBefore(OldVNode.$el,VNode.$el)
    OldVNode.$el.parent.removeChild(OldVNode.$el)
  },
  //判断是否为相同节点
  sameVNode(OldVNode,VNode){
    if(OldVNode.key==VNode.key){
      return true
    }else if(OldVNode.type==VNode.type){
      return true
    }else{
      return false
    }
  },
  /**
   * @param {Object} el 选择器
   * @param {Object} vdom 虚拟 DOM 树
   */
  createElement(el,vdom){
    //获取真实 DOM 树的渲染容器
    let elem=document.querySelector(el)
    //创建递归渲染函数
    function appendChild(elem,children){
      //递归将元素节点插入根节点中
      children.forEach(item=>{
        //将当前节点的子元素设置为虚拟 DOM 节点对应的 DOM 对象
        elem.appendChild(item.$el)
        //如果该节点有后代元素,则执行递归
        if(item.children){
          appendChild(item.$el,item.children)
        }
      })
```

```
        }
        appendChild(elem,[vdom])
      },
      //定义响应式数据定义对象
      reactive(data){
        //通过代理对象返回可响应式的数据对象
        return new Proxy(data,{
          //通过防抖算法实现多次更改数据只触发一次更新
          set:debounce((target,property,value)=>{
            console.log('视图更新1次')
            //获取更改前后的虚拟DOM对象
            let newVDOM=Index()
            let oldVDOM=vdom
            //通过PATCH执行DIFF的差异更新
            this.patch(oldVDOM,newVDOM)
            //将全局的VDOM替换为本次更新好的VDOM
            vdom=newVDOM
            //console.log(target)
          },0),
          get(target,property){
            return target[property]
          }
        })
      }
}
function debounce(fn,timer){
  let timeout
  return function(target,property,value){
    target[property]=value
    if(timeout) clearTimeout(timeout)
    timeout=setTimeout(()=>{
      fn(target,property,value)
    },timer)
  }
}
//定义可响应的数据对象
let data=V.reactive({
  count:0,
  count1:10,
  type:'text'
})


function Index(){
  return V.h('div',{
    id:'d',
    className:'p-d',
    attrs:{
      'data-name':'hahah'
```

```
          },
          on:{
            click(){
              console.log('单击 div 的单击事件')
            }
          }
        },[
          //将 count 动态地追加到虚拟 DOM 树中
          'count 的结果: ' + data.count,
          V.h('br',{}),
          //将 count1 动态地追加到虚拟 DOM 树中
          'count1 的结果: ' + data.count1,
          V.h('br',{}),
          V.h('input',{
            attrs:{
              value:data.count,
              type:data.type //将 type 动态地绑定到输入框的类型中
            },
            on:{
              input(e){
                console.log('输入框的输入事件')
                //通过 data 属性同时更新 count 和 count1 的值
                //用以测试多次更改一次渲染
                data.count=e.target.value
                data.count1=e.target.value + 'aaa'
              }
            }
          }),
          V.h('select',{
            on:{
              input(e){
                console.log('下拉列表的选择事件')
                //动态变更下拉菜单实现元素的展示样式替换

                data.type=e.target.value
                console.log(data.type)
              }
            }
          },[
            V.h('option',{
              attrs:{
                value:'radio'
              }
            },'单选按钮'),
            V.h('option',{
              attrs:{
                value:'checkbox'
              }
            },'多选按钮'),
            V.h('option',{
```

```
                    attrs:{
                      value:'password'
                    }
                  },'密码框'),
                  V.h('option',{
                    attrs:{
                      value:'text'
                    }
                  },'输入框')
                ]),
                V.h('button',{
                  id:'btn',
                  attrs:{
                    type:'submit'
                  },
                  on:{
                    click(){
                      console.log('按钮的单击事件')
                      //只更改一个count实现单独更新
                      data.count++
                    }
                  }
                },'你好')
              ])
            }
            let vdom=Index()
            console.log(vdom)
            V.createElement('#app',vdom)

        </script>
      </body>
    </html>
```

完整案例运行时,直接在初始界面中操作第 1 个输入框的内容,第 1 个输入框内容变更时,会同时修改 data 中的 count 和 count1 两个属性,所以会同时触发两次 reactive 的 set()函数,此时查看控制台会发现只执行了一次 PATCH,视图仅仅更新一次,如图 8-39 所示。

图 8-39　视图仅仅更新一次的效果图

8.4　路由和状态管理

8.4.1　Vue Router 的原理

Vue 框架是典型的单页面应用框架,单页面应用并不是只能有一个可访问的页面,其表现在项目中有且只有一个 HTML 物理文件,应用内的所有视图文件均渲染在同一个 HTML 物理文件中。路由框架的作用是提供一个可变更 URL 并不触发 HTML 页面跳转的能力,用以动态映射通过 JavaScript 代码抽象的视图文件。接下来从路由需要具备的几大能力出发,将知识点各个击破,介绍路由的本质。

1. 回顾动态组件

<component>是由 Vue 提供的一个公共组件,本身并没有实际意义,它相当于一个组件的容器,当有需求通过单击菜单切换不同视图部分时,在过去的 HTML 开发中经常采用<a>标签,通过 href 属性进行 HTML 网页的跳转,但这种方式每次都会重新加载一次网页。在 Vue 中可以通过动态组件实现类似跳页的效果,它是 Vue Router 路由框架的核心实现原理,也是单页应用的核心基础支撑。

与 Vue. component()方法不同的是,动态组件< component >是一个全局组件,其使用方式的代码如下:

```
<!-- 使用方式 -->
< component is ="组件名称或组件对象"></component >
```

接下来通过实际案例,回顾< component >组件的基本用法,代码如下:

```
<!-- 第8章 回顾<component>组件的基本用法的代码案例 -->
<!DOCTYPE html >
< html >
  < head >
    < meta charset ="utf-8">
    < title ></title >
    < style type ="text/css">
      .p-menu{
        padding: 0;
      }
      .p-menu li{
        list-style: none;
        display: inline-block;
      }
      .page-one,.page-two,.page-three{
        background-color: bisque;
        width: 400px;
        height: 400px;
```

```
      }
      .page-two{
        background-color: burlywood;
      }
      .page-three{
        background-color: darkseagreen;
      }
    </style>
  </head>
  <body>
    <div id="app">
      <h4>
        动态组件 component 的基本使用(模拟页面切换)
      </h4>
      <!-- 定义 p-menu 组件并双向绑定 checkedMenu 属性实时返回选择的组件名称 -->
      <p-menu v-model="checkedMenu"></p-menu>
      {{checkedMenu}}
      <!-- 动态组件标签 -->
      <component :is="checkedMenu"></component>
    </div>
    <script src="https://cdn.jsdelivr.net/npm/vue/dist/Vue.js" type="text/JavaScript"
charset="utf-8"></script>
    <script type="text/JavaScript">
      //回顾一下组件封装中 v-model 的定义
      Vue.component('p-menu',{
        props:{
          value:{
            type:String,
            default(){
              return 'page-one'
            },
            required:false
          }
        },
        model:{
          //将 v-model 的值绑定到 value 属性上
          prop:'value',
          //监听 change-value 事件,通过该事件自动改变 v-model 绑定的值
          event:'change-value'
        },
        template:`
        <ul class="p-menu">
          <li><button @click="handleClick('page-one')">page-one</button></li>
          <li><button @click="handleClick('page-two')">page-two</button></li>
          <li><button @click="handleClick('page-three')">page-three</button></li>
        </ul>
        `,
        methods:{
          handleClick(value){
```

```
              //通过 emit 通知 model 中的事件去改变值
              this.$emit('change-value',value)
            }
          }
        })
        Vue.component('page-one',{
          template:`<div class="page-one">我是 page-one</div>`
        })
        Vue.component('page-two',{
          template:`<div class="page-two">我是 page-two</div>`
        })
        Vue.component('page-three',{
          template:`<div class="page-three">我是 page-three</div>`
        })
        new Vue({
          data(){
            return {
              checkedMenu:'page-one'
            }
          },
        }).$mount('#app')
      </script>
    </body>
</html>
```

该案例的运行结果如图 8-40 所示。

2. 切换 URL

通过 < component > 组件已经可以实现跳页
功能。接下来要实现的是在不触发 HTML 文件
跳转的基础上,切换浏览器的 URL 路径。当切
换浏览器的 URL 路径时,相当于使用 location.
href 或者 < a > 标签进行了跳页操作,正常切换浏
览器的 URL 路径后,会触发 HTML 物理文件的
重新加载,这种情况是传统网页开发时使用的跳
页方式。使用 Vue 框架开发的应用叫作单页面

图 8-40 该案例的效果图

应用,在 Vue 应用中变更浏览器的 URL 时,并不希望其触发物理文件的真实切换,这里便
可以利用超链接的锚点功能。

接下来回顾一下锚点的使用方式,代码如下:

```
<!-- 第 8 章 锚点的使用方式的代码案例 -->
<!DOCTYPE html>
<html lang="en">
<head>
```

```html
    <meta charset="UTF-8">
    <meta name="viewport" content="width=device-width, initial-scale=1.0">
    <title>Document</title>
    <style>
      .item{
        height: 400px;
        color: #444;
        font-weight: bold;
        font-size: 50px;
        padding: 15px;
        margin: 15px;
      }
      .item:nth-child(2n){
        background-color: antiquewhite;
      }
      .item:nth-child(2n+1){
        background-color:aquamarine
      }
    </style>
  </head>
<body>
  <h4>
    锚点回顾
  </h4>
  <input id="ipt" placeholder="请输入滚动目标" type="text">
  <button>跳转</button>
  <br>
  <a href="#a">滚动到 a</a>
  <a href="#b">滚动到 b</a>
  <a href="#c">滚动到 c</a>
  <a href="#d">滚动到 d</a>
  <a href="#e">滚动到 e</a>
  <div class="item" id="a">
    a
  </div>
  <div class="item" id="b">
    b
  </div>
  <div class="item" id="c">
    c
  </div>
  <div class="item" id="d">
    d
  </div>
  <script type="text/JavaScript">
    document.querySelector('button').onclick=function(){
      let value=ipt.value
      console.log(value)
      location.href='#'+value
    }
  </script>
```

```
  </body>
  </html>
```

在浏览器中运行该案例,在页面中单击"滚动到a"或"滚动到 e"时会发现浏览器的 URL 路径会发生变化,但本页面并不会重新加载,这样便实现了单页面应用切换 URL 的能力。案例的运行结果如图 8-41 所示。

3. hashChange()的使用

有了锚点技术的加成,离封装 Vue Router 更近了一步。现在已经可以实现通过 JavaScript 切换动态组件触发页面跳转了,又掌握了在通过切换 URL 实现浏览器的路径变化的同时,页面不向外部跳转的能力。接下来要实现最后一个能力,即实现对浏览器路径变化的监听。

图 8-41 案例的效果图

现代浏览器默认支持一个新的 API:window.onhashchange()。当一个窗口的 hash(URL 中 # 后面的部分)改变时,就会触发 hashchange 事件。下面通过实际案例介绍 window.onhashchange()方法的使用方式,代码如下:

```html
<!-- 第 8 章 window.onhashchange()方法的使用方式的代码案例 -->
<!DOCTYPE html>
<html lang="en">
<head>
  <meta charset="UTF-8">
  <meta name="viewport" content="width=device-width, initial-scale=1.0">
  <title>Document</title>
  <style>
    span{
      text-decoration: underline;
      color:cornflowerblue
    }
  </style>
</head>
<body>
  <h4>
    浏览器 URL 变化的监听: hashchange
  </h4>
  <a href="#a">滚动到 a</a>
  <a href="#b">滚动到 b</a>
  <a href="#c">滚动到 c</a>
  <a href="#d">滚动到 d</a>
  <div>
    从<span id="from"></span>路径<br>
    跳转到了<span id="to"></span>
  </div>
```

```
<script>
  //监听浏览器 URL 的 hash 部分变化并触发回调函数
  window.onhashchange=function(event){
    console.log(event)
    let oldURL=event.oldURL.substring(event.oldURL.lastIndexOf('/'))
    let newURL=event.newURL.substring(event.newURL.lastIndexOf('/'))
    from.innerHTML=oldURL;
    to.innerHTML=newURL;
  }
</script>
</body>
</html>
```

运行案例后单击视图中的任意超链接,查看控制台的输出内容,会发现当 URL 路径的 hash 部分发生变化时,网页中会展示当前 URL 变化前后的结果,控制台也会有相应的输出内容,如图 8-42 所示。

图 8-42　控制台输出内容的效果图

8.4.2　徒手封装 Vue Router

本节内容以 Vue 2.x 为核心介绍如何徒手封装一个 Vue Router 框架。本次以 Vue Router 的 hash 模式为主线仿真 Vue Router 的所有主要功能,在使用方式和 API 上做到 100% 还原路由框架,具体步骤如下。

（1）通过 Vue CLI 脚手架初始化一个 Vue 2.x 的项目并命名为 vue-router-test,项目结构只引入 Vue 框架而不引入任何其他内容。

（2）改造项目结构,创建需要的文件夹与文件。改造后的项目结构如图 8-43 所示。

（3）在命令行工具中打开 vue-router-test 项目,在控制台中

图 8-43　改造后项目结构的效果图

输入 qs 依赖的安装命令,代码如下:

```
npm i qs -s
```

（4）在 vue-router-test/src/router/data.js 文件中定义路由的数据对象和跳转对象,代码如下:

```
//第 8 章 定义路由的数据对象和跳转对象的代码案例
import Vue from 'vue'
import qs from 'qs'
export const router=Vue.observable({
  path:'',
  routes:[],
  $route:{},
  push(arg){
    if(typeof arg== 'string'){
      this.path=arg
      location.href='/#' + arg
    }else{
      if(arg.path){
        if(arg.query){
          this.path=arg.path+ '?' + qs.stringify(arg.query)
          this.$route={
            path:arg.path,
            query:arg.query
          }
        }else{
          this.path=arg.path
        }
        location.href='/#'+this.path
      }else if(arg.name){
        this.path=arg.path
        location.href='/#' + arg.path
      }else{
        throw('不可以传入非法参数')
      }
    }
  }
})
```

（5）在 vue-router-test/src/components/RouterLink.vue 文件中定义路由的导航组件,代码如下:

```
<!-- 第 8 章 定义路由的导航组件的代码案例 -->
<template>
<a :href="getTo">
  <slot />
</a>
```

```
</template>

<script>
export default {
  name: 'router-link',
  props: {
    to: {
      requred: true,
      default: '',
      type: String
    }
  },
  computed: {
    //将 router-link 中 to 中的参数拼接♯并展示到页面
    //用来通过 a 标签实现 Vue 页面的跳转
    getTo() {
      return '/♯'+this.to
    }
  }
}
</script>
```

（6）在 vue-router-test/src/components/RouterView.vue 文件中定义路由的视图容器
组件,代码如下：

```
<!-- 第8章 定义路由的视图容器组件的代码案例 -->
<template>
<!-- 动态组件,用来当路由的页面的容器 -->
<component :is="getPath"></component>
</template>

<script>
//引入 router 响应式对象,用来动态地渲染组件
import {
  router
} from '../router/data'
//qs 是格式化 url 参数的工具类
import qs from 'qs'
export default {
  name: 'router-view',
  data() {
    return {}
  },
  computed: {
    //getPath 可以监听 router 对象的变化
    //由于 router 是 Vue.observable 进行定义的
    //所以相当于被 Object.defineProperty 监听到了
    //这样当 router 变更时就会触发 getPath 的执行
    //这样每次 component 都能获取最新的与 URL 匹配的
```

```
    //Vue 的组件来渲染页面
    getPath() {
        //通过 filter 过滤函数来找到当前
        //与 router.path 匹配的配置在 routes 数组中的 Vue 组件
        //并且返回,同时将数据设置到 $route 对象中
        //用于组件跳转传值使用
        let res=router.routes.filter(item=>{
            if (router.path.indexOf('?') !=-1) {
                return item.path==router.path.split('?')[0]
            } else {
                return item.path==router.path
            }
        })
        if (res.length > 0) {
            //如果 URL 中有包含"?"的参数
            //就截取参数部分
            let queryParam=''
            if (router.path.indexOf('?') != -1) {
                queryParam=router.path.split('?')[1]
            }
            router.$route={
                path: res[0].path,
                name: res[0].name,
                //将 key=value&key=value 格式的参数
                //转换成 JSON 对象的参数
                query: qs.parse(queryParam)
            }
            //返回匹配到 url 的 Vue 组件,让它渲染到页面上
            return res[0].component
        } else {
            return ''
        }
    }
  }
}
</script>
```

（7）在 vue-router-test/src/router/router.js 文件中编写路由的核心部分代码,代码如下：

```
//第 8 章 路由的核心部分代码的代码案例
//引入路由容器 router-view 组件
import RouterView from '@/components/RouterView.vue'
//引入 router-link 路由跳转组件
import RouterLink from '@/components/RouterLink.vue'
//引入路由的响应式对象,通过 Vue.observable 封装实现
//在 Vue 对象中可以全局监听到它的变化
import {router} from './data'
//定义 VueRouter 对象并导出它
//它在定义 new VueRouter()的时候执行
export default class VueRouter{
```

```
    constructor({routes}){
      //将定义 new VueRouter()时候传入的路由配置信息
      //传入 router 对象的 routes 中
      router.routes=routes
    }
}
//定义 VueRouter 对象的 install()方法
//当执行 Vue.use(VueRouter)的时候执行
//所以它会比 new VueRouter()先执行
VueRouter.install=(Vue)=>{
  //将路由的 router-view 注册为全局组件作为路由页面的容器
  Vue.component(RouterView.name,RouterView)
  //将路由的 router-link 注册为全局组件作为路由跳转的对象
  Vue.component(RouterLink.name,RouterLink)
  //将 $router 和 $route 对象植入每个 Vue 对象中
  //这样可以在每个 Vue 的对象中使用 this.$router
  //及 this.$route.这里由于是简易封装,所以只实现了 query 和 path
  //而没有实现 params 和 name 的跳转方式
  Vue.mixin({
    computed:{
      $router(){
        return router
      },
      $route(){
        return router.$route
      }
    }
  })
  //第一次访问项目时,如果浏览器的路径中没有#
  //就将页面跳转到/#/来初始化 hash 路由的初始路径
  //这就是为什么当访问 vue 的项目时它会自动对 URL 添加#/
  if(location.href.indexOf('#')==-1){
    location.href='/#/'
  }else{
    //如果 URL 中有#就把#后面的第1个/开始截取
    //用来保存到 router 对象的 path 中作为页面的初始 path
    router.path=location.href.substring(location.href.indexOf('#')+1)
  }
  //监听 URL 路径的变化,当 URL 路径触发变化的时候
  //就将 router 的 path 变更为新的路径
  window.onhashchange=(e)=>{
    //当 router.path 的值变更时会触发
    //RouterView 中的 computed 函数重新计算
    //导致 compoent 动态组件重新渲染,实现跳页
    //详情可跳转到 components/RouterView.vue 文件中查看
    if(e.newURL.indexOf('#')!=-1){
      router.path=e.newURL.substring(e.newURL.indexOf('#')+1)
    }
  }
}
```

（8）在 vue-router-test/src/views/Home.vue 文件中编写首页的结构,代码如下:

```
<!-- 第8章 编写首页的结构的代码案例 -->
<template>
  <div>
    <h4>首页</h4>
    <button @click="handleJump">跳转到 About</button>
  </div>
</template>
<script>
export default {
  methods:{
    handleJump(){
      this.$router.push({
        path:'/about',
        query:{
          id:'我是参数'
        }
      })
    }
  }
}
</script>
```

（9）在 vue-router-test/src/views/About.vue 文件中编写关于页面的结构,代码如下:

```
<!-- 第8章 关于页面的结构的代码案例 -->
<template>
  <div>
    <h4>About 页面</h4>
    id 的值为{{id}}
    <button @click="handleBack">返回</button>
  </div>
</template>
<script>
export default {
  data(){
    return {
      id:''
    }
  },
  created(){
    this.id=this.$route.query.id
  },
  methods:{
    handleBack(){
      console.log(this.$router)
      this.$router.push({
        path:'/'
      })
```

```
      }
   }

}
</script>
```

（10）在 vue-router-test/src/router/index.js 文件中编写路由的配置文件，代码如下：

```
//第 8 章 路由的配置文件的代码案例
import Vue from 'vue'
//引入自己封装的 VueRouter
import VueRouter from './router'
//使用 Vue 的 use 来注册组件
//Vue.use 执行会触发./router.js 文件中的 install()方法执行
Vue.use(VueRouter)
//定义路由对象，与真正的 VueRouter 用法完全一样
const routes=[
  {
    path:'/',
    name:'Home',
    component:()=> import('../views/Home.vue')
  },
  {
    path:'/about',
    name:'About',
    component:()=> import('../views/About.vue')
  }
]
//实例化 VueRouter 对象并且初始化路由对象
const router=new VueRouter({
  routes
})
//导出 VueRouter 对象
export default router;
```

（11）在 vue-router-test/src/main.js 文件中编写项目的入口文件，代码如下：

```
//第 8 章 项目的入口文件的代码案例
import Vue from 'vue'
import App from './App.vue'
//导入路由对象
import router from './router'
Vue.config.productionTip=false

let vm=new Vue({
  //将路由对象注册到 vue 上
  router,
  render: h=> h(App),
}).$mount('#app')
console.log(vm)
```

（12）在 vue-router-test/src/App.vue 文件中编写根组件内容，代码如下：

```
<!-- 第8章 根组件内容的代码案例 -->
<template>
<div id="app">
  <router-link to="/">首页</router-link>|
  <router-link to="/about">About 页面</router-link>
  <router-view />
</div>
</template>

<script>
export default {
  name: 'App',
}
</script>

<style>
#app {
  font-family: Avenir, Helvetica, Arial, sans-serif;
  -webkit-font-smoothing: antialiased;
  -moz-osx-font-smoothing: grayscale;
  text-align: center;
  color: #2c3e50;
  margin-top: 60px;
}
</style>
```

（13）运行项目启动命令并访问 http://localhost:8080 页面，在视图中可以通过自定义的<router-link>切换视图跳转，还可以通过 $router 对象跳转页面并实现了 query 属性的参数携带功能。项目的运行结果如图 8-44 所示。

(a) 访问首页时

(b) 通过按钮跳转到About页面时

图 8-44　项目的效果图

8.4.3　Vuex 状态管理的一些注意事项

Vuex 是 Flux 架构的一种实现。Flux 清晰确立了数据管理场景下各种职能单位,其主要准则有以下几点:

(1) 中心化状态管理。

(2) 状态只能通过专门突变单元进行变更。

(3) 应用层通过发送信号(一般称为 action),触发变更。

Vuex 也是紧紧围绕这些准则开发的,通过 Store 类提供 Flux 模式的核心功能。在满足架构的基本要求之外,进一步设计了许多便利的措施:

(1) 通过"模块化"设计,隔离数据单元。

(2) 提供 getter 机制,提高代码复用性。

(3) 使用 Vue.$watch()方法,实现数据流。

(4) 零配置,天然整合进 Vue 环境。

本节仅就中心化、信号机制和数据流三点的实现上展开,讨论一下 Vuex 实现上的缺陷。

1. 中心化

在 Vuex 中 Store 整合了所有功能,是对外提供的主要接口,也是 Flux 模式下的数据管理中心。Vuex 通过它对外提供了以下几个接口。

(1) 信号相关的接口: dispatch()和 commit()。

(2) 侦听器接口: subscribe()。

(3) state 值变更接口(替换 state 值,不应调用): replaceState()。

(4) state 模型变更接口(建议仅在按需引用场景下使用): registerModule() 和 unregisterModule()。

(5) 热更新接口(HMR 逻辑,不关注): hotUpdate()。

官方实现的 Store 非常复杂,耦合了许多逻辑。简便起见,刨除各种旁路逻辑,只关注 Flux 架构的中心化和信号控制机制,可以总结出一份非常简单的实现,代码如下:

```
//第 8 章 一份非常简单的实现的代码案例
export default class Store {
  constructor(options) {
    this._state=options.state;
    this._mutations=options.mutations;
  }

  get state() {
    return this._state;
  }

  commit(type, payload) {
```

```
    this._mutations[type].apply(this, [this.state].concat([...payload]));
  }
}
```

这是理解 Vuex 的核心,整份代码只有两个逻辑:

(1) 通过_state 属性实现中心化、自包含数据中心层。

(2) 通过 dispatch()方法,回调触发事先注册的_mutations()方法。

这份代码有很多问题,举例来讲:

(1) 使用简单对象作为 state。

(2) 状态的突变仅仅通过修改 state 对象属性值实现。

(3) 没有任何有效的机制,防止 state 对象被误修改。

这些设计问题在 Vuex 中同样存在,这与 Vue.$watch()机制有非常密切的关系,是极其不严谨的。

2. 信号机制

Vuex 提供了两个与信号有关的接口,其源码可以通过简单案例模拟,代码如下:

```
//第 8 章 Vuex 提供了两个与信号有关的接口的代码案例
export default class Store {
  ...
  commit (_type, _payload, _options) {
    ...
    const entry=this._mutations[type]
    this._withCommit(()=>{
      entry.forEach(function commitIterator (handler) {
        handler(payload)
      })
    })
    this._subscribers.forEach(sub=> sub(mutation, this.state))
    ...
  }

  dispatch (_type, _payload) {
    ...
    const entry=this._actions[type]
    return entry.length > 1
      ? Promise.all(entry.map(handler=> handler(payload)))
      : entry[0](payload)
  }
  ...
}
```

两者之间的不同在于,dispatch()函数触发的是 actions 中的回调函数,commit()函数触发的是 mutations 中的回调函数,同时 dispatch()函数会返回 Promise 对象而 commit()函数无返回值。这样的设计是为了使职责分离,actions 单元用于描述发生了什么,

mutations用于修改数据层状态state中的内容。Vuex用相似的接口,将两者放置在相同的地位上,这一层接口设计其实存在弊病:首先,actions和mutations各自需要一套type体系,然后,框架允许应用层绕过actions,直接通过commit()函数触发mutations中的回调,最后,state并非是immutable的,在actions中允许直接修改state。

虽然这种设计确实可以提升便利性,但对初学者而言,可能导致以下反模式:

(1)设计了两套无法正交的type体系。

(2)造成"直接提交mutations即可"的假象,破坏了Flux的信号机制。

(3)在actions中手误修改了state,而没有友好的跟踪机制(这一点在getter中特别严重)。

由于没有确切有效的机制防止错误,在使用Vuex的过程中,需要严谨正确地使用各种职能单元,或者以规范填补设计上的缺陷。

3. 单向数据流

这里的数据流是指从Vuex的state到Vue组件的props/computed/data等状态单元的映射,即如何在组件中获取state。Vuex官方推荐使用mapGetter、mapState接口实现数据绑定。

mapState()函数内部实现非常简单,可以用简略的代码模拟mapState()函数,代码如下:

```
//第8章 用简略的代码模拟mapState()函数的代码案例
export const mapState =normalizeNamespace((namespace, states) =>{
  const res ={}
  ...
  normalizeMap(states).forEach(({ key, val }) =>{
    res[key]=function mappedState() {
      ...
      return typeof val === 'function'?
        val.call(this, state, getters) :
        state[val]
    }
  })
  ...
  return res
})
```

mapState()函数直接读取state对象的属性。值得注意的是,res[key]()一般作为函数挂载在外部的对象,此时函数的this指向挂载的Vue组件。

mapGetter()函数同样非常简单,可以用简略的代码模拟mapGetter()函数,代码如下:

```
//第8章 用简略的代码模拟mapGetter()函数的代码案例
export const mapGetters =normalizeNamespace((namespace, getters) =>{
  const res ={}
```

```
normalizeMap(getters).forEach(({ key, val })=>{

    res[key]=function mappedGetter() {
        ...
        return this.$store.getters[val]
    }
    ...
})
return res
})
```

Vuex 的 getters 属性与 Vue 的 computed 属性在各方面的特性都非常相似,实际上,getters 正是基于 computed 实现的。getters 的核心逻辑的代码如下:

```
//第 8 章 getters 的核心逻辑的代码案例
function resetStoreVM(store, state, hot) {
    ...
    store.getters={}
    const wrappedGetters=store._wrappedGetters
    const computed={}
    //遍历 getters 配置,生成 computed 属性
    forEachValue(wrappedGetters, (fn, key)=>{
        computed[key]=()=>fn(store)
        Object.defineProperty(store.getters, key, {
            //获取 Vue 实例属性
            get: ()=>store._vm[key],
            enumerable: true //for local getters
        })
    })

    //新建 Vue 实例,专门用于监听属性变更
    store._vm=new Vue({
        data: {
            ?state: state
        },
        computed
    })
    ...
}
```

从代码可以看出,Vuex 将整个 state 对象托管到 Vue 实例的 data 属性中,以此换取 Vue 的整个 watch 机制,而 getters 属性正是通过返回实例的 computed 属性实现的。这种实现方式不可谓不精妙,但也存在以下几个问题:

(1) Vuex 与 Vue 深度耦合,致使不能迁移到其他环境下使用。

(2) Vue 的 watch 机制是基于属性读写函数实现的,如果直接替换根节点,则会导致各种子属性回调失效,即不能实现 immutable 特性。

图 书 推 荐

书　名	作　者
鸿蒙应用程序开发	董昱
HarmonyOS 应用开发实战(JavaScript 版)	徐礼文
HarmonyOS 原子化服务卡片原理与实战	李洋
鸿蒙操作系统开发入门经典	徐礼文
鸿蒙操作系统应用开发实践	陈美汝、郑森文、武延军、吴敬征
HarmonyOS 移动应用开发	刘安战、余雨萍、李勇军 等
HarmonyOS App 开发从 0 到 1	张诏添、李凯杰
HarmonyOS 从入门到精通 40 例	戈帅
JavaScript 基础语法详解	张旭乾
华为方舟编译器之美——基于开源代码的架构分析与实现	史宁宁
鲲鹏架构入门与实战	张磊
华为 HCIA 路由与交换技术实战	江礼教
Android Runtime 源码解析	史宁宁
深度探索 Go 语言——对象模型与 runtime 的原理、特性及应用	封幼林
Flutter 组件精讲与实战	赵龙
Flutter 组件详解与实战	［加］王浩然(Bradley Wang)
Flutter 实战指南	李楠
Dart 语言实战——基于 Flutter 框架的程序开发(第 2 版)	亢少军
Dart 语言实战——基于 Angular 框架的 Web 开发	刘仕文
IntelliJ IDEA 软件开发与应用	乔国辉
Vue＋Spring Boot 前后端分离开发实战	贾志杰
Vue.js 企业开发实战	千锋教育高教产品研发部
Python 从入门到全栈开发	钱超
Python 全栈开发——基础入门	夏正东
Python 全栈开发——高阶编程	夏正东
Python 游戏编程项目开发实战	李志远
Python 人工智能——原理、实践及应用	杨博雄 主编,于营、肖衡、潘玉霞、高华玲、梁志勇 副主编
Python 深度学习	王志立
Python 预测分析与机器学习	王沁晨
Python 异步编程实战——基于 AIO 的全栈开发技术	陈少佳
Python 数据分析实战——从 Excel 轻松入门 Pandas	曾贤志
Python 数据分析从 0 到 1	邓立文、俞心宇、牛瑶
Python Web 数据分析可视化——基于 Django 框架的开发实战	韩伟、赵盼
Python 玩转数学问题——轻松学习 NumPy、SciPy 和 matplotlib	张骞
Pandas 通关实战	黄福星
深入浅出 Power Query M 语言	黄福星
FFmpeg 入门详解——音视频原理及应用	梅会东
云原生开发实践	高尚衡

图 书 推 荐

书　名	作　者
虚拟化 KVM 极速入门	陈涛
虚拟化 KVM 进阶实践	陈涛
物联网——嵌入式开发实战	连志安
人工智能算法——原理、技巧及应用	韩龙、张娜、汝洪芳
跟我一起学机器学习	王成、黄晓辉
TensorFlow 计算机视觉原理与实战	欧阳鹏程、任浩然
分布式机器学习实战	陈敬雷
计算机视觉——基于 OpenCV 与 TensorFlow 的深度学习方法	余海林、翟中华
深度学习——理论、方法与 PyTorch 实践	翟中华、孟翔宇
深度学习原理与 PyTorch 实战	张伟振
ARKit 原生开发入门精粹——RealityKit＋Swift＋SwiftUI	汪祥春
HoloLens 2 开发入门精要——基于 Unity 和 MRTK	汪祥春
Altium Designer 20 PCB 设计实战(视频微课版)	白军杰
Cadence 高速 PCB 设计——基于手机高阶板的案例分析与实现	李卫国、张彬、林超文
Octave 程序设计	于红博
ANSYS 19.0 实例详解	李大勇、周宝
AutoCAD 2022 快速入门、进阶与精通	邵为龙
SolidWorks 2020 快速入门与深入实战	邵为龙
SolidWorks 2021 快速入门与深入实战	邵为龙
UG NX 1926 快速入门与深入实战	邵为龙
西门子 S7-200 SMART PLC 编程及应用(视频微课版)	徐宁、赵丽君
三菱 FX3U PLC 编程及应用(视频微课版)	吴文灵
全栈 UI 自动化测试实战	胡胜强、单镜石、李睿
FFmpeg 入门详解——音视频原理及应用	梅会东
pytest 框架与自动化测试应用	房荔枝、梁丽丽
软件测试与面试通识	于晶、张丹
智慧教育技术与应用	[澳]朱佳(Jia Zhu)
敏捷测试从零开始	陈霁、王富、武夏
智慧建造——物联网在建筑设计与管理中的实践	[美]周晨光(Timothy Chou)著；段晨东、柯吉译
深入理解微电子电路设计——电子元器件原理及应用(原书第 5 版)	[美]理查德·C. 耶格(Richard C. Jaeger)、[美]特拉维斯·N. 布莱洛克(Travis N. Blalock)著；宋廷强译
深入理解微电子电路设计——数字电子技术及应用(原书第 5 版)	[美]理查德·C. 耶格(Richard C. Jaeger)、[美]特拉维斯·N. 布莱洛克(Travis N. Blalock)著；宋廷强译
深入理解微电子电路设计——模拟电子技术及应用(原书第 5 版)	[美]理查德·C. 耶格(Richard C. Jaeger)、[美]特拉维斯·N. 布莱洛克(Travis N. Blalock)著；宋廷强译